全国高职高专院校“十二五”规划教材

自动化生产线运行与维护

主　编　陈　萌　金龙国

中国水利水电出版社
www.waterpub.com.cn

内 容 提 要

本书基于工作过程组织内容，以典型的自动化生产线为载体，按照项目引领、任务驱动的编写模式将进行自动化生产线安装与调试所需的理论知识与实践技能分解到不同的项目和任务中，旨在加强学生综合技术应用和实践技能的培养。主要内容包括自动化生产线认知、自动化生产线核心技术应用、自动化生产线组成单元安装与调试、自动化生产线系统安装与调试、自动化生产线人机界面设计与调试，以及柔性制造系统认知等。本书结构紧凑、图文并茂、讲述连贯、配套资源丰富，具有极强的可读性、实用性和先进性。

本书可作为高职高专、中职中专院校相关课程的教材，也可作为应用型本科、职业技能竞赛以及工业自动化技术的相关培训教材，还可作为相关工程技术人员研究自动化生产线的参考书。

本书配有免费电子教案，读者可以到中国水利水电出版社和万水书苑的网站上免费下载，网址为：http://www.waterpub.com.cn/softdown/和 http://www.wsbookshow.com。

图书在版编目（CIP）数据

自动化生产线运行与维护 / 陈萌，金龙国主编. -- 北京 : 中国水利水电出版社，2012.9（2018.8 重印）
全国高职高专院校“十二五”规划教材
ISBN 978-7-5084-9924-6

Ⅰ. ①自… Ⅱ. ①陈… ②金… Ⅲ. ①自动生产线－运行－高等职业教育－教材②自动生产线－维修－高等职业教育－教材 Ⅳ. ①TP278

中国版本图书馆CIP数据核字(2012)第143305号

策划编辑：杨庆川　　责任编辑：张玉玲　　封面设计：李　佳

项目	内容
书　名	全国高职高专院校“十二五”规划教材 自动化生产线运行与维护
作　者	主　编　陈　萌　金龙国
出版发行	中国水利水电出版社 （北京市海淀区玉渊潭南路 1 号 D 座　100038） 网址：www.waterpub.com.cn E-mail：mchannel@263.net（万水） sales@waterpub.com.cn 电话：（010）68367658（发行部）、82562819（万水）
经　售	北京科水图书销售中心（零售） 电话：（010）88383994、63202643、68545874 全国各地新华书店和相关出版物销售网点
排　版	北京万水电子信息有限公司
印　刷	三河市铭浩彩色印装有限公司
规　格	184mm×260mm　16 开本　20.5 印张　504 千字
版　次	2012 年 9 月第 1 版　2018 年 8 月第 2 次印刷
印　数	4001—5000 册
定　价	35.00 元

前　言

本书以典型自动化生产线为载体，按照项目引领、任务驱动的编写模式将自动化生产线安装与调试所需的理论知识与实践技能分解到不同的项目和任务中，旨在加强学生综合技术应用和实践技能的培养。

本书内容所涉及的技术应用范围符合电气自动化技术、机电一体化技术等专业的核心能力要求，它将机电类专业中的各种专业核心技术和技能应用于一条高仿真度的柔性化自动生产线，突出强调技术的综合应用。

本书以天津龙洲科技仪器有限公司的自动化生产线教学实训装置为背景，把整个教学内容分解为若干个任务进行循序渐进的阐述，结构紧凑、图文并茂、讲述连贯，将学习过程融于轻松愉悦的氛围中，力求达到提高学生学习兴趣和效率，以及易学、易懂、易上手的目的。

本书内容共由 6 个项目组成：项目 1 为自动化生产线认知，主要介绍自动化生产线的作用、背景、特点、应用及典型自动化生产线的组成、运行方式；项目 2 为自动化生产线核心技术应用，主要介绍机械传动、气动控制、传感检测及电动机驱动等基础知识和应用；项目 3 为可编程控制器的分析与应用，主要介绍 S7-200PLC 的工作原理、编程基础、指令系统及 PLC 控制设计实例；项目 4 为自动化生产线组成单元设计与调试，主要介绍自动化生产线 11 个工作单元的设计与运行调试；项目 5 为自动化生产线整线系统设计与调试，主要介绍自动化生产线整线系统设计及网络通信基础；项目 6 为自动化生产线人机界面设计与调试，主要介绍触摸屏应用系统及组态王软件在自动化生产线中的设计与应用。

本书由陈萌、金龙国任主编，负责全书内容的组织和统稿，参加本书部分编写工作的还有刘峰、崔连涛、石从刚、杜晓妮、吴辉、胡希勇、王娟等，赵秋玲为本书的编写提供了部分资料。

在本书编写过程中，得到了天津龙洲科技仪器有限公司、西门子（中国）有限公司等单位的大力支持，在此表示衷心的感谢！同时感谢关若熹高级工程师、刘克旺教授对本书编写工作提供的帮助。编者参考了有关文献、资料，在此一并向参考文献的作者表示衷心的感谢。

限于编者的经验、水平，书中难免存在不足和疏漏，敬请各位专家、广大读者批评指正。

编　者

2012 年 6 月

目　　录

项目 1 自动化生产线认知

任务 1.1　了解自动化生产线及应用

知识与能力目标

- 了解自动化生产线的作用和产生背景。
- 理解自动化生产线的运行特性与技术特点。
- 了解自动化生产线在实际工程中的应用。

1．了解自动化生产线

自动化生产线是现代工业的生命线。机械制造、电子信息、石油化工、轻工纺织、食品、制药、汽车制造、军工生产等现代工业的发展都离不开自动化生产线的主导和支撑作用。

自动化生产线是在自动化专机的基础上发展起来的。自动化专机是单台的自动化设备，它所完成的功能是有限的，只能完成产品生产过程中单个或少数几个工序。在工序完成后，经常需要将已完成的半成品及生产过程信息采用人工方式传送到其他专机上继续新的生产工序。整个生产过程需要一系列不同功能的专机和人工参与才能完成，既降低了场地的利用率，又增加了人员及附件设备，还增加了生产成本，尤其是在人工参与过程中给产品的生产质量带来了各种隐患，不利于实现产品生产的高效率和高质量。

若将产品生产所需要的一系列不同的自动化专机按照生产工序的先后次序排列，则通过自动化输送系统可将全部专机连接起来，即可省去专机之间的人工参与过程。产品生产的流程是由一台专机完成相应工序操作后，经过输送系统将已完成的半成品及生产过程信息自动传送到下一台专机继续进行新的工序操作，直到完成全部的工序为止。这样不仅减少了整个生产过程所需要的人力、物力，而且大大缩短了生产周期，提高了生产效率，降低了生产成本，保证了产品质量。这就是自动化生产线产生的背景。

自动化生产线是在流水线和自动化专机的功能基础上逐渐发展形成的、自动工作的机电一体化的装置系统。它通过自动化输送系统及其他辅助装置，按照特定的生产流程，将各种自动化专机连接成一体，并通过气动、液压、电动机、传感器和电气控制系统使各部分联合动作，使整个系统按照规定的程序自动地工作，连续、稳定地生产出符合技术要求的特定产品。称这种自动工作的机电一体化系统为自动化生产线。

如图 1-1 所示，自动化生产线具有高的自动化程度、统一的控制系统、严格的生产节奏等运行特性，实现了整个生产系统物质与信息传递的自动化，使得全部生产过程保持高度的连续性和稳定性，显著地缩短了生产周期，使产品的生产过程达到最优的调度控制，大大满足了生产厂商的生产要求。

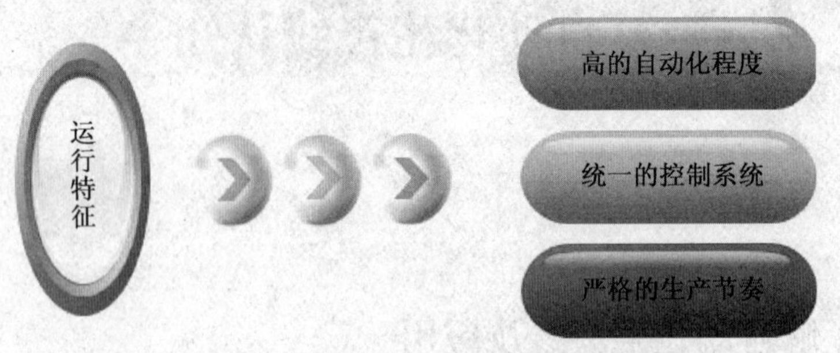

图 1-1　自动化生产线的运行特性

如图 1-2 所示，自动化生产线技术的最大特点在于它的综合性和系统性。技术的综合性指的是将机械、气动、传感检测、电动机驱动、PLC（可编程序控制器）、网络通信以及人机界面等多种技术进行有机结合并综合应用到自动化生产线上。技术的系统性指的是自动化生产线上的传感检测、传输与处理、分析控制、驱动与执行等部件在微处理单元的控制下协调有序地工作，并通过一定的辅助设备构成一个完整的机电一体化系统，自动地完成预定的全部生产任务。

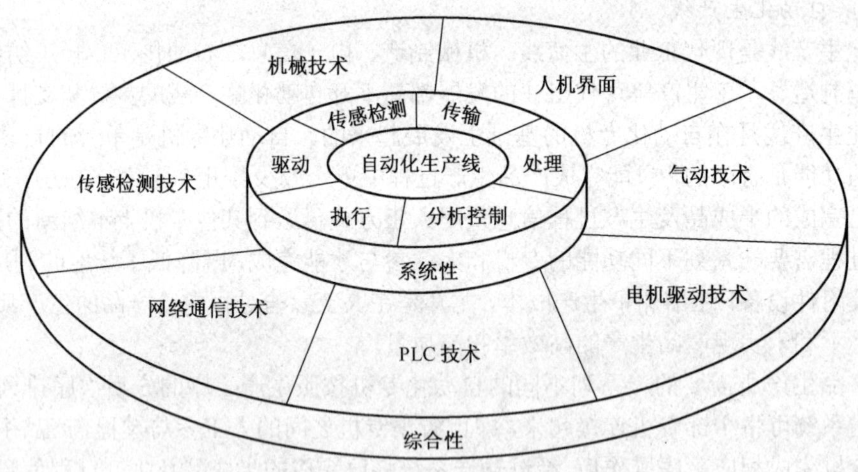

图 1-2　自动化生产线的技术特点

自动化生产线的发展方向主要是提高生产率和增大多用性、灵活性。为适应多品种生产的需要，自动化生产线将发展成为能快速调整的可调自动化生产线，更能满足生产商适时变化的生产要求。自动化生产线中数控机床、工业机器人和电子计算机等相关领域的快速发展以及成组技术的应用，提升了自动化生产线在生产过程中的灵活性，实现了多品种、中小批量生产的自动化。多品种可调自动化生产线技术的发展，降低了自动化生产线生产的经济批量，而且在机械制造业中的应用越来越广泛，更为可观的是已经向高度自动化的柔性制造系统发展。

2. 初识自动化生产线应用

近十几年来，我国 GDP 长期保持在 7%以上的增长率，特别是近几年我国汽车工业保持 15%以上的增长率，其原因之一是自动化生产线应用的普及与提高。21 世纪，我国提出发展经济应该着力于实现工业化和产品信息化，又进一步地提出信息化是我国加快实现工业化和现代化的必然选择。随着国家对工业自动化装备研究领域的投入，国内目前涌现出了一大批从事自动化生产线相关装备研究与开发的企业和人才，目前已经具备自主创新设计的能力，为现代化生产提供了大量各种功能的自动化生产线。

图 1-3 所示是某汽车公司的自动化汽车生产线。该公司拥有全球最先进、世界顶级的冲压、焊装、树脂、涂装及总装等整车制造总成的自动化生产线系统。通过该自动化生产线系统可实现汽车制造中高效率、高精度、低能耗的冲压加工；借助生产线上配备的自动化机器人可实现车身更精密、柔性化的焊接，有力地确保了产品品质。

图 1-3　某汽车公司的自动化汽车生产线

图 1-4 所示是某电子产品生产企业的自动化焊接生产线，包括丝印、贴装、固化、回流焊接、清洗、检测等工序单元。生产线上每个工作单元都有相应独立的控制与执行功能，通过工业网络技术将生产线构成一个完整的工业网络系统，确保整条生产线高效有序地运行，实现大规模的自动化生产控制与管理。

图 1-4　某电子产品生产企业的自动化焊接生产线

图 1-5 所示是某烟草公司的自动化生产线现场。该生产线引入工业网络，是连接制丝生产、卷烟生产、包装成品等一体化的全过程自动化系统。通过采用先进的计算机技术、控制技术、自动化技术、信息技术，集成工厂自动化设备，对卷烟生产全过程实施控制、调度、监控。同时，工控机、变频器、人机界面、PLC、智能机器人等自动化产品在该生产线上得到了充分应用。

图 1-5 某烟草公司的自动化生产线现场

图 1-6 所示是某饮料厂的自动灌装线现场。这个自动灌装线主要完成自动上料、灌装、封口、检测、打标、包装、码垛等多道生产工序，极大地提高了生产效率，降低了企业成本，保证了产品的质量，实现了集约化大规模生产的要求，增强了企业的竞争能力。

图 1-6 某饮料厂的自动灌装线现场

任务 1.2 认识典型自动化生产线

知识与能力目标

- 了解典型自动化生产线各组成单元及其基本功能。
- 认识典型自动化生产线的系统运行方式。

现代工业是计算机、信息技术、现代管理技术、先进工艺技术的综合与集成，涵盖了产品设计、生产准备、组装执行等多方面内容。自动化生产线以其自身独特的优势在现代工业生产中得到越来越广泛的应用。由于现代生产企业的类型不同，所需要的自动化生产线的功能和类型也就不同。现实工业生产中的自动化生产线类型繁多、种类繁杂，但就自动化生产线本身的核心技术和功能实现方式而言几乎都是相同的。因此，为了方便进行自动化生产线技术的学习与训练，很多公司围绕自动化生产线的技术特点开发出了各种不同的自动化生产线教学培训系统。本书以天津市龙洲科技仪器有限公司生产的模块化生产加工生产线培训装置为载体，对自动化生产线的运行及维护等应用技术进行循序渐进的介绍。

图 1-7 所示为天津市龙洲科技仪器有限公司生产的典型模块化自动化生产线组成结构图。该典型自动化生产线由上料单元、下料单元、加盖单元、穿销单元、模拟单元、图像识别单元、伸缩换向单元、检测单元、液压单元、分拣单元、升降梯立体仓库单元这 11 个不同的模块单元组成。该模块化自动化生产线是以工业生产中的自动化装配生产线为原型开发的教学、实验、实训综合应用平台。本装置采用铝合金结构件搭建各分站主体设备，选取多种机械传动方式实现站间串联，整条生产线充分展现了实际工业生产中的典型部分。系统控制过程中除涵盖多种基本控制方法外，还凸显组态控制、工业总线、电脑视觉、实时监控等先进技术，为培养现代化应用型人才创设了完整、灵活、模块化、易扩展的理想工业场景。

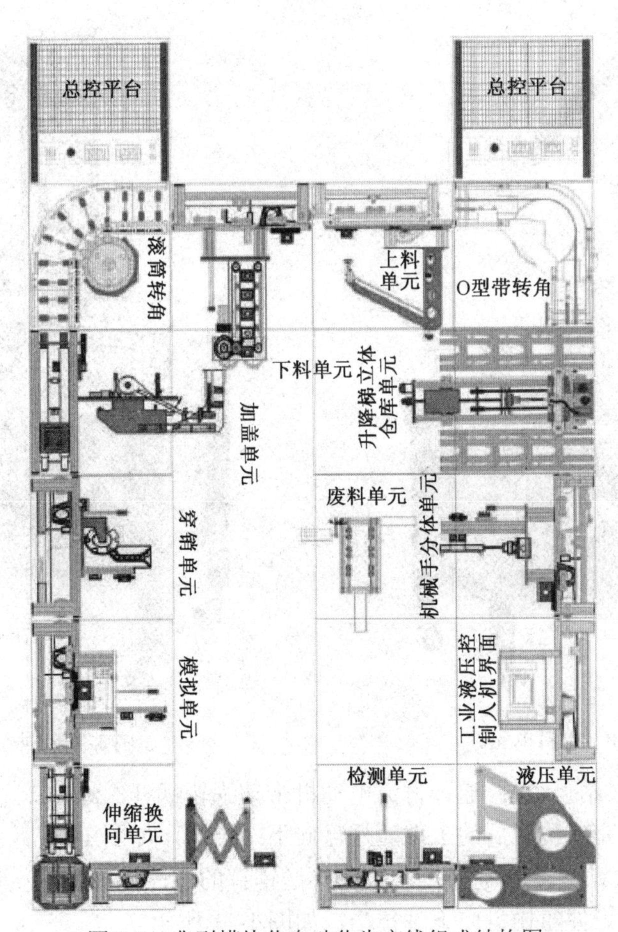

图 1-7 典型模块化自动化生产线组成结构图

为便于协调整个生产线的全程控制，系统设置了一个主站总控制台。主站总控制台是整个装配生产线连续运行的指挥调度中心，其主要功能是实现全程运行的总体控制、完成全系统的通信连接等。

这个典型的自动化生产线采用开放式的模块结构，虽然各个组成单元的结构已经固定，但是每一工作单元的运行执行功能、各个工作单元之间的运行配合关系，以及整个自动化生产线的运行流程和运行模式都可以模拟实际的生产现场状况进行灵活的配置，使之实现模拟实际生产要求的自动化生产运行过程。与此同时，这一典型自动化生产线上的每个工作单元都具有自动化专机的基本功能。学习掌握每一工作单元的基本功能将为进一步学习整条自动化生产线的联网通信控制和整机配合运作等技术打下良好的基础。

1. 认识典型自动化生产线各工作单元

（1）上料单元（站点 1）：根据工件的位置情况，从料槽中抓取装配主体送入数控铣床单元或将铣床单元加工后的产品转送下料单元，如图 1-8 所示。

（2）下料单元（站点 2）：通过直流电动机驱动间歇机构带动同步齿型带使前站送入下料单元下料仓的工件主体下落，工件主体下落至托盘后经传送带向下站运行，如图 1-9 所示。

图 1-8　上料单元

图 1-9　下料单元

（3）加盖单元（站点 3）：通过直流电动机带动蜗轮蜗杆，经减速电动机驱动摆臂将上盖装配至工件主体，完成装配后的工件随托盘向下站传送，如图 1-10 所示。

（4）穿销单元（站点 4）：通过旋转推筒推送销钉的方法完成工件主体与上盖的实体连接装配，完成装配后的工件随托盘向下站传送，如图 1-11 所示。

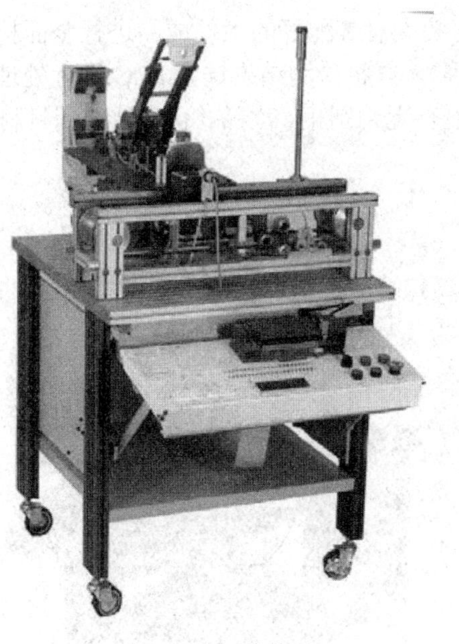

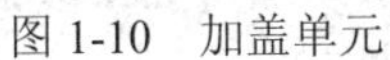

图 1-10 加盖单元

图 1-11 穿销单元

（5）模拟单元（站点 5）：本站增加了模拟量控制的 PLC 特殊功能模块，以实现对完成装配的工件进行模拟喷漆和烘干，完成喷漆烘干后的工件随托盘向下站传送，如图 1-12 所示。

（6）图像识别单元（站点 6）：运用电脑识别技术将前站传送来的工件进行数字化处理（通过图形摄取装置采集工件的当前画面与原设置结果进行比较），并将其判定结果输出。经检验处理后工件随托盘向下站传送，如图 1-13 所示。

图 1-12 模拟单元

图 1-13 图像识别单元

（7）伸缩换向单元（站点 7）：将前站传送过来的托盘及组装好的工件经换向、提升、旋转、下落后伸送至传送带向下站传送，如图 1-14 所示。

（8）检测单元（站点 8）：运用各类检测传感装置对装配好的工件成品进行全面检测（包括上盖和销钉的装配情况、销钉材质、标签有无等），并将检测结果送至 PLC 进行处理，以此作为后续站控制方式选择的依据（如分拣站依标签有无判别正、次品；仓库站依销钉材质确定库位），如图 1-15 所示。

图 1-14　伸缩换向单元

图 1-15　检测单元

（9）液压单元（站点 9）：通过液压换向回路实现对工件的盖章操作，完成对托盘进件、出件后再经 90°旋转换向送至下一单元，如图 1-16 所示。

（10）分拣单元（站点 10）：根据检测单元的检测结果（标签有无）采用气动机械手对工件进行分类，合格产品随托盘进入下一站入库；不合格产品进入废品线，空托盘向下站传送，如图 1-17 所示。

图 1-16　液压单元

图 1-17　分拣单元

（11）升降梯立体仓库（站点11）：本站由升降梯与立体仓库两部分组成，可进行两个不同生产线的入库和出库。在本装配生产线中可根据检测单元对销钉材质的检测结果将工件进行分类入库（金属销钉和尼龙销钉分别入不同的仓库）。若传送至分拣单元的为分拣后的空托盘，则将其放行，如图1-18所示。

图1-18 升降梯立体仓库

综上所述，站点1、2、3、4主要完成顺序逻辑控制；站点5实现对模拟量的控制；站点6引入了先进的图像识别技术；站点8综汇了激光发射器、电感式、电容式、色彩标志等多种传感器的应用，站点9为液压传动控制，站点10突出体现了气动机械手的控制，站点11实现了步进电动机的控制。

2. 典型自动化生产线工作运行方式

在自动化生产线运行中，各个站点既可以自成体系，彼此又有一定的关联。为此，采用了PROFIBUS现场总线技术，通过1个主站（S7-300系列PLC）和11个从站（S7-200系列PLC）组成系统，实现主从站之间的通信联系。

该自动化生产线的每个工作单元的电气控制板上都配备有一台西门子S7-200系列PLC，分别控制每一工作单元的执行功能，单元之间可采用I/O或PPI或PROFIBUS现场总线等网络通信方式进行通信。生产线中的各单元可自成一个独立的系统运行，同时也可以通过网络互联构成一个分布式的整机控制系统运行。

当工作单元自成一个独立的系统运行时，其独立设备运行的主令信号以及运行过程中的状态显示信号来源于该工作单元的操作面板，各模块在自身PLC控制下自动完成本站的执行功能。

当生产线采用网络通信方式互联成一个整机系统运行时，其工作单元之间的各种信息通过网络进行数据通信与交换，各运行设备之间能自动协调工作，实现了自动化生产线整机稳定有序地运行。

在主站总控制台的上位计算机上安装有 WinCC 组态监控软件，WinCC 所创建的监控功能可通过动画组件对各单元的工作情况进行实时模拟，为操作人员提供系统运行的相关信息，实现装配生产线的全程监控。

当自动化生产线采用了触摸屏或组态软件等人机界面技术运行时，生产线中的主令信号通过触摸屏或组态软件系统给出。同时，人机界面上也实时显示系统运行的各种状态信息。

完成本实训项目涉及到现场所需的诸多综合技术应用，如机械传动技术、电气控制技术、气动与液压技术、传感器的应用、PLC 控制技术、过程控制技术和现代化生产中的组态控制、工业总线、电脑视觉、实时监控等。在完成项目时应由易到难，逐步深入，可从单站控制入手。完成单站控制的步骤如图 1-19 所示。

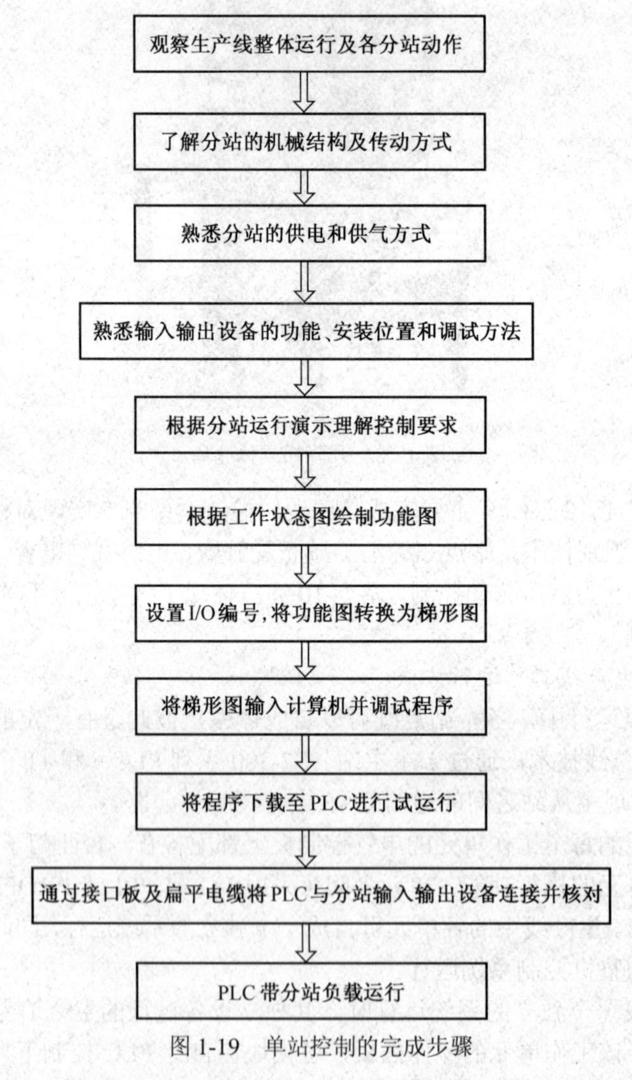

图 1-19　单站控制的完成步骤

在每一站点单元控制的基础上可以再扩展为系统的全程控制，进而完成 PROFIBUS 现场总线控制和对整个模拟生产线的实时监控。

项目 2 自动化生产线核心技术应用

任务 2.1　机械传动技术应用

知识与能力目标

- 熟悉带传动机构及其应用。
- 熟悉滚珠丝杠机构及其应用。
- 熟悉直线导轨机构及其应用。
- 熟悉间歇传动机构及其应用。
- 熟悉齿轮传动机构及其应用。

2.1.1　带传动机构认知及应用

1. 带传动机构认知

在自动化生产线机械传动系统中，常利用带传动方式实现机械部件之间的运动和动力的传递。带传动机构是由两个带轮和一根紧绕在两轮上的传动带组成，利用张紧在带轮上的传动带与带轮的摩擦或啮合来传递运动和动力的。

带传动通常是由主动轮 1、从动轮 2 和张紧在两轮上的环形带 3 所组成。根据传动原理不同，带传动可分为摩擦型带传动和啮合型带传动两大类，如图 2-1 所示。

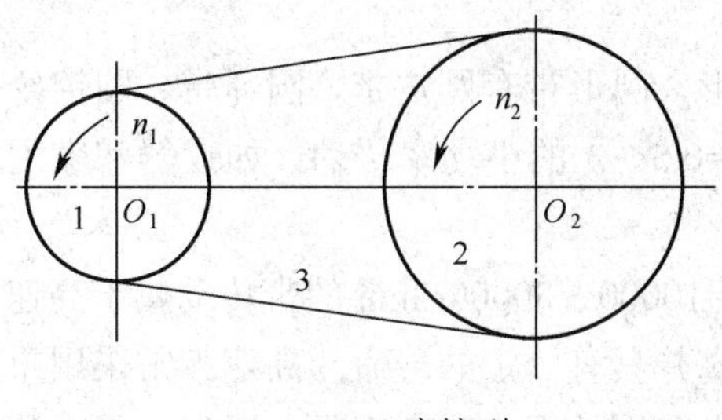

（a）摩擦型

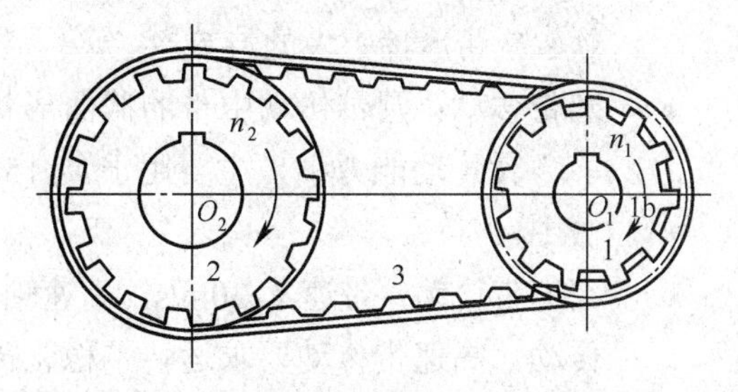

（b）啮合型

图 2-1　带传动

（1）摩擦型带传动。

摩擦型带传动为具有中间挠性体的摩擦传动，带传动的优点是：带富有弹性，能缓冲吸振，传动平稳，无噪声；过载时，传动带会在带轮上打滑，可防止其他零件损坏；结构简单，维护方便，无须润滑，且制造和安装精度要求不高；单级可实现较大中心距的传动。但具有传动比不准确；传动效率较低（V 带传动效率为 0.90～0.94），带的寿命较短；外廓尺寸、带作用于轴的力等均较大；不宜用在高温、易燃及有油和水的场合等缺点。

摩擦型带传动一般适用于功率不大和无须保证准确传动比的场合。在多级减速传动装置中，带传动通常置于与电动机相联的高速级。

摩擦型带传动的种类很多，按照带横截面形状的不同可分为（如图 2-2 所示）：

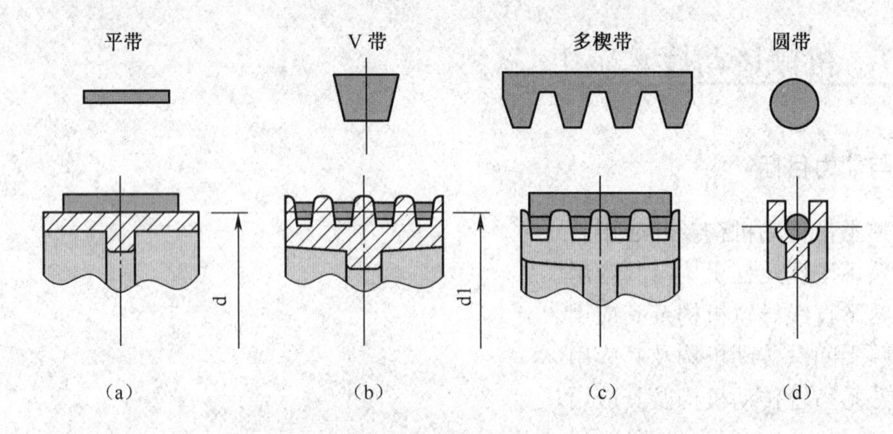

图 2-2　摩擦型带传动的带横截面形状分类

- 普通平带传动：平带传动中带的截面形状为矩形，工作时带的内面是工作面，与圆柱形带轮工作面接触，属于平面摩擦传动。
- V 带传动：V 带传动中带的截面形状为等腰梯形。工作时带的两侧面是工作面，与带轮的环槽侧面接触，属于楔面摩擦传动。在相同的带张紧程度下，V 带传动的摩擦力要比平带传动约大 70%，其承载能力因而比平带传动高。在一般的机械传动中，V 带传动现已取代了平带传动而成为常用的带传动装置。
- 多楔带传动：多楔带传动中带的截面形状为多楔形，多楔带是以平带为基体、内表面具有若干等距纵向 V 形楔的环形传动带，其工作面为楔的侧面，它具有平带的柔软、V 带摩擦力大的特点。
- 圆带传动：圆带传动中带的截面形状为圆形，圆形带有圆皮带、圆绳带、圆锦纶带等，其传动能力小，主要用于 $v<15m/s$，$i=0.5\sim3$ 的小功率传动，如仪器和家用器械中。
- 高速带传动：带速 $v>30m/s$，高速轴转速 $n=10000\sim50000r/min$ 的带传动属于高速带传动。高速带传动要求运转平稳、传动可靠并具有一定的寿命。高速带常采用重量轻、薄而均匀、挠曲性好的环形平带，过去多用丝织带和麻织带，近年来国内外普遍采用锦纶编织带、薄型锦纶片复合平带等。高速带轮要求质量轻、结构对称均匀、强度高、运转时空气阻力小。通常采用钢或铝合金制造，带轮各个面均应进行精加工，并进行动平衡。为了防止带从带轮上滑落，大、小带轮轮缘表面都应加工出凸度，制成鼓形面或双锥面。在轮缘表面常开环形槽，以防止在带与轮缘表面间形成空气层而降低摩擦系数，影响正常传动。

（2）啮合型带传动。

啮合传动型是指同步带传动，同步带传动是靠带上的齿与带轮上的齿槽的啮合作用来传递运动和动力的。同步带传动工作时带与带轮之间不会产生相对滑动，能够获得准确的传动比，因此它兼有带传动和齿轮啮合传动的特性和优点。带的最基本参数是节距，它是在规定的张紧力下同步带纵截面上相邻两齿对称中心线的直线距离。

由于不是靠摩擦力传递动力，因此带的预紧力可以很小，作用于带轮轴和其轴承上的力也很小。其主要缺点在于制造和安装精度要求较高，中心距要求较严格。同步带在各种机械中的应用日益广泛。

总之，在两类带传动中，由于都采用带作为中间挠性元件来传递运动和动力，因而具有结构简单、传动平稳、缓冲吸振和能实现较大距离两轴间的传动等特点。

带传动机构的比较如表 2-1 所示。

表 2-1　带传动机构的比较

类型	优点	缺点	应用
摩擦型	①带富有弹性，能缓冲吸振，传动平稳，无噪声 ②过载时，传动带会在带轮上打滑，可防止其他零件损坏 ③结构简单，维护方便，无须润滑，且制造和安装精度要求不高 ④单级可实现较大中心距的传动	①传动比不准确 ②传动效率较低，带的寿命较短 ③外廓尺寸、带作用于轴的力等均较大 ④不宜用在高温、易燃及有油和水的场合	摩擦型带传动一般适用于中小功率、无须保证准确传动比和传动平稳的远距离场合
啮合型	①工作时带与带轮之间不会产生相对滑动，能够获得准确的传动比，兼有带传动和齿轮啮合传动的特性和优点 ②不是靠摩擦力传递动力，带的预紧力可以很小，作用于带轮轴和其轴承上的力也很小	制造和安装精度要求较高，中心距要求较严格	多用于要求传动平稳、传动精度较高的场合

2. 了解带传动机构的应用

带传动机构（特别是啮合型同步带传动机构）目前被大量应用在各种自动化装配专机、自动化装配生产线、机械手及工业机器人等自动化生产机械中，同时还广泛应用在包装机械、仪器仪表、办公设备及汽车等行业。在这些设备和产品中，同步带传动机构主要用于传递电动机转矩或提供牵引力，使其他机构在一定范围内往复运动（直线运动或摆动运动）。

图 2-3 所示为多楔带传动机构在汽车发动机中的应用，图 2-4 所示为同步带传动机构在梳棉机上的应用。

图 2-3 多楔带传动机构在汽车发动机中的应用

图 2-4 同步带传动机构在梳棉机上的应用

2.1.2 滚珠丝杠机构认知及应用

1. 滚珠丝杠机构认知

滚珠丝杠由丝杠、滚珠、螺母、循环器、防尘圈组成，其内部结构如图 2-5 所示。丝杠属于直线度非常高的转动部件，在滚珠循环滚动的方式下运行，实现螺母及其连接在一起的负载滑块（例如工作台、移动滑块）在导向部件作用下的直线运动。它的功能是将旋转运动转化成直线运动，这是艾克姆螺杆（如图 2-6 所示）的进一步延伸和发展，这项发展的重要意义就是将轴承从滑动动作变成滚动动作。由于具有很小的摩擦阻力，滚珠丝杠被广泛应用于各种工业设备和精密仪器。

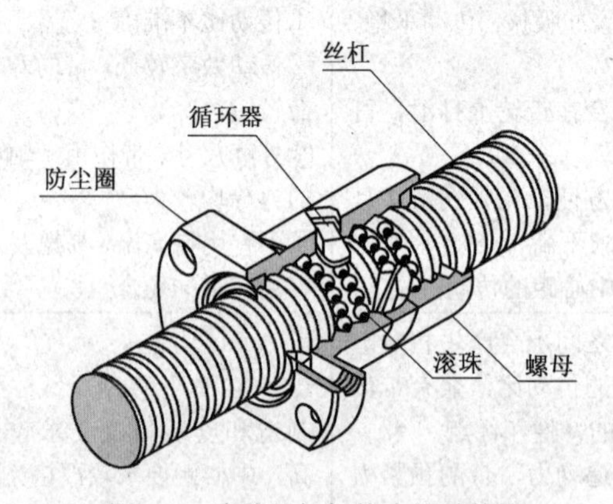

图 2-5 滚珠丝杠机构内部结构图

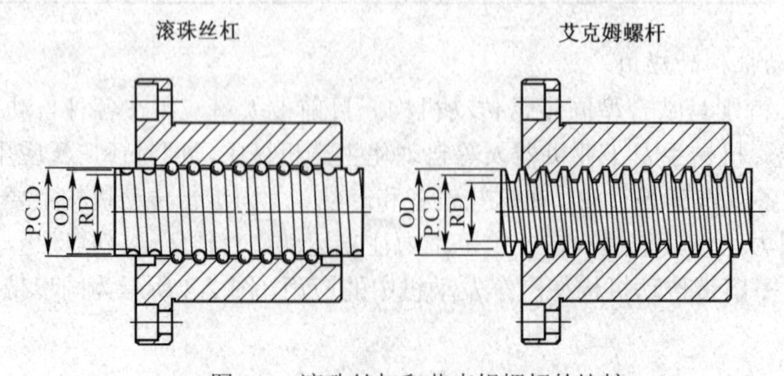

图 2-6 滚珠丝杠和艾克姆螺杆的比较

滚珠丝杠是工具机械和精密机械上最常使用的传动元件，其主要功能是将旋转运动转换成线性运动，或将扭矩转换成轴向反覆作用力，同时兼具高精度、可逆性和高效率的特点。

常用的循环方式有两种：外循环和内循环，如图2-7所示。滚珠在循环过程中有时离开了丝杠螺纹滚道，与丝杠脱离接触，而在螺母体内或体外循环的循环方式称为外循环；滚珠在循环过程中始终不脱离丝杠表面，始终与丝杠保持接触的循环方式称为内循环。滚珠每一个循环闭路称为列，每个滚珠循环闭路内所含导程数称为圈数。内循环滚珠丝杠副的每个螺母有2列、3列、4列、5列等几种，每列只有一圈；外循环每列有1.5圈、2.5圈和3.5圈等几种。

工业应用中几种典型滚珠丝杠机构的外形如图2-8所示。

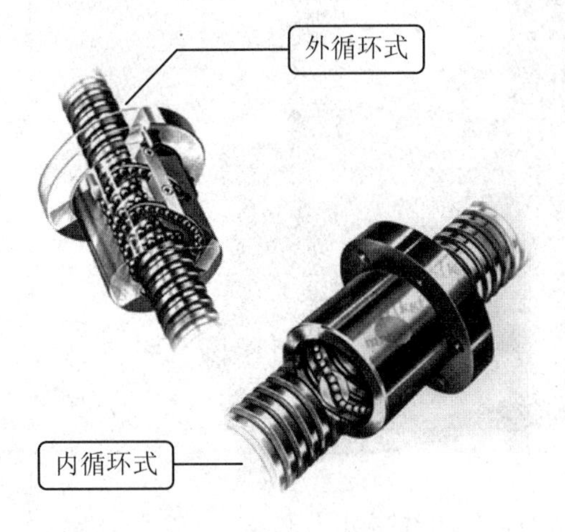

图2-7　外循环和内循环

图2-8　工业应用中几种典型滚珠丝杠机构的外形图

滚珠丝杠具有以下特点：

（1）与滑动丝杠副相比驱动力矩为1/3。由于滚珠丝杠副的丝杠轴与丝杠螺母之间有很多滚珠在做滚动运动，所以能得到较高的运动效率。与过去的滑动丝杠副相比驱动力矩达到1/3以下，即达到同样运动结果所需的动力为使用滚动丝杠副的1/3。在省电方面很有帮助。

（2）高精度的保证。滚珠丝杠副是用日本制造的世界最高水平的机械设备连贯生产出来的，特别是在研削、组装、检查各工序的工厂环境方面，对温度、湿度进行了严格的控制，由于完善的品质管理体制使精度得以充分保证。

（3）微量进给可能。滚珠丝杠副由于是利用滚珠运动，所以启动力矩极小，不会出现滑动运动那样的爬行现象，能保证实现精确的微量进给。

（4）无侧隙、刚性高。滚珠丝杠副可以加预压，由于预压力可使轴向间隙达到负值，进而得到较高的刚性（滚珠丝杠内通过给滚珠加预压力，在实际用于机械装置等时，由于滚珠的斥力可使丝母部的刚性增强）。

（5）高速进给可能。滚珠丝杠由于运动效率高、发热小，所以可实现高速进给（运动）。

滚珠丝杠机构虽然价格较贵，但由于其具有上述的一系列突出优点，能够在自动化机械的各种场合实现所需要的精密传动，所以仍然在工程上得到了极广泛的应用。

2. 了解滚珠丝杠机构的应用

滚珠丝杠机构作为一种高精度的传动部件，被大量应用于数控机床、自动化加工中心、电子精密机械进给机构、伺服机械手、工业装配机器人、半导体生产设备、食品加工和包装、医疗设备等领域。

图 2-9 所示为滚珠丝杠机构在复合车床中应用的实物图，图 2-10 所示为滚珠丝杠机构应用于金属雕刻机的实物图。

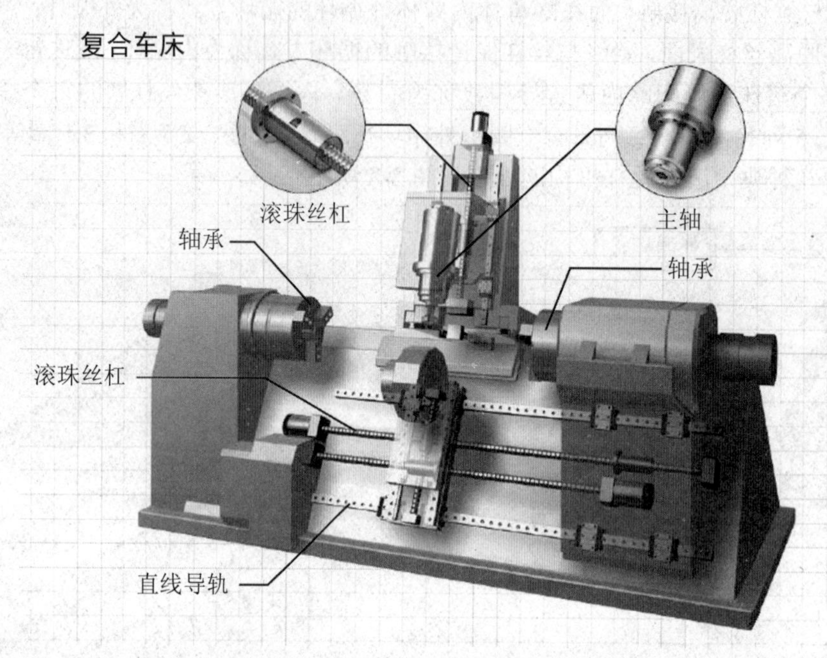

图 2-9　滚珠丝杠机构在复合车床中的应用

图 2-10　滚珠丝杠机构在金属雕刻机中的应用

2.1.3　直线导轨机构认知及应用

1. 直线导轨机构认知

直线导轨机构通常也被称为直线导轨、直线滚动导轨、线性滑轨等，它实际是由能相对运动的导轨（或轨道）与滑块两大部分组成，用于直线往复运动场合，拥有比直线轴承更高的额定负载，同时可以承担一定的扭矩，可在高负载的情况下实现高精度的直线运动。直线运动导轨的作用是支撑和引导运动部件按给定的方向做往复直线运动。根据摩擦性质，直线运动导轨可以分为滑动摩擦导轨、滚动摩擦导轨、弹性摩擦导轨、流体摩擦导轨等。直线导轨机构的内部结构如图 2-11 所示，几种典型直线导轨机构的外形如图 2-12 所示。

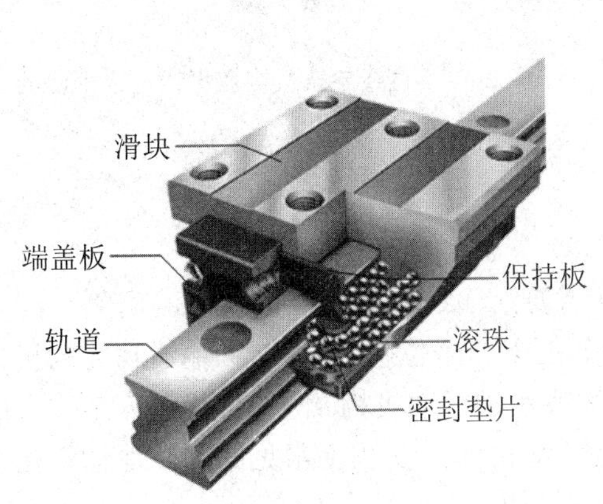

图 2-11　直线导轨机构的内部结构图

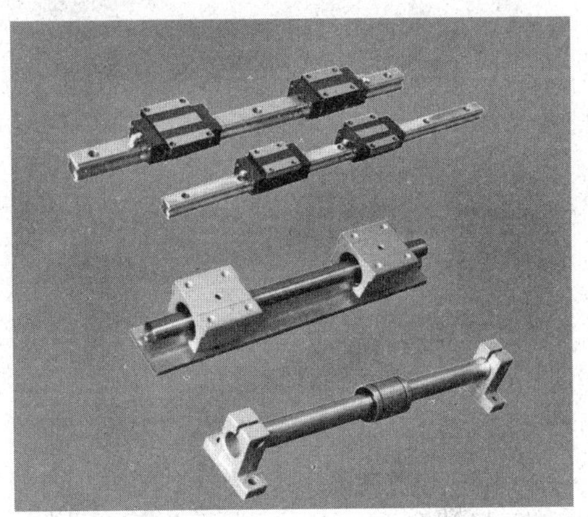

图 2-12　几种典型直线导轨机构的外形图

直线导轨具有以下特点：

（1）自动调心能力。来自圆弧沟槽的 DF 组合，在安装的时候，借助钢珠的弹性变形及接触点的转移，即使安装面多少有些偏差，也能被线轨滑块内部吸收，产生自动调心能力的效果而得到高精度稳定的平滑运动。

（2）具有互换性。由于对生产制造精度严格管控，直线导轨尺寸能维持在一定的水准内，且滑块有保持器的设计以防止钢珠脱落，因此部分系列精度具可有互换性，可根据需要订购导轨或滑块，亦可分开储存导轨及滑块，以减少储存空间。

（3）所有方向皆具有高刚性。运用四列式圆弧沟槽，配合四列钢珠等 45 度的接触角度，让钢珠达到理想的两点接触构造，能承受来自上下和左右方向的负荷；在必要时更可施加预压以提高刚性。

直线导轨机构由于采用了类似于滚珠丝杠的精密滚珠结构，所以具有上述的一系列特点。使用直线导轨机构除了可以获得高精度的直线运动以外，还可以直接支撑负载工作，降低了自动化机械的复杂程度，简化了设计与制造过程，从而大幅度降低了设计与制造成本。

2. 了解直线导轨机构的应用

由于在机器设备上大量采用直线运动机构作为进给、移送装置，所以为了保证机器的工作精度，首先必须保证这些直线运动机构具有较高的运动精度。直线导轨机构作为自动化机械最基本的结构模块被广泛应用于数控机床、自动化装配设备、自动化生产线、机械手、三坐标测量仪器等装备制造行业。

图 2-13 所示为直线导轨机构在精密裁板锯的应用，图 2-14 所示为直线导轨机构在直线定位平台的应用。

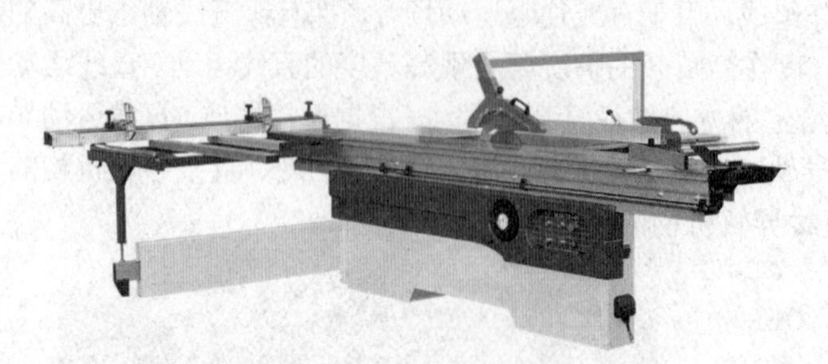

图 2-13　直线导轨机构在精密裁板锯的应用

图 2-14　直线导轨机构在直线定位平台的应用

2.1.4　间歇运动机构认知及应用

1. 间歇运动机构认知

在自动化生产线中，根据工艺的要求，经常需要沿输送方向以固定的时间间隔、固定的移动距离将各工件从当前的位置准确地移动到相邻的下一个位置，实现这种输送功能的机构称为间歇运动机构，工程上有时也称为步进输送机构或步进运动机构。例如牛头刨床工作台的横向进给运动、电影放映机的送片运动等都具有间歇运动机构。工程上常见的间歇运动机构有棘轮机构、槽轮机构、不完全齿轮机构和凸轮式间歇机构。

图 2-15 所示为常用间歇运动机构的结构图。

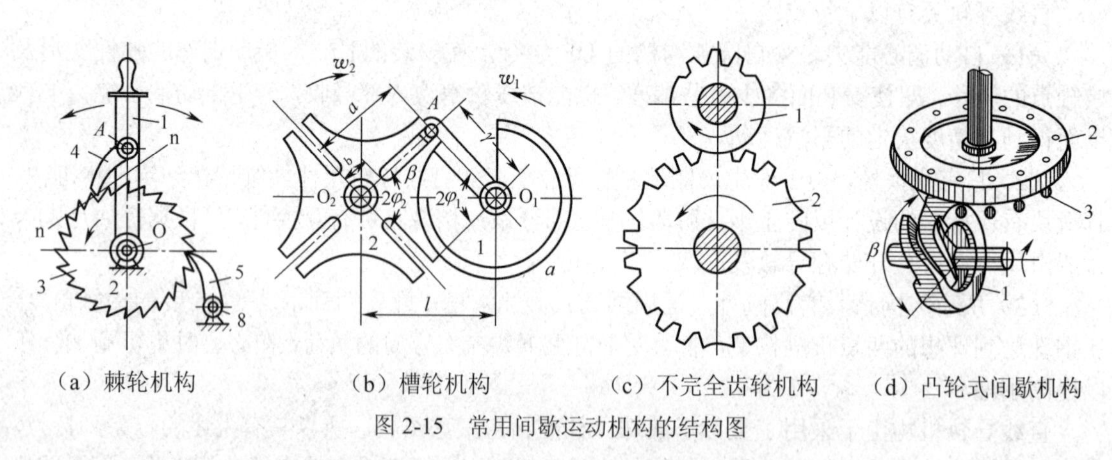

图 2-15　常用间歇运动机构的结构图

间歇运动机构可分为单向运动和往复运动两类，如图 2-16 和图 2-17 所示。

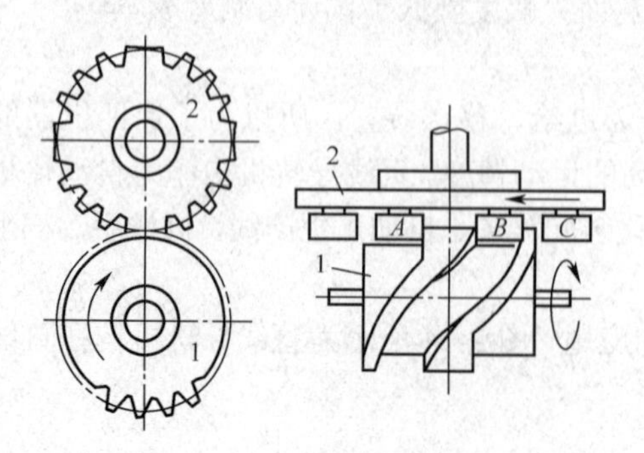

图 2-16　单向间歇运动机构

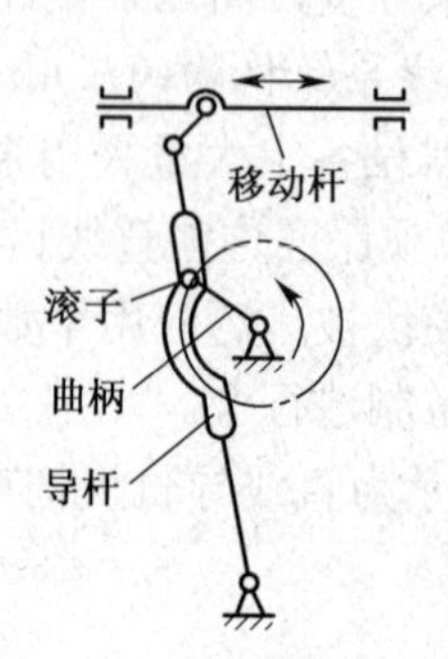

图 2-17　往复间歇运动机构

虽然各种间歇运动机构都能实现间歇输送的功能，但是它们都有其自身结构、工作特点及工程应用领域。表2-2列出了常用间歇运动机构的主要优缺点及应用。

表2-2　常用间歇运动机构的比较

类型	优点	缺点	应用
槽轮机构	结构简单，制造容易，运动可靠；转角在很大范围内可调	工作时有较大的冲击和噪音；运动精度不高	常用于低速场合
棘轮机构	结构简单、工作可靠，能准确控制转动的角度	对一个已定的槽轮机构来说，其转角不能调节；在转动始末，加速度变化较大，有冲击	应用在转速不高、要求间歇转动的装置中
不完全齿轮机构	结构简单、制造方便，从动轮运动时间和静止时间的比例不受机构结构的限制	从动轮在转动开始及终止时速度有突变，冲击较大	一般仅用于低速、轻载场合
凸轮式间歇机构	结构简单、运转可靠、传动平稳、无噪音	凸轮加工比较复杂，装配与调整要求也较高	适用于高速、中载和高精度分度的场合

2. 了解间歇运动机构的应用

间歇运动机构都具有结构简单紧凑和工作效率高两大优点。采用间歇运动机构能有效地简化自动化生产线的结构，方便地实现工序集成化，形成高效率的自动化生产系统，提高自动化专机或生产线的生产效率，在自动化机械装备，特别是电子产品生产、轻工机械等领域得到广泛的应用。

图2-18所示为间歇运动机构在电影放映机上的应用，图2-19所示为间歇运动机构在间歇分割机上的应用。

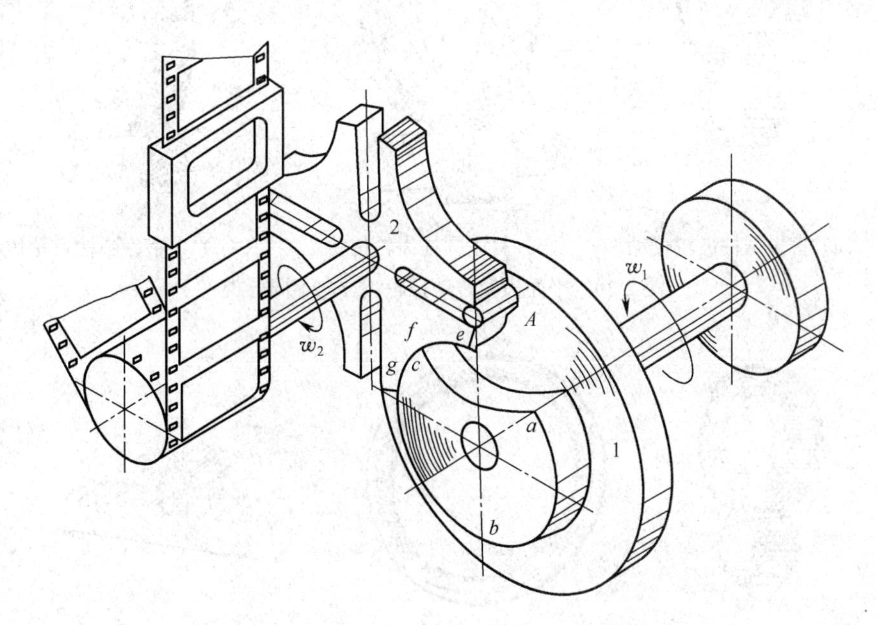

图2-18　间歇运动机构在电影放映机上的应用

图 2-19　间歇运动机构在间歇分割机上的应用

2.1.5　齿轮传动机构认知及应用

1. 齿轮传动机构认知

齿轮传动机构是应用最广的一种机械传动机构，是利用两齿轮的轮齿相互啮合传递动力和运动的机械传动。按照一对齿轮传动时两轮轴线的相互位置可分为平面齿轮传动和空间齿轮传动。

（1）平面齿轮传动：平面齿轮传动的两齿轮间的轴线互相平行。按轮齿方向不同可分为直齿圆柱齿轮传动、斜齿圆柱齿轮传动和人字齿圆柱齿轮传动，如图 2-20 所示；按啮合方式可分为外啮合齿轮传动、内啮合齿轮传动和齿轮齿条传动，如图 2-21 所示。

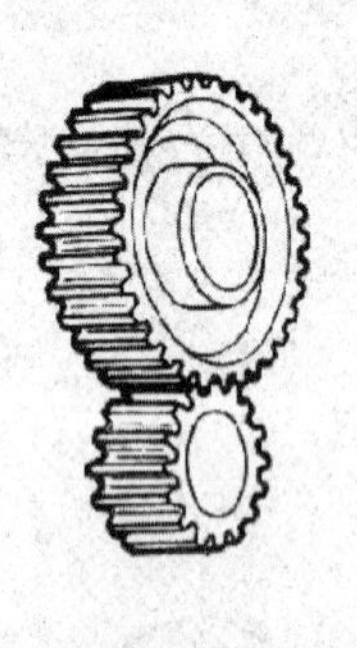

（a）直齿圆柱齿轮传动

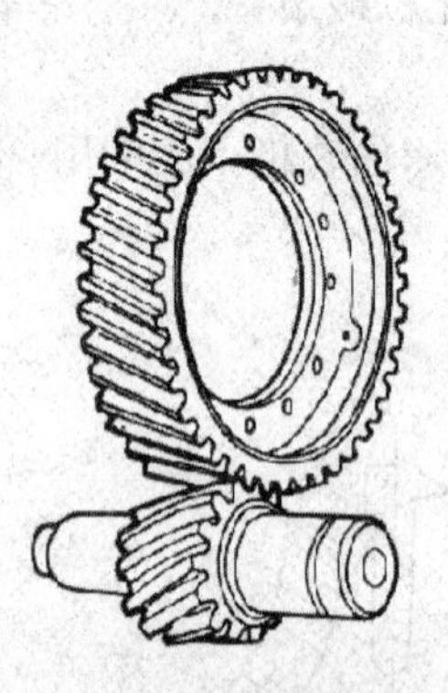

（b）斜齿圆柱齿轮传动

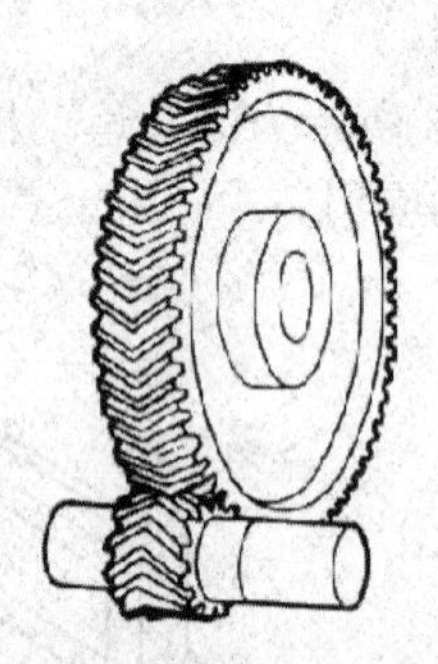

（c）人字齿圆柱齿轮传动

图 2-20　平面齿轮传动按轮齿方向不同分类

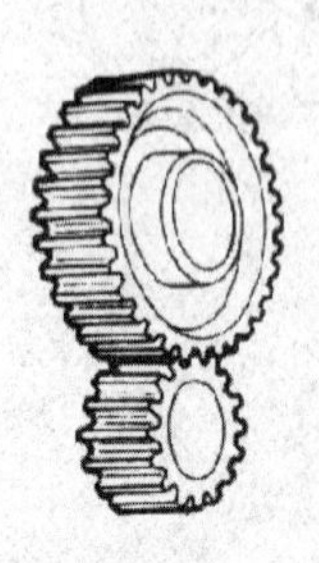

（a）外啮合齿轮传动

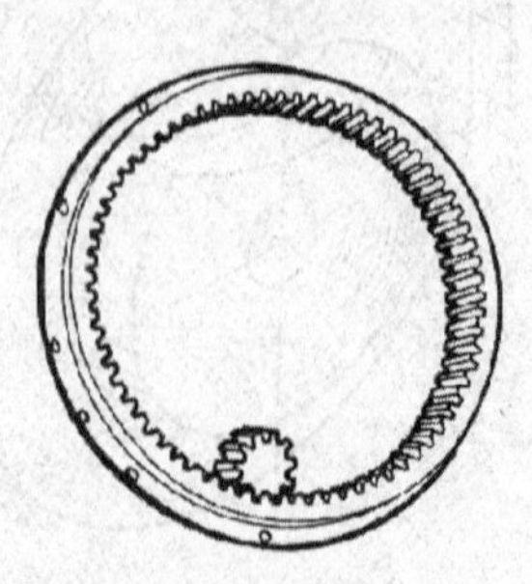

（b）内啮合齿轮传动

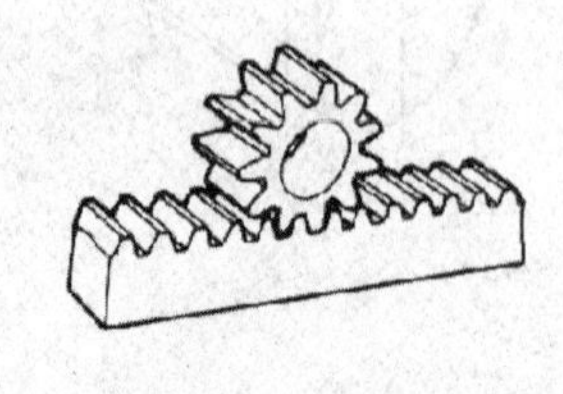

（c）齿轮齿条传动

图 2-21　平面齿轮传动按啮合方式不同分类

（2）空间齿轮传动：空间齿轮传动的两齿轮间轴线不平行，可分为交错轴斜齿轮传动、锥齿轮传动和蜗轮蜗杆传动，如图 2-22 所示。

（a）交错轴斜齿轮传动

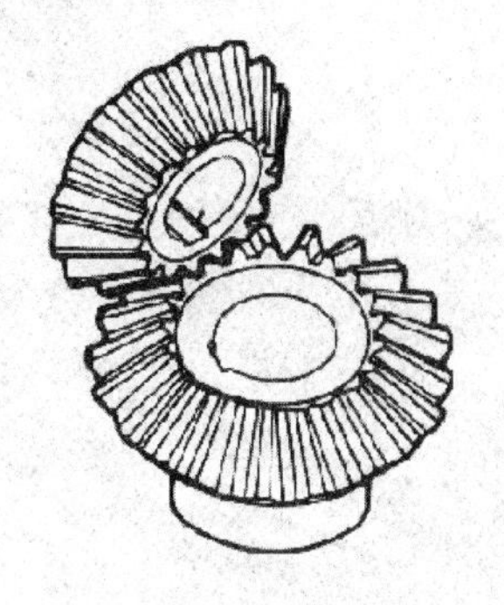

（b）锥齿轮传动

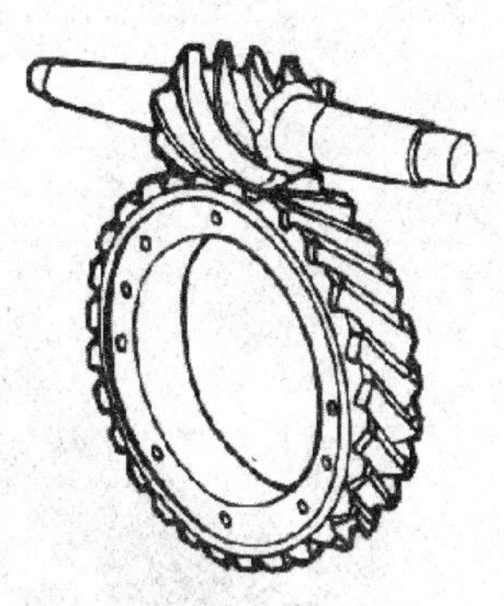

（c）蜗轮蜗杆传动

图 2-22　空间齿轮传动分类

齿轮传动是依靠主动齿轮和从动齿轮齿廓之间的啮合传递运动和动力的，与其他传动相比，齿轮传动具有如表 2-3 所示的特点。

表 2-3　齿轮传动机构的特点

类型	优点	缺点
齿轮传动	①传递的功率大 ②速度范围广 ③效率高 ④工作可靠、寿命长 ⑤结构紧凑 ⑥能保证恒定的传动比	①制造及安装精度要求高、成本高 ②不适于两轴中心距过大的传动 ③不宜用于振动冲击较大的场合

2. 了解齿轮传动机构的应用

齿轮传动机构是现代机械中应用最为广泛的一种传动机构。比较典型的应用是在各级减速器、汽车的变速箱等机械传动变速装置中。图 2-23 所示为齿轮传动机构在减速机中的应用，图 2-24 所示为齿轮传动机构在减速机和汽车变速箱中的应用。

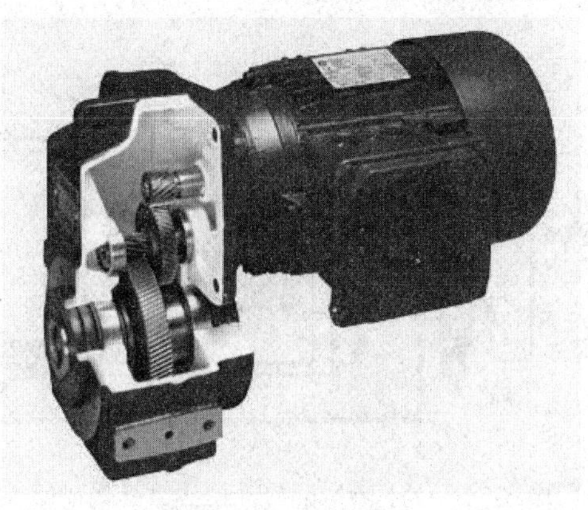

图 2-23　齿轮传动机构在减速机中的应用

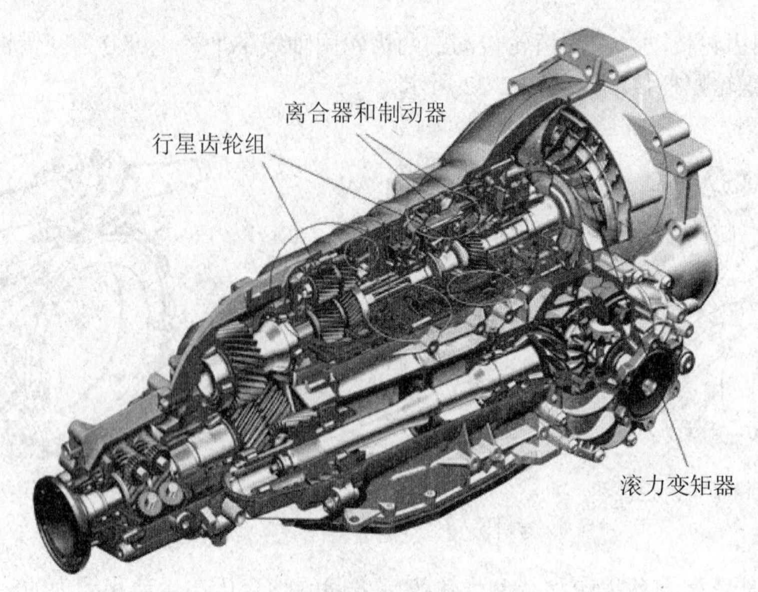

图 2-24　齿轮传动机构在汽车变速箱中的应用

任务 2.2　气动控制技术应用

知识与能力目标

- 熟悉气动控制系统的基本组成。
- 认识常用的气动执行元件及其应用。
- 认识常用的气动控制元件及其应用。

2.2.1　气动控制系统认知

图 2-25 所示为一个简单的气动控制系统构成图。该控制系统由静音气泵、气动二联件、气缸、电磁阀、检测元件和控制器等组成，能实现气缸的伸缩运动控制。气动控制系统是以压缩空气为工作介质，在控制元件的控制和辅助元件的配合下，通过执行元件把空气的压缩能转换为机械能，从而完成气缸直线或回转运动，并对外做功。

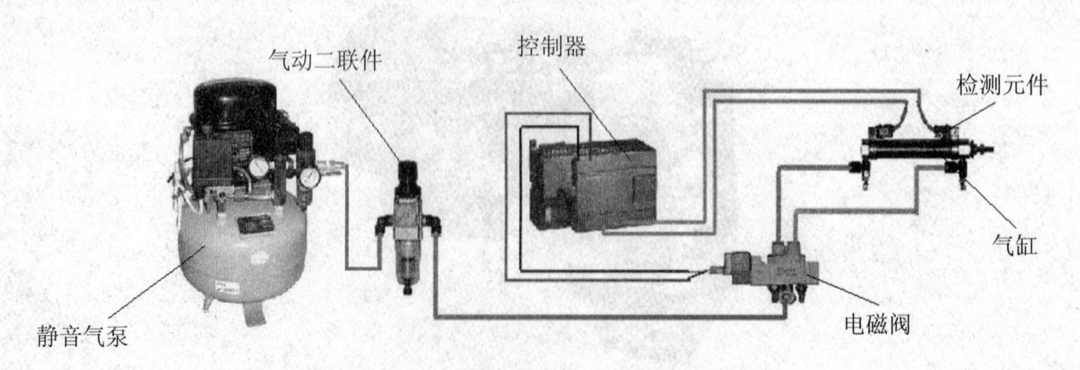

图 2-25　一个简单的气动控制系统构成图

一个完整的气动控制系统基本由气压发生器（气源装置）、执行元件、控制元件、辅助元件、检测装置、控制器6部分组成，如图2-26所示。

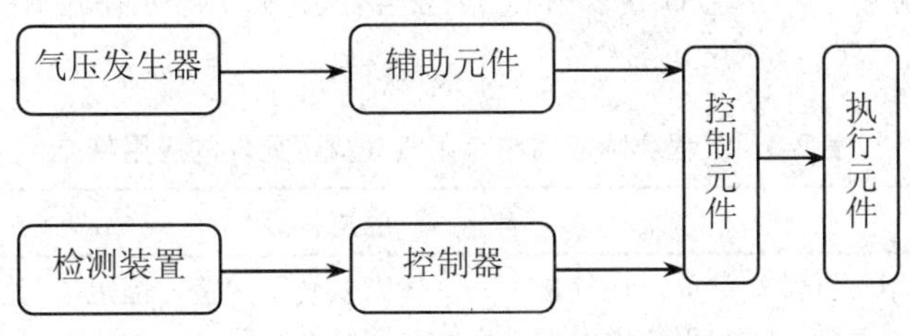

图2-26　气动控制系统基本组成功能图

图2-27所示的静音气泵为压缩空气发生装置，其中包括空气压缩机、安全阀、过载安全保护器、储气罐、罐体压力指示表、一次压力调节指示表、过滤减压阀、气源开关等部件。气泵是用来产生具有足够压力和流量的压缩空气并将其净化、处理及存储的一套装置，气泵的输出压力可通过其上的过滤减压阀进行调节。

图2-27　静音气泵

2.2.2　气动执行元件认知及应用

在气动控制系统中，气动执行元件是一种将压缩空气的能量转化为机械能，实现直线、摆动或者回转运动的传动装置。气动系统中常用的执行元件是气缸和气马达。气缸用于实现直线往复运动，气马达则是实现连续回转运动的动作。图2-28所示为几种常见的气动执行元件实物图。

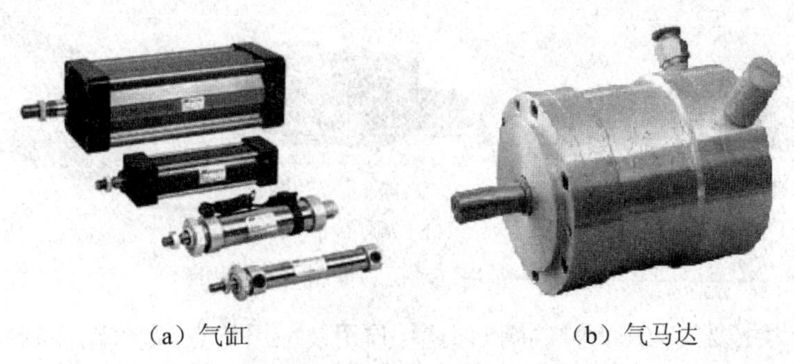

（a）气缸　　（b）气马达

图2-28　几种常见的气动执行元件实物图

气动执行元件作为气动控制系统中重要的组成部分被广泛应用在各种自动化机械及生产装备中。为了满足各种应用场合的需要，实际设备中使用的气动执行元件不仅种类繁多，而且各元件的结构特点与应用场合也都不尽相同。表2-4给出了工程实际应用中常用气动执行元件的应用特点。

表2-4 工程实际应用中常用气动执行元件的应用特点

类型	应用特点
单作用气缸	单作用气缸结构简单，耗气量少，缸体内安装了弹簧，缩短了气缸的有效行程，活塞杆的输出力随运动行程的增大而减小，弹簧具有吸收动能的能力，可减小行程终端的撞击作用。一般用于行程短、对输出力和运动速度要求不高的场合
双作用气缸	通过双腔的交替进气和排气驱动活塞杆伸出与缩回，气缸实现往复直线运动，活塞前进或后退都能输出力（推力或拉力）；活塞行程可以根据需要选定，双向作用的力和速度可根据需要调节
摆动气缸	利用压缩空气驱动输出轴在一定角度范围内作往复回转运动，其摆动角度可在一定范围内调节，常用的固定角度有90°、180°、270°。用于物体的转位、翻转、分类、夹紧、阀门的开闭、机器人的手臂动作等
无杆气缸	节省空间，行程缸径比可达50～200，定位精度高，活塞两侧受压面积相等，具有同样的推力，有利于提高定位精度。结构简单、占用空间小，适合小缸径、长行程的场合，但限位器使负载停止时活塞与移动体有脱开的可能
气动手爪	气动手爪的开闭一般是通过由气缸活塞产生的往复直线运动带动与手爪相连的曲柄连杆、滚轮或齿轮等机构驱动各个手爪同步做开闭运动。主要是针对机械手的用途而设计的，用来抓取工件，实现机械手的各种动作

2.2.3 气动控制元件认知及应用

在气动控制系统中，控制元件控制和调节压缩空气的压力、流量和流动方向，以保证执行元件具有一定的输出力和速度，并按设计的程序正常工作。控制元件主要有气动压力控制阀、方向控制阀和流量控制阀。

气动压力控制阀用来控制气动控制系统中压缩空气的压力，以满足各种压力需求或节能，将压力减到每台装置所需的压力，并使压力稳定保持在所需的压力值上。压力控制阀主要有安全阀、顺序阀和减压阀3种。图2-29所示为常用气动压力控制阀的实物图。

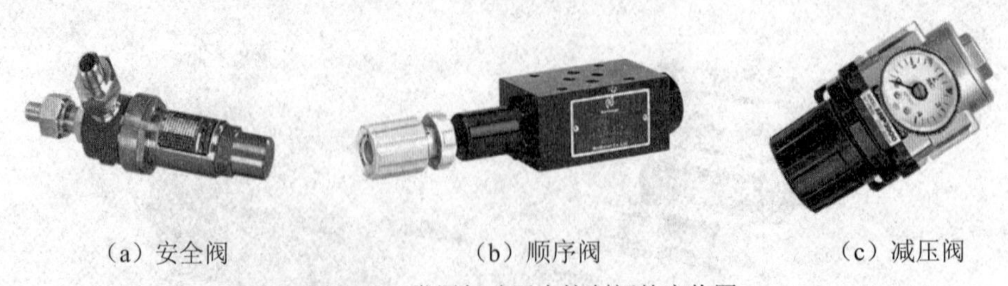

（a）安全阀　（b）顺序阀　（c）减压阀

图2-29 常用气动压力控制阀的实物图

表2-5所示为主要气动压力控制阀的类型、作用及应用特点。在气动控制系统工程应用中，经常将分水滤气器、减压阀和油雾器组合在一起使用，此装置俗称气动三联件。

表 2-5 主要气动压力控制阀的类型、作用及应用特点

类型	作用及应用特点
安全阀	也称为溢流阀，在系统中起到安全保护作用。当系统的压力超过规定值时，安全阀打开，将系统中的一部分气体排入大气，使得系统压力不超过允许值，从而保证系统不因压力过高而发生事故
顺序阀	是依靠气路中压力的作用来控制执行元件按顺序动作的一种压力控制阀，顺序阀一般与单向阀配合在一起构成单向顺序阀
减压阀	对来自供气气源的压力进行二次压力调节，使气源压力减小到各气动装置需要的压力，并保证压力值保持稳定

流量控制阀在气动系统中通过改变阀的流通截面积来实现对流量的控制，以达到控制气缸运动速度或者控制换向阀的切换时间和气动信号的传递速度。流量控制阀包括调速阀、单向节流阀和带消声器的排气节流阀 3 种。图 2-30 所示为常用气动流量控制阀的实物图。

（a）调速阀

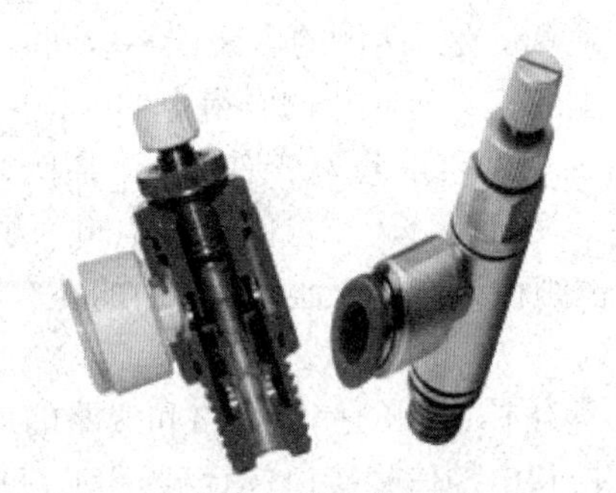

（b）单向节流阀

（c）带消声器的排气节流阀

图 2-30 常用气动流量控制阀的实物图

表 2-6 所示为主要气动流量控制阀的类型及应用特点。特别是单向节流阀上带有气管的快速接头，只要将适合的气管往快速接头上一插就可以接好，使用非常方便，在气动控制系统中得到广泛应用。

表 2-6 主要气动流量控制阀的类型及应用特点

类型	应用特点
调速阀	大流量直通型速度控制阀的单向阀为一座阀式阀芯，当手轮开启圈数少时，进行小流量调节；当手轮开启圈数多时，节流阀杆将单向阀顶开至一定开度，可实现大流量调节。直通式接管方便，占用空间小
单向节流阀	单向阀的功能是靠单向型密封圈来实现的。单向节流阀是由单向阀和节流阀并联而成的流量控制阀，常用于控制气缸的运动速度，故常称为速度控制阀
带消声器的排气节流阀	带消声器的排气节流阀通常装在换向阀的排气口上，控制排入大气的流量，以改变气缸的运动速度。排气节流阀常带有消声器，可降低排气噪声 20dB 以上。一般用于换向阀与气缸之间不能安装速度控制阀的场合及带阀气缸上

方向控制阀是气动系统中通过改变压缩空气的流动方向和气流通断来控制执行元件启动、停止及运动方向的气动元件。通常使用比较多的是电磁控制换向阀（简称电磁阀）。电磁

阀是气动控制中最主要的元件，它是利用电磁线圈通电时静铁芯对动铁芯产生电磁吸引力使阀切换以改变气流方向的阀。根据阀芯复位的控制方式，又可以将电磁阀分为单电控和双电控两种。图 2-31 所示为电磁控制换向阀的实物图。

（a）单电控

（b）双电控

图 2-31　电磁控制换向阀实物图

电磁控制换向阀易于实现电一气联合控制，能实现远距离操作，在气动控制中广泛使用。在使用双电控电磁阀时应特别注意的是，两侧的电磁铁不能同时得电，否则将会使电磁阀线圈烧坏。为此，在电气控制回路上通常设有防止同时得电的联锁回路。

电磁阀按阀切换通道数目的不同可以分为二通阀、三通阀、四通阀和五通阀；同时，按阀芯的切换工作位置数目的不同又可以分为二位阀和三位阀。例如，有两个通口的二位阀称为二位二通阀；有 3 个通口的二位阀称为二位三通阀。常用的还有二位五通阀，用在推动双作用气缸的回路中。

在工程实际应用中，为了简化控制阀的控制线路和气路的连接，优化控制系统的结构，通常将多个电磁阀及相应的气控和电控信号接口、消声器和汇流板等集中在一起组成控制阀的集合体使用，将此集合体称为电磁阀岛。图 2-32 所示为气动控制中常用电磁阀岛实物图。为了方便气动系统的调试，各电磁阀均带有手动换向和加锁功能的手控旋钮。

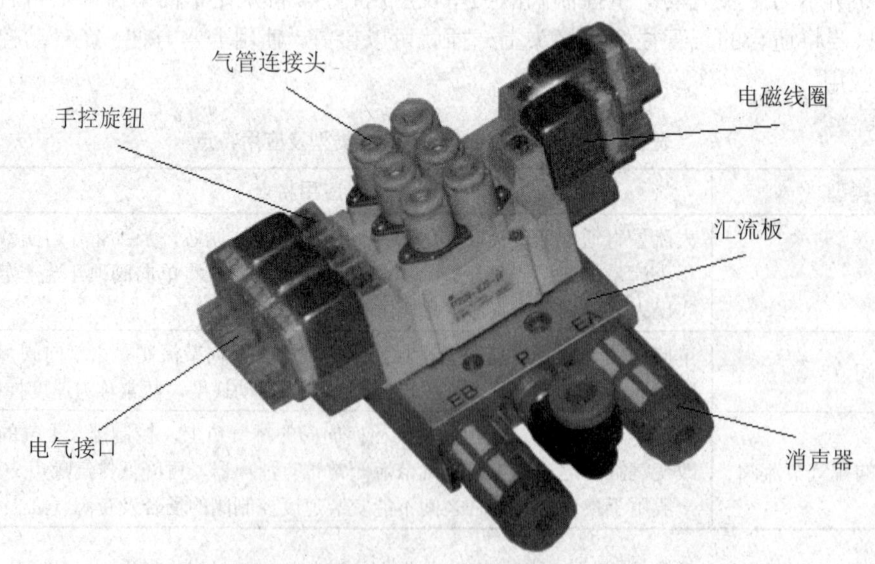

图 2-32　气动控制中常用电磁阀岛实物图

任务 2.3　传感检测技术应用

知识与能力目标

- 熟悉常用开关量传感器及其应用。
- 熟悉常用数字量传感器及其应用。
- 熟悉常用模拟量传感器及其应用。

传感检测技术是实现自动化的关键技术之一。通过传感检测技术能有地效实现各种自动化生产设备大量运行信息的自动检测，并按照一定的规律转换成与之相对应的有用电信号进行输出。自动化设备中用于实现以上传感检测功能的装置就是传感器，它在自动化生产线等领域中得到了广泛的应用。

传感器种类繁多，按从传感器输出电信号的类型不同，可将其划分为开关量传感器、数字量传感器和模拟量传感器。

2.3.1　开关量传感器认知及应用

开关量传感器又称为接近开关，是一种采用非接触式检测、输出开关量的传感器。在自动化设备中，应用较为广泛的主要有磁感应式接近开关、电容式接近开关、电感式接近开关和光电式接近开关等。

1. *磁感应式接近开关*

磁感应式接近开关，简称为磁性接近开关或磁性开关，其工作方式是当有磁性物质接近磁性开关传感器时，传感器感应动作并输出开关信号。

在自动化设备中，磁性开关主要与内部活塞（或活塞杆）上安装有磁环的各种气缸配合使用，用于检测气缸等执行元件的两个极限位置。为了方便使用，每一磁性开关上都装有动作指示灯。当检测到磁信号时，输出电信号，指示灯亮。同时，磁性开关内部都具有过电压保护电路，即使磁性开关的引线极性接反，也不会使其烧坏，只是不能正常检测工作。图 2-33 所示为磁性开关实物及电气符号图。

（a）磁性开关实物

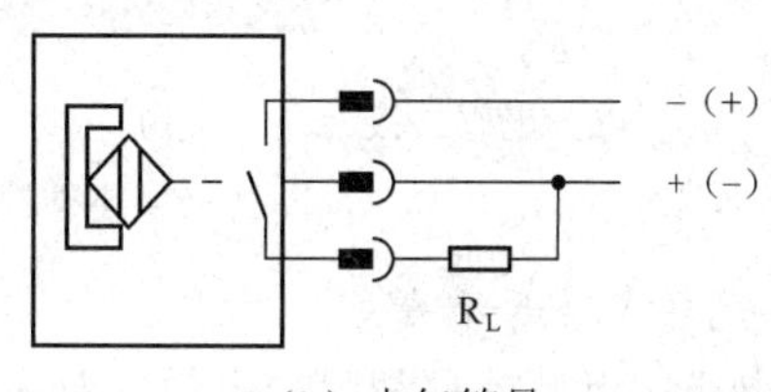

（b）电气符号

图 2-33　磁性开关实物及电气符号图

2. 电容式接近开关

电容式接近开关利用自身的测量头构成电容器的一个极板，被检测物体构成另一个极板，当物体靠近接近开关时，物体与接近开关的极距或者介电常数发生变化，引起静电容量发生变化，使得和测量头连接的电路状态也相应地发生变化并输出开关信号。

电容式接近开关不仅能检测金属零件，而且能检测纸张、橡胶、塑料、木材等非金属物体，还可以检测绝缘的液体。电容式接近开关一般应用在一些尘埃多、易接触到有机溶剂及需要较高性价比的场合中。由于检测内容的多样性，所以得到了更广泛的应用。图 2-34 所示为电容式接近开关实物及电气符号图。

（a）电容式接近开关实物

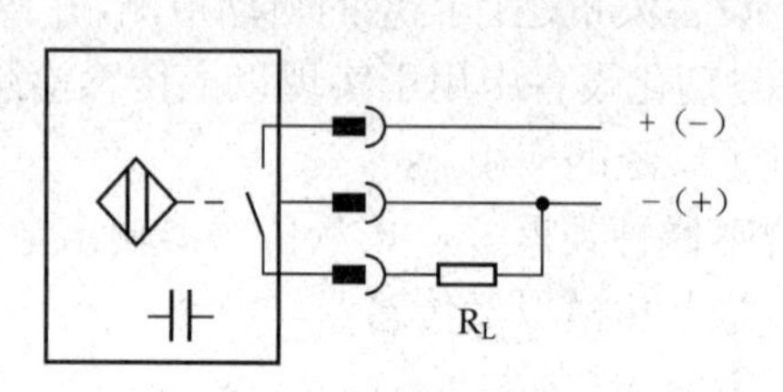

（b）电气符号

图 2-34　电容式接近开关实物及电气符号图

3. 电感式接近开关

电感式接近开关是利用涡流效应制成的开关量输出位置传感器。它由 IC 高频振荡器和放大处理电路组成，利用金属物体在接近时能使其内部产生电涡流，使得接近开关振荡能力衰减、内部电路的参数发生变化，进而控制开关的通断。由于电感式接近开关基于涡流效应工作，所以它检测的对象必须是金属。电感式接近开关对金属与非金属的筛选性能好，工作稳定可靠，抗干扰能力强，在现代工业检测中得到了广泛应用。图 2-35 所示为电感式接近开关的实物及电气符号图。

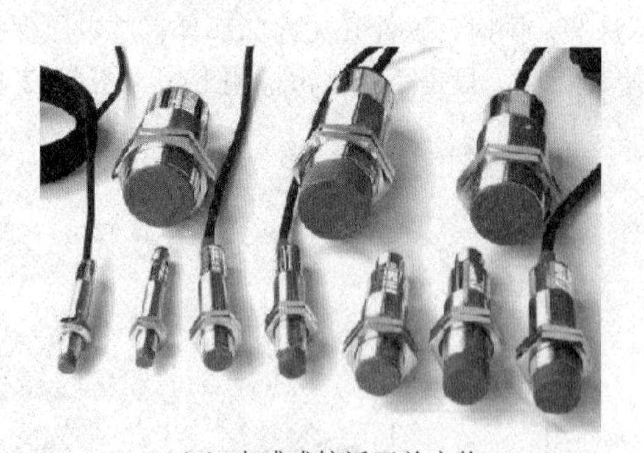

（a）电感式接近开关实物

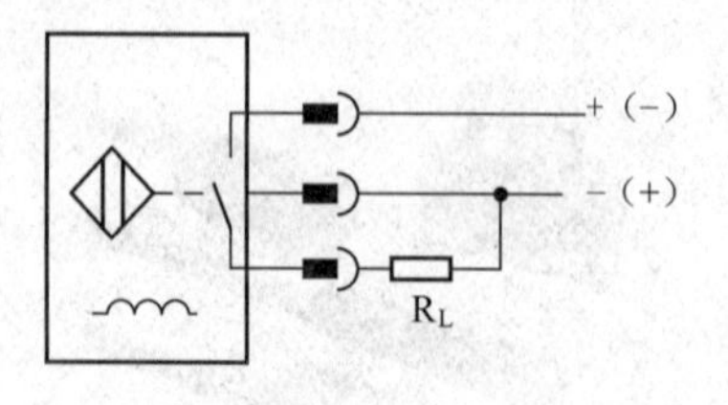

（b）电气符号

图 2-35　电感式接近开关实物及电气符号图

4. 光电式接近开关

光电式接近开关是利用光电效应制成的开关量传感器，主要由光发射器和光接收器组成。光发射器和接收器有一体式和分体式两种。光发射器用于发射红外光或可见光；光接收器用于接收发射器发射的光，并将光信号转换成电信号以开关量形式输出。图 2-36 所示为各种光电式接近开关的实物及电气符号图。

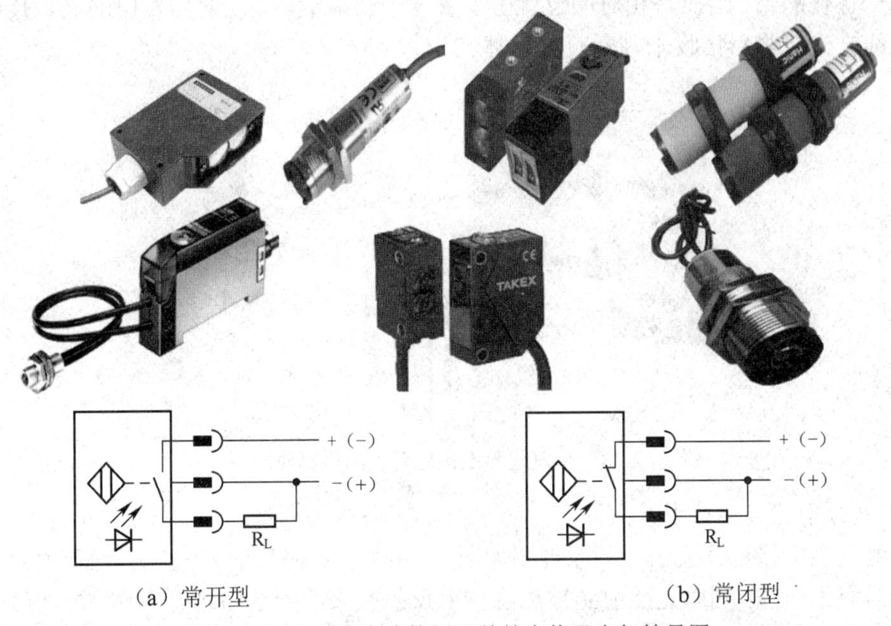

（a）常开型　　（b）常闭型

图 2-36　各种光电式接近开关的实物及电气符号图

按照接收器接收光的方式不同，光电式接近开关可以分为对射式、反射式和漫反射式 3 种。这 3 种形式的光电接近开关的检测原理和方式都有所不同。

（1）对射式光电接近开关。

对射式光电接近开关的检测原理图如图 2-37 所示。对射式光电接近开关的光发射器与光接收器分别处于相对的位置上工作，根据光路信号的有无来判断信号是否进行了输出改变。此开关最常用于检测不透明物体，对射式光电接近开关的光发射器和光接收器有一体式和分体式两种。

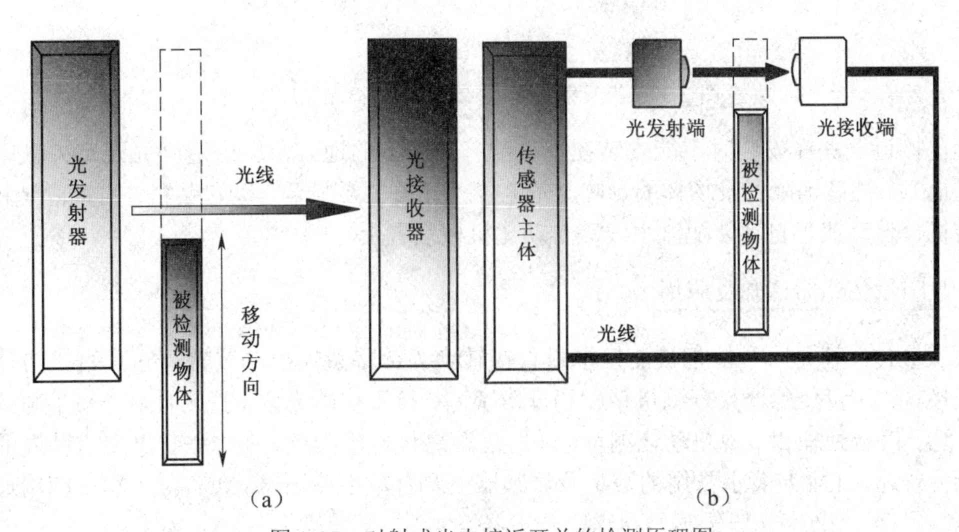

（a）　　（b）

图 2-37　对射式光电接近开关的检测原理图

（2）反射式光电接近开关。

反射式光电接近开关的检测原理图如图 2-38 所示。反射式光电接近开关的光发射器与光接收器为一体化的结构，在其相对的位置上安置一个反射镜，光发射器发出的光以反射镜是否有反射光线被光接收器接收来判断有无物体。

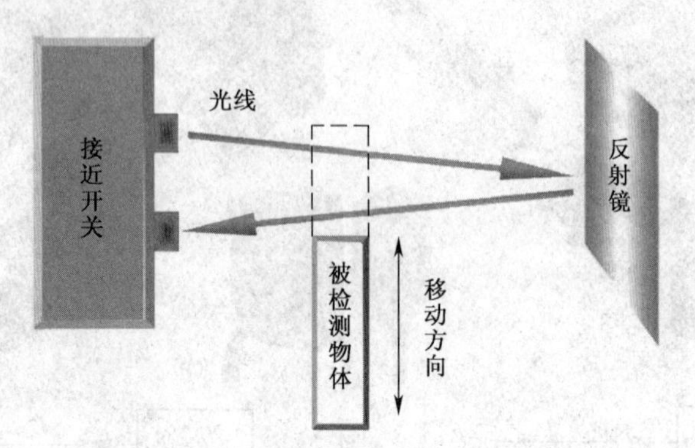

图 2-38 反射式光电接近开关的检测原理图

（3）漫反射式光电接近开关

漫反射式光电接近开关的检测原理图如图 2-39 所示。漫反射式光电接近开关的光发射器和光接收器集于一体，利用光照射到被测物体上反射回来的光线而进行工作。漫反射式光电接近开关的可调性很好，其敏感度可通过其背后的旋钮进行调节。

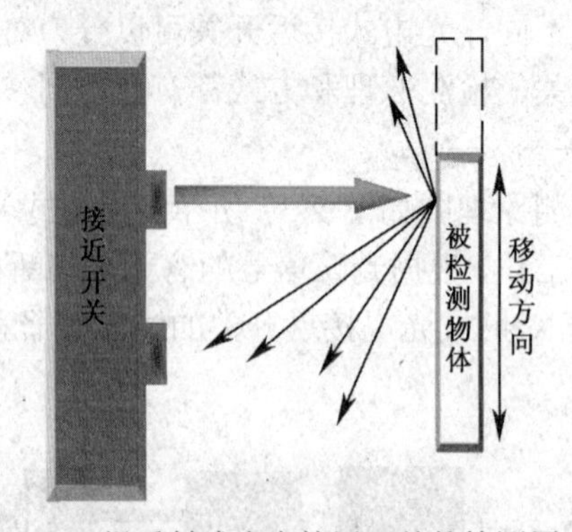

图 2-39 漫反射式光电接近开关的检测原理图

光电接近开关在安装时不能安装在水、油、灰尘多的地方，应回避强光及室外太阳光等直射的地方，注意消除背景物体的影响。光电接近开关主要用于自动包装机、自动灌装机、自动封装机、自动或半自动装配流水线等自动化机械装置上。

2.3.2 数字量传感器认知及应用

数字量传感器是一种能把被测模拟量直接转换为数字量输出的装置，它可直接与计算机系统连接。数字量传感器具有测量精度和分辨率高、抗干扰能力强、稳定性好、易于与计算机接口、便于信号处理和实现自动化测量、适宜远距离传输等优点，在一些精度要求较高的场合应用极为普遍。工业装备上常用的数字量传感器主要有数字编码器（在实际工程中应用最多的是光电编码器）、数字光栅传感器和感应同步器等。

1. 光电编码器

光电编码器通过读取光电编码盘上的图案或编码信息来表示与光电编码器相连的测量装置的位置信息。图 2-40 所示为光电编码器的实物图。

图 2-40 光电编码器实物图

根据光电编码器的工作原理，可以将其分为绝对式光电编码器和增量式光电编码器两种。绝对式光电编码器通过读取编码盘上的二进制编码信息来表示绝对位置信息，二进制位数越多，测量精度越高，输出信号线对应越多，结构就越复杂，价格也就越高；增量式光电编码器直接利用光电转换原理输出 A、B 和 Z 相 3 组方波脉冲信号，A、B 两组脉冲相位差 90°，从而可方便地判断出旋转方向，Z 相为每转一个脉冲，用于基准点定位，其测量精度取决于码盘的刻线数，但结构相对于绝对式要简单，价格便宜。

光电编码器是一种角度（角速度）检测装置，它将输入给轴的角度量利用光电转换原理转换成相应的电脉冲或数字量，具有体积小、精度高、工作可靠和接口数字化等优点。它被广泛应用于数控机床、回转台、伺服传动、机器人、雷达、军事目标测定等需要检测角度的装置和设备中。

2. 数字光栅传感器

数字光栅传感器是根据标尺光栅与指示光栅之间形成的莫尔条纹制成的一种脉冲输出数字式传感器。它被广泛应用于数控机床等闭环系统的线位移和角位移的自动检测以及精密测量方面，测量精度可达几微米。图 2-41 所示为数字光栅传感器的实物图。

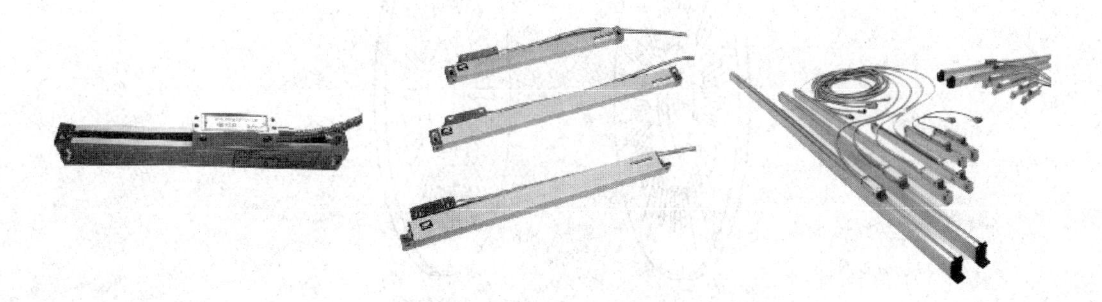

图 2-41 数字光栅传感器实物图

数字光栅传感器具有测量精度高、分辨率高、测量范围大、动态特性好等优点，适合于非接触式动态测量，易于实现自动控制，广泛用于数控机床和精密测量设备中。但是光栅在工业现场使用时，对工作环境要求较高，不能承受大的冲击和振动，要求密封，以防止尘埃、油污和铁屑等污染，故成本较高。

3. 感应同步器

感应同步器是应用定尺与滑尺之间的电磁感应原理来测量直线位移或角位移的一种精密传感器。感应同步器分为直线式和旋转式两类。前者由定尺和滑尺组成，用于直线位移测量；后者由定子和转子组成，用于角位移测量。1957 年美国的 R.W.特利普等在美国取得感应同步器的专利，原名是位置测量变压器，感应同步器是它的商品名称，初期用于雷达天线的定位和自动跟踪、导弹的导向等。在机械制造中，感应同步器常用于数字控制机床、加工中心等的定位反馈系统中和坐标测量机、镗床等的测量数字显示系统中。它对环境条件要求较低，能在有少量粉尘、油雾的环境下正常工作。由于感应同步器是一种多极感应元件，对误差起补偿作用，所以具有很高的精度。图 2-42 所示为直线式感应同步器的结构，图 2-43 所示为旋转式感应同步器的结构。

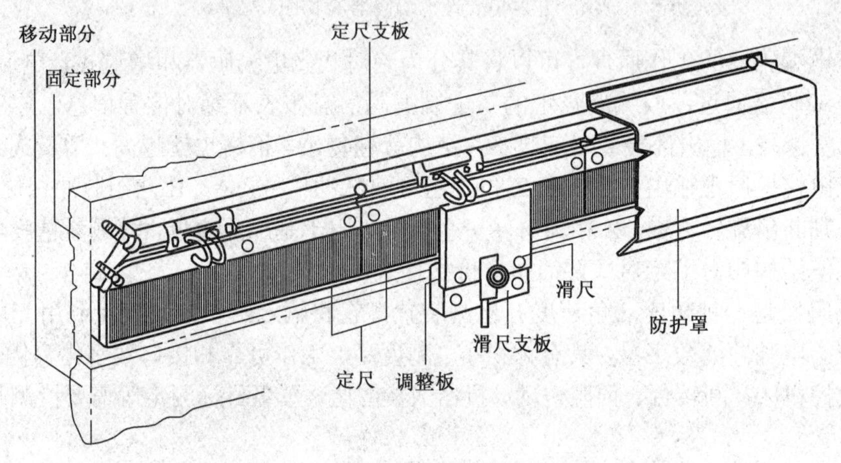

图 2-42 直线式感应同步器的结构

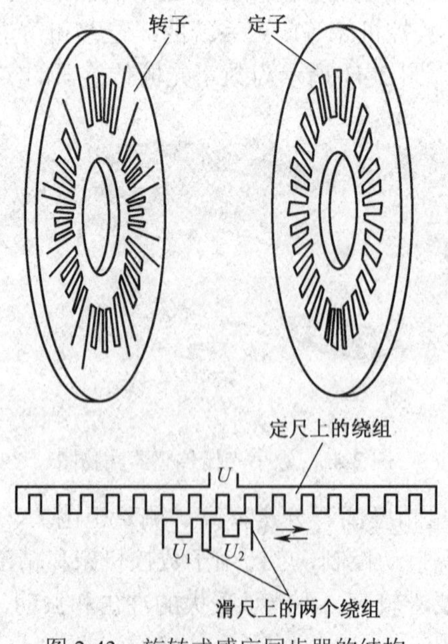

图 2-43 旋转式感应同步器的结构

感应同步器具有对环境温度和湿度变化要求低、测量精度高、抗干扰能力强、使用寿命长和便于成批生产等优点，在各领域应用极为广泛。直线式感应同步器已经广泛应用于大型精密坐标镗床、坐标铣床及其他数控机床的定位、数控和数显等；圆盘式感应同步器常用于雷达天线定位跟踪、导弹制导、精密机床或测量仪器设备的分度装置等领域。

2.3.3　模拟量传感器认知及应用

模拟量传感器是将被测量的非电学量转化为模拟量电信号的传感器。它检测在一定范围内变化的连续数值，发出的是连续信号，用电压、电流、电阻等表示被测参数的大小。在工程应用中，模拟量传感器主要用于生产系统中位移、温度、压力、流量及液位等常见模拟量的检测。

在工业生产实践中，为了保证模拟信号检测的精度和提高抗干扰能力，便于与后续处理器进行自动化系统集成，所使用的各种模拟量传感器一般都配有专门的信号转换与处理电路，将两者组合在一起使用，把检测到的模拟量变换成标准的电信号输出，这种检测装置称为变送器。图2-44所示为各种变送器的实物图。

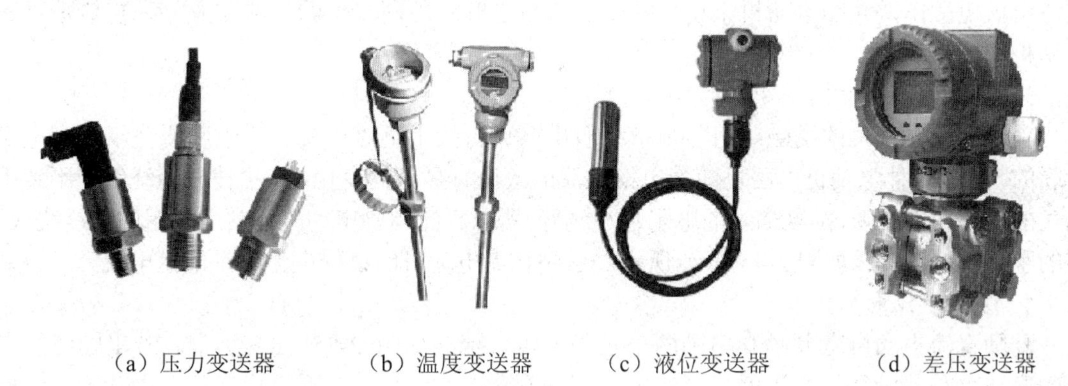

（a）压力变送器　（b）温度变送器　（c）液位变送器　（d）差压变送器

图2-44　各种变送器实物图

变送器所输出的标准信号有标准电压和标准电流。电压型变送器的输出电压为-5V～+5V、0～5V、0～10V等，电流型变送器的输出电流为0～20mA和4～20mA等。由于电流信号抗干扰能力强，便于远距离传输，所以各种电流型变送器得到了广泛应用。变送器的种类很多，用在工业自动化系统上的变送器主要有温/湿度变送器、压力变送器、液位变送器、电流变送器和电压变送器等。

任务2.4　电动机驱动技术应用

知识与能力目标

- 熟悉直流电动机及其应用。
- 熟悉交流电动机及其应用。
- 了解步进电动机及其应用。
- 了解伺服电动机及其应用。

2.4.1 直流电动机认知及应用

直流电动机是利用定子和转子之间的电磁相互作用将输入的直流电能转换成机械能输出的电动机，因其良好的调速性能而在电力拖动中得到广泛应用。直流电动机按励磁方式分为永磁、他励和自励3类，其中自励又分为并励、串励和复励3种。

1. 他励直流电动机

他励直流电动机的励磁绕组与电枢绕组无连接关系，而由其他直流电源对励磁绕组供电，因此励磁电流不受电枢端电压或电枢电流的影响，接线如图2-45（a）所示。图中M表示电动机，若为发电动机，则用G表示。永磁直流电动机也可看做他励直流电动机。

2. 并励直流电动机

并励直流电动机的励磁绕组与电枢绕组相并联，并励绕组两端电压就是电枢两端电压，但是励磁绕组用细导线绕成，其匝数很多，因此具有较大的电阻，使得通过它的励磁电流较小，接线如图 2-45（b）所示。作为并励发电动机来说，是电动机本身发出来的端电压为励磁绕组供电；作为并励电动机来说，励磁绕组与电枢共用同一电源，从性能上讲与他励直流电动机相同。

3. 串励直流电动机

串励直流电动机的励磁绕组与电枢绕组串联后再接于直流电源。由于励磁绕组是和电枢串联的，所以这种电动机内磁场随着电枢电流的改变有显著的变化。为了使励磁绕组中不致引起大的损耗和电压降，励磁绕组的电阻越小越好，所以直流串励电动机通常用较粗的导线绕成，它的匝数较少，接线如图2-45（c）所示。这种直流电动机的励磁电流就是电枢电流。

4. 复励直流电动机

复励直流电动机有并励和串励两个励磁绕组，接线如图 2-45（d）所示。若串励绕组产生的磁通势与并励绕组产生的磁通势方向相同则称为积复励；若两个磁通势方向相反，则称为差复励。

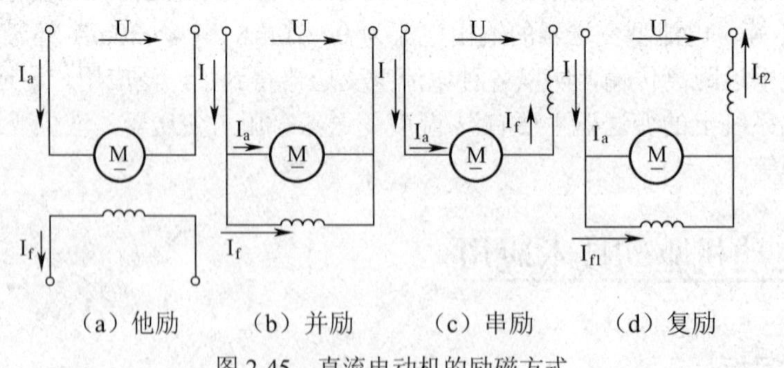

图2-45 直流电动机的励磁方式

不同励磁方式的直流电动机有着不同的特性。一般情况直流电动机的主要励磁方式是并励式、串励式和复励式，直流发电机的主要励磁方式是他励式、并励式和复励式。

直流电动机具有以下特点：

（1）调速性能好。所谓“调速性能”，是指电动机在一定负载的条件下，根据需要，人为地改变电动机的转速。直流电动机可以在重负载条件下实现均匀、平滑的无级调速，而且调速范围较宽。

（2）启动力矩大。可以均匀而经济地实现转速调节。因此，凡是在重负载下启动或要求均匀调节转速的机械，例如大型可逆轧钢机、卷扬机、电力机车、电车等，都用直流电动机拖动。

在实际工程中依据应用的需要，很多直流电动机带有减速机构，将转速降到需要的速度并提高转矩输出。图 2-46 所示为各种直流电动机的实物图。

图 2-46 各种直流电动机实物图

应用中直流电动机有 3 种调速方法，即调节励磁电流、调节电枢端电压和调节串入电枢回路的电阻。调节电枢回路串联电阻的办法比较简便，但能耗较大。直流电动机的转向控制可采用改变电枢电压极性或励磁电压极性来实现，但两者不能同时改变，否则直流电动机运转方向不变。

直流电动机一般常用于低电压要求的电路中。例如电动自行车、计算机风扇、收录机电动机等就是采用直流电动机作为动力的。直流电动机由于具有良好的调速性能、较大的启动转矩和过载能力，在许多工业部门，特别是在启动和调速要求较高的生产机械中得到了广泛的应用。例如大型轧钢设备、大型精密机床、矿井卷扬机、市内电车以及电缆设备要求严格线速度一致的地方等很多都采用直流电动机作为原动机来拖动机械工作。

2.4.2 交流电动机认知及应用

交流电动机是利用定子和转子之间的电磁相互作用将输入的交流电能转换成机械能输出的电动机。交流电动机根据转子转速与旋转磁场之间的关系又可以分为异步电动机和同步电动机。同时，根据电动机正常运行通电的相数又可以分为单相交流电动机和三相交流电动机。同样，很多交流电动机也带有减速机构，将转速降到需要的速度并提高转矩输出。图 2-47 所示为各种交流电动机的实物图。

图 2-47　各种交流电动机实物图

由于三相异步电动机具有良好的工作性能和较高的性价比，所以在工农业生产中得到极为普遍的应用。在实际应用中，三相异步电动机的调速方法有变极调速、变频调速和改变转差率调速 3 种。由于变频调速的调速性能优越，具有能平滑调速、调速范围广及效率高等诸多优点，所以随着变频器性价比的提高和应用的推广，越来越成为最有效的调速方式。对三相异步电动机运转方向的改变，只需通过改变交流电动机供电电源的相序即可。当然，如果采用变频器驱动电动机，其转速和转向就均可通过变频器来实现。

交流电动机的工作效率较高，没有烟尘、气味，不污染环境，噪声也较小。由于它的一系列优点，所以在工农业生产、交通运输、国防、商业及家用电器、医疗电器设备等各方面均得到广泛应用。特别是中小型轧钢设备、矿山机械、机床、起重运输机械、鼓风机、水泵及农副产品加工机械等领域，大部分都采用三相异步电动机来拖动机械工作。

2.4.3　步进电动机认知及应用

步进电动机是将电脉冲信号转变为角位移的执行机构。当步进驱动器接收到一个脉冲信号时，它就驱动步进电动机按设定的方向转动一个固定的角度（即步距角），故又称脉冲电动机。根据步进电动机的工作原理，步进电动机工作时需要满足一定相序的较大电流的脉冲信号，生产装备中使用的步进电动机都配备有专门的步进电动机驱动装置来直接控制与驱动步进电动机的运转工作。

步进电动机分为机电式、磁电式、直线式 3 种基本类型。

1. 机电式步进电动机

机电式步进电动机由铁芯、线圈、齿轮机构等组成。螺线管线圈通电时将产生磁力，推动其铁芯芯子运动，通过齿轮机构使输出轴转动一定角度，通过抗旋转齿轮使输出转轴保持在新的工作位置；线圈再通电，转轴又转动一定角度，依次进行步进运动。

2. 磁电式步进电动机

磁电式步进电动机主要有永磁式、反应式和永磁感应子式 3 种形式。

（1）永磁式步进电动机由四相绕组组成。A 相绕组通电时，转子磁钢将转向该相绕组所确定的磁场方向；A 相断电、B 相绕组通电时，就产生一个新的磁场方向，这时转子就转动一定角度而位于新的磁场方向上，被激励相的顺序决定了转子运动方向。永磁式步进电动机消耗功率较小，步矩角较大。缺点是启动频率和运行频率较低。

（2）反应式步进电动机在定转子铁芯的内外表面上设有按一定规律分布的相近齿槽，利用这两种齿槽相对位置的变化引起磁路磁阻的变化产生转矩。这种步进电动机步矩角可做到

1°～15°，甚至更小，精度容易保证，启动和运行频率较高，但功耗较大，效率较低。

（3）永磁感应子式步进电动机又称混合式步进电动机，是永磁式步进电动机和反应式步进电动机两者的结合，兼有两者的优点。

3. 直线式步进电动机

直线式步进电动机由静止部分（称为反应板）和移动部分（称动子）组成。反应板由软磁材料制成，在它上面均匀地开有齿和槽。电机的动子由永久磁铁和两个带线圈的磁极 A 和 B 组成。动子由气垫支承，以消除在移动时的机械摩擦，使电机运行平稳并提高定位精度。这种电机的最高移动速度可达 1.5m/s，加速度可达 2g，定位精度可达 20 多微米。由两台直线式步进电动机相互垂直组装就构成平面电动机。给 x 方向和 y 方向两台电机以不同组合的控制电流，就可以使电机在平面内做任意几何轨迹的运动。大型自动绘图机就是把计算机和平面电动机组合在一起的新型设备。平面电动机也可用于激光剪裁系统，其控制精度和分辨率可达几十微米。

步进电机的优点是没有累积误差、结构简单、使用维修方便、制造成本低、步进电动机带动负载惯量的能力大，适用于中小型机床和速度精度要求不高的地方，缺点是效率较低、发热大，有时会“失步”。

图 2-48 所示为各种步进电动机及驱动装置的实物图。

图 2-48　各种步进电动机及驱动装置实物图

步进电动机受脉冲的控制，其转子的角位移量和转速与输入脉冲的数量和脉冲频率成正比，可以通过控制脉冲个数来控制角位移量，以达到准确定位的目的。同时，也可以通过控制脉冲频率来控制电动机转动的速度和加速度，从而达到调速的目的。步进电动机的运行特性还与其线圈绕组的相数和通电运行的方式有关。

步进电动机的运行特性不仅与步进电动机本身和负载有关，而且与配套使用的驱动装置也有着十分密切的关系。步进电动机的驱动电源由变频脉冲信号源、脉冲分配器及脉冲放大器组成，由此驱动电源向电机绕组提供脉冲电流。步进电动机的运行性能决定于电机与驱动电源间的良好配合。

目前使用的绝大部分步进电动机驱动装置都采用硬件环形脉冲分配器，与功率放大器集成在一起共同构成步进电动机的驱动装置，可实现脉冲分配和功率放大两个功能。步进电动机驱动装置上还设置有多种功能选择开关，用于实现具体工程应用项目中驱动器步距角的细分选择和驱动电流大小的设置。

在实际应用中，首先按照步进电动机和驱动器装置具体对应的电气接口关系连接好硬件线路；然后根据需要设置好驱动器装置上步距角细分选择与电流设置开关；接着控制器只需要提供一组控制步进电动机转速和方向的毫瓦（mW）数量级功率的可调脉冲序列即可驱动电动机工作。

步进电动机具有以下特点：

（1）过载性好。其转速不受负载大小的影响，不像普通电机当负载加大时就会出现速度下降的情况，步进电机使用时对速度和位置都有严格的要求。

（2）控制方便。步进电动机是以“步”为单位旋转的，数字特征比较明显。

（3）整机结构简单。传统的机械速度和位置控制结构比较复杂，调整困难，使用步进电动机后，使得整机的结构变得简单和紧凑。

步进电动机具有结构简单、价格便宜、精度较高、使用方便等优点，在计算机的数字开环控制系统中应用广泛，如采用位置检测和速度反馈，亦可实现闭环控制。步进电动机已广泛地应用于数字控制系统中，如数模转换装置、数控机床、计算机外围设备、自动记录仪、钟表等之中，另外在工业自动化生产线、印刷设备等中亦有应用。虽然步进电动机也有一些弱点（一是用得不好有可能失步，二是控制精度相对较低，而且运动中无法确定运动部件的准确位置），但一般来说，均可满足对工作精度要求不高的应用领域的需要。

2.4.4 伺服电动机认知及应用

伺服电动机又称执行电动机，在自动控制系统中用作执行元件，即把所接收到的电信号转换成电动机轴上的角位移或角速度输出，改变输入电压的大小和方向就可以改变转轴的转速和转向。伺服电动机在信号来到之前，转子静止不动；信号来到之后，转子立即转动；当信号消失时，转子能即时自行停转。

伺服电动机可以分为直流和交流两种。表 2-7 列出了两种伺服电动机的主要优缺点及应用。

表 2-7 两种伺服电动机的比较

类型	优点	缺点	应用
直流伺服电动机	精确的速度控制，转矩速度特性很硬，原理简单、使用方便，有价格优势	电刷换向、速度限制、附加阻力、产生磨损微粒（对于无尘室）	直流伺服电动机的特性较交流伺服电动机硬。通常应用于功率稍大的系统中，如随动系统中的位置控制等
交流伺服电动机	良好的速度控制特性，可实现平滑控制，几乎无振荡；高效率，90%以上，不发热；高速控制；高精确位置控制；额定运行区域内实现恒力矩；低噪音；没有电刷的磨损，免维护；不产生磨损颗粒、没有火花，适用于无尘间、易暴环境，惯量低	控制较复杂，驱动器参数需要现场调整 PID 参数整定，需要更多的连线。	交流伺服电动机的输出功率一般为 0.1～100 W，电源频率分 50Hz、400Hz 等多种。应用广泛，如用在各种自动控制、自动记录等系统中

20 世纪 80 年代以来，随着集成电路、电力电子技术和交流可变速驱动技术的发展，永磁交流伺服驱动技术有了突出的发展，各国著名电气厂商相继推出了各自的交流伺服电动机和伺服驱动器系列产品，并在不断地完善和更新，交流伺服系统已成为当代高性能伺服系统的主要发展方向。图 2-49 所示为各种伺服电动机及驱动器的实物图。

 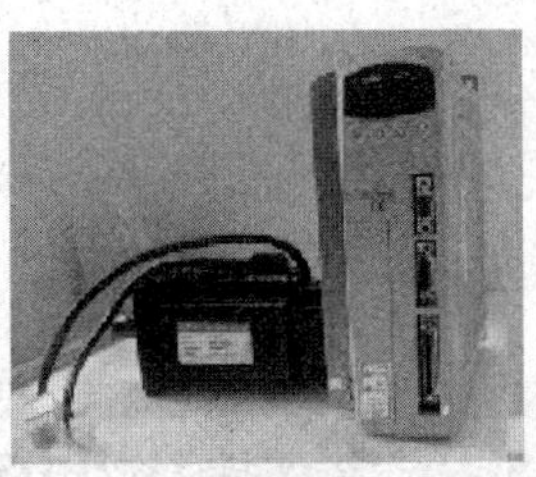  

图 2-49 各种伺服电动机及驱动器实物图

交流伺服电动机也是无刷电动机，分为同步电动机和异步电动机，目前运动控制中一般都用同步电动机，它的功率范围大，可以做到很大的功率，大惯量，最高转动速度低（且随着功率增大而快速降低），适合应用于低速平稳运行的领域。

永磁同步交流伺服驱动器主要由伺服控制单元、功率驱动单元、通信接口单元、伺服电动机及相应的反馈检测器件组成。伺服控制单元包括位置控制器、速度控制器、转矩和电流控制器等，能实现多种控制运行方式。交流伺服电动机的转动精度取决于电动机自带编码器的精度（线数）。永磁同步交流伺服驱动器集先进的控制技术和控制策略于一体，使其非常适用于高精度、高性能要求的伺服驱动领域，并体现出强大的智能化、柔性化，是传统的驱动系统所不可比拟的。

当前，高性能的电伺服系统大多采用永磁同步型的交流伺服电动机，控制驱动器多采用快速、准确定位的全数字位置伺服系统。典型生产厂家有德国的西门子、美国的科尔摩根和日本的松下及安川等公司。

交流伺服电动机具有控制精度高、矩频特性好、运行性能优良、响应速度快和过载能力较强等优点，在一些要求较高的自动化生产装备领域中应用比较普遍。但由于伺服电动机成本都比较高，所以在控制系统的设计过程中要综合考虑控制要求、成本等多方面的因素，选用适当的控制电动机。

项目 3 可编程控制器的分析与应用

任务 3.1 S7-200PLC 的工作原理和编程基础

知识与能力目标

- 掌握 PLC 的基本结构。
- 熟悉 PLC 工作原理。
- 熟悉 PLC 的编程语言。
- 理解 I/O 单元结构。
- 理解梯形图的能流概念。
- 了解梯形图的特点。
- 掌握 PLC 寻址方式。
- 了解存储器的划分。

3.1.1 S7-200PLC 的工作原理

1. PLC 的基本结构

可编程控制器简称 PLC，是一种数字运算操作的电子系统，是专为工业环境下应用而设计的控制器。PLC 是在电气控制技术和计算机技术的基础上开发出来的，并逐渐发展成为以微处理器为核心，将自动化技术、计算机技术、通信技术融为一体的新型工业控制装置。图 3-1 所示为可编程控制器实物图。

图 3-1 可编程控制器实物图

为了满足工业控制的要求，PLC 生产制造厂家不断推出具有不同层次性能和内部资源的多种形式的 PLC，如图 3-2 所示。PLC 按照 I/O 点数容量可分为小型机、中型机和大型机；按照结构形式可分为整体式和模块式结构；按照使用情况可分为通用型和专用型。

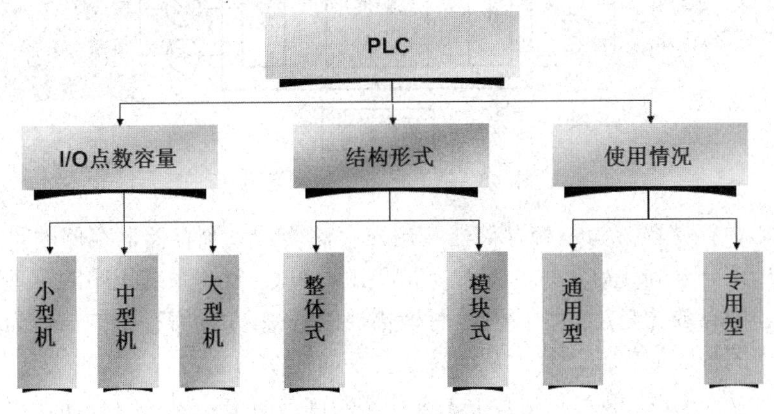

图 3-2　PLC 的分类

表 3-1 所示为 PLC 的应用特点。

表 3-1　PLC 的应用特点

类型	应用特点
小型机	一般以开关量控制为主；输入/输出总点数在 256 点以下，用户存储器容量在 4KB 以下；价格低廉、体积小巧，适用于单机或小规模生产过程的控制；典型的小型机有西门子 S7-200 系列等
中型机	输入/输出总点数在 256～2000 点之间，用户存储器容量为 2KB～64KB；不仅具有开关量和模拟量控制功能，还具有更强的数字计算能力；适用于复杂的逻辑控制系统以及连续生产过程的过程控制场合；典型的有西门子 S7-300 系列等
大型机	用户存储器容量为 32KB 至几 MB；性能与工业计算机相当，具有齐全的中断控制、过程控制、智能控制、远程控制等功能；通信功能十分强大，适合于大规模过程控制、分布式控制系统和工厂自动化网络控制；典型的有西门子 S7-400 系列等

（1）PLC 的组成。

如图 3-3 所示，PLC 与通用计算机没有什么区别，只是一台增强了 I/O 功能的可与控制对象方便连接的计算机。其完成控制的实质是按一定算法进行 I/O 变换，并将这个变换物理实现，应用于工业现场。

- 输入寄存器。输入寄存器可按位进行寻址，每一位对应一个开关量，其值反映了开关量的状态，其值的改变由输入开关量驱动，并保持一个扫描周期。CPU 可以读其值，但不可以写或进行修改。
- 输出寄存器。输出寄存器的每一位都表明了 PLC 在下一个时间段的输出值，而程序循环执行开始时的输出寄存器的值表明的是上一时间段的真实输出值。在程序执行过程中，CPU 可以读其值，并作为条件参加控制，还可以修改其值，而中间的变换仅仅影响寄存器的值。只有程序执行到一个循环的尾部时的值才影响下一时间段的输出，即只有最后的修改才对输出接点的真实值产生影响。

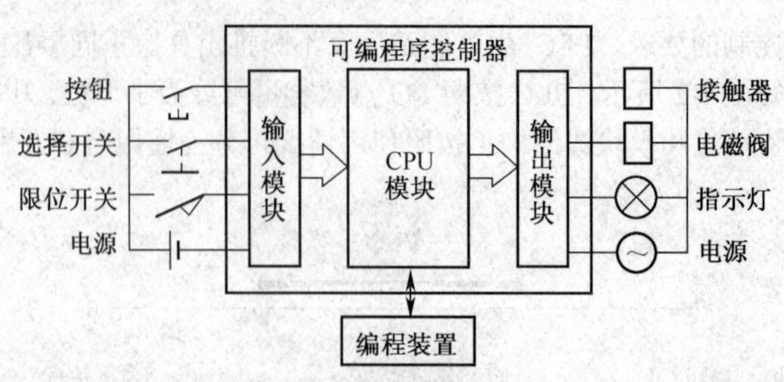

图 3-3　PLC 控制系统示意图

- 存储器。存储器分为系统存储器和用户存储器。系统存储器存储的是系统程序，它是由厂家开发固化好了的，用户不能更改，PLC 要在系统程序的管理下运行。用户存储器中存放的是用户程序和运行所需要的资源，I/O 寄存器的值作为条件决定着存储器中的程序如何被执行，从而完成复杂的控制功能。
- CPU 单元。CPU 单元控制着 I/O 寄存器的读写时序，以及对存储器单元中程序的解释执行工作，是 PLC 的大脑。
- 其他接口单元。其他接口单元用于提供 PLC 与其他设备和模块进行连接通信的物理条件。

（2）PLC 控制机制。

PLC 已经完全能够取代继电器控制系统。只有对其控制机制有了准确的理解，才能对其进行持续的开发并创造性地使用它。I/O 电路已经保证了 PLC 与现场设备的直接连接，并在内部寄存器存储了这些状态。但是，为了取代继电器控制，更重要的是如何组织和使用这些开关量，从而达到用软件程序代替硬件连线的目的。通过对继电器控制电路特点的介绍，已经知道继电器控制电路的特点在于各个控制单元是否动作是由其接点条件控制的，并不受其前后位置的影响。同一时刻，可有多个不同的控制单元继电器在动作（翻转），控制的结果、逻辑动作顺序也是由其接点条件来控制的。这与计算机顺序执行的工作特点是矛盾的。主要体现在：一个是乱序，只要条件满足就执行；而另一个是顺序执行。

PLC 充分地利用了计算机存储程序的思想和高速的特点，采用了控制系统中的离散控制方法，使它的控制能够完全取代继电器的控制。具体地说就是将连续的控制用离散控制代替，即某一时间段的输出完全取决于上一时间段某一时刻的输入和上一时间段的输出。在这里要强调的是某一时刻的输入值。这样做成的 PLC 中的输入量只是某一时刻的输入量的值，在一个时间段内这个输入量在计算机内保持不变，只要计算机运算速度足够快，完全可以在这一时间段内计算出应有的输出结果，从而达到输出的结果与计算顺序无关。即可以让计算机顺序地计算，使无序和顺序执行有机地统一起来。

至于上一时间段的输出，在参加计算的时候，只是存储在映像寄存器中的输出结果，执行运算过程中并不修改端子的输出值。真实地输出已表现在端子接点上，并要保持一个时间段，也就是采取集中输出的方法，在计算的过程中完全可以使用或修改其映像寄存器中的值而不会对现阶段的输出产生影响。这样只要时间段足够短，并且 PLC 周而复始地运行着，就完全可以模仿继电器的控制并且取代它。

由于采用集中 I/O 的思想，其 I/O 状态存储在寄存器中，可以充分发挥计算机的强大逻辑计算能力，以完成更复杂的控制功能。

2. PLC 工作原理

（1）循环扫描。

CPU 连续执行用户程序、任务的循环序列称为扫描。如图 3-4 所示，CPU 的扫描周期包括读输入、执行程序、处理通信请求、执行 CPU 自诊断测试及写输出等内容。

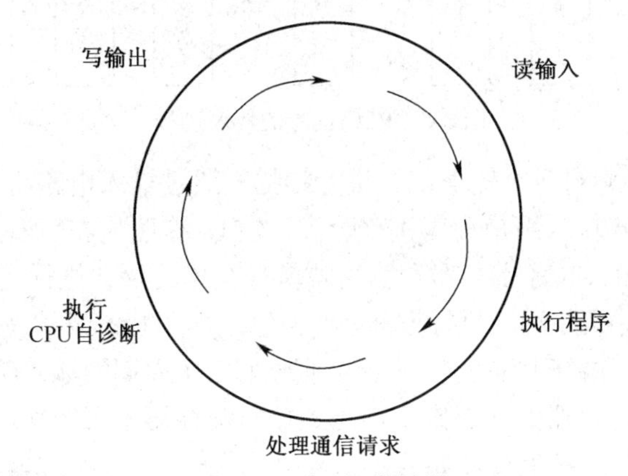

图 3-4　循环扫描周期

PLC 可被看成是在系统软件支持下的一种扫描设备。它一直周而复始地循环扫描并执行由系统软件规定好的任务。用户程序只是扫描周期的一个组成部分，用户程序不运行时，PLC 也在扫描，只不过在一个周期中去除了用户程序和读输入、写输出这几部分内容。典型的 PLC 在一个周期中可完成以下 5 个扫描过程：

- 自诊断测试扫描过程。为保证设备的可靠性，及时反映所出现的故障，PLC 都具有自监视功能。自监视功能主要由时间监视器（Watchdog Timer，WDT）完成。WDT 是一个硬件定时器，每一个扫描周期开始前都被复位。WDT 的定时可由用户修改，一般在 100～200ms 之间。其他的执行结果错误可由程序设计者通过标志位进行处理。
- 与网络进行通信的扫描过程。一般小型系统没有这一扫描过程，配有网络的 PLC 系统才有通信扫描过程，这一过程用于 PLC 之间及 PLC 与上位计算机或终端设备之间的通信。
- 用户程序扫描过程。机器处于正常运行状态下，每一个扫描周期内都包含该扫描过程。该过程在机器运行中是否执行是可控的，即用户可以通过软件进行设定。用户程序的长短会影响过程所用的时间。
- 读输入、写输出扫描过程。机器在正常运行状态下，每一个扫描周期内都包含这个扫描过程。该过程在机器运行中是否被执行是可控的。CPU 在处理用户程序时，使用的输入值不是直接从输入点读取的，运算的结果也不直接送到实际输出点，而是在内存中设置了两个映像寄存器：输入映像寄存器和输出映像寄存器。用户程序中所用的输入值是输入映像寄存器的值，运算结果也放在输出映像寄存器中。在输入扫描过程中，CPU 把实际输入点的状态锁入到输入映像寄存器；在输出扫描过程中，CPU 把输出映像寄存器的值锁定到实际输出点。为了现场调试方便，PLC 具有 I/O 控制功能，用户可以通过编程器封锁或开放 I/O。封锁 I/O 就是关闭 I/O 扫描过程。

图 3-5 描述了信号从输入端子到输出端子的传递过程。

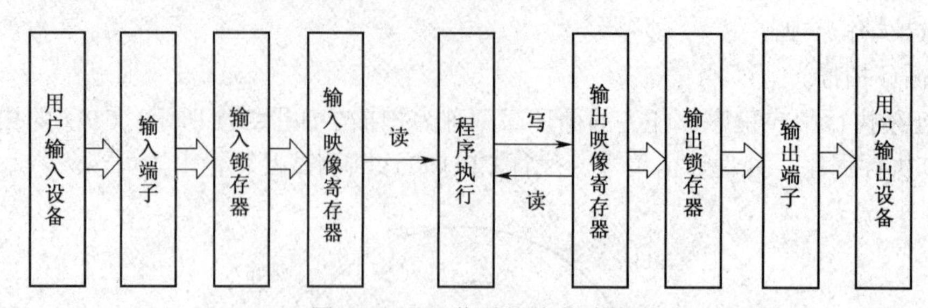

图 3-5 PLC 信号的传递过程

在读输入阶段，CPU 对各个输入端子进行扫描，通过输入电路将各输入点的状态锁入输入映像寄存器中。紧接着转入用户程序执行阶段，CPU 按照先左后右、先上后下的顺序对每条指令进行扫描，根据输入映像寄存器和输出映像寄存器的状态执行用户程序，同时将执行结果写入输出映像寄存器中。在程序执行期间，即使输入端子状态发生变化，输入状态寄存器的内容也不会改变——输入端子状态变化只能在下一个工作周期的输入阶段才被集中读入。在写输出阶段，将输出映像寄存器的状态集中锁定到输出锁存器，再经输出电路传递到输出端子。

由上述分析得出循环扫描有如下特点：

- 扫描过程周而复始地进行，读输入、写输出和用户程序是否执行是可控的。
- 输入映像寄存器的内容是由设备驱动的，在程序执行过程中的一个工作周期内输入映像寄存器的值保持不变，CPU 采用集中输入的控制思想，只能使用输入映像寄存器的值来控制程序的执行。
- 程序执行完后的输出映像寄存器的值决定了下一个扫描周期的输出值，而在程序执行阶段，输出映像寄存器的值既可以作为控制程序执行的条件，同时又可以被程序修改用于存储中间结果或下一个扫描周期的输出结果。此时的修改不会影响输出锁存器的现在输出值，这是与输入映像寄存器完全不同的。
- 对同一个输出单元的多次使用、修改次序会造成不同的执行结果。由于输出映像寄存器的值可以作为程序执行的条件，所以程序的下一个扫描周期的集中输出结果是与编程顺序有关的，即最后一次的修改决定了下一个周期的输出值，这是编程人员要注意的问题。
- 各个电路和不同的扫描阶段会造成输入和输出的延迟，这是 PLC 的主要缺点。各 PLC 厂家为了缩小延迟采取了很多措施，编程人员应对所使用型号的 PLC 的延迟时间的长短很清楚，它是进行 PLC 选型时的重要指标。

输入/输出采用映像寄存器结构的优点如下：

- 集中采样 I/O，程序扫描期间输入值固定不变，程序执行完后统一输出。这种集中 I/O 的方法保证了程序的顺序执行与外部电路乱序执行的统一，使系统更加稳定可靠。
- 程序执行时，存取映像寄存器要比直接读写 I/O 端点快得多，这样可以加快程序执行速度。
- I/O 点必须按位存取，而映像寄存器可按位、字节、字、双字灵活地存取，增加了程序的灵活性。

从以上对扫描周期的分析可知，扫描周期的时间变化基本上可分为三部分，即保证系统正常运行的公共操作、系统与外部设备信息的交换和用户程序的执行。第一部分的扫描时间基本上是固定的，因机器类型而有所不同；第二部分并不是每个系统或系统的每次扫描都有，占用的扫描时间也是变化的；第三部分随控制对象工艺的复杂程度和用户控制程序而变化，因此这部分占用的扫描时间不仅对不同系统其长短不同，而且对用着不同的扫描时间。所以系统扫描周期的长短，除了因是否运行用户程序而有较大的差别外，同一系统的不同执行条件也占在运行用户程序时也不是完全固定不变的。这是由于在执行程序中，随着变量状态的不同，一部分程序段可能不执行而形成的。用户程序的扫描时间主要由 CPU 的运算速度和程序的长短决定。

（2）I/O 响应时间。

由于 PLC 采用循环扫描的工作方式，而且对输入和输出信号只在每个扫描周期的固定时间集中输入/输出，所以必然会产生输出信号相对输入信号滞后的现象。扫描周期越长，滞后现象越严重。对慢速控制系统这是允许的，当控制系统对实时性要求较高时，这就成了必须面对的问题，所以编程者应对滞后时间有一个具体数量上的了解。

从 PLC 输入端信号发生变化到输出端对输入变化做出反应需要一段时间，这段时间就称为 PLC 的响应时间或滞后时间。

响应时间由输入延迟、输出延迟和程序执行时间三部分决定。

- PLC 输入电路中设置了滤波器，滤波器的常数越大，对输入信号的延迟作用越强。输入延迟是由硬件决定的，有的 PLC 滤波器时间常数可调。
- 从输出锁存器到输出端子所经历的时间称为输出延迟，对各种不同的输出形式其值大小不同。它也是由硬件决定的，对于不同型号的 PLC 其具体数值可通过查表得到。
- 程序执行时间主要由程序长短来决定，对一个实际的控制程序，编程人员必须对此部分进行现场测算，使 PLC 的响应时间控制在系统允许的范围内。

在最有利的情况下，输入状态经过一个扫描周期在输出得到响应的时间称为最小 I/O 响应时间。在最不利的情况下，输入点的状态恰好错过了输入的锁入时刻，造成在下一个输出锁定才能被响应，这就需要两个扫描周期时间，称为最大 I/O 响应时间。它们是由 PLC 的扫描执行方式决定的，与编程方法无关。

对一般的工业控制系统，这种滞后现象是完全允许的。同时可以看出，输入状态要想得到响应，开关量信号宽度至少要大于一个扫描周期才能保证被 PLC 采集到。

（3）PLC 中的存储器。

PLC 中的存储器按用途分为系统程序存储器、用户程序存储器和工作数据存储器。

系统程序存储器中存放的是厂家根据其选用的 CPU 的指令系统编写的系统程序，它决定了 PLC 的功能，用户不能更改其内容。

用户程序存储器用来存储根据控制要求而编制的用户应用程序。

用来存储工作数据的区域称为工作数据区。工作数据是经常变化、经常存取的，它包括输出映像寄存器和程序执行过程中的参数可变值等。PLC 的种类很多，无论用户使用哪一种，要想编制正确的程序，必须对存储器的划分非常清楚。

3. PLC 的编程语言

（1）PLC 的编程结构功能图。

任何语言都有编程的对象和基础，本书主要介绍梯形图语言和语句表语言，而功能图是理解这两种语言的基础。如图 3-6 所示为 PLC 内部结构功能示意图。

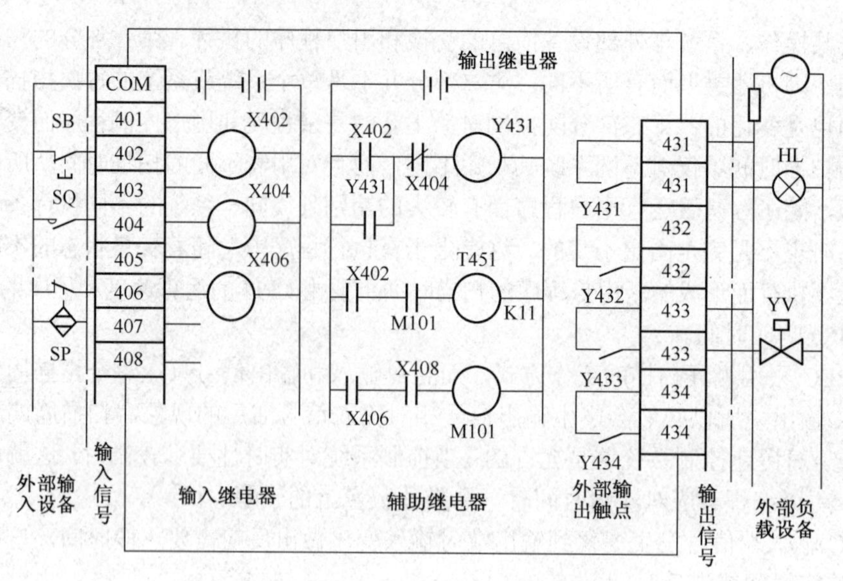

图 3-6　PLC 内部结构功能示意图

输入继电器是由外部输入驱动的，梯形图中只能使用其接入点状态值，用户不能改变输入继电器的状态。辅助继电器的种类和多少决定了 PLC 控制功能的强弱，相当于工作寄存器的多少和功能的强弱。

实际的 PLC 中并没有图中的物理继电器，用继电器来表示 PLC 的内部功能结构是为了使习惯于继电器控制的工程技术人员能更好地理解 PLC 的功能，更好地使用 PLC，就像他们在设计继电器控制电路时一样。实际上它只是为了编程而设计出来的概念，沿用了继电器的叫法，它仅是 PLC 寄存器中的一些位单元而已。

在 PLC 的发展历史上，采用类似于继电器控制电路的梯形图编程语言设计 PLC 的控制程序无疑推动了 PLC 的普及和向前发展。一种新的技术冲破旧的传统思维得到如此迅猛的发展，梯形图编程语言功不可没。

梯形图语言是一种图形化的语言，是一种面向控制过程的“自然语言”。梯形图编程语言形象、直观、准确地描述了逻辑控制关系，它容易被广大的工程技术人员所掌握（不仅是熟悉继电器控制的技术人员）。只要对生产工艺有深入的了解，就能编制出符合生产工艺的控制程序，这充分说明了梯形图语言的先进性。

语句表编程语言适合于计算机工作者对 PLC 的理解，梯形图语言要转换成语句表语言来执行，就像计算机中的高级语言和汇编语言，也就是说 PLC 厂家已成功地完成了梯形图符号编程的编译工作。

PLC 与被控对象连接的只是 I/O 条件，而 I/O 之间的组合控制关系需要用软件的方法描述清楚，梯形图是一种描述方法，当然还有语句表等其他的语言。语言的支持取决于厂家开发的系统程序，只要将其输入 PLC 的用户存储器中，PLC 就能够解释并实现 I/O 间的控制关系。当控制关系发生改变时，只要修改梯形图程序，重新输入到 PLC 的存储器即可，从而快捷地改变生产工艺。

（2）梯形图编程语言。

PLC 是通过程序对系统进行控制的，作为一种专用计算机，为了适应其应用领域，一定有其专用的语言。现实情况正是如此，PLC 的编程语言有多种，如梯形图、语句表、功能图、逻辑方程等。本书中采用梯形图和语句表编程语言对照介绍 PLC 的功能和使用。选用这两种语言是由其本身的特点决定的。梯形图编程语言是一种图形语言，具有继电器控制电路形象、直观的优点，熟悉继电器控制的工程技术人员很容易掌握，因此把它作为 PLC 的第一编程语言；语句表编程语言类似计算机的汇编语言，用助记符来表示各种指令的功能，是 PLC 用户程序的基础元素。两种语言各有优缺点：梯形图编程语言简单易学，易被广大的现场技术人员所接受，上手快，一般的控制功能都可以实现，但对于特别复杂的控制逻辑或对实时要求严格的控制系统稍显不足；语句表编程语言是 PLC 的基础编程语言，可以实现 PLC 提供的各种控制功能，执行速度快，程序执行时间短。在本书提供的编程环境下，梯形图编程语言可以对应地转化为语句表编程语言，但语句表编程语言却不一定能转化为梯形图。

下面介绍梯形图的由来。梯形图语言实际上就是图形，它来源于继电器控制电路图，那么 PLC 又是如何实现这些功能的呢？如图 3-6 所示，PLC 里引入了输入继电器、内部继电器和输出继电器的概念，它们都是计算机寄存器里的一个比特位，只不过驱动方式不同、功能不一样。如果用数字 1 表示按钮或继电器触点的闭合状态和继电器线圈的得电状态，数字 0 表示按钮或继电器触点的断开状态和继电器线圈的失电状态，则该继电器控制电路就可以用计算机来实现。在 PLC 中，这些按钮的触点和线圈对应的就是寄存器中的存储单元，又称为操作数。PLC 首先采集操作数的状态，然后通过对梯形图的理解对这些操作数进行操作，最后输出操作结果，以达到控制的目的。

一般而言，梯形图程序让 CPU 仿真来自电源的电流，通过一系列的输入逻辑条件，根据结果决定逻辑输出的允许条件。逻辑通常被分解成小的容易理解的片，这些片通常被称为“梯级”或网络。

程序一次扫描执行一个网络，按照从左到右、从上到下的顺序进行。一旦 CPU 执行到程序的结尾，就又从上到下重新执行程序。在每一个网络中，指令以列为基础被执行，从第一列开始由上而下、从左到右依次执行，直到本网络的最后一个线圈列。因此为了充分利用存储器容量、使扫描时间尽可能短，用梯形图编程时应限制触点之间的距离，并使网络左上边这部分空白最少。其中，串联触点较多的支路要写在上面，并联支路应写在左边，线圈置于触点的右边。

对于被证明是正确有效的继电器控制逻辑图及电气接线图，都可以建立等价的类似梯形图程序，这是梯形图编程语言被全世界广泛使用的主要原因。

如图 3-7 所示是用 PLC 控制的梯形图程序，可完成与图 3-8 中继电器控制的电动机直接起、停（起、保、停）继电器控制电路图相同的功能。

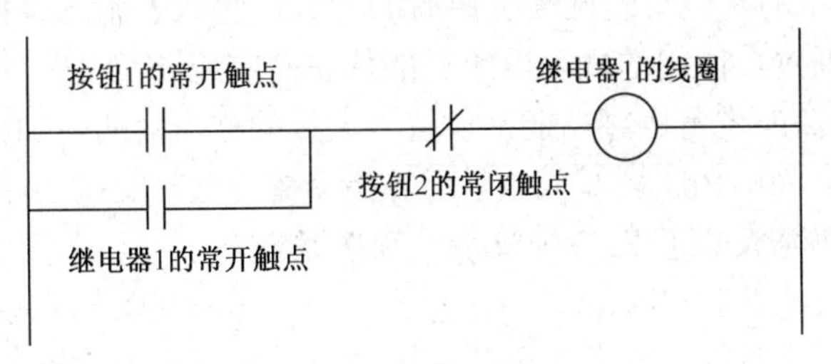

图 3-7 梯形图

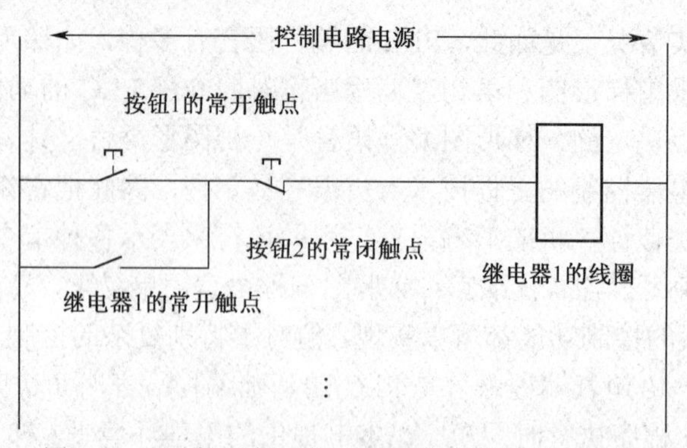

图 3-8 电动机（起、保、停）继电器控制电路图

这两种图很相似，这是可以用 PLC 控制取代继电器控制的基础，可以把经实践证明设计是成功的继电器控制电路图进行转换，从而设计出具有相同功能的 PLC 控制程序，充分发挥 PLC 功能完善、可靠性高、控制灵活的特点。当然，它们还存在着本质上的区别，主要表现在以下方面：

- 继电器控制电路中使用的继电器是物理的元器件，继电器与其他控制器间的连接必须通过硬连接线来完成。PLC 中的继电器是内部的寄存器位，称为“软继电器”，它具有与物理继电器相似的功能。当它的“线圈”通电时，其所属的常开触点闭合，常闭触点断开；当它的“线圈”断电时，其所属的常开触点和常闭触点均恢复常态。PLC 梯形图中的接线称为“软接线”，这种“软接线”是通过编程来实现的，具有更改简单、调试方便等特点。而继电器控制电路图是点线连接图，相对来说施工困难、更改费力。
- PLC 中的每一个继电器都对应着内部的一个寄存器位，由于可以随时不受限地读取其内容，所以可以认为 PLC 的继电器有无数个常开、常闭触点供用户使用。PLC 梯形图中的触点代表的是“逻辑”输入条件、外部的实际开关、按钮或内部的继电器触点条件等。而物理继电器的触点个数是有限的。
- PLC 的输入继电器是由外部信号驱动的，在梯形图中只能使用其触点，这在物理继电器中是不可能的。线圈通常代表“逻辑”输出结果，如灯、电机启动器、中间继电器、内部输出条件等。
- 继电器控制系统中继电器是按照触点的动作顺序和时间延迟逐个动作的，动作顺序与电路图的编写顺序无关。PLC 按照扫描方式工作，首先采集输入信号，然后对所有梯形图进行计算，造成了宏观上与动作顺序的无关，但微观上在一个时间段上的实际执行顺序与梯形图的编写顺序一致而不是无关的。
- PLC 梯形图中的两根母线已失去原有的意义，它只表示一个梯级的起始和终了，并无实际电流通过，假想的概念电流只能从左向右流。

为了充分发挥 CPU 的逻辑运算功能，设置了大量的称为盒的附加指令，如定时器、计数器、格式转换、模拟量 I/O、PID 调节或数学运算指令等，充分发挥了计算机的强大计算功能，它们与内部继电器一起完成 PLC 的各种复杂控制功能。

（3）语句表语言。

这种编程语言类似于计算机的汇编语言，用助记符来表示各种指令的功能，是 CPU 直接执行的语言。梯形图语言程序和其他语言需要转换成语句表语言后才能由 CPU 执行。由于其他的图形语言必须遵守一些特定的规则，因此语句表语言可以实现一些其他图形语言不能实现的功能，它是 PLC 用户的基本要素。若有计算机编程基础，学习语句表语言会容易一些，关键是对各指令含义的理解，要将其理解为位逻辑、标志位，就可以像书写计算机程序一样来编写 PLC 的控制程序了。PLC 通过一个逻辑堆栈分析器对其解释执行。

下面是一个简单的用语句表编写的程序，而任何复杂的控制系统都可以用较长的程序来实现。

```
LD   I0.0
O    Q0.0
AN   I0.1
=    Q0.0
```

4. I/O 单元

PLC 要能够识别和接收描述现场设备的开关量，同时要能够发出控制信号控制一些执行设备，以便对现场设备进行控制。PLC 是通过 I/O 单元完成此工作的。I/O 单元是 PLC 与外部设备相互联系的通道，能输入/输出多种形式和驱动能力的信号，以实现被控设备与 PLC 的 I/O 接口之间的电平转换、电气隔离、串/并转换、A/D 与 D/A 转换等功能。输入单元接收现场设备向 PLC 提供的信号，包括人为的控制信号和能描述现场状态的开关量信号，例如由按钮、限位开关、操作开关、继电器触点、接近开关、拨码器等提供的开关量。

这些信号经过输入电路进行滤波、光电隔离、电平转换等处理后变成 CPU 能够接收和处理的信号。输出单元将经过 CPU 处理的弱电信号通过光电隔离、功率放大等处理转换成外部设备所需要的强电信号，以驱动各种执行元器件，如接触器、电磁阀、电磁铁、调节阀、调速装置等。

下面介绍 I/O 单元的工作原理。

（1）开关量输入单元。

按照输入端电源类型的不同，开关量输入单元可分为直流输入单元和交流输入单元。

1）直流输入单元。

直流输入单元的电路如图 3-9 所示，外接直流电源的极性任意。虚线框内是 PLC 内部的输入电路，框外左侧为外部用户连接线。图中只画出对应于一个输入点的输入电路，而各个输入点对应的输入电路均相同。

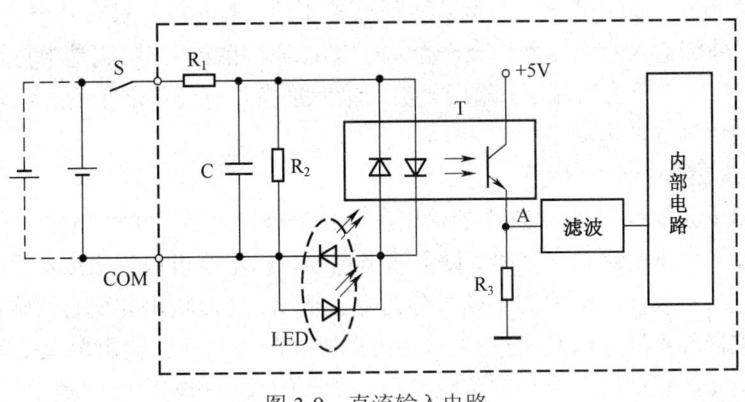

图 3-9　直流输入电路

图 3-9 中，T 为一个光电耦合器，发光二极管和光电三极管封装在一个管壳中。当二极管中有电流时发光，可使光电三极管导通。R_1 为限流电阻；R_2 和 C 构成滤波电路，可滤除输入信号中的高频干扰；LED 显示该输入点的状态。

直流输入单元的工作原理是，当 S 闭合时，光电耦合器导通，LED 点亮，表示输入开关 S 处于接通状态，此时 A 点为高电平，该电平经滤波器送到内部电路中，当 CPU 在循环的输入阶段锁入该路信号时，将该输入点对应的映像寄存器状态置 1；当 S 断开时，光电耦合器不导通，LED 不亮，表示输入开关 S 处于断开状态，此时 A 点为低电平，该电平经滤波器送到内部电路中，当 CPU 在输入阶段锁入该路信号时，将该输入点对应的映像寄存器状态置 0，以备在程序执行阶段使用。

2）交流输入单元。

交流输入单元的电路如图 3-10 所示。虚线框内是 PLC 内部的输入电路，框外左侧为外部用户连接线。图中只画出对应于一个输入点的输入电路，各个输入点对应的输入电路均相同。

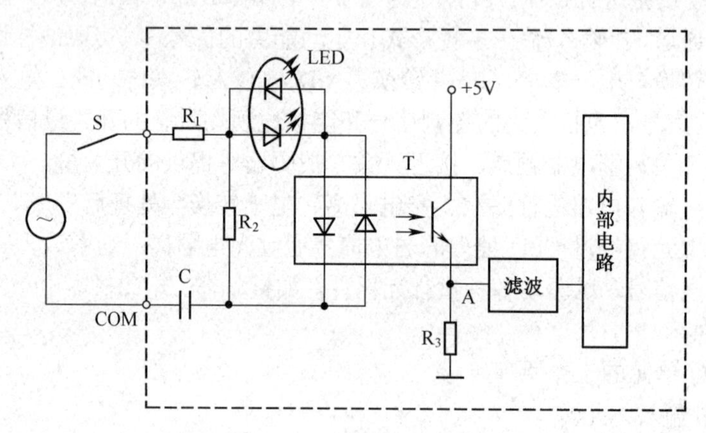

图 3-10　交流输入电路

图 3-10 中，电容 C 为隔直电容，对交流相当于短路。电阻 R_1 和 R_2 构成分压电路。这里光电耦合器中是两个反向并联的发光二极管，任意一个二极管发光均可以使光电三极管导通。用于显示的两个发光二极管 LED 也是反向并联的。该电路可以接收外部的交流输入电压，其工作原理与直流输入电路基本相同。

PLC 的输入电路分为共点式、分组式、隔离式 3 种。输入单元只有一个公共端子（COM）的称为共点式，外部输入的元器件均有一个端子与 COM 相接；分组式是指将输入端子分为若干组，每组分别共用一个公共端子；隔离式输入单元是指具有公共端子的各组输入点之间互相隔离，可各自使用独立的电源。

（2）开关量输出单元。

开关量输出单元的作用是将 PLC 的输出信号传给外部负载，并将 PLC 内部的电平信号转换为外部所需要的电平等级输出信号。每个输出点的输出电路可以等效成一个输出继电器，开关量输出单元按照负载使用电源的不同可分为直流输出、交流输出和交直流输出 3 种；按输出电路所用的开关器件不同，PLC 的开关量输出单元可分为晶体管输出单元、晶闸管输出单元和继电器输出单元，它们所能驱动的负载类型、负载的大小和响应时间是不一样的。

1）晶体管输出单元。晶体管输出单元的电路如图 3-11 所示。虚线框内是 PLC 内部的输出电路，框外右侧为外部用户连接线。图中只画出对应于一个输出点的输出电路，其余各个输出点对应的输出电路均相同。

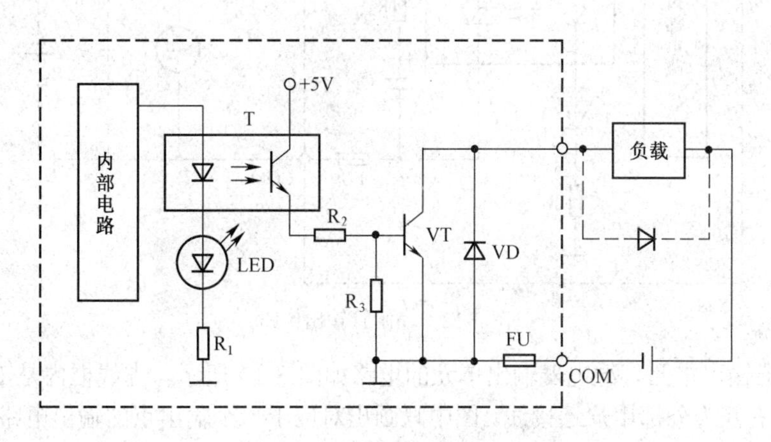

图 3-11　晶体管输出电路

图 3-11 中，T 是光电耦合器；LED 用于指示输出点的状态；VT 为输出晶体管；VD 为保护二极管，可防止负载电压极性接反或高电压、交流电压损坏晶体管 VT；FU 为熔断器，可防止负载短路时损坏 PLC。

晶体管输出单元的工作原理是，当对应于晶体管 VT 的内部继电器的状态为 1 时，通过内部电路使光电耦合器 T 导通，从而使晶体管 VT 饱和导通，则负载得电，同时点亮 LED，以表示该路输出点有输出；当对应于晶体管 VT 的内部继电器的状态为 0 时，光电耦合器 T 不导通，晶体管 VT 截止，负载失电，此时 LED 不亮，表示该输出点状态为 0。如果负载是感性的，则必须给负载并接续流二极管（如图 3-11 中的虚线所示）使负载关断时可通过续流二极管释放能量，保护输出晶体管 VT 免受高电压的冲击。

晶体管为无触点开关，所以晶体管输出单元使用寿命长、响应速度快、可关断次数多。晶体管输出单元只能带直流负载，属于直流输出模块。

2）双向晶闸管输出单元。在双向晶闸管输出电路中，输出电路采用的开关器件是光控双向晶闸管，其电路如图 3-12 所示。图中，线框内是 PLC 内部的输出电路，线框外右侧为外部用户连接线。图中只画出对应于一个输出点的输出电路，其余各个输出点对应的输出电路均相同。

图 3-12 中，T 为光控双向晶闸管（两个晶闸管反向并联）；LED 指示输出点的状态；R_2 和 C 构成阻容吸收保护电路；FU 为熔断器。

双向晶闸管输出单元的工作原理是，当对应于 T 的内部继电器的状态为 1 时，发光二极管导通发光，无论外接电源极性如何，都能使双向晶闸管 T 导通，使负载得电，同时输出指示灯 LED 点亮，表示该输出点接通；当对应 T 的内部继电器的状态为 0 时，T 不导通，此时 LED 不亮。

双向晶闸管为无触点开关，输出的负载电源可以根据负载的需要选用直流或交流电源。双向晶闸管多用于交流负载，负载驱动能力比继电器型的大，可直接驱动小功率接触器。其响应时间介于晶体管型与继电器型之间。

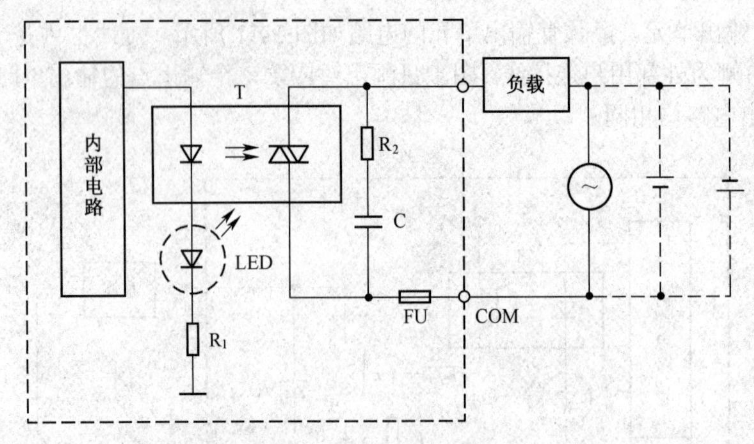

图 3-12　晶闸管输出电路

3）继电器输出单元。继电器输出单元的电路如图 3-13 所示。虚线框内是 PLC 内部的输出电路，框外右侧为外部用户连接线。图中只画出对应于一个输出点的输出电路，各个输出点对应的输出电路均相同。

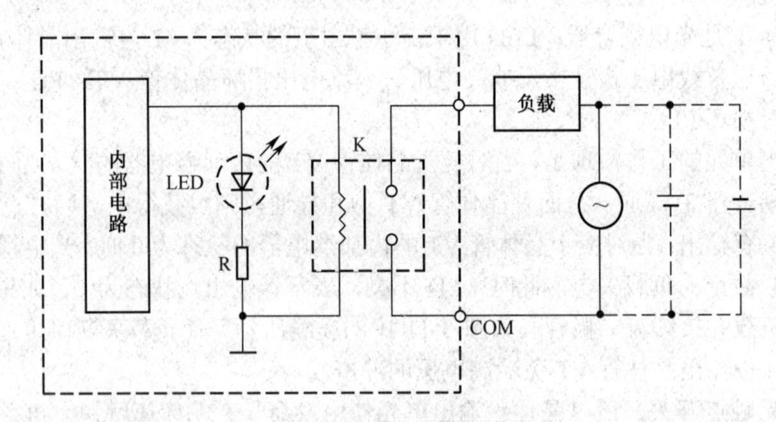

图 3-13　继电器输出电路

图 3-13 中，LED 表示输出点的状态，K 为一小型直流继电器。

继电器输出单元的工作原理是，当对应于 K 的内部继电器的状态为 1 时，K 得电吸合，其常开触点闭合，负载得电，LED 点亮，表示该输出点接通；当对应于 K 的内部继电器的状态为 0 时，K 失电，其常开触点断开，负载失电，LED 熄灭，表示该输出点断开。

继电器输出型 PLC 的负载电源可以根据需要选用直流或交流电源，是有触点开关。继电器触点的电气寿命一般为 10 万～30 万次，低于晶体管和晶闸管型的开断次数，因此在需要输出点频繁通断的场合（如高频脉冲输出）应选用晶体管或晶闸管输出型的输出单元。另外，继电器从线圈得电到触点动作之间存在延迟时间，响应时间较长，是造成输出滞后于输入的原因之一。

PLC 的输出电路也有共点式、分组式、隔离式之分。输出单元只有一个公共端子（COM）的称为共点式；输出端子分为若干组，每组共用一个公共端子的称为分组式；具有公共端子的各组输出点之间互相隔离，可各自使用独立电源的称为隔离式。

图 3-14 和图 3-15 所示是西门子 S7-200 系列 PLC 以 CPU226 为例的 I/O 电路结构。

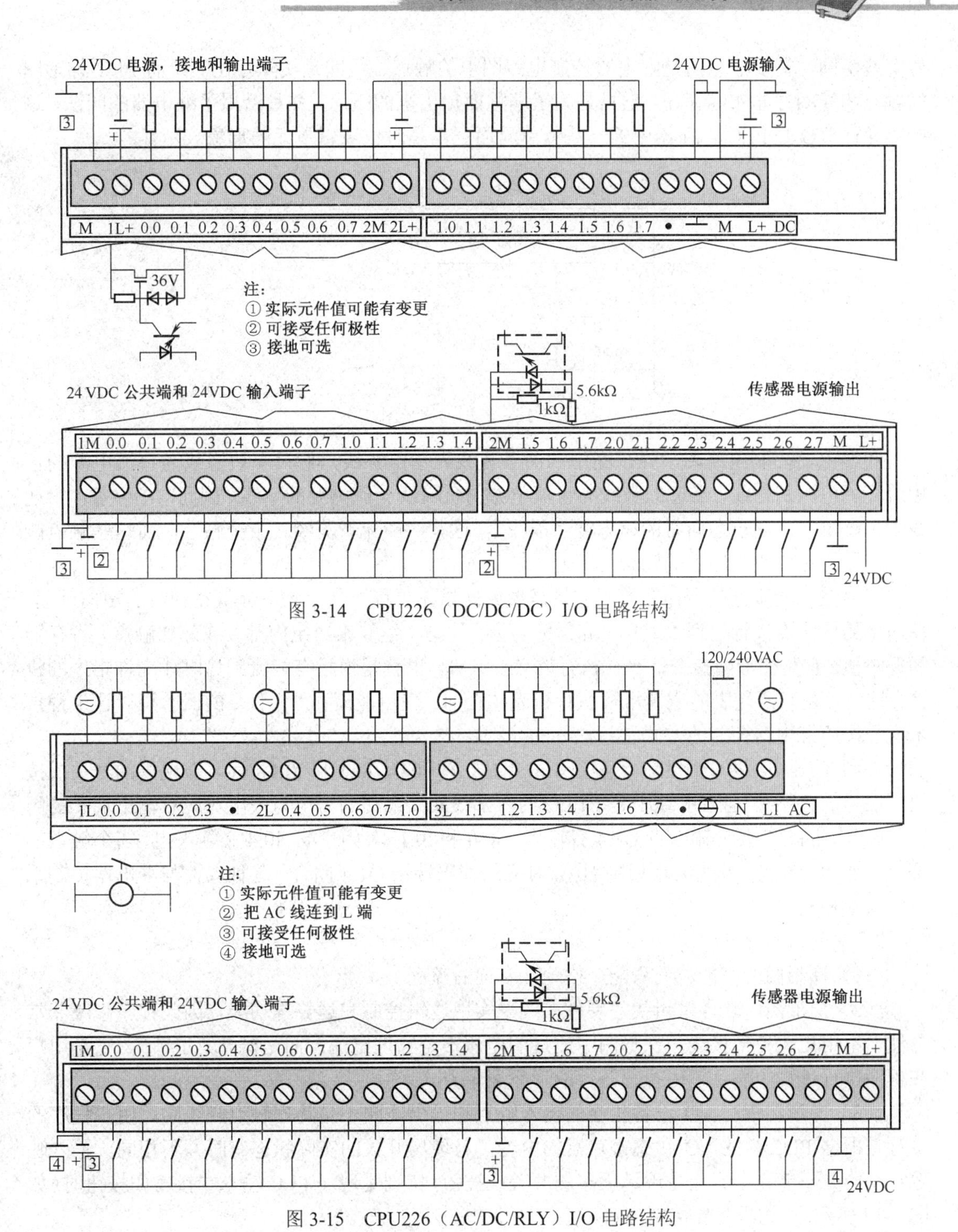

图 3-14　CPU226（DC/DC/DC）I/O 电路结构

图 3-15　CPU226（AC/DC/RLY）I/O 电路结构

3.1.2　S7-200PLC 的编程基础

1. 梯形图的能流概念

图 3-16 所示为一个典型的梯形图。它与继电器控制电路图非常相似，但线圈和触点的符

号有些不同，需要注意的是继电器控制电路图中的触点、线圈是实际存在的，而 PLC 梯形图的触点和线圈并非实际存在，它只是为了编程而提出来的概念，并且沿用了继电器的叫法，这些“元件”仅是 PLC 寄存器中的一些位单元而已，是对位逻辑单元的形象表示。

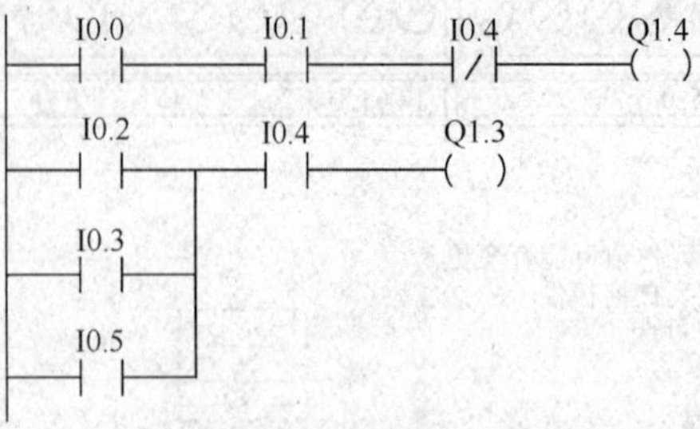

I0.0 I0.1 I0.4 Q1.4
I0.2 I0.4 Q1.3
I0.3
I0.5

图 3-16 典型的梯形图

和继电器控制电路图一样，图中的两条竖线表示电源线，假设左边竖线为直流电源的正极或交流电源的相线，右边的竖线为直流电源的负极或交流电源的零线。因此，在各条水平连线上，就可能出现自左向右的概念性“能流”。这些“能流”流经一个个触点，而这些触点能否让能流经过取决于触点的闭合与断开。

很显然，能流也是不存在的，它只是形象地描述了程序从上到下、从左到右的扫描过程，使内部的位逻辑按行进行“或”运算，按列进行“与”运算来决定内部（或外部触点）寄存器的逻辑值。它是梯形图指令能否被执行的必要条件，也就是说只有能流到达时才允许指令的执行，这一点是与语句表的逻辑堆栈执行机制吻合的。使用能流和“元件”的概念可以让工程技术人员按照继电器控制的方式进行熟练的编程。

在图 3-16 中，第一行由 3 个触点串联组成，即 I0.0、I0.1 和 I0.4，代表着现场的开关或按钮按照与的关系参与控制。Q1.4 是 PLC 的内部线圈，线圈的得电与失电对应着输出端子的闭合与断开。因此，要使输出点 Q1.4 有输出，I0.0 和 I0.1 必须闭合，I0.4 必须失电，3 个触点都处于导通闭合状态，则 Q1.4 线圈得电，对应的输出端子 Q1.4 闭合。这种条件与继电器控制系统的要求相同。

2. 梯形图的特点

（1）梯形图的“能流”只能严格地从左向右流动。

（2）梯形图以软件逻辑代替硬件布线来实现逻辑控制和运算等功能，因此程序修改非常方便，不用更改外部接线。梯形图中流过的电流不是物理电流，而是概念“能流”。它是用户在程序执行过程中满足输出执行条件的形象表示方式。

（3）梯形图中与 I/O 设备相连的输入触点和输出线圈不是物理触点和线圈，用户程序的执行是根据 PLC 内的 I/O 状态寄存器的内容，与现场开关的实际状态有时并不相同。输入映像寄存器并不能完全看成是现场所接的开关或按钮，特别是现场 PLC 输入端接常闭按钮时（如图 3-17 所示），编程时要特别注意。

例如，电机的起、保、停电路（参见图 3-8），如果两个按钮按图 3-17（a）所示的方式接入，则其实现的功能与图 3-8 就完全不同了。这是因为梯形图中触点 I0.1 的实际动作取决于该输入点是否被加电。图 3-17（a）所示的接线，使 I0.1 输入点在正常状态下（按钮未按下）一直承受电压，相应的 PLC 输入映像寄存器的值为“1”。

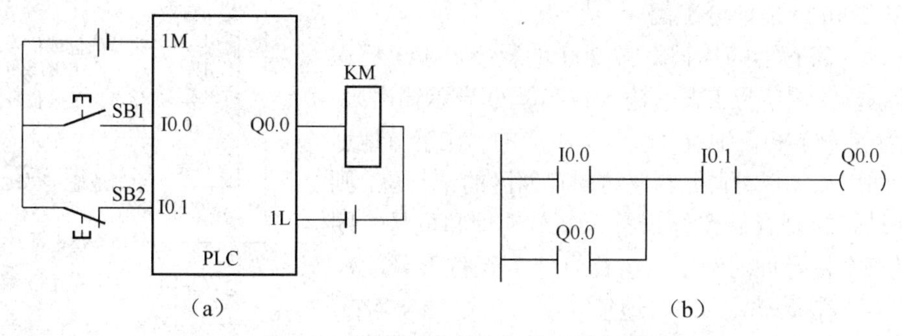

图 3-17 现场开关状态与梯形图中的触点

如果程序中 I0.1 触点被设计成如图 3-8 所示的常闭触点，由于在 PLC 内部，常闭触点是对原来状态的取反，当原来为“1”态，则现在为“0”态，即断开状态时，就会出现电机不能启动的现象。所以，应尽量将全部输入触点设计成常开触点，则程序中 I0.1 这样的触点就可以设计成常闭的了。如果输入触点一定要采用常闭形式，这时可将输入触点理解成是输入线圈。当线圈得电时，其常开触点成为闭合状态，其常闭触点成为断开状态，则对应的程序中应该使用常开触点。这样就容易理解 PLC 内部的动作原理了，对应的正确梯形图如图 3-17（b）所示。

在 PLC 内部，除了 I/O 继电器分别与 I/O 设备直接相连外，还有许多控制用的内部继电器，包括辅助继电器、定时继电器、计数继电器、特殊继电器、断电保持继电器、微分继电器、报警器、步进控制器等，它们都可以用 PLC 内部的寄存器位来表示。

3. 寻址方式

所谓寻址方式就是寻找指令的操作数的方式。操作数可以直接给出，也可以间接给出。直接给出的寻址方式称为直接寻址，间接给出的寻址方式称为间接寻址。

S7-200CPU 对整个存储器按功能进行了划分，使控制数据运行得更快、更有效。

S7-200 支持存储器直接寻址和存储器间接寻址两种寻址方式。

（1）I/O 地址分配。

由于 I/O 采用了映像寄存器机制，当 PLC 控制系统建立起来以后，需要建立内部映像寄存器和实际的物理 I/O 接点的对应关系，以使主 CPU 模块能够访问其他模块并进行数据交换。一般情况下，PLC 提供的映像寄存器数量要比其所能扩展的实际物理 I/O 的点数多。

各PLC厂家对不同型号的PLC都规定了各自的地址分配方法，总结起来典型的有如下几种：

- 固定编址法。早期的整体式 PLC 多采用此方法，其各个 I/O 点的地址是固定的。特点是，采用这种固定的编址，方法简单、操作使用可靠，使用者只需按照规定的固定地址操作就可以了，但其灵活性差、系统配置限制较多。
- 槽位确定地址法。各个 I/O 扩展模块的物理接点对应的映像寄存器的位置是由其所连接安装的位置决定的。当系统通电时，系统可以根据各模块的类型及插入的槽位自动分配地址。特点是，采用的是一种隐含约定的确定法，编址的灵活性由模块位置的任意性决定。
- 编程工具设定地址。允许用户利用编程工具软件分配各个模块的地址。特点是，配置灵活；允许用户按照自己的意愿来进行设定；可以充分地利用 I/O 点地址资源。

（2）S7-200I/O 地址分配。

1）I/O 映像寄存器的标识。S7-200 的数字量 I/O 标识是由区域标识符（用字母 I 表示输入、字母 Q 表示输出）、字节地址（字节号）和位地址（位号）组成的。在字节地址和位地址之间用点加以分隔。若要访问存储区的某一位，则必须指定地址，包括存储器标识符、字节地址和位号。图 3-18 所示是一个位寻址的例子（也称为“字节.位”寻址）。在这个例子中，存储器区、字节地址（I＝ 输入，3＝ 字节 3）之后用点号（.）来分隔位地址（第 4 位）。

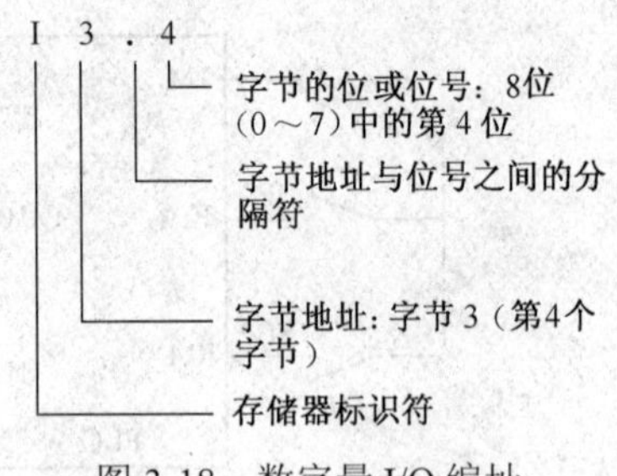

图 3-18　数字量 I/O 编址

模拟量的 I/O 标识的区域符为 AI（输入）、AQ（输出），采用字 I/O 方式，数据长度符号为 W，以整个字为操作单位，如图 3-19 所示。

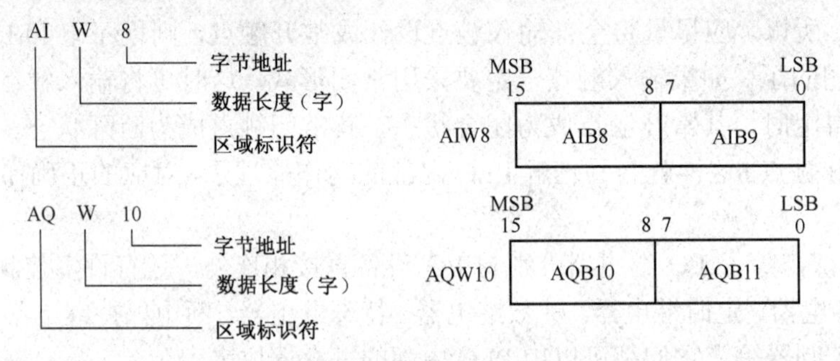

图 3-19　模拟量 I/O 编址

2）物理接点与映像寄存器的对应关系。

①本机 I/O 物理接点与映像寄存器有固定的对应关系，采用的是固定编制法，并且本机 I/O 总是占据从 0 开始的地址。

②扩展模块 I/O 物理接点与映像寄存器的对应关系是通过在 CPU 本机模块的右边连接 I/O 模块来增加 I/O 物理端口形成 I/O 链的，模块端口的地址由 I/O 端口的类型和它在 I/O 链中的位置来决定。数字量 I/O 模块以 8 位（一个字节）为单位递增，如果模块不能给每个保留字节的每一位提供一个对应的物理端子，这些被保留字节中的映像寄存器位就会被空在那里，并且在 I/O 链中也不能分配给后续的同类模块，从而造成资源的浪费。同样，模拟量扩展模块是按偶数分配地址的，若扩展模块不能为这些地址提供充足的物理 I/O 端子，则也被浪费了。需要注意的是，输入映像寄存器在每个扫描周期的开始都会被刷新复位，除非特别需要，不要把被浪费了的位资源作为普通存储单元来使用。

（3）存储器直接寻址。

S7-200 中的信息存于不同的存储单元，每个单元都有唯一的地址。存储器直接寻址需要明确指出要存取的存储器地址，由用户程序直接存取该信息。

1）直接存取存储器中的数据。

①若要存取存储器区域的某一位，则必须指定地址，包括存储器标识符、字节地址及位号。可以直接对存储器区域中的一位进行存取，存取位置如图 3-20 所示。

②若要存取 CPU 中的一个字节、字或双字数据，则必须以类似位寻址的方式给出地址，包括存储器标识符、数据大小，以及该字节、字或双字的起始字节地址。S7-200 支持按照字

节、字或双字来存取存储器区域（V、I、Q、M、S、L及SM）中的数据，如图3-21所示。

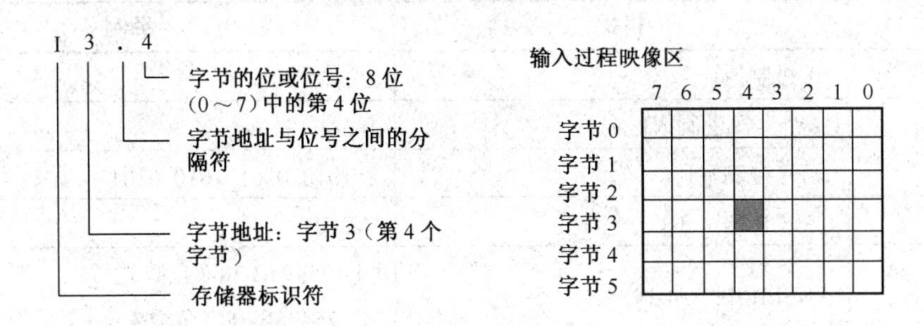

图3-20　存取CPU存储器中的位数据

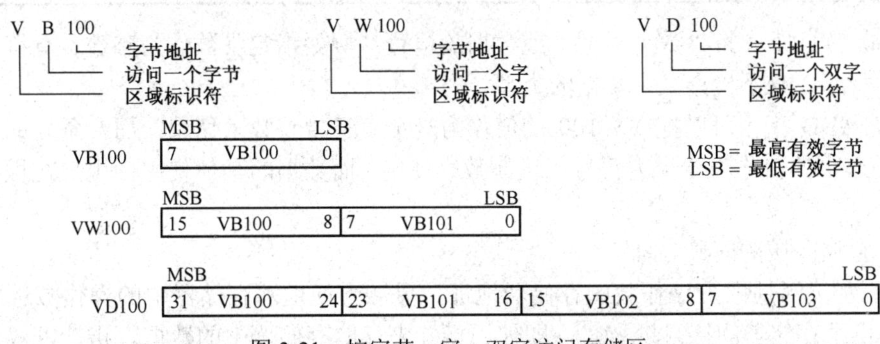

图3-21　按字节、字、双字访问存储区

③在其他CPU存储器区域（如T、C、HC和累加器）中存取数据时，使用的地址格式包括区域标识符和设备号，以类似的方式访问，如图3-22所示。

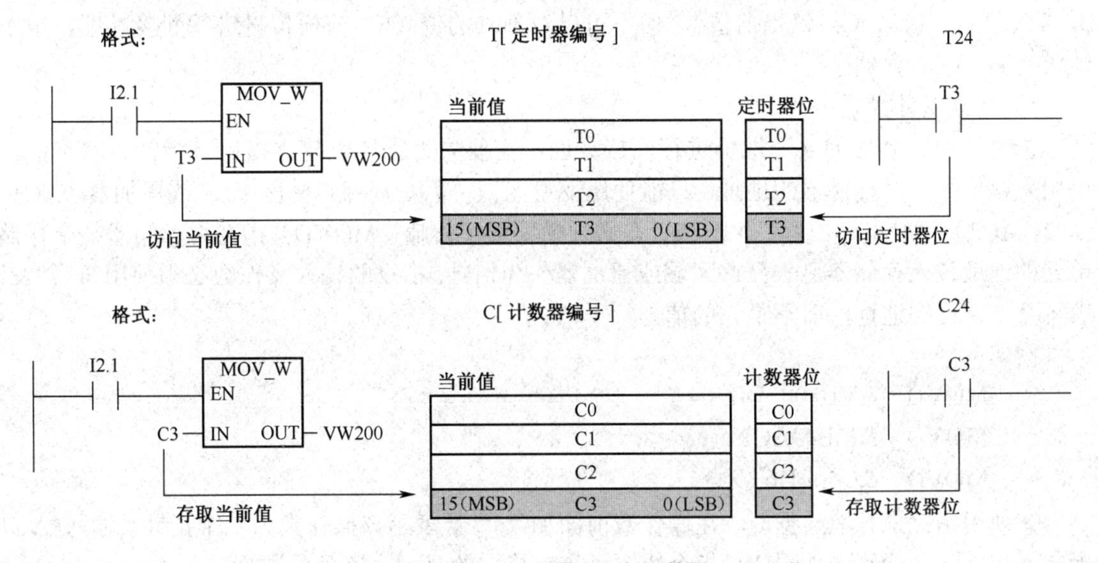

图3-22　T、C存储器存取数据

2）直接使用常数。S7-200允许在指令中使用常数。常数值可为字节、字或双字。CPU以二进制数方式存储所有常数，也可用十进制数、十六进制数、ASCII码或浮点数形式来表示，如表3-2所示。

表 3-2　常数表示法

数制	格式	举例
十进制	[十进制值]	20047
十六进制	16# [十六进制值]	16#4E4F
二进制	2#[二进制数]	2#1010_0101_1010_0101
ASCII 码	'[ASCII 码文本]'	'ABCD'
实数	ANSI/IEEE 754-1985	+1.175495E-38（正数） -1.175495E-38（负数）
字符串	"[字符串文本]"	"ABCDE"

S7-200 CPU 不支持“数据类型”或数据的检查（例如指定常数作为整数、有符号整数或双整数来存储），且不检查某个数据的类型。

例如，ADD 指令可以把 VW100 的值作为一个有符号整数来使用，而一条异或指令也可以把 VW100 中的值作为一个无符号二进制数来使用，而数据的具体使用由用户在程序中自己确定。

（4）存储区域的间接寻址。

为了更加灵活地改变操作数的存储器地址，灵活方便地对存储器中的操作数进行访问，S7-200 提供了存储器间接寻址方式，即使用指针来存取存储器中的数据。指针以双字的形式存储其他存储区的地址。只能用 V 存储器、L 存储器或累加器寄存器（AC1、AC2、AC3）作为指针。要建立一个指针，必须以双字的形式将需要间接寻址的存储器地址移动到指针中。指针也可以作为参数传递到子程序中。可使用指针对下述存储区域进行间接寻址：I、Q、V、M、S、T（仅当前值）、C（仅当前值）。但不可以对独立的位（b）或模拟量进行间接寻址，也不能访问 HC 或 L 存储区。

1）建立指针。

①为了对存储器的某一地址进行间接寻址，需要先为该地址建立指针。指针为双字值，可用来存放另一个存储器的地址。只能使用变量区域（V）、局部存储区（L）或累加器（AC1、AC2、AC3）存放指针。为了生成指针，必须使用双字传输（MOVD）指令将存储器某个存储单元的地址放入存储器另一允许区域或累加器作为指针。指令的输入操作数必须使用符号“&”表示某一单元的地址，而不是它的值。

例如：

```
MOVD   &VB100, VD204
MOVD   &MB4, AC2
MOVD   &C4, LD6
```

②使用指针来存取数据时，在操作数前面加“*”号表示该操作数为一个指针。输入*AC1 指定 AC1 是一个指针，MOVW 指令决定了指针指向的是一个字长的数据。

例如，如图 3-23 所示，使用指针寻址将存于 VB200 和 VB201 中的值移至累加器 AC0 中。

2）修改指针。可以修改一个指针的值。因为指针为 32 位的值，所以使用双字指令来修改指针值。简单的数学运算指令，如加法或自增指令，可用于修改指针值。

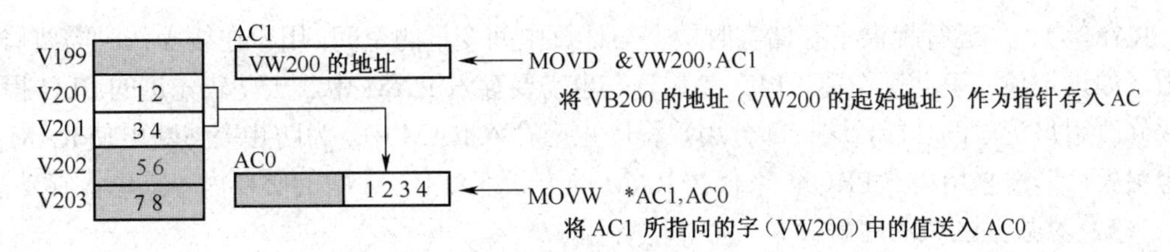

图 3-23　创建和使用指针间接寻址

修改时要区分存取数据的长度。例如，当存取字节时，指针值需要加 1；当存取一个字、定时器或计数器的当前值时，指针值需要加 2；当存取双字时，指针值需要加 4，如图 3-24 所示。

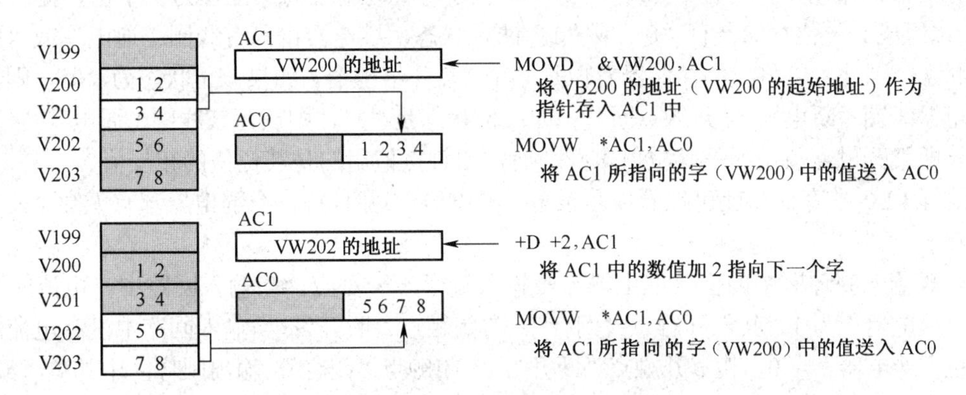

图 3-24　修改指针

4．存储器的划分

PLC 的程序是以存储区地址为基础的，或者说在 PLC 程序中，操作的对象就是不同的存储区域。所以，搞清楚存储器的划分，尤其是数据区域的划分是非常必要的，它是使程序实现控制意图的基础。实际上，控制 PLC 运行的梯形图程序的操作对象就是数据区域。

（1）从作用上划分。

PLC 的存储器由系统程序存储器和用户程序存储器两部分组成。系统程序是由生产厂家预先编制的监控程序、模块化功能子程序、命令解释和功能子程序的调用管理程序及各种系统参数。系统程序存储器容量的大小决定了系统程序的大小和复杂程度，也决定了 PLC 的功能和性能。

用户程序包括由用户编制的梯形图、I/O 状态、计数/定时值，以及系统运行必要的初始值、其他参数等。用户程序存储器容量的大小决定了用户程序的大小和复杂程度，从而决定了用户程序所能完成的功能和任务的多少。

（2）从存储器的性质划分。

按存储器的性质可分为 ROM 和 RAM 两种。为了工作的安全可靠，大多数 PLC 采用了程序固化的运行方式，不仅将系统启动、自检及基本的 I/O 驱动程序写入 ROM 中，而且将各种控制、检测功能模块及所有固定参数也全部固化其中，用户组态的应用程序也固化在 ROM 中。因此，在 PLC 的存储器中，ROM 占有较大的比例。只要一接通电源，PLC 即可正常运行，使用更加方便、可靠，但修改组态时要复杂一些。

RAM为程序运行提供了存储实时数据与计算中间变量的空间，用户在线操作时需要修改的参数（如设定值、手动操作值、PID参数等）也需要存入RAM中。一些较先进的PLC提供了在线修改用户程序的功能，这一部分用户程序也应存入RAM中。为防止突然断电使RAM中的内容丢失，一般采用由E^2PROM来代替RAM的方式或对RAM中的必要内容提供保存功能。

（3）对数据区域的理解。

为实现有效正确的控制，需要大量的存储器来存储各类数据，或者说存储器中的数据可以由程序以不同的方式进行访问。在PLC中把用户程序可以存取的区域称为数据区域，它是编程人员管理的区域，其他系统程序存储区、用户程序存储区由系统管理。为了管理上的方便，将数据存储区按功能进行了划分，下面进行一些具体介绍。

存储器的常用单位有位、字节、字、双字等，二进制数的一位称为一个位，而一个字由16个位组成。一位存储器有“0”或“1”两种状态，继电器也只有线圈“通电”或“断电”两种状态，因此可以将一位存储器看做是一个“软”继电器。如果该位状态为“0”，则认为该软继电器线圈“断电”，常开触点断开；如果位状态是“1”，则认为其线圈“通电”，常开触点闭合。即常开触点值用的是其位值本身，而常闭触点值用的是其位值的相反值。

这样PLC的存储器就可以看成是很多“继电器”，并且每一个继电器都有无数个常开、常闭触点。

一般输入映像区中的位“继电器”与输入端子一一对应。当输入回路中有电流时，该输入位“继电器”为1，其常开触点“闭合”，常闭触点“断开”；当输入回路中没有电流时，该输入位“继电器”为0，其常开触点“断开”，常闭触点“闭合”。输出映像区中的位“继电器”与输出端子一一对应。当输出位“继电器”为1时，其常开触点“闭合”，使输出回路导通；当输出位“继电器”为0时，其常开触点“断开”，使输出回路断电。

将存储器的位看做内部继电器，用于在程序中作为条件执行，一般又称这些继电器为中间继电器，根据它们起的作用和使用方式的不同，对它们分别以定时器、保持继电器等名称进行形象命名。

存储区中还有一类位“继电器”被称为标志位或控制位。标志位可以被PLC程序自动置“1”或“0”来反映PLC的特别操作运行状态，用户程序可以根据需要使用这些标志位。由于大多数标志位是PLC系统程序设置的，因此用户只能读而不能直接控制。

与标志位对应的是控制位。控制位由用户程序设置为“1”或“0”来影响PLC系统程序的运行，并产生特定的操作。

为了满足数据处理的需要，要求数据区中的数据不仅支持位访问的功能，还能进行一般的数学运算，所以设置了按字节、字、双字等不同方式访问的变量数据区，并且位存储器区域也支持字节、字、双字的访问方式。

（4）S7-200中的存储器。

1）概述。

S7-200将信息存于不同的存储器单元，每个单元都有唯一的地址。可以明确指出要存取的存储器地址，允许用户程序直接对信息进行存取，并支持直接和间接寻址方式。

内部存储器的配置和容量直接对用户编制程序、指令执行速度及可完成的功能提供支持，是PLC用户程序操作的对象。其中，访问方式和功能是使用PLC编制程序的基础。

数据区域的划分及访问方式如表3-3和表3-4所示。

表 3-3　S7-226 数据区域的划分

描述		CPU226
用户程序大小 在运行模式下编辑 不在运行模式下编辑		 16KB 24KB
用户数据大小		10KB
输入映像寄存器		I0.0～I15.7
输出映像寄存器		Q0.0～Q15.7
模拟量输入（只读）		AIW0～AIW62
模拟量输出（只写）		AQW0～AQW62
变量存储器（V）		VB0～VB10239
局部存储器（L）		LB0～LB63
位存储器（M）		M0.0～M31.7
特殊存储器（SM） 只读		SM0.0～SM549.7 SM0.0～SM29.7
定时器		256（T0～T255）
保持接通延时	1ms	T0、T64
	10ms	T1～T4、T65～T68
	100ms	T5～T31、T69～T95
开/关延时	1ms	T32、T96
	10ms	T33～T36、T97～T100
	100ms	T37～T63、T101～T255
计数器		C0～C255
高速计数器		HC0～HC5
顺序控制继电器（S）		S0.0～S31.7
累加器寄存器		AC0～AC3
跳转/标号		0～255
调用/子程序		0～127
中断程序		0～127
正/负跳变		256
PID 回路		0～7
端口		端口 0、端口 1

表 3-4　各数据区域的访问方式

访问方式	数据区域	
位存取（字节.位）	I	0.0～15.7
	Q	0.0～15.7
	V	0.0～10239.7
	M	0.0～31.7

续表

访问方式	数据区域	
位存取（字节.位）	SM	0.0～549.7
	S	0.0～31.7
	T	0～255
	C	0～255
	L	0.0～63.7
字节存取	IB	0～15
	QB	0～15
	VB	0～10239
	MB	0～31
	SMB	0～549
	SB	0～31
	LB	0～63
	AC	0～255
	KB（常数）	
字存取	IW	0～14
	QW	0～14
	VW	0～10238
	MW	0～30
	SMW	0～548
	SW	0～30
	T	0～255
	C	0～255
	LW	0～62
	AC	0～3
	AIW	0～62
	AQW	0～62
	KB（常数）	
双字存取	ID	0～12
	QD	0～12
	VD	0～10236
	MD	0～28
	SMD	0～546
	SD	0～28
	LD	0～60
	AC	0～3
	HC	0～5
	KB（常数）	

2）分类。

用户程序区：存放用户所编程序的存储单元，系统程序自动管理。

用户数据区：是用户程序进行存取的存储区域，功能区域包含在用户数据区中，将其按功能进行区域划分，简化了用户对数据区的操作。

（5）各功能区域介绍。

1）输入映像寄存器。其区域标识符为I。在每一次扫描周期的开始，CPU对物理输入点进行采样，并将采样值写入输入过程映像寄存器中，且每一个开关量输入端子都唯一对应着输入映像寄存器中的一位。S7-226提供了I0.0～I15.7共256个位的物理点容量，用户程序可以按位、字节、字或双字来读取输入映像寄存器中的数据，是被控对象开关量在PLC中的存放单元。

位访问标识：I[字节地址].[位地址]

例如I0.1代表指令要以位方式访问输入映像寄存器区域中的第0字节的第1位。

字节、字或双字标识：I[长度][起始字节地址]

长度标识可以是B（字节）、W（字）、D（双字）。

例如IB4代表指令要以字节方式访问输入映像寄存器区域中的第4字节。

2）输出映像寄存器。区域标识符为Q。在每一次扫描周期的结尾，CPU将输出映像寄存器中的数值复制到物理输出点上，每一个开关量输出端子都唯一对应着输出映像寄存器中的一位。可以按位、字节、字或双字来读写输出过程映像寄存器中的数据，是PLC控制执行元件的通道。

位访问标识：Q[字节地址].[位地址]

例如Q1.1代表指令要以位方式访问输出映像寄存器区域中的第1字节的第1位。

字节、字或双字标识：Q[长度][起始字节地址]

长度标识可以是B（字节）、W（字）、D（双字）。

例如QB5代表指令要以字节方式访问输出映像寄存器区域中的第5字节。

3）模拟量输入。区域标识符为AI。S7-200将模拟量值（如温度或电压）转换成1个字长（16位）的数值。可以用区域标识符（A1）、数据长度（W）及字节的起始地址来读取这些值，每一个模拟量输入端子都唯一对应着模拟量输入区域中的一个字单元，字单元中的值代表了模拟量的大小。如果没有使能模拟量输入滤波，模拟量输入只在访问时发生。使能模拟量输入滤波后，程序在每一个扫描周期开始都对其进行刷新，是模拟量输入数值在PLC中的存放单元。因为模拟输入量为一个字长，且从偶数位字节（如0、2、4）开始，所以必须用偶数字节地址（如AIW0、AIW2、AIW4）来存取这些值。模拟量输入值为只读数据。

格式：AIW[起始字节地址]

例如AIW2代表指令以字方式读取模拟量输入区域中的第2字，或者说从第2字节开始读取一个字。

4）模拟量输出。区域标识符为AQ。S7-200把1个字长（16位）的数值按比例转换为电流或电压。可以用区域标识符（AQ）、数据长度（W）及字节的起始地址来改变输出端子的电流或电压值，每一个模拟量输出端子都唯一对应着模拟量输出区域中的一个字单元，字单元中的值决定了模拟量输出端子输出的电流或电压的大小。如果没有使能模拟量输出滤波，模拟量输出只在访问时发生。如果使能了模拟量输出滤波，程序在每一个扫描周期开始都对其进行刷新写入，是模拟量输出数值在 PLC 中的存放单元。因为模拟量为一个字长，且从偶数字节（如 0、2、4）开始，所以必须用偶数字节地址（如 AQW0、AQW2、AQW4）来改变这些值。模拟量输出值为只写数据。

格式：AQW[起始字节地址]

例如 AQW4 代表指令以字方式修改模拟量输出区域中的第 4 字。

5）变量存储区。区域标识符为 V。可以用 V 存储器存储程序执行过程中控制逻辑操作的中间结果，也可以用它来保存与工序或任务相关的其他数据，是 PLC 进行内部数据变换的中间环节。PLC 取代继电器的内部变换主要在这里进行。一般的 PLC 都提供了容量较大的变量存储区。可以按位、字节、字或双字来存取 V 存储器中的数据。

位访问标识：V[字节地址].[位地址]

例如 V10.2 代表指令要以位方式访问变量存储区域中的第 10 字节的第 2 位。

字节、字或双字标识：V[长度][起始字节地址]

长度标识可以是 B（字节）、W（字）、D（双字）。

例如 VW99 代表指令以字方式访问变量存储区域中的第 99 和第 100 字节单元。

6）局部存储器区。区域标识符为 L。局部存储器和变量存储器很相似，主要区别在于变量存储器是全局有效的，而局部存储器只在局部有效。全局是指同一个存储器可以被任何程序存取（包括主程序、子程序和中断服务程序）。局部是指存储器区和特定的程序相关联，只能被特定的程序存取。S7-200 有 64 个字节的局部存储器，其中 60 个可以用作临时存储器或者给子程序传递参数。S7-200 给主程序分配了 64 个字节的局部存储器，给每一级子程序嵌套分配了 64 个字节的局部存储器，同样给中断服务程序也分配了 64 个字节的局部存储器。

子程序或中断服务程序不能访问分配给主程序的局部存储器。子程序不能访问分配给主程序、中断服务程序或其他子程序的局部存储器。同样地，中断服务程序也不能访问分配给主程序或子程序的局部存储器。

S7-200PLC 根据需要分配局部存储器。也就是说，当主程序执行时，分配给子程序或中断服务程序的局部存储器是不存在（不分配）的。只有当发生中断或调用一个子程序时，才根据需要分配局部存储器。新的局部存储器在分配时可以重新使用分配给另一个子程序或中断服务程序的局部存储器。

局部存储器在分配时 PLC 不进行初始化，初值可能是任意的。当子程序调用传递参数时，在被调用子程序的局部存储器中由 CPU 替换其被传递的参数的值。局部存储器在参数传递过程中不传递数值，且在分配时不被初始化，即没有任何初值。可以按位、字节、字或双字来存取 L 存储器中的数据。

位访问标识：L[字节地址].[位地址]

例如 L0.0 代表指令要以位方式访问局部存储器区域中的第 0 字节的第 0 位。

字节、字或双字标识：L[长度][起始字节地址]

长度标识可以是 B（字节）、W（字）、D（双字）。

例如 LB33 代表指令要以字节方式访问局部存储器区域中的第 33 字节。

7）位存储区。区域标识符为 M。可以用位存储区作为控制继电器来存储中间操作状态和控制信息。可以按位、字节、字或双字来存取位存储区中的数据。

位访问标识：M[字节地址].[位地址]

例如 M26.7 代表指令要以位方式访问位存储区域中的第 26 字节的第 7 位。

字节、字或双字标识：M[长度][起始字节地址]

长度标识可以是 B（字节）、W（字）、D（双字）。

例如 MD20 代表指令以双字方式访问位存储区域中的第 20 双字单元。

8）特殊存储器区。区域标识符为 SM。SM 位为 CPU 与用户程序之间传递信息提供了一种手段。可以用这些位选择和控制 S7-200CPU 的一些特殊功能。例如首次扫描标志位、按照固定频率开关的标志位或显示数学运算或操作指令状态的标志位。有些 SM 标志位是只读的，其数值表明了 PLC 的运行状态，由 PLC 自动修改，是状态标志位。有些标志位是可读写的，称为控制标志位，由用户修改控制标志位的值来控制程序的运行，可以按位、字节、字或双字的形式来存取。

位访问标识：SM[字节地址].[位地址]

例如 SM0.1 代表指令要以位方式访问特殊存储器区域中的第 0 字节的第 1 位。

字节、字或双字标识：SM[长度][起始字节地址]

例如 SMB86 代表指令要以字节方式访问特殊存储器区域中的第 86 字节。

9）定时器存储区。其区域标识符为 T。在 S7-200 CPU 中，定时器可用于时间累计，其分辨率（时基增量）分为 1ms、10ms 和 100ms 三种，各个定时器的分辨率是固定的。在程序中定时器可按以下两种形式进行访问：

- 当前值：16 位有符号整数，存储定时器所累计的时间。
- 定时器位：按照当前值和预置值的比较结果置位或复位。预置值是定时器指令的一部分，由用户在使用定时器时赋值。

可以用定时器地址（T+定时器编号）来存取这两种形式的定时器数据，究竟存取的是哪种形式的数据取决于所使用的指令。如果使用位操作指令则是存取定时器位；如果使用字操作指令，则是存取定时器当前值，编译程序能够自动区分。

如图 3-25 所示，常开触点指令是访问定时器位，而字移动指令是访问定时器的当前值。

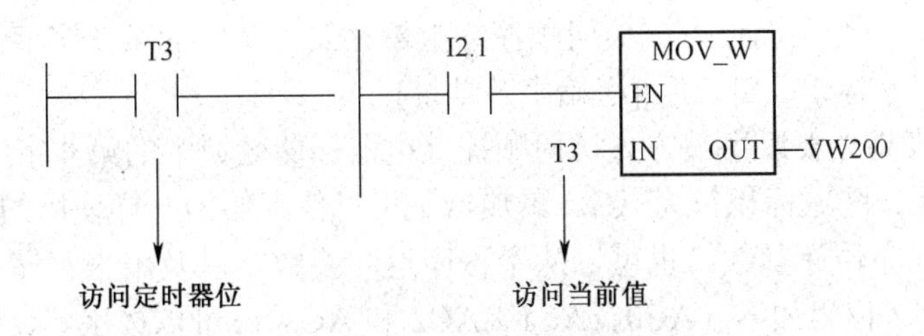

图 3-25　存取定时器区域中的操作数

10）计数器存储区。区域标识符为 C。在 S7-200CPU 中，计数器可以用于累计其输入端脉冲电平由低到高的次数。CPU 提供了 3 种类型的计数器：一种只能增计数；一种只能减计数；另外一种既可以增计数，又可以减计数。在程序中计数器可按以下两种形式进行访问：

- 当前值：16 位有符号整数，存储累计值。
- 计数器位：按照当前值和预置值的比较结果来置位或复位。预置值是计数器指令的一部分，由用户在使用计数器时赋值。

可以用计数器地址（C+计数器编号）来存取这两种形式的计数器数据，究竟使用哪种形式取决于所使用的指令。如果使用位操作指令则是存取计数器位；如果使用字操作指令，则是存取计数器当前值，编译程序能够自动区分，使用方法与定时器相同。

如图 3-26 所示，常开触点指令是存取计数器位，而字移动指令是存取计数器的当前值。

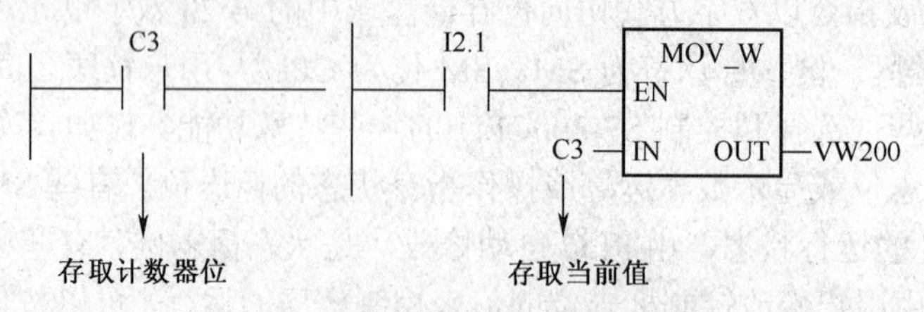

图 3-26　存取计数器区域中的操作数

11）高速计数器区。区域标识符为 HC。高速计数器对高速事件计数，它独立于 CPU 的扫描周期。高速计数器有一个 32 位的有符号整数计数值（或当前值）。若要存取高速计数器中的值，则应给出高速计数器的地址，即存储区类型（HC）加上计数器号（如 HC0）。高速计数器的当前值是只读数据，可作为双字（32 位）来寻址。

格式：HC[高速计数器号]

例如 HC1。

与一般计数器不同的是高速计数器是对外部事件的高速计数，它约定本机的某些 I/O 端子具有多功能性，可用作高速计数的输入端子，并且高速计数器的计数到达时采用中断处理机制，而不是用位逻辑等待用户程序的访问。高速计数器有多种工作方式，用户可以通过改变 SM 寄存器进行选择。

12）顺控继电器存储区。区域标识符为 S。顺控继电器位（S）用于组织机器操作或规定进入等效程序段的步骤。SCR 提供控制程序的逻辑分段。与位存储器不同的是顺控继电器位一般用于程序分支结构的控制运行。如果对控制程序进行逻辑分段，则在每一段中 PLC 的资源都可以得到充分利用，可以按位、字节、字或者双字来存取 S 位。

位访问标识：S[字节地址].[位地址]

例如 S3.1 代表指令要以位方式访问顺控继电器存储区域中的第 3 字节的第 1 位。

字节、字或双字标识：S[长度][起始字节地址]

例如 SB4 代表指令要以字节方式访问顺控继电器存储区域中的第 4 字节。

13）累加器区。区域标识符为 AC。累加器是可以像存储器一样使用的读写设备。例如，可以用它来向子程序传递参数，也可以从子程序返回参数，以及用来存储计算的中间结果。S7-200 提供 4 个 32 位累加器（AC0、AC1、AC2 和 AC3）。可以按字节、字或双字的形式来存取累加器中的数值。被访问的数据长度取决于存取累加器时所使用的指令。当以字节或字的形式存取累加器时，使用的是数值的低 8 位或低 16 位；当以双字的形式存取累加器时，使用的是全部 32 位。

格式：AC[累加器号]

例如 AC0。

5. S7-200CPU 中的程序组织

（1）程序的划分。

S7-200CPU 程序由 3 个基本元素构成：主程序、子程序（可选）和中断程序（可选）。CPU

连续地执行用户程序，以控制一个任务或过程。在主程序中可以调用不同的子程序或被中断程序中断。

- 主程序：在程序的主体中放置控制应用指令，主程序中的指令按顺序在CPU的每一个扫描周期执行一次。
- 子程序：它们是程序的可选部分，只有当主程序调用它们时才能够执行，而正常扫描时不执行、不计时。
- 中断程序：它们是程序的可选部分，只有当中断事件发生时才能够执行。

PLC以扫描方式执行，而普通计算机以中断方式执行，这是它们的主要区别。虽然PLC支持子程序调用，也支持中断，但是它们的执行会改变PLC的循环扫描时间，对PLC中的定时器的精度产生影响，在组织程序结构时，要充分考虑到这些问题，并且进行实际参数的测试，保证控制系统的实时要求。

（2）程序的保存。

1）程序传输。

①为了保证程序的正确运行，在程序装入PLC时不仅要装入用户程序，还要装入数据块（可选）和CPU组态（可选）。下装的程序存于CPU存储器的RAM区。为了永久保存，CPU会同时自动地把这些用户程序、数据块及CPU组态拷贝到E^2PROM中。

②当从CPU上装一个程序时，用户程序及CPU配置从RAM上装入PC。当上装数据块时，存于E^2PROM中的永久数据块将同时与存于RAM中剩下的数据块（如果有的话）合并，然后把完整的数据块装入PC。

2）程序保存。S7-200提供了多种安全措施，以确保用户程序、程序数据和组态数据不丢失。S7-200提供了一个超级电容，当CPU掉电时，可保存整个RAM存储器中的数据。根据CPU的类型，超级电容可以保存RAM达几天之久。CPU提供了一个E^2PROM来永久保存用户程序、用户选择的数据区及组态数据。

S7-200支持可选的电池卡。当CPU掉电后，该电池卡可以延长RAM保持的时间。电池卡只有在超级电容耗尽后才提供电源。

CPU支持可选的存储卡，这为用户程序提供了一个便携式的E^2PROM存储器。S7-200在存储卡上存储下列内容：程序块、数据块、系统块和强制值。

只有当S7-200上电、处于停止模式并且安装了存储卡时，才能将程序从RAM中复制到存储卡中。用户可以带电插拔存储卡。

6. 数据类型

任何类型的数据都是以一定的格式采用二进制的形式存储在存储器中的。在普通的计算机中，用户不用管理数据的存储，数据的二进制存储形式对用户是透明的，用户只要在其使用的环境中正确使用数据类型和格式进行访问即可，系统会自动进行存储管理。在PLC中，因管理功能有限，所以既可以使用系统提供的标准数据类型，用时也允许用户自己对存储单元以二进制的形式进行操作，这是需要区分清楚的问题。

在S7-200中，允许用户以位、字节、字、双字的二进制形式对存储单元直接进行存取，同时也允许用户使用常数、整型数、实数、字符串等管理系统提供的数据格式，甚至支持一些表格等的高级数据结构，希望用户在学习指令时注意区分。

7. 指令格式

不同厂家生产的PLC指令的约定格式是不同的，这里仅以SIMATICS7的指令为例进行介绍。

（1）STL指令的格式。

STL指令通常包括助记符和操作数两部分，格式如下：

助记符	操作数

PLC的这种表示方法与计算机汇编语言的表示方法十分相似。

- 助记符。助记符通常是能表明指令性质的英文缩写，如LD、NOT、AND、MOVB等。
- 操作数。操作数通常可以由操作数区域标识符、操作数访问方式和操作数位置组成，用来表明数据区域中操作数的地址和性质。

区域标识符	访问方式	操作数位置

区域标识符指出了该操作数存放在存储器的哪个区域。各字母代表的存储区域如下：

I：输入过程映像存储区。

Q：输出过程映像存储区。

S：顺序控制继电器存储区。

L：局部变量存储区。

T：定时器存储区。

AI：模拟量输入。

AQ：模拟量输出。

AC：累加器。

SM：特殊存储器区。

HC：高速计数器。

M：位存储区。

C：计数器存储器区。

V：变量存储区。

访问方式指出操作数是按位、字节、字或双字访问的。当按位访问时，可以用操作数位置形式加以区分。访问方式用如下符号表示：

X：位。

B：字节。

W：字。

D：双字。

操作数的位置指明了操作数在此存储区的确切位置，操作数的位置用数字来指明，以字节为单位计数。

采用上述方法，就可以对任一存储区域（V、I、Q、M、S、L、SM）中的数据以位、字节、字、双字进行访问。

（2）梯形图指令格式。

梯形图是一种图形语言，不仅支持对存储区域按位、字节、字、双字的访问方式，同时也支持整数、实数、字符串、表格等高级数据类型。指令用3种图形风格进行描述，图形的扫描分析由系统编译软件解释。图形的串、并联位置关系代表了逻辑控制条件的与、或关系。

1）位指令和逻辑运算比较指令的格式（如图3-27所示）。这是PLC最基本的指令，指令根据存储器中的某一位的逻辑值做相应运算，运算的结果决定着后续指令能否被执行，或者说是否允许能流通过。指令描述了存储区中位逻辑值的使用方法。

2）盒指令格式（如图3-28所示）。盒指令一般由指令名称、输入操作数及输出操作数3部分组成，是梯形图语言编程中大量使用的指令。

图3-27　位逻辑运算指令格式　　图3-28　盒指令图形格式

指令名称描述了指令所要进行的操作，其作用相当于STL中的操作符。

输入操作数和输出操作数有两种基本类型。第一类是输入和输出的能流，有一个提供能量的左母线。指令执行正确可以使能流流过该器件到下一个器件，指令执行错误或不能执行将阻止能流通过。任何可以连到左/右母线或触点的梯形图元件都有输入和输出能流。一个能流的输入或输出总是限于能量的流动，不能分配给一个操作数。

许多指令具有一个或多个输入操作数和输出操作数，表明该指令在能流到达时要对什么样的操作数进行操作及如何处理操作的结果。

3）控制指令（如图3-29所示）。根据能流的到达与否来控制程序的执行方式。一般情况下，与左母线直接相连的一定是逻辑条件，或者说开始要给栈顶赋值，不允许盒指令或输出线圈直接与左母线相连，事实也是如此，但程序控制指令可以与左母线直接相连而无需逻辑条件即可参与控制。

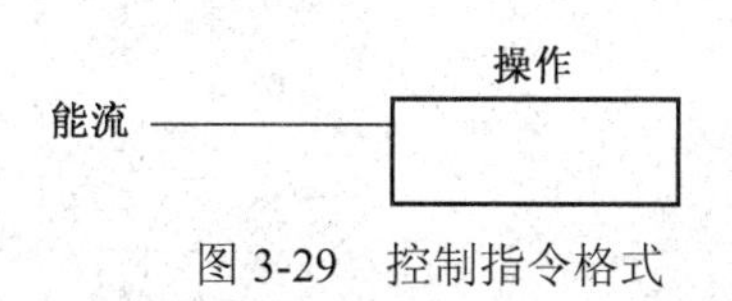

图3-29　控制指令格式

任务3.2　S7-200PLC指令系统详解

知识与能力目标

- 掌握S7-200PLC指令的使用方法。

3.2.1　位逻辑指令

1．触点指令

（1）标准触点指令。

如果数据类型为I或Q，这些指令从内存或过程映像寄存器获取引用值。

当位等于 1 时，通常打开（简称常开）（LD、A、O）触点关闭（打开）；当位等于 0 时，通常关闭（简称常闭）（LDN、AN、ON）触点关闭（打开）。

在 LAD 中，通常打开（常开）和通常关闭（常闭）指令用触点表示，如图 3-30 所示。

```
    BIT                  BIT
 ──┤ ├──              ──┤/├──
   (a)                  (b)
```

图 3-30　标准触点指令的 LAD 指令格式

在 FBD 中，通常打开（常开）指令用 AND/OR（与/或）方框表示。可以使用这些指令以与处理梯形图触点相同的方式处理布尔信号。通常关闭（常闭）指令也用方框表示。将负号放在输入信号的柄端，构成通常关闭指令。在 FBD 中，向 AND/OR（与/或）方框的输入均可扩充为最大 32 个输入。

在 STL 中，通常打开（常开）触点用载入、AND（与）和 OR（或）指令表示。这些指令载入、AND（与）或 OR（或）将地址位数值置于堆栈顶部。

在 STL 中，通常关闭（常闭）触点由负载 NOT（非）、AND NOT（与非）和 OR NOT（或非）指令表示。这些指令负载、AND（与）或 OR（或）将地址位数值的逻辑 NOT（非）置于堆栈顶部。

（2）立即触点指令。

执行指令时，立即指令获取实际输入值，但不更新进程映像寄存器。立即触点不依赖 S7-200 扫描周期进行更新，而会立即更新。

当实际输入点（位）是 1 时，通常立即打开（简称常开立即）（LDI、AI、OI）触点关闭（打开）；当实际输入点（位）是 0 时，通常立即关闭（简称常闭立即）（LDNI、ANI、ONI）触点关闭（打开）。

在 LAD 中，通常立即打开（常开立即）和通常立即关闭（常闭立即）指令用触点表示，如图 3-31 所示。

```
    BIT                  BIT
 ──┤ I ├──            ──┤/I├──
   (a)                  (b)
```

图 3-31　立即触点指令的 LAD 指令格式

在 FBD 中，通常立即打开（常开立即）指令用操作数标记前的立即指示器表示。使用使能位时，可能不存在立即指示器。可以使用该指令以与梯形图触点相同的方式处理实际信号。

在 FBD 中，通常立即关闭（常闭立即）指令也用操作数标记前的立即指示器和负号表示。使用使能位时，立即指示符不得出现。将负号置于输入信号柄端，构成通常关闭指令。

在 STL 中，通常立即打开（常开立即）触点用立即载入、立即 AND（与）和立即 OR（或）指令表示。这些指令立即将实际输入值载入、AND（与）或 OR（或）至堆栈顶部。

在 STL 中，通常立即关闭（常闭立即）触点由立即载入 NOT（非）、立即 AND NOT（与非）和立即 OR NOT（或非）指令表示。这些指令立即将实际输入点数值的逻辑 NOT（非）载入、AND（与）或 OR（或）至堆栈顶部。

位逻辑输入指令的有效操作数如表 3-5 所示。

表 3-5　位逻辑输入指令的有效操作数

输入/输出	数据类型	操作数
位	BOOL	I、Q、V、M、SM、S、T、C、L
位（立即）	BOOL	I

（3）NOT 取反指令。

NOT（取反）触点改变使能位输入状态。当使能位到达 NOT（取反）触点时即停止；当使能位未到达 NOT（取反）触点时，则供给使能位。

在 LAD 中，NOT（取反）指令用触点表示，如图 3-32 所示。

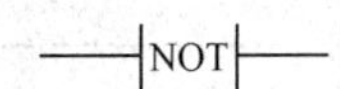

图 3-32　NOT 取反指令的 LAD 指令格式

在 FBD 中，NOT（取反）指令使用带有布尔输入的图形符号。

在 STL 中，NOT（取反）指令将堆栈顶部的数值从 0 改变为 1 或从 1 改变为 0。

（4）正、负跳变指令。

正向跳变（EU）触点允许一次扫描中每次执行“关闭至打开”转换时电源流动。

负向跳变（ED）触点允许一次扫描中每次执行“打开至关闭”转换时电源流动。

在 LAD 中，正向和负向跳变指令用触点表示，如图 3-33 所示。

图 3-33　正、负跳变指令的 LAD 指令格式

在 FBD 中，指令用 P 和 N 方框表示。

在 STL 中，正向跳变触点用上升指令表示。一旦在堆栈顶部数值中检测到 0～1 转换时，则将堆栈顶值设为 1；否则，将其设为 0。

在 STL 中，负向跳变触点用下降指令表示。一旦在堆栈顶部数值中检测到 1～0 转换时，则将堆栈顶值设为 1；否则，将其设为 0。

对于运行时间编辑（在 RUN（运行）模式中编辑程序），必须为“正向跳变”和“负向跳变”指令输入一个参数。

因为“正向跳变”和“负向跳变”指令要求执行“打开至关闭”或“关闭至打开”转换，无法在首次扫描时检测上升沿或下降沿。在首次扫描中，S7-200 设置由这些指令指定的位状态。在其后的扫描中，这些指令无法检测指定位的转换。

实例：触点指令。

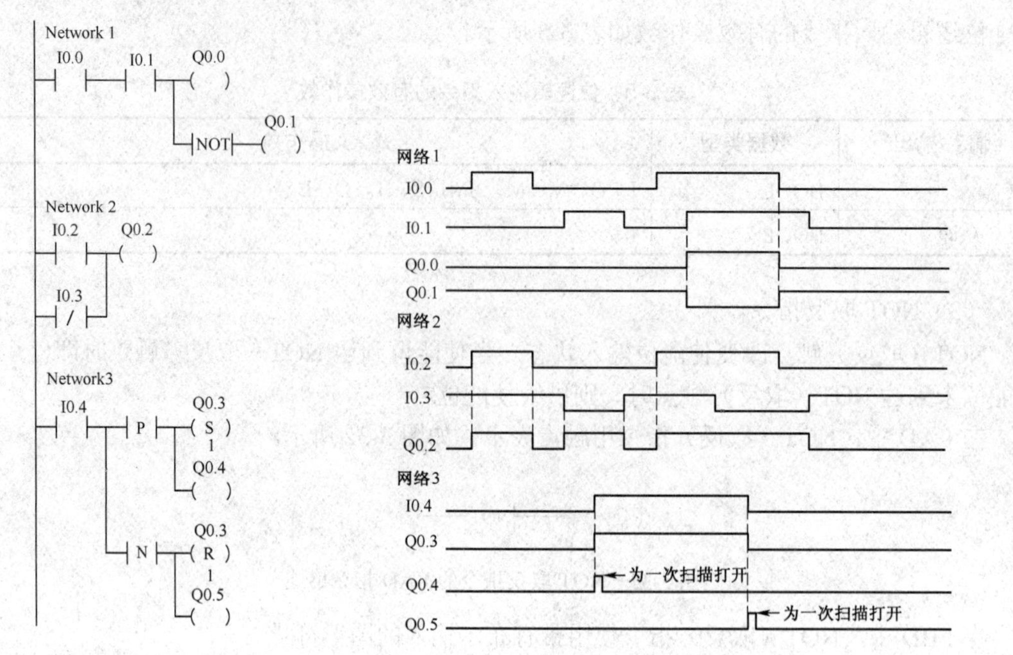

2. 线圈指令

（1）输出指令。

输出（=）指令将输出位的新数值写入过程映像寄存器。

在 LAD 和 FBD 中，当输出指令被执行时，S7-200 将过程映像寄存器中的输出位打开或关闭。

在 LAD 中，输出指令用线圈表示，如图 3-34 所示。

对于 LAD 和 FBD，指定的位被设为等于使能位。

在 STL 中，位于堆栈顶端的数值被复制至指定的位。

（2）立即输出指令。

执行指令时，立即输出（=I）指令将新值写入实际输出和对应的过程映像寄存器位置。

执行“立即输出”指令时，实际输出点（位）被立即设为等于使能位。“I”表示立即参考；执行指令时，新值被写入实际输出和对应的过程映像寄存器位置。这与非立即参考不同，非立即参考仅将新值写入过程映像寄存器。

在 LAD 中，立即输出指令用线圈表示，如图 3-35 所示。

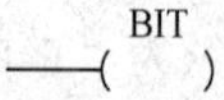

BIT
—( )

图 3-34 输出指令的 LAD 指令格式

BIT
—(I)

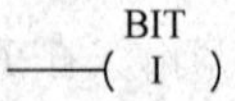

图 3-35 立即输出指令的 LAD 指令格式

对于 STL，指令立即将位于堆栈顶端的数值复制至指定的实际输出位（STL）。

（3）置位和复位指令。

置位（S）和复位（R）指令置位或复位指定的点数（N），从指定的地址（位）开始，可以置位和复位 1～255 个点。如果复位指令指定的是一个定时器位（T）或计数器位（C），指令不但复位定时器或计数器位，而且清除定时器或计数器的当前值。

在 LAD 中，置位和复位指令用线圈表示，如图 3-36 所示。

BIT　　　　　　　　BIT
——(S)　　　　——(R)
N　　　　　　　　　N

（a）　　　　　　　（b）

图 3-36　置位和复位指令的 LAD 指令格式

（4）立即置位和立即复位指令。

立即置位（SI）和立即复位（RI）指令立即置位或立即复位点数（N），从指定的地址（位）开始，可以立即置位或复位 1～128 个点。“I”表示立即引用；执行指令时，新值被写入实际输出点和相应的过程映像寄存器位置。这与非立即参考不同，非立即参考只将新值写入过程映像寄存器。

在 LAD 中，立即置位和立即复位指令用线圈表示，如图 3-37 所示。

BIT　　　　　　　　BIT
——(SI)　　　　——(RI)
N　　　　　　　　　N

（a）　　　　　　　（b）

图 3-37　立即置位和立即复位指令的 LAD 指令格式

位逻辑输出指令的有效操作数如表 3-6 所示。

表 3-6　位逻辑输出指令的有效操作数

输入/输出	数据类型	操作数
位	BOOL	I、Q、V、M、SM、S、T、C、L
位（立即）	BOOL	Q
N	BYTE	IB、QB、VB、MB、SMB、SB、LB、AC、*VD、*LD、*AC、常数

实例：线圈指令。

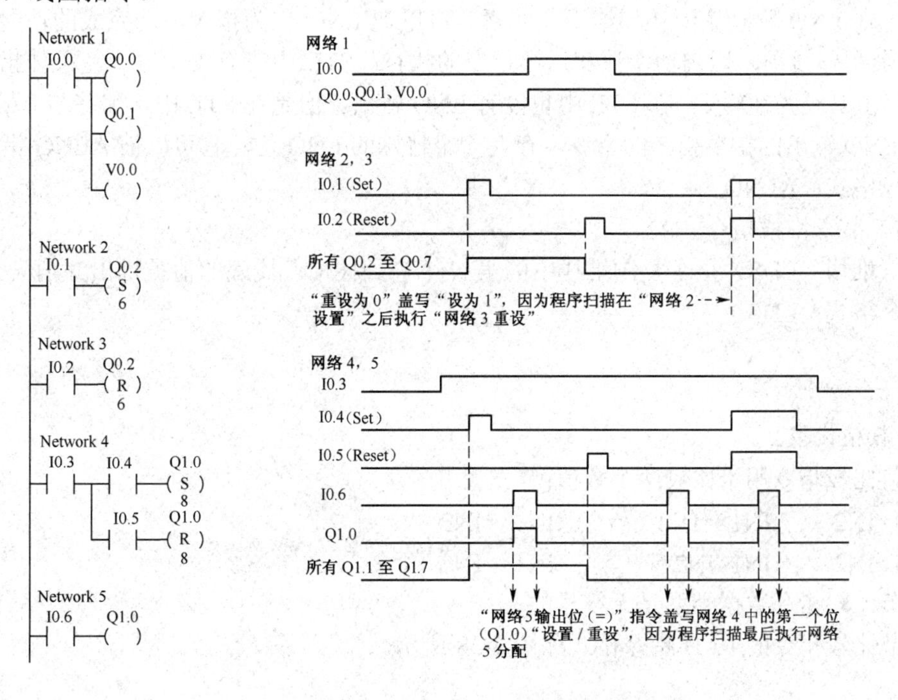

3．逻辑堆栈指令

（1）栈装载与指令。

栈装载与（ALD）指令对堆栈中第一层和第二层的值进行逻辑与操作，结果放入栈顶。执行完栈装载与指令之后，栈深度减 1。

指令格式：ALD

（2）栈装载或指令。

栈装载或（OLD）指令对堆栈中第一层和第二层的值进行逻辑或操作，结果放入栈顶。执行完栈装载或指令之后，栈深度减 1。

指令格式：OLD

（3）逻辑推入栈指令。

逻辑推入栈（LPS）指令复制栈顶的值，并将这个值推入栈，栈底的值被推出并消失。

指令格式：LPS

（4）逻辑读栈指令。

逻辑读栈（LRD）指令复制堆栈中的第二个值到栈顶。堆栈没有推入栈或者弹出栈操作，但旧的栈顶值被新的复制值取代。

指令格式：LRD

（5）逻辑弹出栈指令。

逻辑弹出栈（LPP）指令弹出栈顶的值。堆栈的第二个栈值成为新的栈顶值。

指令格式：LPP

（6）ENO 与指令。

ENO 与（AENO）指令对 ENO 位和栈顶的值进行逻辑与操作，其产生的效果与 LAD 或者 FBD 中盒指令的 ENO 位相同。与操作结果成为新的栈顶。

ENO 是 LAD 和 FBD 中盒指令的布尔输出。如果盒指令的 EN 输入有功率流并且执行没有错误，则 ENO 将功率流传递给下一元素。可以把 ENO 作为指令成功完成的使能标志位。ENO 位被用作栈顶，影响功率流和后续指令的执行。STL 中没有 EN 输入。条件指令要想执行，栈顶值必须为逻辑 1。在 STL 中也没有 ENO 输出。但是在 STL 中，那些与 LAD 和 FBD 中具有 ENO 输出的指令相应的指令，存在一个特殊的 ENO 位。它可以被 AENO 指令访问。

指令格式：AENO

（7）装入堆栈指令。

装入堆栈（LDS）指令复制堆栈中的第 N 个值到栈顶，栈底的值被推出并消失。

指令格式：LDS

3.2.2 比较指令

1．数值比较

数值比较指令用于比较两个数值：

IN1=IN2　　IN1>=IN2　　IN1<=IN2

IN1>IN2　　IN1<IN2　　IN1<>IN2

字节比较指令数据类型是无符号的。

字节比较指令的 LAD 指令格式如图 3-38 所示。

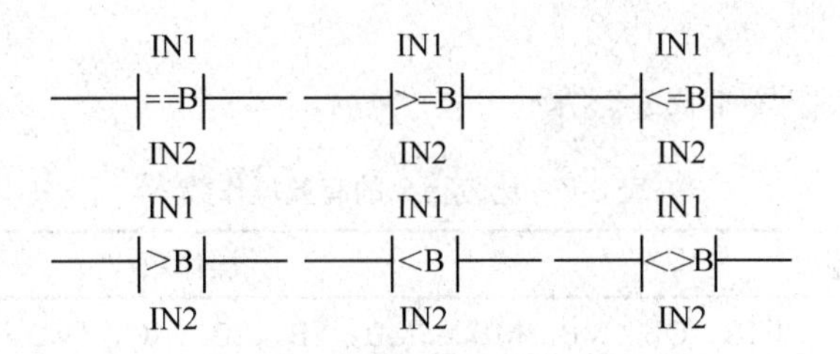

图 3-38　字节比较指令的 LAD 指令格式

整数比较指令数据类型是有符号的。

整数比较指令的 LAD 指令格式如图 3-39 所示。

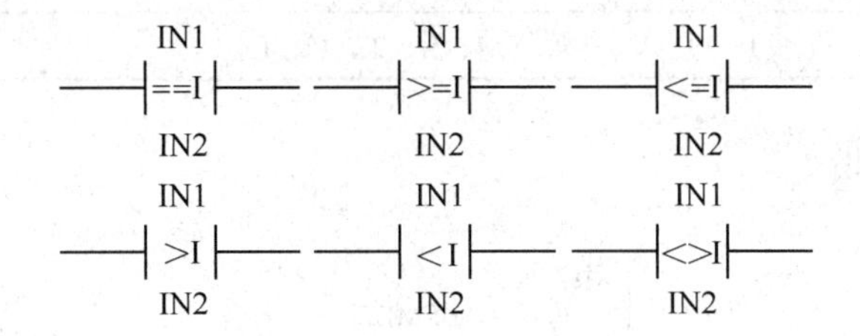

图 3-39　整数比较指令的 LAD 指令格式

双字比较指令数据类型是有符号的。

双字比较指令的 LAD 指令格式如图 3-40 所示。

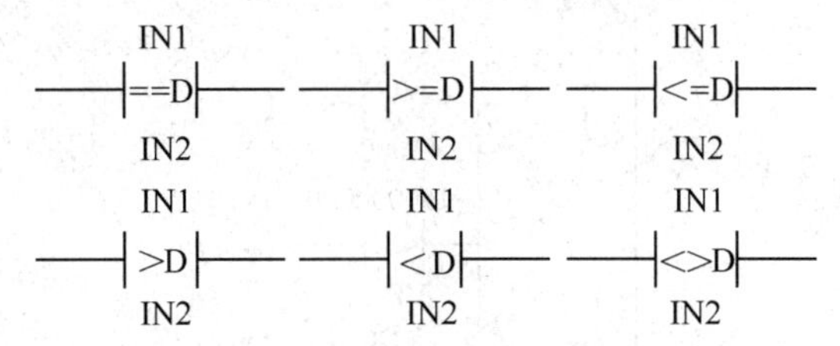

图 3-40　双字比较指令的 LAD 指令格式

实数比较指令数据类型是有符号的。

实数比较指令的 LAD 指令格式如图 3-41 所示。

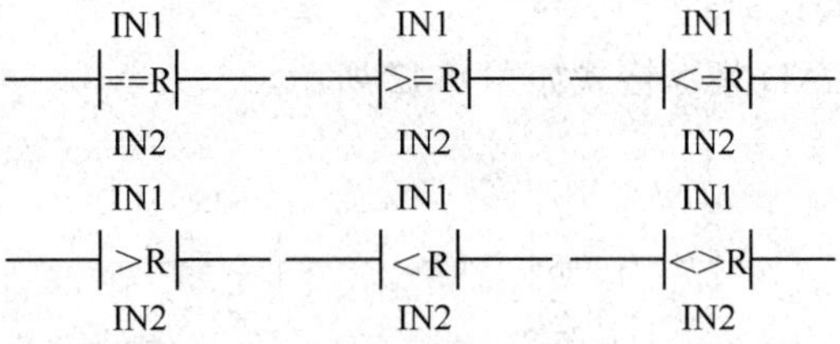

图 3-41　实数比较指令的 LAD 指令格式

对于 LAD 和 FBD，当比较结果为真时，比较指令接通触点（LAD）或输出（FBD）。

对于 STL，当比较结果为真时，比较指令将 1 载入栈顶，再将 1 与栈顶值作“与”或者“或”运算（STL）。

当使用 IEC 比较指令时，可以使用各种数据类型作为输入，但是两个输入的数据类型必须一致。

比较指令的有效操作数如表 3-7 所示。

表 3-7　比较指令的有效操作数

输入/输出	数据类型	操作数
IN1、IN2	BYTE	IB、QB、VB、MB、SMB、SB、LB、AC、*VD、*LD、*AC、常数
	INT	IW、QW、VW、MW、SMW、SW、LW、T、C、AC、AIW、*VD、*LD、*AC、常数
	DINT	ID、QD、VD、MD、SMD、SD、LD、AC、HC、*VD、*LD、*AC、常数
	实型	ID、QD、VD、MD、SMD、SD、LD、AC、*VD、*LD、*AC、常数
OUT	BOOL	I、Q、V、M、SM、S、T、C、L、

实例：数值比较指令。

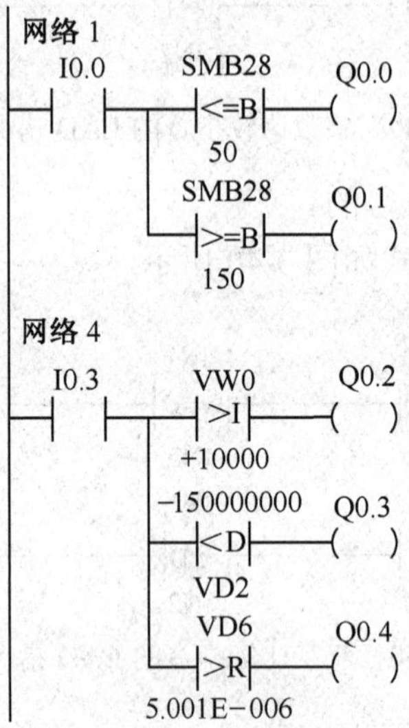

网络 1
I0.0　SMB28 <=B 50　Q0.0
SMB28 >=B 150　Q0.1

网络 4
I0.3　VW0 >I +10000　Q0.2
-150000000 <D VD2　Q0.3
VD6 >R 5.001E-006　Q0.4

2. 字符串比较

字符串比较指令比较两个字符串的 ASCII 码字符：

IN1=IN2　　IN1<>IN2

字符串比较指令的 LAD 指令格式如图 3-42 所示。

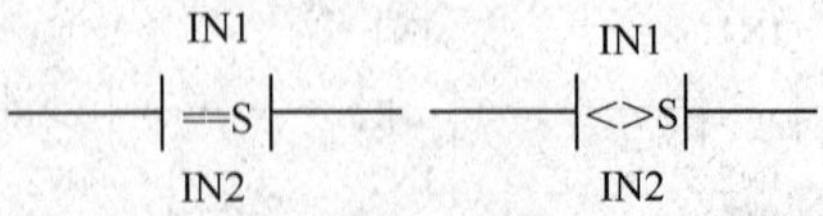

IN1 ==S IN2　　IN1 <>S IN2

图 3-42　字符串比较指令的 LAD 指令格式

如果比较为真，对于 LAD，使能位流过比较触点；对于 FBD，方框输出变为真。

对于 STL 状态，比较指令对 1 执行载入、AND（与）或 OR（或）操作，并将值置于堆栈顶端。

单个常数字符串的最大长度为 126 个字节，两个常数字符串的最大组合长度为 242 个字节。

字符串比较指令的有效操作数如表 3-8 所示。

表 3-8　字符串比较指令的有效操作数

输入/输出	数据类型	操作数
IN1	STRING	VB、LB、*VD、*LD、*AC、常数
IN2	STRING	VB、LB、*VD、*LD、*AC
OUT	BOOL	I、Q、V、M、SM、S、T、C、L

3.2.3　传送指令

1. 字节、字、双字和实数传送指令

字节传送（MOVB）、字传送（MOVW）、双字传送（MOVD）和实数传送（MOVR）指令在不改变原值的情况下将 IN 中的值传送到 OUT。

使用双字传送指令可以创建一个指针。

对于 IEC 传送指令，输入和输出的数据类型可以不同，但数据长度必须相同。

字节传送指令的 LAD 指令格式如图 3-43 所示，字传送指令的 LAD 指令格式如图 3-44 所示。

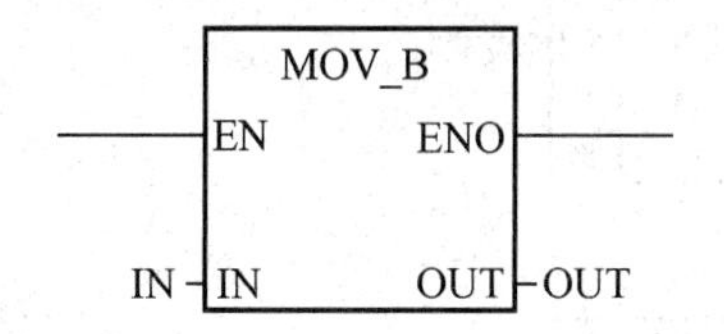

图 3-43　字节传送指令的 LAD 指令格式

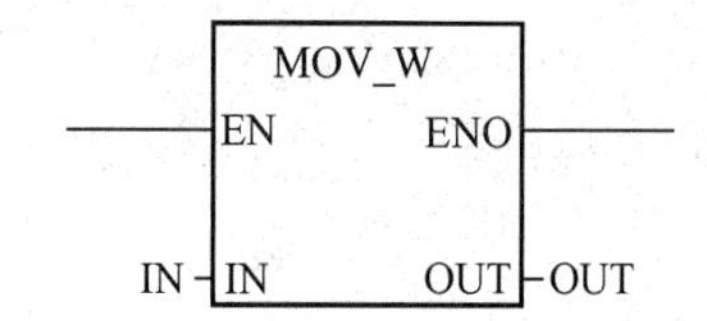

图 3-44　字传送指令的 LAD 指令格式

双字传送指令的 LAD 指令格式如图 3-45 所示，实数传送指令的 LAD 指令格式如图 3-46 所示。

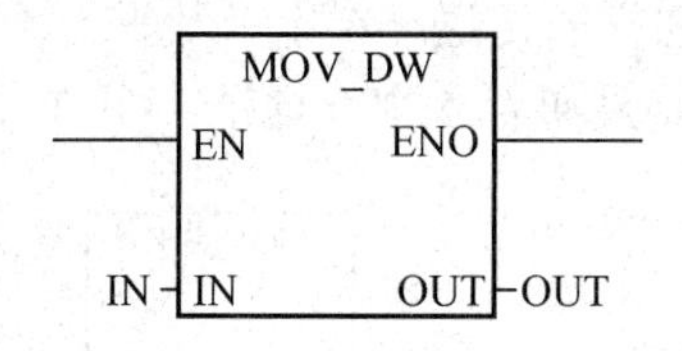

图 3-45　双字传送指令的 LAD 指令格式

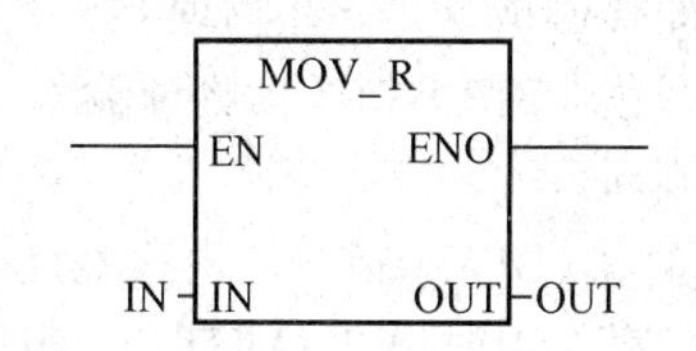

图 3-46　实数传送指令的 LAD 指令格式

传送指令的有效操作数如表 3-9 所示。

表 3-9　传送指令的有效操作数

输入/输出	数据类型	操作数
IN	BYTE	IB、QB、VB、MB、SMB、SB、LB、AC、*VD、*LD、*AC、常数
	WORD、INT	IW、QW、VW、MW、SMW、SW、T、C、LW、AC、AIW、*VD、*AC、*LD、常数
	DWORD、DINT	ID、QD、VD、MD、SMD、SD、LD、HC、&VB、&IB、&QB、&MB、&SB、&T、&C、&SMB、&AIW、&AQW、AC、*VD、*LD、*AC、常数
	REAL	ID、QD、VD、MD、SMD、SD、LD、AC、*VD、*LD、*AC、常数
OUT	BYTE	IB、QB、VB、MB、SMB、SB、LB、AC、*VD、*LD、*AC
	WORD、INT	IW、QW、VW、MW、SMW、SW、T、C、LW、AC、AQW、*VD、*LD、*AC
	DWORD、DINT	ID、QD、VD、MD、SMD、SD、LD、AC、*VD、*LD、*AC
	REAL	ID、QD、VD、MD、SMD、SD、LD、AC、*VD、*LD、*AC

实例：字、双字和实数传送指令。

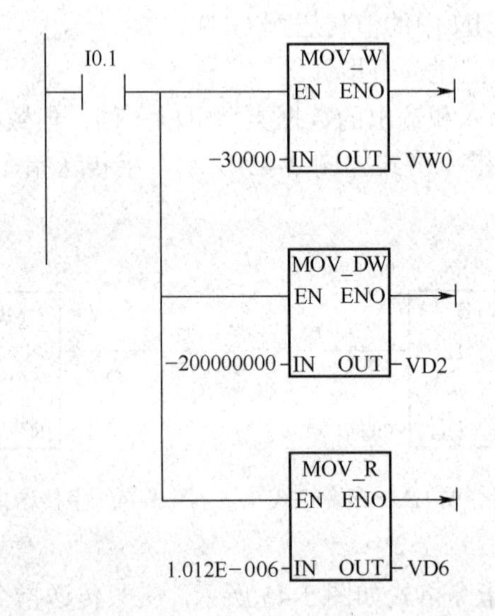

2. 字节立即传送（读和写）指令

字节立即传送指令允许在物理 I/O 和存储器之间立即传送一个字节数据。

字节立即读（BIR）指令读物理输入（IN），并将结果存入内存地址（OUT），但过程映像寄存器并不刷新。

字节立即写（BIW）指令从内存地址（IN）中读取数据，写入物理输出（OUT），同时刷新相应的过程映像区。

字节立即读传送指令的 LAD 指令格式如图 3-47 所示。

图 3-47　字节立即读传送指令的 LAD 指令格式

字节立即读指令的有效操作数如表 3-10 所示。

表 3-10　字节立即读指令的有效操作数

输入/输出	数据类型	操作数
IN	BYTE	IB、*VD、*LD、*AC
OUT	BYTE	IB、QB、VB、MB、SMB、SB、LB、AC、*VD、*LD、*AC

字节立即写传送指令的 LAD 指令格式如图 3-48 所示。

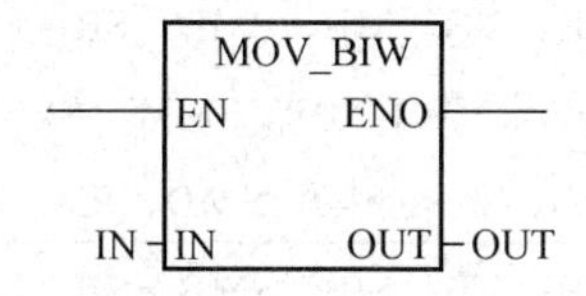

图 3-48　字节立即写传送指令的 LAD 指令格式

字节立即写指令的有效操作数如表 3-11 所示。

表 3-11　字节立即写指令的有效操作数

输入/输出	数据类型	操作数
IN	BYTE	IB、QB、VB、MB、SMB、SB、LB、AC、*VD、*LD、*AC、常数
OUT	BYTE	QB、*VD、*LD、*AC

3．块传送指令

字节块传送（BMB）、字块传送（BMW）和双字块传送（BMD）指令传送指定数量的数据到一个新的存储区，数据的起始地址为 IN，数据长度为 N 个字节、字或者双字，新块的起始地址为 OUT。

N 的范围为 1～255。

字节块传送指令的 LAD 指令格式如图 3-49 所示，字块传送指令的 LAD 指令格式如图 3-50 所示，双字块传送指令的 LAD 指令格式如图 3-51 所示。

图 3-49　字节块传送指令的 LAD 指令格式　　图 3-50　字块传送指令的 LAD 指令格式

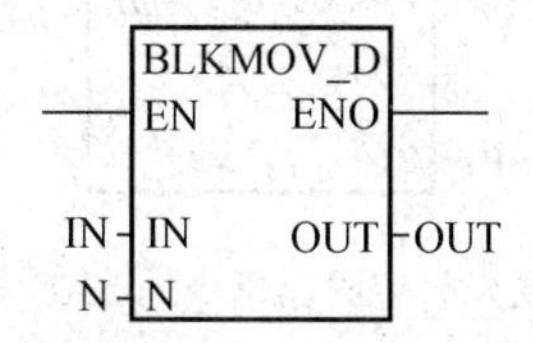

图 3-51　双字块传送指令的 LAD 指令格式

块传送指令的有效操作数如表 3-12 所示。

表 3-12 块传送指令的有效操作数

输入/输出	数据类型	操作数
IN	BYTE	IB、QB、VB、MB、SMB、SB、LB、*VD、*LD、*AC
	WORD、INT	IW、QW、VW、SMW、SW、T、C、LW、AIW、*VD、*LD、*AC
	DWORD、DINT	ID、QD、VD、MD、SMD、SD、LD、*VD、*LD、*AC
OUT	BYTE	IB、QB、VB、MB、SMB、SB、LB、*VD、*LD、*AC
	WORD、INT	IW、QW、VW、MW、SMW、SW、T、C、LW、AQW、*VD、*LD、*AC
	DWORD、DINT	ID、QD、VD、MD、SMD、SD、LD、*VD、*LD、*AC
N	BYTE	IB、QB、VB、MB、SMB、SB、LB、AC、常数、*VD、*LD、*AC

实例：字节块传送指令。

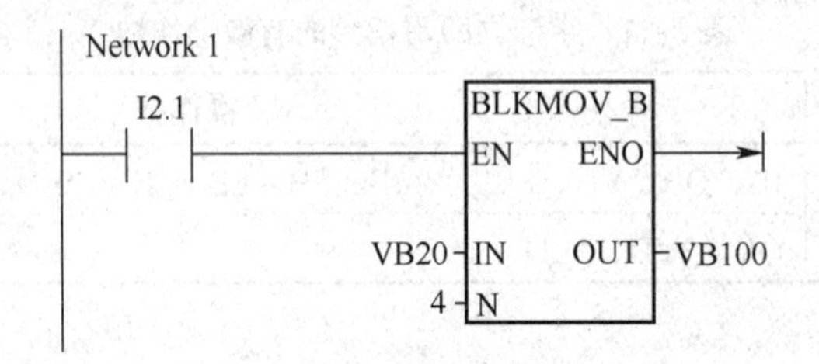

3.2.4 定时器指令

定时器指令分为接通延时定时器（TON）指令、有记忆接通延时定时器（TONR）指令和关断延时定时器（TOF）指令。

1. 接通延时定时器指令

当使能输入接通时，接通延时定时器开始计时，当定时器的当前值（Txxx）大于等于预设值（PT）时，该定时器位被置位。

当定时器的当前值达到预设值后，接通延时定时器继续计时，一直计到最大值 32767，则停止计时。

当使能输入断开时，清除接通延时定时器的当前值，该定时器位被复位，停止计时。

接通延时定时器指令的 LAD 指令格式如图 3-52 所示。

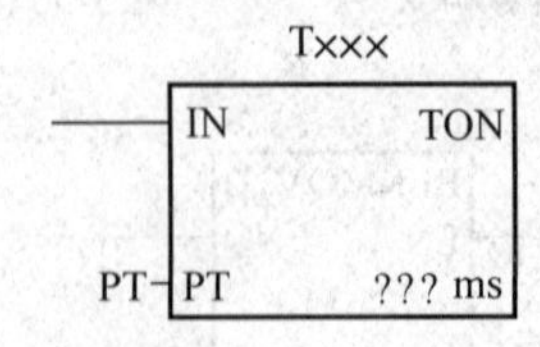

图 3-52 接通延时定时器指令的 LAD 指令格式

实例：接通延时定时器指令。

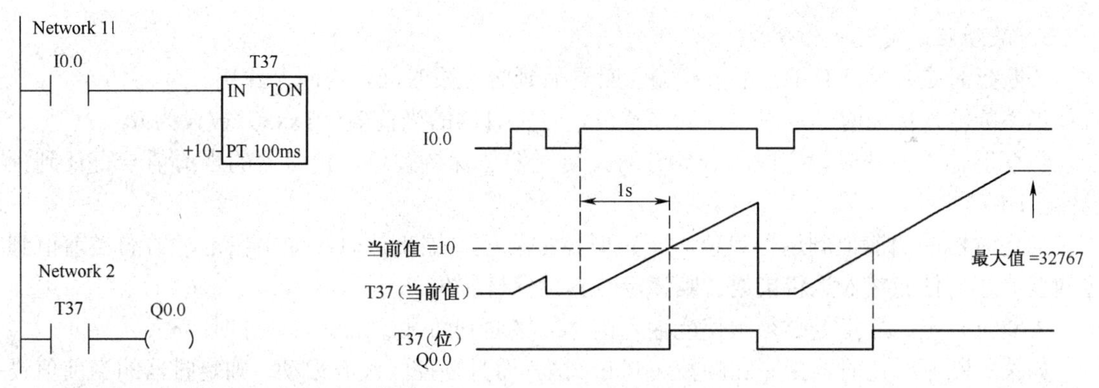

2. 有记忆接通延时定时器指令

当使能输入接通时，有记忆接通延时定时器开始计时，当定时器的当前值（Txxx）大于等于预设值（PT）时，该定时器位被置位。

当定时器的当前值达到预设值后，有记忆接通延时定时器继续计时，一直计到最大值32767，则停止计时。

当使能输入断开时，对于有记忆接通延时定时器，其当前值保持不变。

当使能输入再次接通时，有记忆接通延时定时器可以累计使能输入信号的接通时间。

必须利用复位（R）指令清除有记忆接通延时定时器的当前值，则该定时器位被复位。

有记忆接通延时定时器指令的LAD指令格式如图3-53所示。

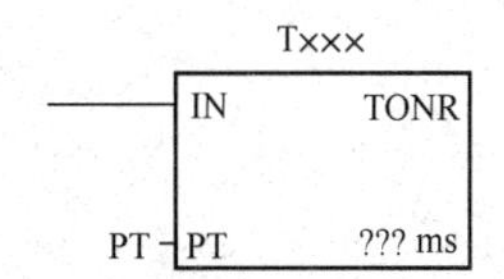

图3-53　有记忆接通延时定时器指令的LAD指令格式

实例：有记忆接通延时定时器指令。

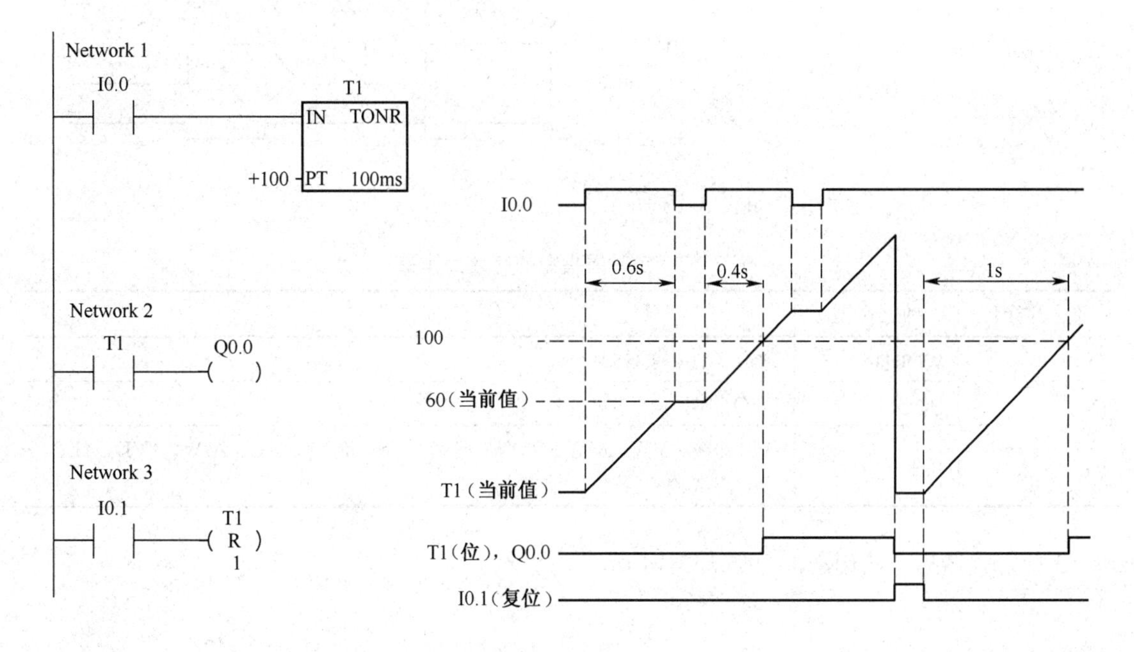

3. 关断延时定时器指令

关断延时定时器（TOF）用来在输入断开后延时一段时间，再断开输出。

当使能输入接通时，定时器位立即置位，且定时器的当前值（Txxx）被设为 0。

当使能输入断开时，定时器开始计时，定时器位保持置位，定时器的当前值一直计到预设值（PT）。

当定时器的当前值到达预设值时，定时器位复位，停止计时；如果在定时器的当前值到达预设值之前使能输入重新接通，则该定时器位保持置位。

关断延时定时器指令必须用使能输入信号的接通到断开的跳变启动计时。

如果关断延时定时器指令在顺控（SCR）区，而且顺控区没有启动，则定时器的当前值设置为 0，定时器位设置为复位，当前值不计时。

关断延时定时器指令的 LAD 指令格式如图 3-54 所示。

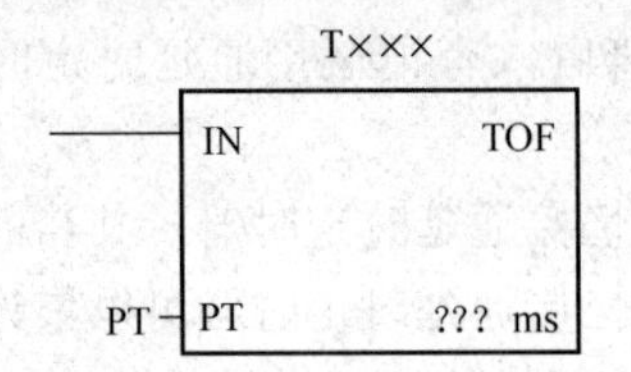

图 3-54 关断延时定时器指令的 LAD 指令格式

实例：关断延时定时器指令。

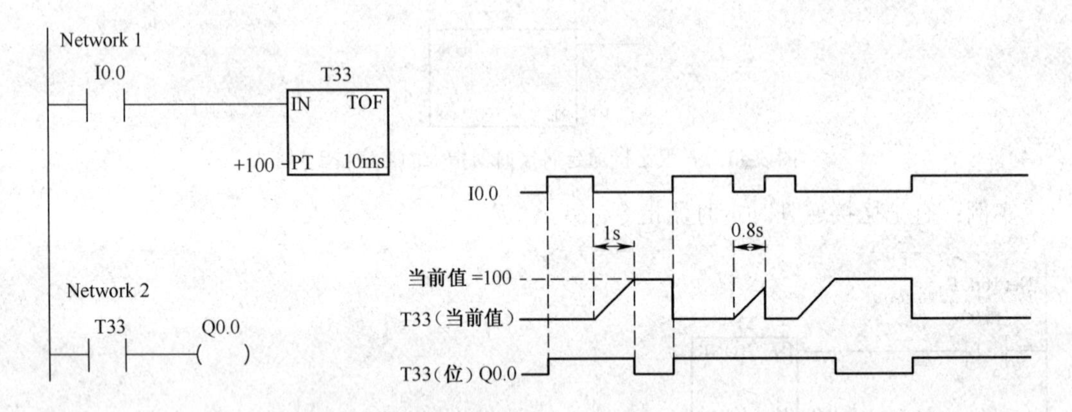

定时器指令的有效操作数如表 3-13 所示。

表 3-13 定时器指令的有效操作数

输入/输出	数据类型	操作数
Txxx	WORD	常数（T0～T255）
IN	BOOL	I、Q、V、M、SM、S、T、C、L
PT	INT	IW、QW、VW、MW、SMW、SW、LW、T、C、AC、AIW、*VD、*LD、*AC、常数

3 种定时器指令的用法汇总如表 3-14 所示。

表 3-14 3种定时器指令的用法汇总

定时器	使能 IN	计时	当前值	定时器位 Txxx	说明
TON	使能IN接入（ON）	计时开始	当前值<预设值	定时器位复位	继续计时→预设值
			当前值≥预设值	定时器位置位	继续计时→32767
	使能IN断开（OFF）	计时停止	当前值=0	定时器位复位	计时停止
TONR	使能IN接入（ON）	计时开始	当前值<预设值	定时器位复位	继续计时→预设值
			当前值≥预设值	定时器位置位	继续计时→32767
	使能IN断开（OFF）	计时停止	当前值保持	定时器位保持	计时停止
	强行复位	计时停止	当前值=0	定时器位复位	计时停止
TOF	使能IN接入（ON）	计时停止	当前值=0	定时器位置位	计时停止
	使能IN断开（OFF）	计时开始	当前值<预设值	定时器位置位	继续计时→预设值
			当前值=预设值	定时器位复位	计时停止

4. 定时器的分辨率

（1）TON、TONR和TOF定时器有3种分辨率：1ms、10ms和100ms。定时器的分辨率（时基）决定了每个时间间隔的时间长短。每一个当前值都是时间基准的倍数。如表3-15所示，定时器号决定了定时器的分辨率。

表 3-15 定时器号和分辨率

定时器类型	分辨率	最大值	定时器号
TONR	1ms	32.767s	T0、T64
	10ms	327.67s	T1～T4、T65～T68
	100ms	3276.7s	T5～T31、T69～T95
TON、TOF	1ms	32.767s	T32、T96
	10ms	327.67s	T33～T36、T97～T100
	100ms	3276.7s	T37～T63、T101～T255

（2）分辨率对定时器的影响。

对于1 ms分辨率的定时器来说，定时器位和当前值的更新不与扫描周期同步。对于大于1 ms的程序扫描周期，定时器位和当前值在一次扫描内刷新多次。

对于10 ms分辨率的定时器来说，定时器位和当前值在每个程序扫描周期的开始刷新。定时器位和当前值在整个扫描周期过程中为常数。在每个扫描周期的开始会将一个扫描累计的时间间隔加到定时器当前值上。

对于分辨率为100 ms的定时器，在执行指令时对定时器位和当前值进行更新。因此，确保在每个扫描周期内程序仅为100ms的定时器执行一次指令，以便使定时器保持正确计时。

注释

（1）可用复位（R）指令来复位 TON、TONR 或 TOF 中的任何定时器，但 TONR 定时器只能通过复位指令进行复位操作。

复位指令执行如下操作：

定时器位=复位

定时器当前值=0

（2）复位后，为了再启动，TOF 定时器需要使能输入有一个从接通到断开的跳变。

（3）不能将同一个定时器号同时用作 TOF 和 TON。例如，不能既有 TON T32 又有 TOF T32。

3.2.5 计数器指令

计数器指令分为增计数器（CTU）指令、减计数器（CTD）指令和增/减计数器（CTUD）指令。

1. 增计数器指令

增计数器（CTU）指令从当前计数值开始，在每一个（CU）输入状态从低到高（上升沿）时递增计数。

当 Cxxx 的当前值大于等于预设值 PV 时，计数器位 Cxxx 置位。

当复位端（R）接通或者执行复位指令后，计数器被复位。

当 Cxxx 的当前值达到最大值（32767）后，计数器停止计数。

增计数器指令的 LAD 指令格式如图 3-55 所示。

2. 减计数器指令

减计数器（CTD）指令从当前计数值开始，在每一个（CD）输入状态从低到高（上升沿）时递减计数。

当 Cxxx 的当前值等于 0 时，计数器停止计数，计数器位 Cxxx 置位。

当装载输入端（LD）接通时，计数器位 Cxxx 复位，并将计数器的当前值设为预设值 PV。

减计数器指令的 LAD 指令格式如图 3-56 所示。

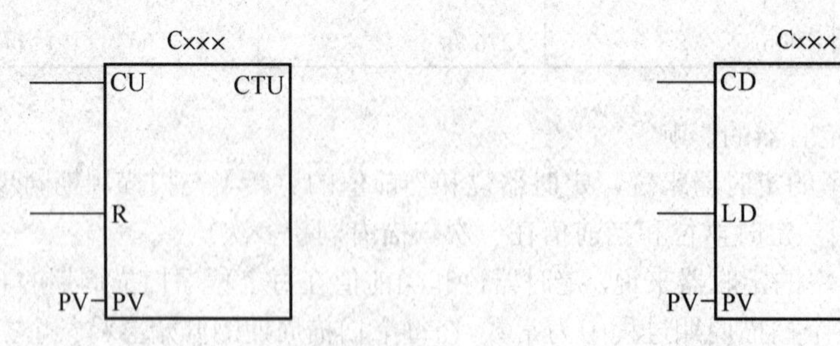

图 3-55 增计数器指令的 LAD 指令格式

图 3-56 减计数器指令的 LAD 指令格式

实例：减计数器指令。

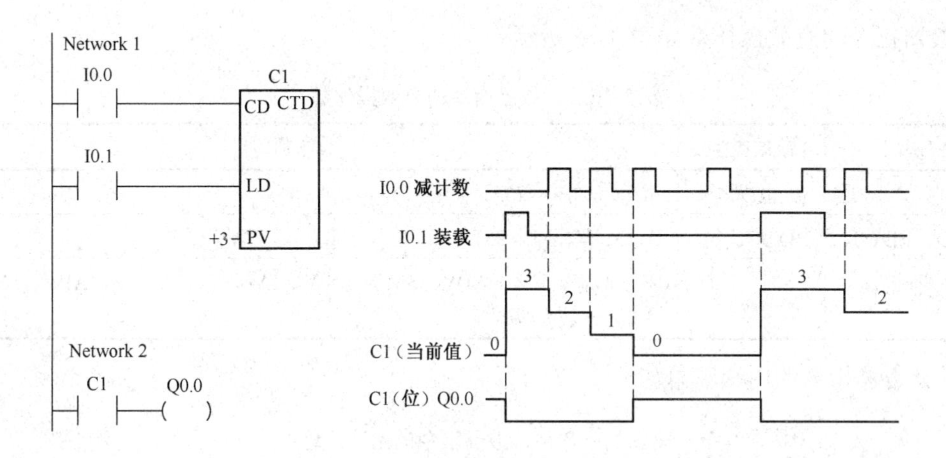

3. 增/减计数器指令

增/减计数器（CTUD）指令，在每一个增计数输入（CU）从低到高（上升沿）时递增计数，在每一个减计数输入（CD）从低到高（上升沿）时递减计数。

计数器的当前值 Cxxx 保存当前计数值。在每一次计数器执行时，预设值 PV 与当前值作比较。

当达到最大值（32767）时，在增计数输入处的下一个上升沿导致当前计数值变为最小值（-32768）。当达到最小值（-32768）时，在减计数输入端的下一个上升沿导致当前计数值变为最大值（32767）。

当 Cxxx 的当前值大于等于预设值 PV 时，计数器位 Cxxx 置位；否则，计数器位复位。

当复位端（R）接通或者执行复位指令后，计数器复位。

增/减计数器指令的 LAD 指令格式如图 3-57 所示。

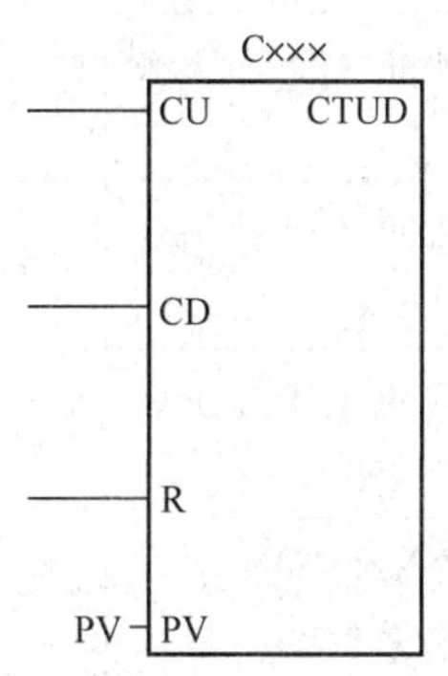

图 3-57 增/减计数器指令的 LAD 指令格式

实例：增/减计数器指令。

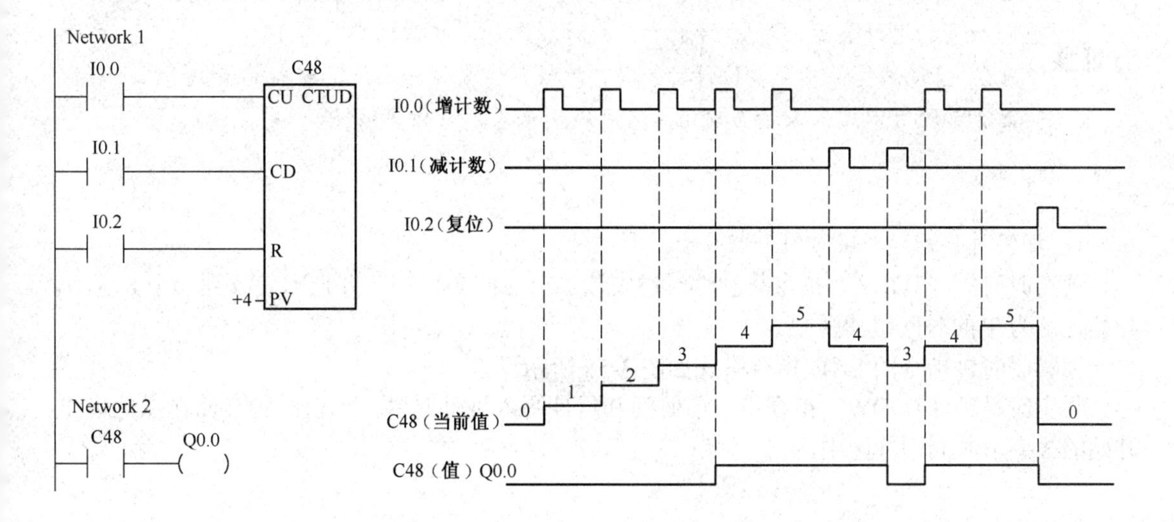

计数器指令的有效操作数如表 3-16 所示。

表 3-16　计数器指令的有效操作数

输入/输出	数据类型	操作数
Cxxx	WORD	常数（C0～C255）
CU、CD、LD、R	BOOL	I、Q、V、M、SM、S、T、C、L
PV	INT	IW、QW、VW、MW、SMW、SW、LW、T、C、AC、AIW、*VD、*LD、*AC、常数

3 种计数器指令的用法汇总如表 3-17 所示。

表 3-17　3 种计数器指令的用法汇总

计数器	计数脉冲	计数	当前值	计数器位 Cxxx	说明
CTU	计数脉冲 CU 上升沿（OFF→ON）	递增计数	当前值<预设值	计数器位复位	继续计数→预设值
			当前值≥预设值	计数器位置位	继续计数→32767
	复位输入 R（ON）（或强行复位）	计数停止	当前值=0	计数器位复位	
CTD	装载复位输入 LD（ON）	准备计数	当前值=预设值	计数器位复位	
	计数脉冲 CD 上升沿（OFF→ON）	递减计数	当前值<预设值	计数器位复位	继续计数→0
			当前值=0	计数器位置位	计数停止
CTUD	计数脉冲 CU 上升沿（OFF→ON）	递增计数	当前值<预设值	计数器位复位	继续计数→预设值
			当前值≥预设值	计数器位置位	继续计数→32767
	计数脉冲 CD 上升沿（OFF→ON）	递减计数	当前值≥预设值	计数器位置位	继续计数→预设值
			当前值<预设值	计数器位复位	继续计数→-32768
	复位输入 R（ON）（或强行复位）	计数停止	当前值=0	计数器位复位	

注释

（1）由于每一个计数器只有一个当前值，所以不要多次定义同一个计数器（具有相同标号的增计数器、增/减计数器、减计数器访问相同的当前值）。

（2）当使用复位指令复位计数器时，计数器位复位并且计数器当前值被清零。计数器标号既可以用来表示当前值，又可以用来表示计数器位。

3.2.6　时钟指令

1．读实时时钟和写实时时钟指令

读实时时钟（TODR）指令从硬件时钟中读当前时间和日期，并把它装载到一个 8 字节，起始地址为 T 的时间缓冲区中。

读实时时钟指令的 LAD 指令格式如图 3-58 所示。

写实时时钟（TODW）指令将当前时间和日期写入硬件时钟，当前时钟存储在以地址 T 开始的 8 字节时间缓冲区中。

写实时时钟指令的 LAD 指令格式如图 3-59 所示。

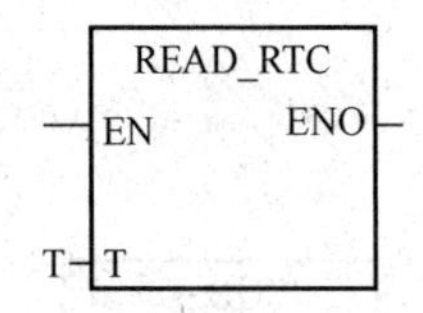

图 3-58 读实时时钟指令的 LAD 指令格式

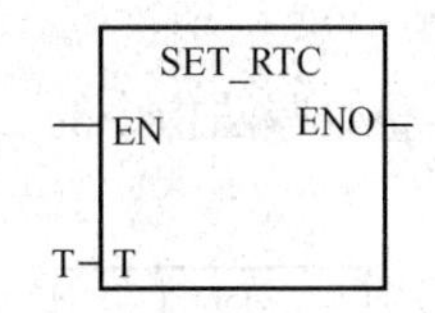

图 3-59 写实时时钟指令的 LAD 指令格式

时钟指令的有效操作数如表 3-18 所示。

表 3-18 时钟指令的有效操作数

输入/输出	数据类型	操作数
T	BYTE	IB、QB、VB、MB、SMB、SB、LB、*VD、*LD、*AC

必须按照 BCD 码的格式编码所有的日期和时间值（例如用 16#97 表示 1997 年）。表 3-19 所示为时间缓冲区（T）的格式。

表 3-19 8 字节时间缓冲区的格式

T	T+1	T+2	T+3	T+4	T+5	T+6	T+7
年：	月：	日：	小时：	分钟：	秒：	0	星期几：
00～99	01～12	01～31	00～23	00～59	00～59		0～7*

时间日期（TOD）时钟在电源掉电或内存丢失后，初始化为下列日期和时间：

日期：90 年 1 月 1 号

时间：00:00:00

星期几：星期日

2. 注释

S7-200 CPU 不会检查和核实日期与星期是否合理。无效日期 February 30（2 月 30 日）可能被接受，故必须确保输入的数据是正确的。

不要同时在主程序和中断程序中使用 TODR/TODW 指令。如果这样做，而在执行 TOD 指令时出现了执行 TOD 指令的中断，则中断程序中的 TOD 指令不会被执行。SM4.3 指示了试图对时钟进行两个同时的访问（非致命错误 0007）。

在 S7-200 中实时时钟只使用最低有效的两个数字表示年，所以对于 2000 年，表达为 00。S7-200PLC 不以任何方式使用年信息。但是，用到年份进行计算或比较的用户程序必须考虑两位的表示方法和世纪的变化。

在 2096 年之前可以进行闰年的正确处理。

3.2.7 数学运算指令

1. 加、减、乘、除指令

（1）加法、减法指令。

在 LAD 和 FBD 中：IN1+IN2=OUT　IN1-IN2=OUT

在 STL 中：IN1+OUT=OUT　OUT-IN1=OUT

1）整数加法（+I）或者整数减法（-I）指令，将两个 16 位整数相加或者相减，产生一个 16 位结果（OUT）。

整数加法、整数减法指令的 LAD 指令格式如图 3-60 所示。

图 3-60　整数加法、整数减法指令的 LAD 指令格式

2）双整数加法（+D）或者双整数减法（-D）指令，将两个 32 位整数相加或者相减，产生一个 32 位结果（OUT）。

双整数加法、双整数减法指令的 LAD 指令格式如图 3-61 所示。

图 3-61　双整数加法、双整数减法指令的 LAD 指令格式

3）实数加法（+R）或者实数减法（-R）指令，将两个 32 位实数相加或者相减，产生一个 32 位实数结果（OUT）。

实数加法、实数减法指令的 LAD 指令格式如图 3-62 所示。

图 3-62　实数加法、实数减法指令的 LAD 指令格式

（2）乘法、除法指令。

在 LAD 和 FBD 中：IN1*IN2=OUT　IN1/IN2=OUT

在 STL 中：IN1*OUT=OUT　OUT/IN1=OUT

1）整数乘法（*I）或者整数除法（/I）指令，将两个 16 位整数相乘或者相除，产生一个 16 位结果（OUT）（对于除法，余数不被保留）。

整数乘法、整数除法指令的 LAD 指令格式如图 3-63 所示。

图 3-63　整数乘法、整数除法指令的 LAD 指令格式

2）双整数乘法（*D）或者双整数除法（/D）指令，将两个 32 位整数相乘或者相除，产生一个 32 位结果（OUT）（对于除法，余数不被保留）。

双整数乘法、双整数除法指令的 LAD 指令格式如图 3-64 所示。

图 3-64　双整数乘法、双整数除法指令的 LAD 指令格式

3）实数乘法（*R）或者实数除法（/R）指令，将两个 32 位实数相乘或者相除，产生一个 32 位实数结果（OUT）。

实数乘法、实数除法指令的 LAD 指令格式如图 3-65 所示。

图 3-65　实数乘法、实数除法指令的 LAD 指令格式

加、减、乘、除指令的有效操作数如表 3-20 所示。

表 3-20　加、减、乘、除指令的有效操作数

输入/输出	数据类型	操作数
IN1、IN2	INT	IW、QW、VW、MW、SMW、SW、T、C、LW、AC、AIW、*VD、*AC、*LD、常数
	DINT	ID、QD、VD、MD、SMD、SD、LD、AC、HC、*VD、*LD、*AC、常数
	REAL	ID、QD、VD、MD、SMD、SD、LD、AC、*VD、*LD、*AC、常数
OUT	INT	IW、QW、VW、MW、SMW、SW、LW、T、C、AC、*VD、*AC、*LD
	DINT	ID、QD、VD、MD、SMD、SD、LD、AC、*VD、*LD、*AC
	REAL	ID、QD、VD、MD、SMD、SD、LD、AC、*VD、*LD、*AC

实例：整数加法、乘法、除法指令。

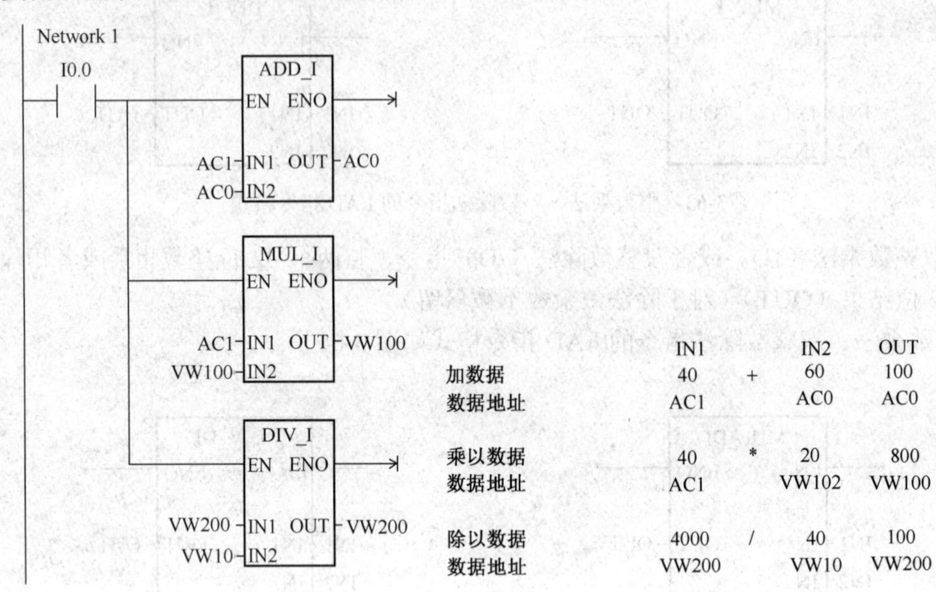

实例：实数加法、乘法、除法指令。

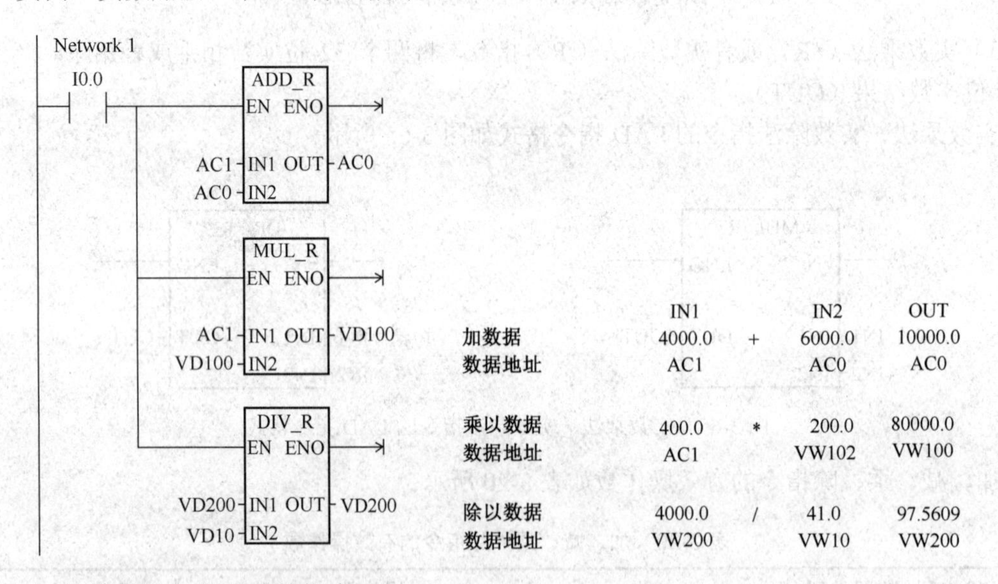

4）整数乘法产生双整数指令。

在 LAD 和 FBD 中：IN1*IN2=OUT

在 STL 中：IN1*OUT=OUT

整数乘法产生双整数（MUL）指令，将两个 16 位整数相乘，得到 32 位结果。在 STL 的 MUL 指令中，OUT 的低 16 位被用作一个乘数。

整数乘法产生双整数指令的 LAD 指令格式如图 3-66 所示。

5）带余数的整数除法指令。

在 LAD 和 FBD 中：IN1/IN2=OUT

在 STL 中：OUT/IN1=OUT

带余数的整数除法（DIV）指令，将两个16位整数相除，得到32位结果。其中16位为余数（高16位字中），另外16位为商（低16位字中）。

在STL的DIV指令中，OUT的低16位被用作除数。

带余数的整数除法指令的LAD指令格式如图3-67所示。

图3-66 整数乘法产生双整数指令的LAD指令格式　图3-67 带余数的整数除法指令的LAD指令格式

整数乘法产生双整数和带余数的整数除法指令的有效操作数如表3-21所示。

表3-21 整数乘法产生双整数和带余数的整数除法指令的有效操作数

输入/输出	数据类型	操作数
IN1、IN2	INT	IW、QW、VW、MW、SMW、SW、LW、T、C、AC、AIW、*VD、*LD、*AC、常数
OUT	DINT	ID、QD、VD、MD、SMD、SD、LD、AC、*VD、*LD、*AC

实例：乘以整数到长整数指令和除以整数带余数指令。

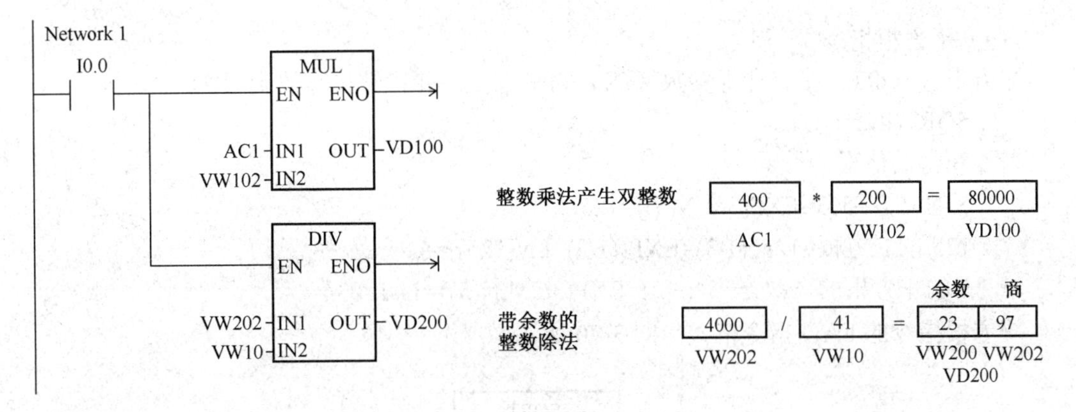

2. 函数运算指令

（1）正弦、余弦和正切指令。

正弦（SIN）、余弦（COS）和正切（TAN）指令计算角度值IN的三角函数值，并将结果存放在OUT中。输入角度值是弧度值。

SIN(IN)=OUT　　COS(IN)=OUT　　TAN(IN)=OUT

若要将角度从度转换为弧度：使用MUL_R(*R)指令将以度为单位表示的角度乘以1.745329E-2（大约为π/180）。

正弦、余弦和正切指令的LAD指令格式如图3-68所示。

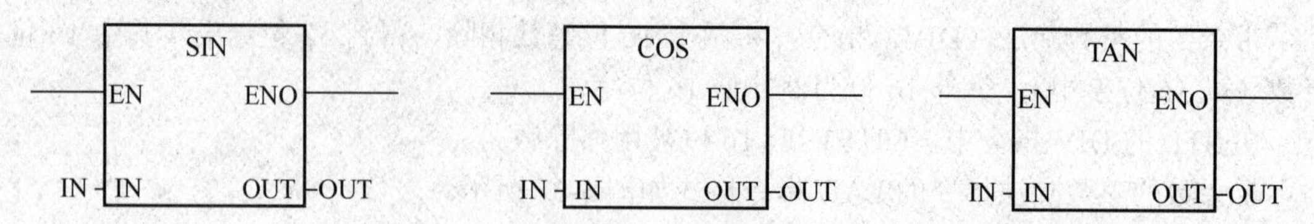

图 3-68 正弦、余弦和正切指令的 LAD 指令格式

（2）自然对数和自然指数指令。

自然对数（LN）指令计算输入值 IN 的自然对数，并将结果存放到 OUT 中。

自然指数（EXP）指令计算输入值 IN 的自然指数值，并将结果存放到 OUT 中。

LN(IN)=OUT　　　EXP(IN)=OUT

若要从自然对数获得以 10 为底的对数：将自然对数除以 2.302585（大约为 10 的自然对数）。

若要将一个实数作为另一个实数的幂，包括分数指数：组合自然指数指令和自然对数指令。例如，要将 X 作为 Y 的幂，输入如下指令：EXP(Y*LN(X))。

自然对数和自然指数指令的 LAD 指令格式如图 3-69 所示。

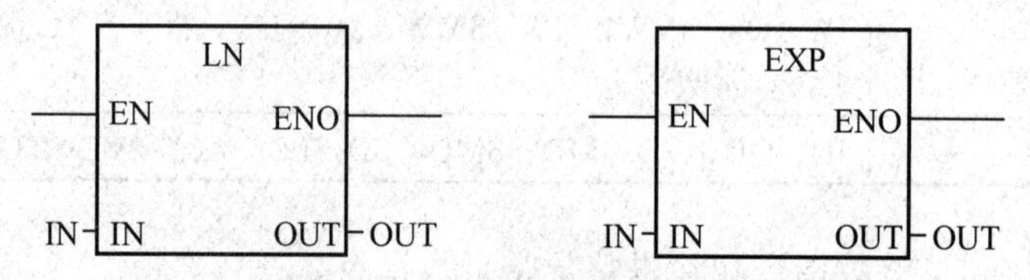

图 3-69 自然对数和自然指数指令的 LAD 指令格式

（3）平方根指令。

平方根（SQRT）指令计算实数（IN）的平方根，并将结果存放到 OUT 中。

SQRT(IN)=OUT

若要获得其他根：

5 的立方=5^3=EXP(3*LN(5))=125

125 的立方根=125^(1/3)=EXP((1/3)*LN(125))=5

5 的平方根的三次方=5^(3/2)=EXP(3/2*LN(5))=11.18034

平方根指令的 LAD 指令格式如图 3-70 所示。

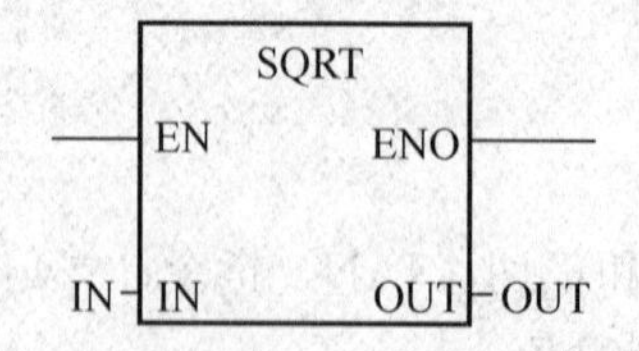

图 3-70 平方根指令的 LAD 指令格式

函数运算指令的有效操作数如表 3-22 所示。

表 3-22　函数运算指令的有效操作数

输入/输出	数据类型	操作数
IN	REAL	ID、QD、VD、MD、SMD、SD、LD、AC、*VD、*LD、*AC、常数
OUT	REAL	ID、QD、VD、MD、SMD、SD、LD、AC、*VD、*LD、*AC

3．递增和递减指令

递增指令　　在 LAD 和 FBD 中：IN+1=OUT

在 STL 中：OUT+1=OUT

递减指令　　在 LAD 和 FBD 中：IN-1=OUT

在 STL 中：OUT-1=OUT

递增或者递减指令将输入 IN 加 1 或者减 1，并将结果存放在 OUT 中。

（1）字节递增（INCB）和字节递减（DECB）指令数据类型是无符号的。

字节递增和字节递减指令的 LAD 指令格式如图 3-71 所示。

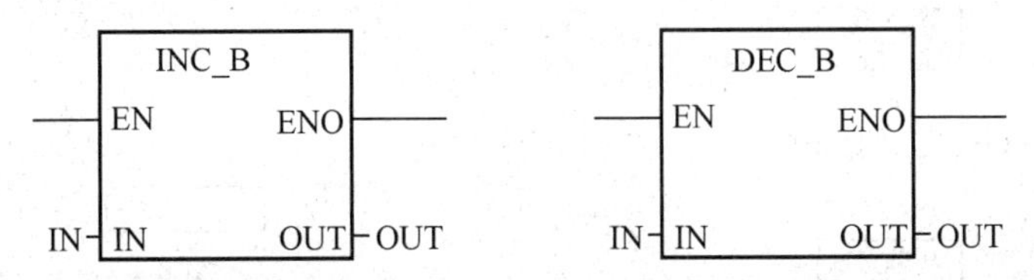

图 3-71　字节递增和字节递减指令的 LAD 指令格式

（2）字递增（INCW）和字递减（DECW）指令数据类型是有符号的。

字递增和字递减指令的 LAD 指令格式如图 3-72 所示。

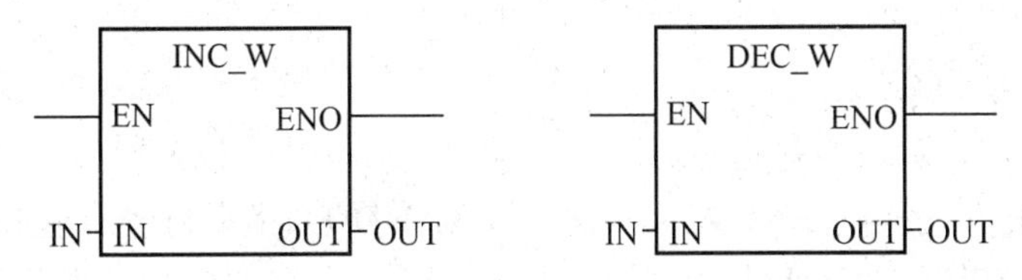

图 3-72　字递增和字递减指令的 LAD 指令格式

（3）双字递增（INCD）和双字递减（DECD）指令数据类型是有符号的。

双字递增和双字递减指令的 LAD 指令格式如图 3-73 所示。

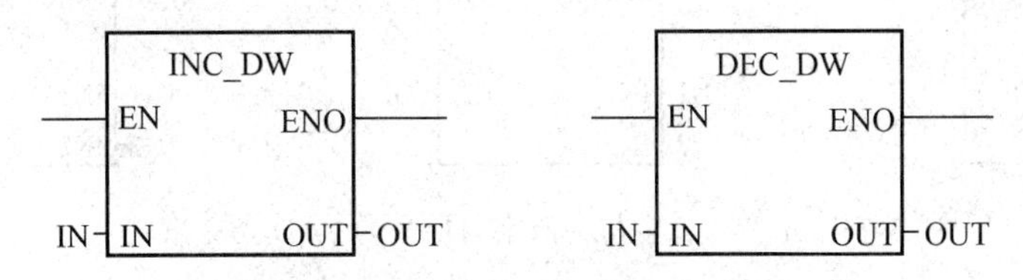

图 3-73　双字递增和双字递减指令的 LAD 指令格式

递增和递减指令的有效操作数如表 3-23 所示。

表 3-23 递增和递减指令的有效操作数

输入/输出	数据类型	操作数
IN	BYTE	IB、QB、VB、MB、SMB、SB、LB、AC、*VD、*LD、*AC、常数
	INT	IW、QW、VW、MW、SMW、SW、LW、T、C、AC、AIW、*VD、*LD、*AC、常数
	DINT	ID、QD、VD、MD、SMD、SD、LD、AC、HC、*VD、*LD、*AC、常数
OUT	BYTE	IB、QB、VB、MB、SMB、SB、LB、AC、*VD、*AC、*LD
	INT	IW、QW、VW、MW、SMW、SW、T、C、LW、AC、*VD、*LD、*AC
	DINT	ID、QD、VD、MD、SMD、SD、LD、AC、*VD、*LD、*AC

实例：递增和递减指令。

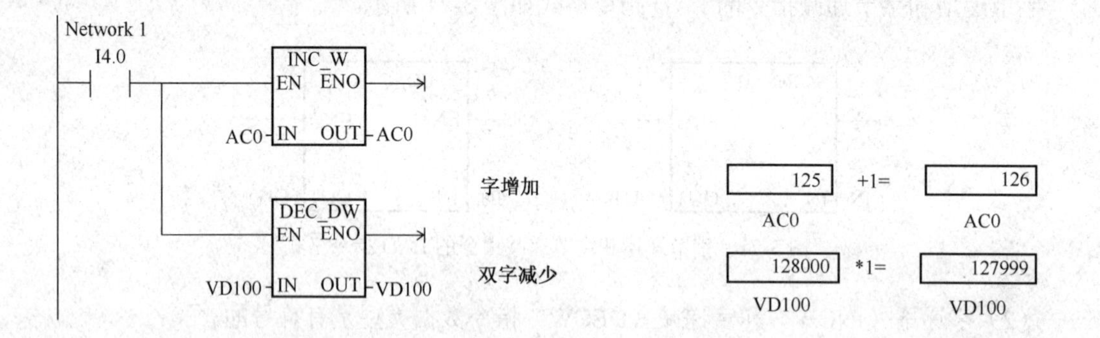

3.2.8 逻辑运算指令

1. 与、或和异或指令

（1）字节与、字与和双字与指令。

字节与（ANDB）、字与（ANDW）和双字与（ANDD）指令将输入值 IN1 和 IN2 的相应位进行与操作，将结果存入 OUT 中。

字节与、字与和双字与指令的 LAD 指令格式如图 3-74 所示。

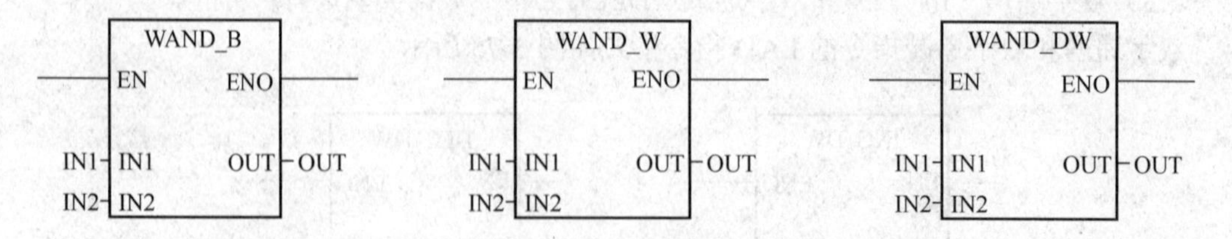

图 3-74 字节与、字与和双字与指令的 LAD 指令格式

（2）字节或、字或和双字或指令。

字节或（ORB）、字或（ORW）和双字或（ORD）指令将两个输入值 IN1 和 IN2 的相应位进行或操作，将结果存入 OUT 中。

字节或、字或和双字或指令的 LAD 指令格式如图 3-75 所示。

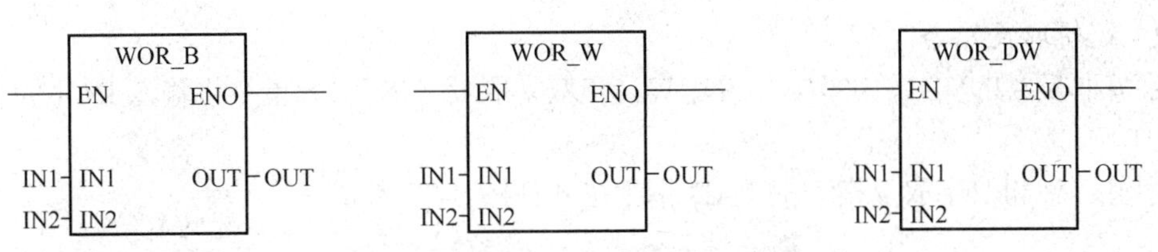

图 3-75　字节或、字或和双字或指令的 LAD 指令格式

（3）字节异或、字异或和双字异或指令。

字节异或（XORB）、字异或（XORW）和双字异或（XORD）指令将两个输入值 IN1 和 IN2 的相应位进行异或操作，将结果存入 OUT 中。

字节异或、字异或和双字异或指令的 LAD 指令格式如图 3-76 所示。

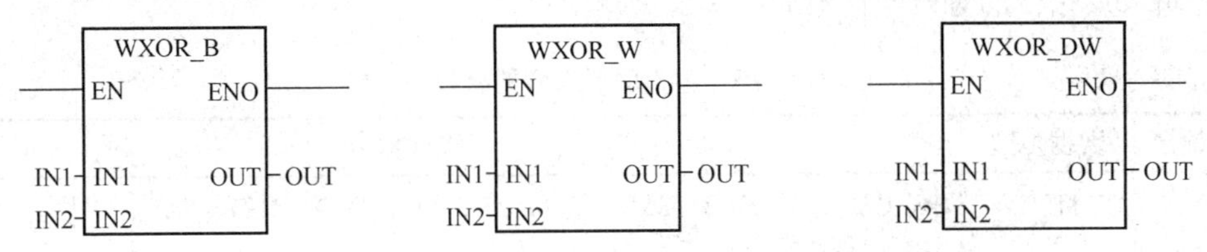

图 3-76　字节异或、字异或和双字异或指令的 LAD 指令格式

与、或和异或指令的有效操作数如表 3-24 所示。

表 3-24　与、或和异或指令的有效操作数

输入/输出	数据类型	操作数
IN1、IN2	BYTE	IB、QB、VB、MB、SMB、SB、LB、AC、*VD、*LD、*AC、常数
	WORD	IW、QW、VW、MW、SMW、SW、LW、T、C、AC、AIW、*VD、*LD、*AC、常数
	DWORD	ID、QD、VD、MD、SMD、SD、LD、AC、HC、*VD、*LD、*AC、常数
OUT	BYTE	IB、QB、VB、MB、SMB、SB、LB、AC、*VD、*AC、*LD
	WORD	IW、QW、VW、MW、SMW、SW、T、C、LW、AC、*VD、*AC、*LD
	DWORD	ID、QD、VD、MD、SMD、SD、LD、AC、*VD、*AC、*LD

实例：与、或和异或指令。

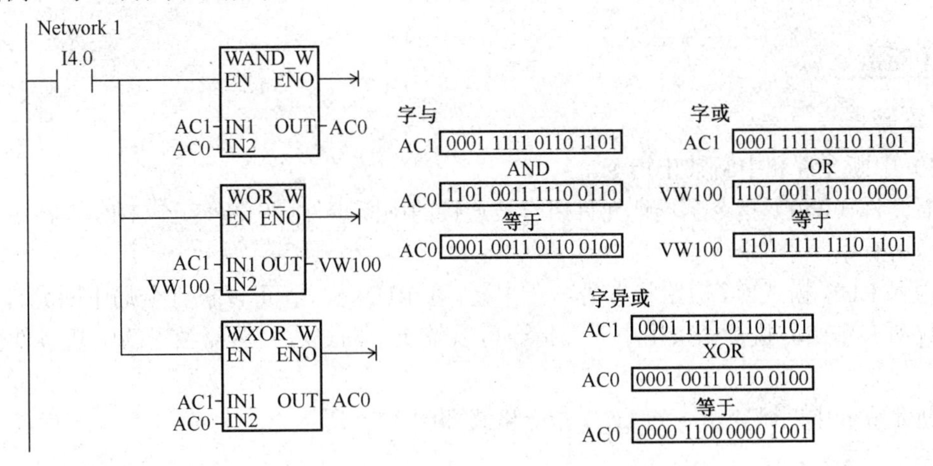

2. 逻辑取反指令

字节取反（INVB）、字取反（INVW）和双字取反（INVD）指令将输入 IN 取反的结果存入 OUT 中。

字节、字和双字取反指令的 LAD 指令格式如图 3-77 所示。

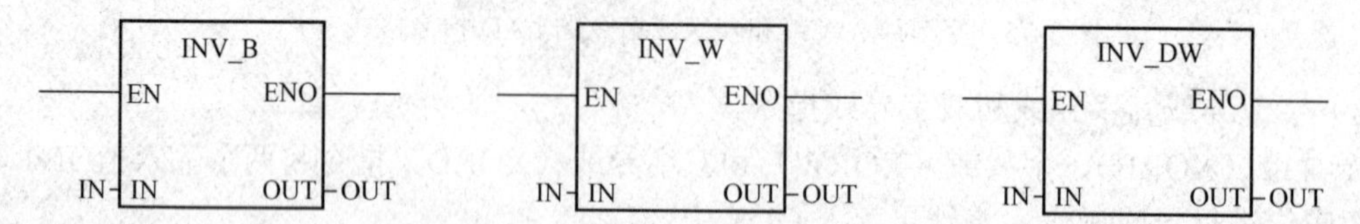

图 3-77 字节、字和双字取反指令的 LAD 指令格式

逻辑取反指令的有效操作数如表 3-25 所示。

表 3-25 逻辑取反指令的有效操作数

输入/输出	数据类型	操作数
IN	BYTE	IB、QB、VB、MB、SMB、SB、LB、AC、*VD、*LD、*AC、常数
	WORD	IW、QW、VW、MW、SMW、SW、LW、T、C、AC、AIW、*VD、*LD、*AC、常数
	DWORD	ID、QD、VD、MD、SMD、SD、LD、AC、HC、*VD、*LD、*AC、常数
OUT	BYTE	IB、QB、VB、MB、SMB、SB、LB、AC、*VD、*LD、*AC
	WORD	IW、QW、VW、MW、SMW、SW、T、C、LW、AIW、AC、*VD、*LD、*AC
	DWORD	ID、QD、VD、MD、SMD、SD、LD、AC、*VD、*LD、*AC

实例：字取反指令。

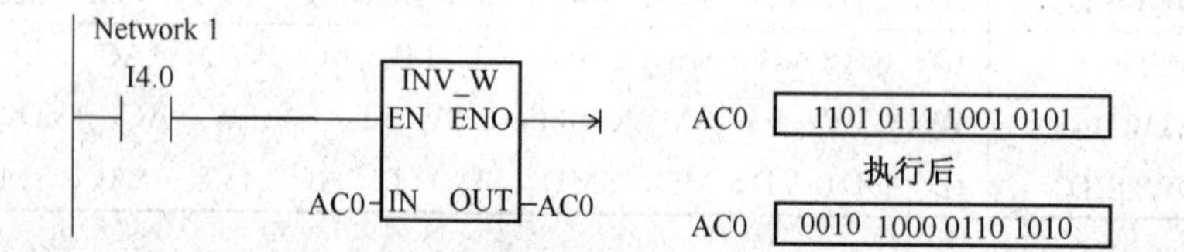

3.2.9 中断指令

1. 中断指令

（1）中断允许和中断禁止指令。

中断允许（ENI）指令全局地允许所有被连接的中断事件。中断禁止（DISI）指令全局地禁止处理所有中断事件。

当进入 RUN 模式时，初始状态为禁止中断。在 RUN 模式，可以执行全局中断允许（ENI）指令允许所有中断。执行“禁用中断”指令可以禁止中断过程，然而激活的中断事件仍继续排队。

中断允许和中断禁止指令的 LAD 指令格式如图 3-78 所示。

图 3-78　中断允许和中断禁止指令的 LAD 指令格式

（2）中断条件返回指令。

中断条件返回（RETI）指令用于根据前面逻辑操作的条件从中断程序中返回。

中断条件返回指令的 LAD 指令格式如图 3-79 所示。

—(RETI)

图 3-79　中断条件返回指令的 LAD 指令格式

（3）中断连接指令。

中断连接（ATCH）指令将中断事件 EVNT 与中断程序号 INT 相关联，并使能该中断事件。

中断连接指令的 LAD 指令格式如图 3-80 所示。

（4）中断分离指令。

中断分离（DTCH）指令将中断事件 EVNT 与中断程序之间的关联切断，并禁止该中断事件。

中断分离指令的 LAD 指令格式如图 3-81 所示。

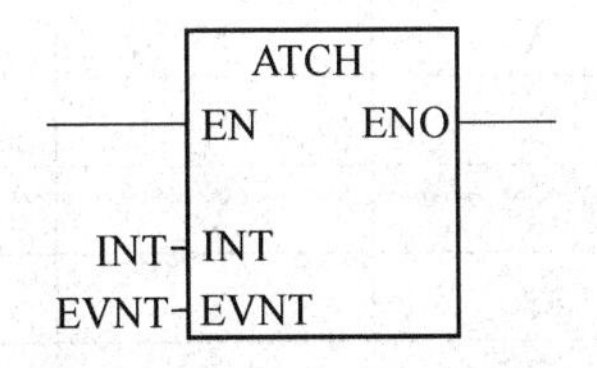

图 3-80　中断连接指令的 LAD 指令格式

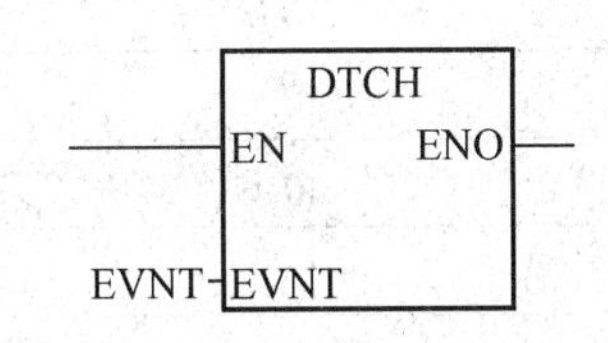

图 3-81　中断分离指令的 LAD 指令格式

（5）清除中断事件指令。

清除中断事件指令从中断队列中清除所有 EVNT 类型的中断事件。使用此指令从中断队列中清除不需要的中断事件。如果此指令用于清除假的中断事件，在从队列中清除事件之前要首先分离事件；否则，在执行清除事件指令之后，新的事件将被增加到队列中。

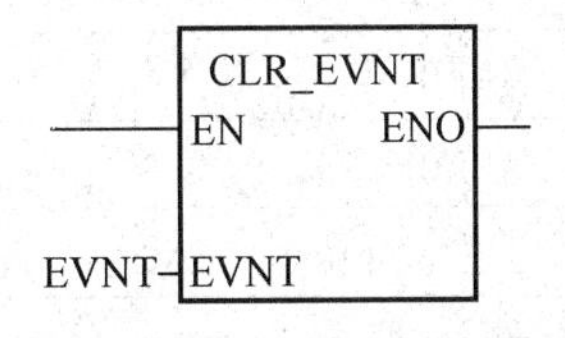

图 3-82　清除中断事件指令的 LAD 指令格式

清除中断事件指令的 LAD 指令格式如图 3-82 所示。

中断指令的有效操作数如表 3-26 所示

表 3-26　中断指令的有效操作数

输入/输出	数据类型	操作数	
INT	BYTE	常数（0～127）	
EVNT	BYTE	常数	CPU221 和 CPU222：0～12、19～23 和 27～33 CPU224：0～23 和 27～33 CPU224XP 和 CPU226：0～33

2. 对中断连接和中断分离指令的理解

在激活一个中断程序前，必须在中断事件和该事件发生时希望执行的那段程序间建立一种联系。中断连接（ATCH）指令指定某中断事件（由中断事件号指定）所要调用的程序段（由中断程序号指定）。多个中断事件可调用同一个中断程序，但一个中断事件不能同时指定调用多个中断程序。

当把中断事件和中断程序连接时，自动允许中断。如果采用禁止全局中断指令不响应所有中断，每个中断事件进行排队，直到采用允许全局中断指令重新允许中断，如果不用允许全局中断指令，可能会使中断队列溢出。

可以用中断分离（DTCH）指令截断中断事件和中断程序之间的联系，以单独禁止中断事件。中断分离（DTCH）指令使中断回到不激活或无效状态。

表 3-27 所示为不同类型的中断事件。

表 3-27　中断事件

事件号	描述		CPU221 CPU222	CPU224	CPU224XP CPU226
0	上升沿	I0.0	Y	Y	Y
1	下降沿	I0.0	Y	Y	Y
2	上升沿	I0.1	Y	Y	Y
3	下降沿	I0.1	Y	Y	Y
4	上升沿	I0.2	Y	Y	Y
5	下降沿	I0.2	Y	Y	Y
6	上升沿	I0.3	Y	Y	Y
7	下降沿	I0.3	Y	Y	Y
8	端口 0	接收字符	Y	Y	Y
9	端口 0	发送完成	Y	Y	Y
10	定时中断 0	SMB34	Y	Y	Y
11	定时中断 1	SMB35	Y	Y	Y
12	HSC0	CV=PV（当前值=预设值）	Y	Y	Y
13	HSC1	CV=PV（当前值=预设值）		Y	Y
14	HSC1	输入方向改变		Y	Y
15	HSC1	外部复位		Y	Y
16	HSC2	CV=PV（当前值=预设值）		Y	Y
17	HSC2	输入方向改变		Y	Y
18	HSC2	外部复位		Y	Y
19	PTO0	完成中断	Y	Y	Y
20	PTO1	完成中断	Y	Y	Y
21	定时器 T32	CT=PT 中断	Y	Y	Y
22	定时器 T96	CT=PT 中断	Y	Y	Y

续表

事件号	描述		CPU221 CPU222	CPU224	CPU224XP CPU226
23	端口 0	接收消息完成	Y	Y	Y
24	端口 1	接收消息完成			Y
25	端口 1	接收字符			Y
26	端口 1	发送完成			Y
27	HSC0	输入方向改变	Y	Y	Y
28	HSC0	外部复位	Y	Y	Y
29	HSC4	CV=PV（当前值=预设值）	Y	Y	Y
30	HSC4	输入方向改变	Y	Y	Y
31	HSC4	外部复位	Y	Y	Y
32	HSC3	CV=PV（当前值=预设值）	Y	Y	Y
33	HSC5	CV=PV（当前值=预设值）	Y	Y	Y

3. 理解 S7-200 对中断程序的处理

执行中断程序用于响应与其相关的内部或者外部事件。一旦执行完中断程序的最后一条指令，控制权会回到主程序。可以执行中断条件返回（RETI）指令退出中断程序。表 3-28 所示为在应用程序中使用中断程序的指导和限定。

表 3-28　使用中断程序的指导和限定

指导	限定
中断处理提供了对特殊的内部或外部事件的响应。用户应当优化中断程序以执行一个特殊的任务，然后把控制返回主程序 应当使中断程序短小而简单，执行时对其他处理也不要延时过长。如果做不到这些，意外的条件可能会引起由主程序控制的设备操作异常。对中断而言，其格言是“越短越好”	在中断程序中不能使用 DISI、ENI、HDEF、LSCR 和 END 指令

（1）系统对中断的支持。

由于中断指令影响触点、线圈和累加器逻辑，所以系统保存和恢复逻辑堆栈、累加寄存器以及指示累加器和指令操作状态的特殊存储器标志位（SM）。这避免了进入中断程序或从中断程序返回对主用户程序造成破坏。

（2）在主程序和中断程序间共享数据。

可以在主程序和一个或多个中断程序间共享数据。例如，用户主程序的某个地方可以为某个中断程序提供要用到的数据，反之亦然。如果用户程序共享数据，必须考虑中断事件异步特性的影响，这是因为中断事件会在用户主程序执行的任何地方出现。共享数据一致性问题的解决要依赖于主程序被中断事件中断时中断程序的操作。使用中断程序的局部变量表，这样可以保证中断程序只使用临时内存，而不会覆盖程序的其他地方使用的数据。

这里有几种可以确保在用户主程序和中断程序间正确共享数据的编程技巧。这些技巧或限制共享存储器单元的访问方式，或让使用共享存储器单元的指令序列不会被中断。

- 对于共享单个变量的 STL 程序而言：如果共享数据是单字节、字或双字变量，而程序用 STL（语句表）编写，则通过把对共享数据进行操作的中间值存储到非共享的存储位置或累加器中，可以确保正确的共享访问。
- 对于共享单个变量的 LAD 程序而言：如果共享数据是单字节、字或双字变量，而程序用 LAD（梯形图）编写，则通过建立只使用“移动”指令（MOVB、MOVW、MOVD、MOVR）访问共享的存储位置的惯例，可确保正确的共享访问。这些移动指令由执行时不受中断事件影响的单条 STL 指令组成，而其他许多梯形图指令是由可被中断的 STL 指令序列组成的。
- 对于共享多个变量的 STL 或 LAD 程序而言：如果共享数据由大量相关字节、字或双字构成，则中断禁用/启用（DISI 和 ENI）指令可用于控制中断程序的执行。在用户程序开始对共享存储器单元操作的地方禁止中断。一旦所有影响共享存储器单元的操作完成后，再允许中断。在禁用中断期间无法执行中断程序，因此无法访问共享存储位置，然而该方法会导致对中断事件的响应延迟。

（3）在中断程序中调用子程序。

可以在一个中断程序中调用一个子程序的嵌套层。中断程序与被调用的子程序共享累加器和逻辑堆栈。

4. S7-200 支持的中断类型

S7-200 支持下列类型的中断程序：

- 通信端口中断：S7-200 生成允许用户程序控制通信端口的事件。
- I/O 中断：S7-200 生成各种 I/O 的不同状态更改的事件。这些事件使可以对高速计数器、脉冲输出或输入的上升或下降状态做出响应。
- 基于时间的中断：S7-200 生成允许程序以特定时间间隔做出反应的事件。

（1）通信口中断。

PLC 的串行通信口可由 LAD 或 STL 程序来控制。通信口的这种操作模式称为自由端口模式。在自由端口模式下，用户可以用程序定义波特率、每个字符位数、校验和通信协议。利用接收和发送中断可简化程序对通信的控制。

（2）I/O 中断。

I/O 中断包含了上升沿或下降沿中断、高速计数器中断和脉冲串输出（PTO）中断。S7-200 CPU 可以用输入 I0.0～I0.3 的上升沿或下降沿产生中断。上升沿事件和下降沿事件可被这些输入点捕获。这些上升沿/下降沿事件可被用于指示当某个事件发生时必须引起注意的条件。

高速计数器中断允许响应诸如当前值等于预设值、相应于轴转动方向变化的计数方向改变和计数器外部复位等事件而产生的中断。每种高速计数器可对高速事件实时响应，而 PLC 扫描速率对这些高速事件是不能控制的。

脉冲串输出中断给出了已完成指定脉冲数输出的指示。脉冲串输出的一个典型应用是步进电机。可以通过将一个中断程序连接到相应的 I/O 事件上来允许上述的每一个中断。

（3）时基中断。

时基中断包括定时中断和定时器 T32/T96 中断。CPU 可以支持定时中断。可以用定时中断指定一个周期性的活动。周期以1ms为增量单位，周期时间可为1ms～255ms。对定时中断0，必须把周期时间写入SMB34；对定时中断1，必须把周期时间写入SMB35。

每当定时器溢出时，定时中断事件把控制权交给相应的中断程序。通常可用定时中断以固定的时间间隔去控制模拟量输入的采样或者执行一个PID回路。

当把某个中断程序连接到一个定时中断事件上时，如果该定时中断被允许，那么就开始计时。在连接期间，系统捕捉周期时间值，因而后来对SMB34和SMB35的更改不会影响周期。为了改变周期时间，首先必须修改周期时间值，然后重新把中断程序连接到定时中断事件上。当重新连接时，定时中断功能清除前一次连接时的任何累计值，并用新值重新开始计时。

一旦允许，定时中断就连续地运行，指定时间间隔的每次溢出时执行被连接的中断程序。如果退出RUN模式或分离定时中断，则定时中断被禁止。如果执行了全局中断禁止指令，定时中断事件会继续出现，每个出现的定时中断事件将进入中断队列（直到中断允许或队列满）。

定时器T32/T96中断允许及时地响应一个给定的时间间隔。这些中断只支持1ms分辨率的延时接通定时器（TON）和延时断开定时器（TOF）T32和T96。T32和T96定时器在其他方面工作正常。一旦中断允许，当有效定时器的当前值等于预设值时，在CPU的正常1ms定时刷新中执行被连接的中断程序。首先把一个中断程序连接到T32/T96中断事件上，然后允许该中断。

5. 中断优先级和中断队列

在各个指定的优先级之内，CPU 按先来先服务的原则处理中断。任何时间点上，只有一个用户中断程序正在执行。一旦中断程序开始执行，它要一直执行到结束，而且不会被别的中断程序，甚至是更高优先级的中断程序所打断。当另一个中断正在处理中时，新出现的中断需要排队，等待处理。

表3-29所示为3个中断队列以及它们能够存储的中断个数。

表3-29 每个中断队列的最大数目

队列	CPU211、CPU222、CPU224	CPU224XP和CPU226
通信中断队列	4	8
I/O中断队列	16	16
定时中断队列	8	8

有时，可能有多于队列所能保存数目的中断出现。因而，由系统维护的队列溢出存储器位表明丢失的中断事件的类型。中断队列溢出位如表3-30所示。应当只在中断程序中使用这些位，因为在队列变空时，这些位会被复位，控制权回到主程序。

表3-30 中断队列溢出标志位

描述（0=不溢出，1=溢出）	SM位
通信中断队列	SM4.0
I/O中断队列	SM4.1
定时中断队列	SM4.2

表3-31所示为所有中断事件的优先级和事件号。

表 3-31　中断事件的优先级顺序

事件号	描述		优先级组	组中的优先级
8	端口 0	接收字符	通信（最高）	0
9	端口 0	发送完成		0
23	端口 0	接收消息完成		0
24	端口 1	接收消息完成		1
25	端口 1	接收字符		1
26	端口 1	发送完成		1
19	PTO0	完成中断	I/O（中等）	0
20	PTO1	完成中断		1
0	上升沿	I0.0		2
2	上升沿	I0.1		3
4	上升沿	I0.2		4
6	上升沿	I0.3		5
1	下降沿	I0.0		6
3	下降沿	I0.1		7
5	下降沿	I0.2		8
7	下降沿	I0.3		9
12	HSC0	CV=PV（当前值=预设值）		10
27	HSC0	输入方向改变		11
28	HSC0	外部复位		12
13	HSC1	CV=PV（当前值=预设值）		13
14	HSC1	输入方向改变		14
15	HSC1	外部复位		15
16	HSC2	CV=PV（当前值=预设值）		16
17	HSC2	输入方向改变		17
18	HSC2	外部复位		18
32	HSC3	CV=PV（当前值=预设值）		19
29	HSC4	CV=PV（当前值=预设值）		20
30	HSC4	输入方向改变		21
31	HSC4	外部复位		22
33	HSC5	CV=PV（当前值=预设值）		23
10	定时中断 0	SMB34	定时（最低）	0
11	定时中断 1	SMB35		1
21	定时器 T32	CT=PT 中断		2
22	定时器 T96	CT=PT 中断		3

实例：中断指令。

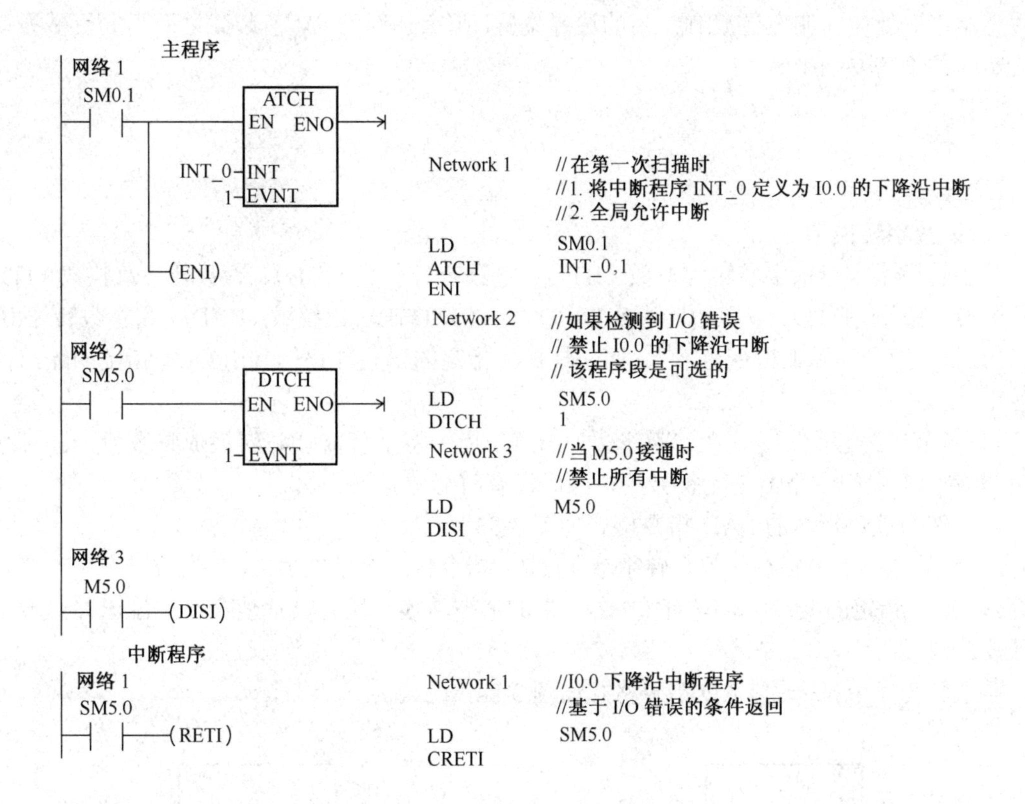

实例：清除中断事件指令。

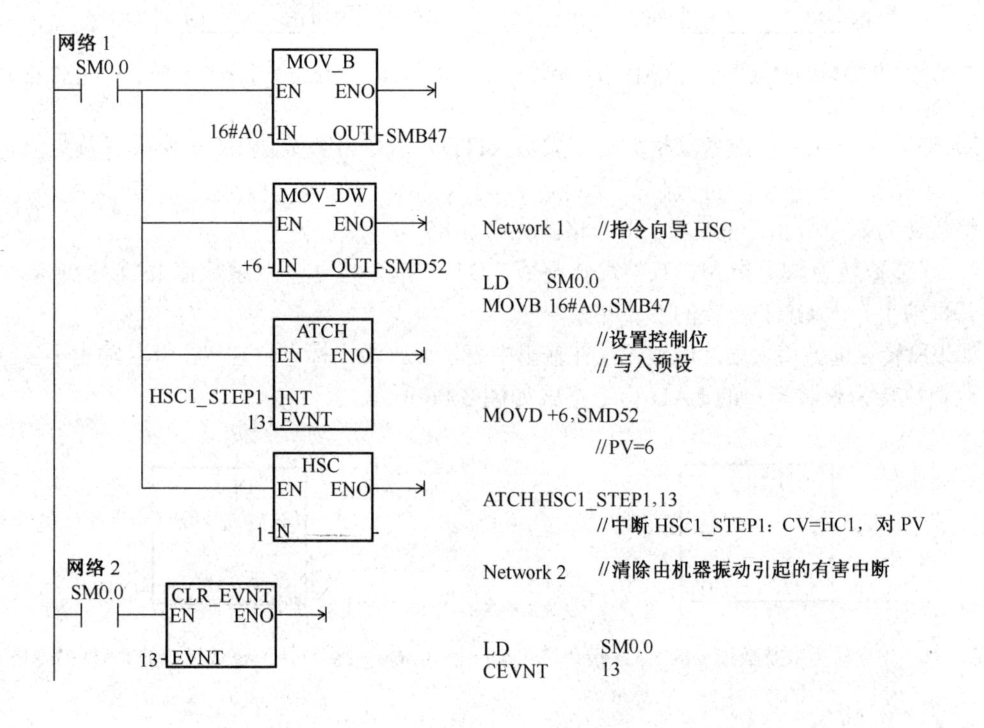

实例说明了处于正交模式的高速计数器如何使用 CLR_EVNT 指令清除中断事件。如果光电传感器正好处在从明亮过渡到黑暗的边界位置，那么在新的 PV 值装载之前小的机械振动将生成实际并不需要的中断。

3.2.10 转换指令

1. 标准转换指令

（1）数字转换指令。

数字转换指令包括字节转为整数（BTI）、整数转为字节（ITB）、整数转为双整数（ITD）、双整数转为整数（DTI）、双整数转为实数（DTR）、BCD 码转为整数（BCDI）和整数转为 BCD 码（IBCD）指令。以上指令将输入值 IN 转换为指定的格式并存储到由 OUT 指定的输出值存储区中。

1）字节转为整数指令。字节转整数（BTI）指令将字节值 IN 转换成整数值，并且存入 OUT 指定的变量中。字节是无符号的，因而没有符号位扩展。

字节转为整数指令的 LAD 指令格式如图 3-83 所示。

2）整数转为字节指令。整数转字节（ITB）指令将一个字的值 IN 转换成一个字节值，并且存入 OUT 指定的变量中。只有 0～255 中的值被转换，所有其他值会产生溢出并且输出不会改变。

整数转为字节指令的 LAD 指令格式如图 3-84 所示。

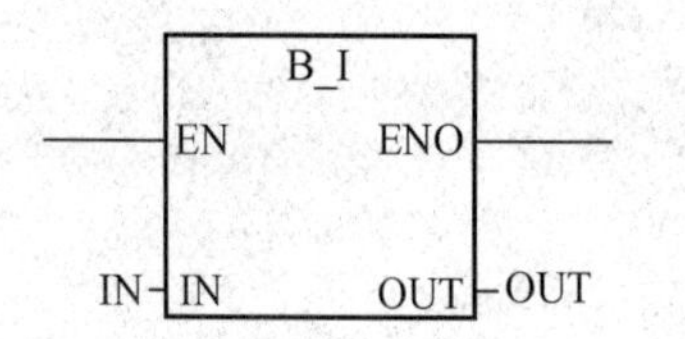

图 3-83　字节转为整数指令的 LAD 指令格式

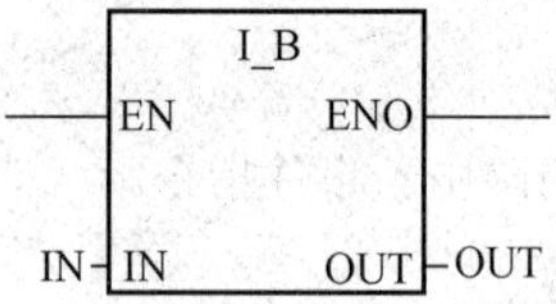

图 3-84　整数转为字节指令的 LAD 指令格式

3）整数转为双整数指令。整数转双整数（ITD）指令将整数值 IN 转换成双整数值，并且存入 OUT 指定的变量中。符号位扩展到高字节中。

整数转为双整数指令的 LAD 指令格式如图 3-85 所示。

4）双整数转为整数指令。双整数转整数（DTI）指令将一个双整数值 IN 转换成一个整数值，并将结果存入 OUT 指定的变量中。

如果所转换的数值太大，以致无法在输出中表示，则溢出标志位置位，并且输出不会改变。

双整数转为整数指令的 LAD 指令格式如图 3-86 所示。

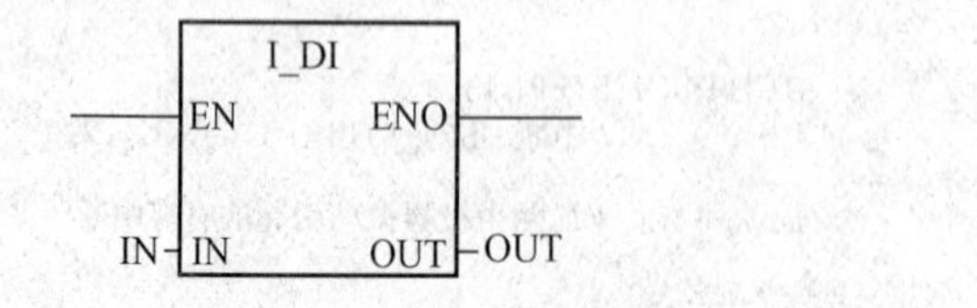

图 3-85　整数转为双整数指令的 LAD 指令格式

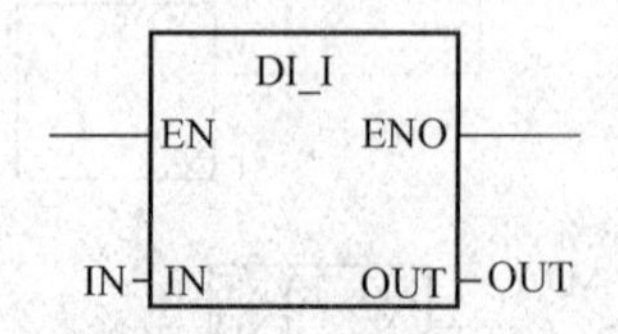

图 3-86　双整数转为整数指令的 LAD 指令格式

5）双整数转为实数指令。双整数转实数（DTR）指令将一个 32 位有符号整数值 IN 转换成一个 32 位实数，并将结果存入 OUT 指定的变量中。

双整数转为实数指令的 LAD 指令格式如图 3-87 所示。

提示　如果想将一个整数转换成实数，先用整数转双整数指令，再用双整数转实数指令。

6）BCD 码转为整数指令。BCD 码转整数（BCDI）指令将一个 BCD 码 IN 的值转换成整数值，并且将结果存入 OUT 指定的变量中。IN 的有效范围是 0～9999 的 BCD 码。

BCD 码转为整数指令的 LAD 指令格式如图 3-88 所示。

图 3-87　双整数转为实数指令的 LAD 指令格式　　图 3-88　BCD 码转为整数指令的 LAD 指令格式

7）整数转为 BCD 码指令。整数转 BCD 码（IBCD）指令将输入的整数值 IN 转换成 BCD 码，并且将结果存入 OUT 指定的变量中。IN 的有效范围是 0～9999 的整数。

整数转为 BCD 码指令的 LAD 指令格式如图 3-89 所示。

（2）四舍五入和取整指令。

1）四舍五入取整指令。四舍五入取整（ROUND）指令将实数值 IN 转换成双整数值，并且存入 OUT 指定的变量中。如果小数部分大于等于 0.5，则数字向上取整。

四舍五入取整指令的 LAD 指令格式如图 3-90 所示。

图 3-89　整数转为 BCD 码指令的 LAD 指令格式　　图 3-90　四舍五入取整指令的 LAD 指令格式

2）取整指令。取整（TRUNC）指令将一个实数值 IN 转换成一个双整数，并且存入 OUT 指定的变量中。只有实数的整数部分被转换，小数部分舍去。

如果所转换的不是一个有效的实数，或者其数值太大，以致无法在输出中表示，则溢出标志位置位，并且输出不会改变。

取整指令的 LAD 指令格式如图 3-91 所示。

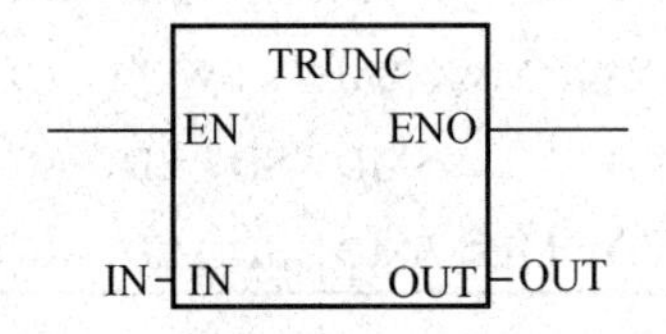

图 3-91　取整指令的 LAD 指令格式

（3）段码指令。

段码（SEG）指令允许产生一个点阵，用于点亮七段码显示器的各个段。

段码指令将 IN 中指定的字符（字节）转换生成一个点阵并存入 OUT 指定的变量中。

段码指令的 LAD 指令格式如图 3-92 所示。

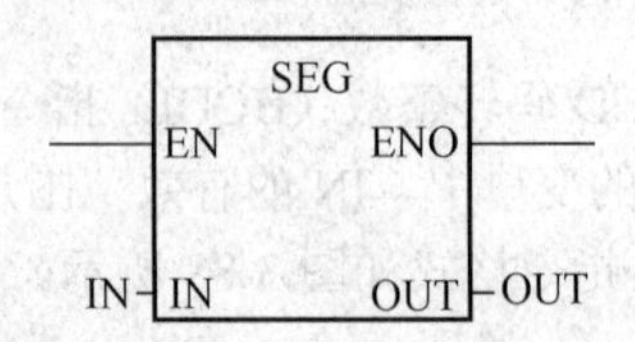

图 3-92　段码指令的 LAD 指令格式

点亮的段表示的是输入字节中低 4 位所代表的字符。图 3-93 所示为段码指令使用的七段码显示器的编码。

输入 LSD	七段码显示器	输出 ·gfe dcba
0	0	0011 1111
1	1	0000 0110
2	2	0101 1011
3	3	0100 1111
4	4	0110 0110
5	5	0110 1101
6	6	0111 1101
7	7	0000 0111

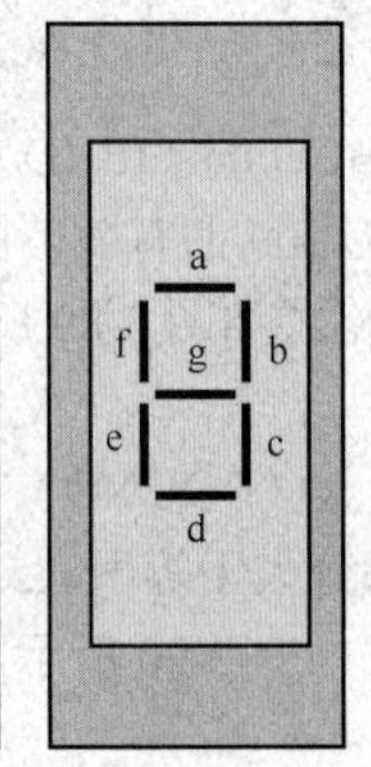

输入 LSD	七段码显示器	输出 ·gfe dcba
8	8	0111 1111
9	9	0110 0111
A	A	0111 0111
B	b	0111 1100
C	C	0011 1001
D	d	0101 1110
E	E	0111 1001
F	F	0111 0001

图 3-93　七段码显示器的编码

标准转换指令的有效操作数如表 3-32 所示。

表 3-32　标准转换指令的有效操作数

输入/输出	数据类型	操作数
IN	BYTE	IB、QB、VB、MB、SMB、SB、LB、AC、*VD、*LD、*AC、常数
	INT	IW、QW、VW、MW、SMW、SW、T、C、LW、AIW、AC、*VD、*LD、*AC、常数
	DINT	ID、QD、VD、MD、SMD、SD、LD、HC、AC、*VD、*LD、*AC、常数
	REAL	ID、QD、VD、MD、SMD、SD、LD、AC、*VD、*LD、*AC、常数
OUT	BYTE	IB、QB、VB、MB、SMB、SB、LB、AC、*VD、*LD、*AC
	INT	IW、QW、VW、MW、SMW、SW、T、C、LW、AIW、AC、*VD、*LD、*AC
	DINT	ID、QD、VD、MD、SMD、SD、LD、AC、*VD、*LD、*AC
	REAL	ID、QD、VD、MD、SMD、SD、LD、AC、*VD、*LD、*AC

实例：标准转换指令。

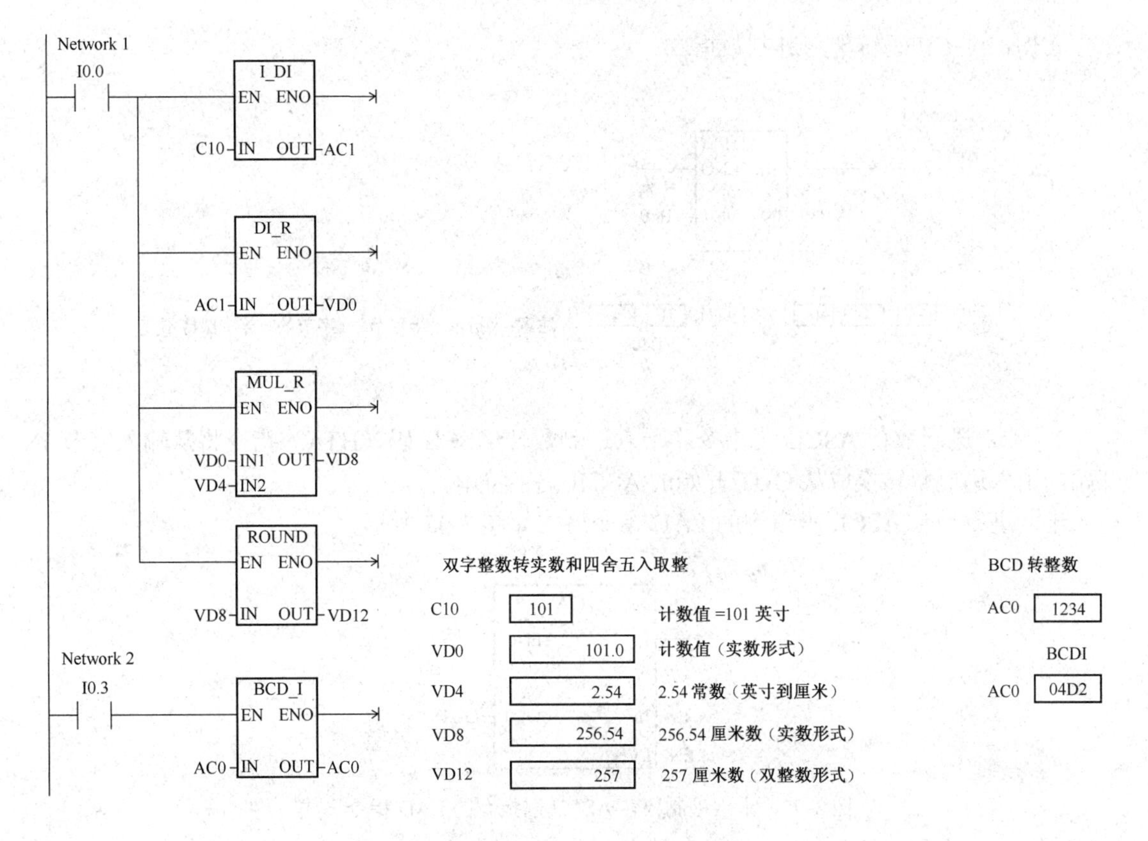

实例：段码指令。

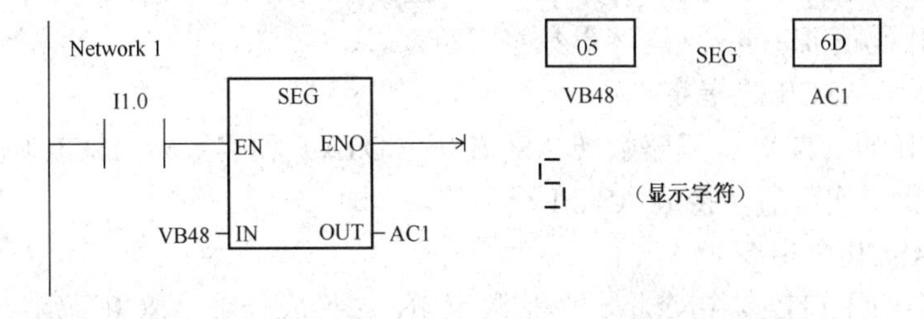

2. ASCII 码转换指令

（1）ASCII 码和十六进制数之间相互转换指令。

1）ASCII 码转十六进制数指令。ASCII 码转十六进制数（ATH）指令将一个长度为 LEN 从 IN 开始的 ASCII 码字符串转换成从 OUT 开始的十六进制数。

ASCII 码转十六进制数指令的 LAD 指令格式如图 3-94 所示。

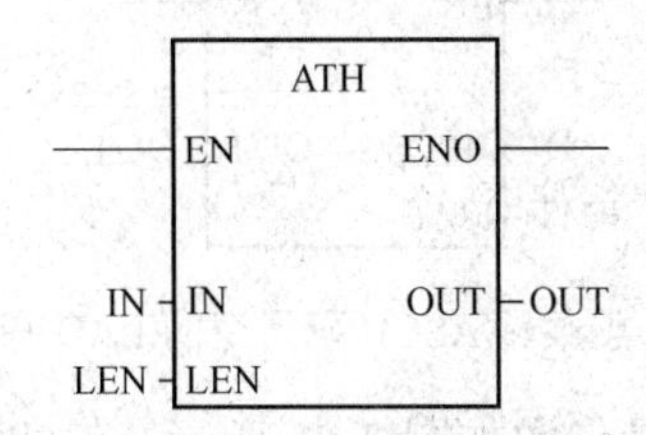

图 3-94　ASCII 码转十六进制数指令的 LAD 指令格式

实例：ASCII 码转十六进制数指令。

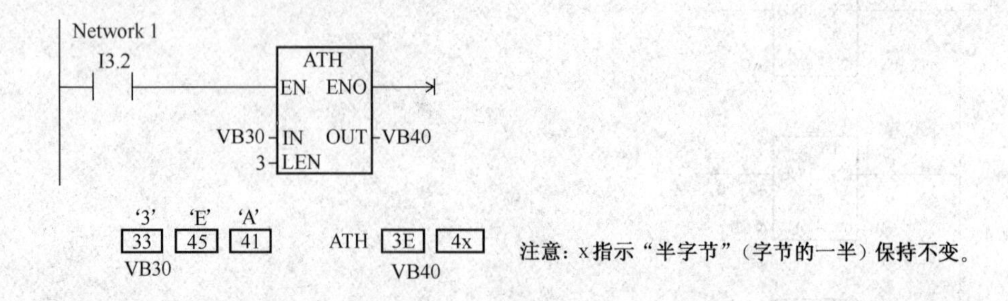

2）十六进制数转 ASCII 码指令。十六进制数转 ASCII 码（HTA）指令将从输入字节 IN 开始的十六进制数转换成从 OUT 开始的 ASCII 码字符串。

十六进制数转 ASCII 码指令的 LAD 指令格式如图 3-95 所示。

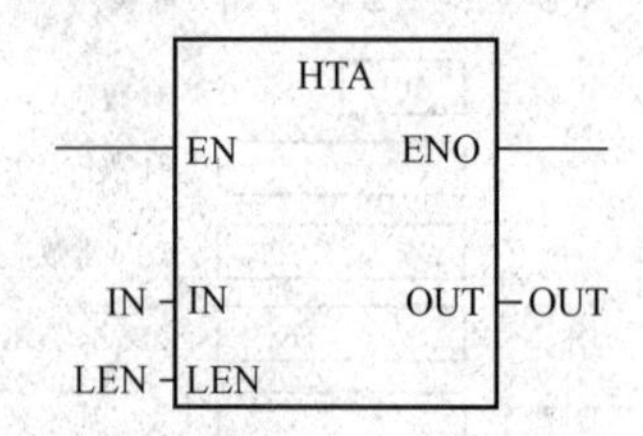

图 3-95　十六进制数转 ASCII 码指令的 LAD 指令格式

被转换的十六进制数的位数由长度 LEN 给出。可转换的 ASCII 字符或十六进制数字的最大数目是 255。有效的 ASCII 码输入字符是 0～9 的十六进制数代码值 30～39 和大写字符 A～F 的十六进制数代码值 41～46 这些字母数字字符。

（2）数值转为 ASCII 码指令。

整数转 ASCII 码（ITA）、双整数转 ASCII 码（DTA）和实数转 ASCII 码（RTA）指令分别将整数、双整数或实数值转换成 ASCII 码字符。

1）整数转 ASCII 码指令。

整数转 ASCII 码（ITA）指令将一个整数字 IN 转换成一个 ASCII 码字符串。格式 FMT 指定小数点右侧的转换精度和小数点是使用逗号还是点号。转换结果放在 OUT 指定的连续 8 个字节中。ASCII 码字符串始终是 8 个字节。

整数转 ASCII 码指令的 LAD 指令格式如图 3-96 所示。

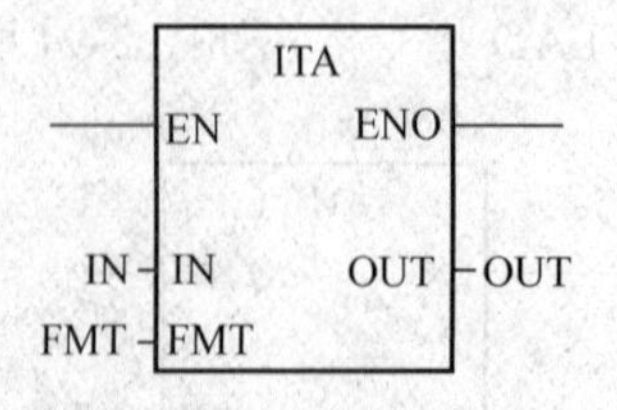

图 3-96　整数转 ASCII 码指令的 LAD 指令格式

整数转 ASCII 码指令的格式操作数如图 3-97 所示。输出缓冲区的大小始终是 8 个字节。

nnn 表示输出缓冲区中小数点右侧的数字位数。nnn 域的有效范围是 0～5。指定十进制小数点右面的数字为 0 使数值显示为一个没有小数点的数值。对于 nnn 大于 5 的情况，输出缓冲区会被空格键的 ASCII 码填充。c 指定是用逗号（c=1）或者点号（c=0）作为整数和小数的分隔符。高 4 位必须为 0。

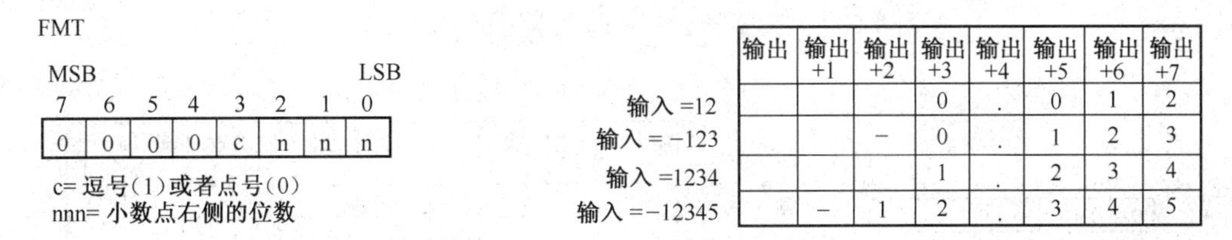

	输出	输出+1	输出+2	输出+3	输出+4	输出+5	输出+6	输出+7
输入 =12				0	.	0	1	2
输入 =−123			−	0	.	1	2	3
输入 =1234				1	.	2	3	4
输入 =−12345		−	1	2	.	3	4	5

图 3-97　整数转 ASCII 码（ITA）指令的 FMT 操作数

图 3-97 中给出了一个数值的例子，其格式为使用点号（c=0），小数点右侧有三位小数（nnn=011）。输出缓冲区的格式符合以下规则：

- 正数值写入输出缓冲区时没有符号位。
- 负数值写入输出缓冲区时以负号（-）开头。
- 小数点左侧的开头的 0（除去靠近小数点的那个之外）被隐藏。
- 数值在输出缓冲区中是右对齐的。

实例：整数转 ASCII 码指令。

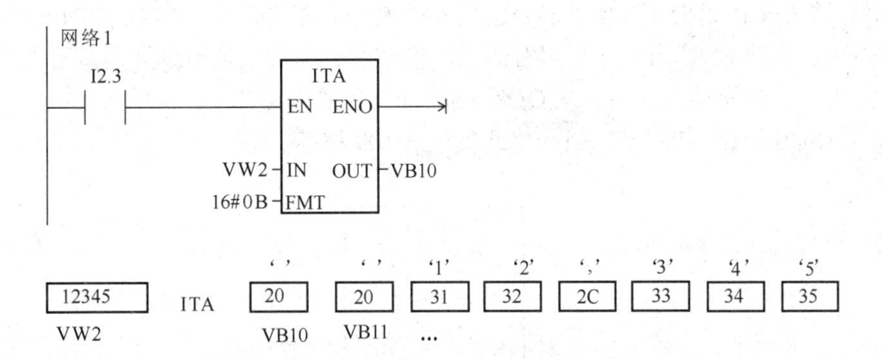

2）双整数转 ASCII 码指令。

双整数转 ASCII 码（DTA）指令将一个双字 IN 转换成一个 ASCII 码字符串。格式操作数 FMT 指定小数点右侧的转换精度。转换结果存储在从 OUT 开始的连续 12 个字节中。输出缓冲区的大小总是 12 个字节。

双整数转 ASCII 码指令的 LAD 指令格式如图 3-98 所示。

图 3-99 描述了双整数转 ASCII 码指令的格式操作数。nnn 表示输出缓冲区中小数点右侧的数字位数。

nnn 域的有效范围是 0～5。指定十进制小数点右面的数字为 0 使数值显示为一个没有小数点的数值。对于 nnn 大于 5 的情况，输出缓冲区会被空格键的 ASCII 码填充。c 指定是用逗号（c=1）或者点号（c=0）作为整数和小数的分隔符。高 4 位必须为 0。

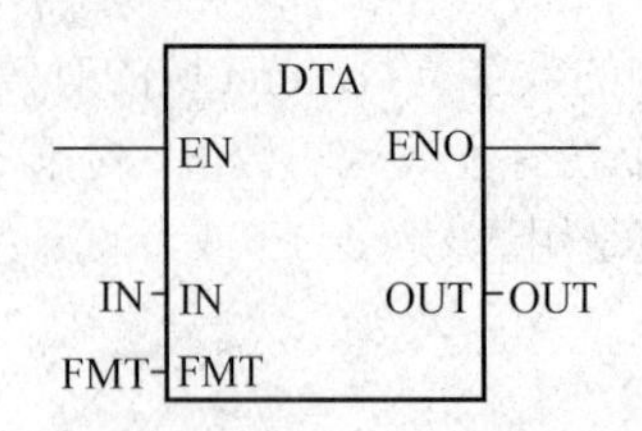

图 3-98　双整数转 ASCII 码指令的 LAD 指令格式

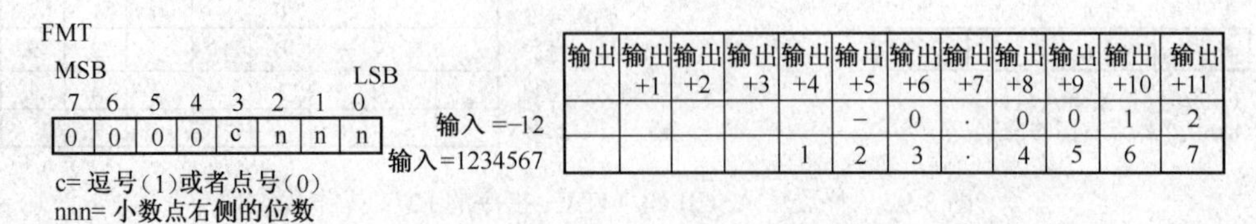

图 3-99　双整数转 ASCII 码（DTA）指令的 FMT 操作数

图 3-99 中给出了一个数值的例子，其格式为使用点号（c=0），小数点右侧有四位小数（nnn=100）。输出缓冲区的格式符合以下规则：

- 正数值写入输出缓冲区时没有符号位。
- 负数值写入输出缓冲区时以负号（-）开头。
- 小数点左侧的开头的 0（除去靠近小数点的那个之外）被隐藏。
- 数值在输出缓冲区中是右对齐的。

3）实数转 ASCII 码指令。实数转 ASCII 码（RTA）指令将一个实数值 IN 转为 ASCII 码字符串。格式操作数 FMT 指定小数点右侧的转换精度、小数点是用逗号还是用点号表示和输出缓冲区的大小。转换结果存储在从 OUT 开始的输出缓冲区中。

实数转 ASCII 码指令的 LAD 指令格式如图 3-100 所示。

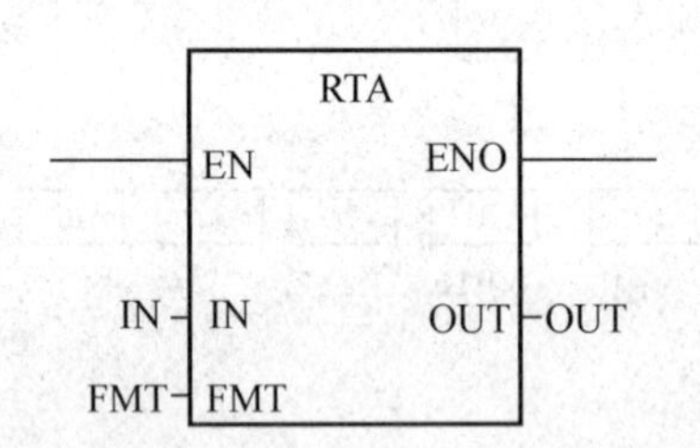

图 3-100　实数转 ASCII 码指令的 LAD 指令格式

结果 ASCII 码字符的位数（或长度）就是输出缓冲区的大小，它的值可以在 3～15 字节或字符之间。

S7-200 的实数格式支持最多 7 位小数。试图显示 7 位以上的小数会产生一个四舍五入错误。

图 3-101 是对 RTA 指令中格式操作数 FMT 的描述。ssss 表示输出缓冲区的大小。0、1 或者 2 个字节的大小是无效的。nnn 表示输出缓冲区中小数点右侧的数字位数。nnn 域的有效范围是 0～5。指定十进制小数点右面的数字为 0 使数值显示为一个没有小数点的数值。对于 nnn 大于 5 或者指定的输出缓冲区太小，以致无法存储转换值的情况，输出缓冲区会被空格键的 ASCII 码填充。c 指定是用逗号（c=1）或者点号（c=0）作为整数和小数的分隔符。

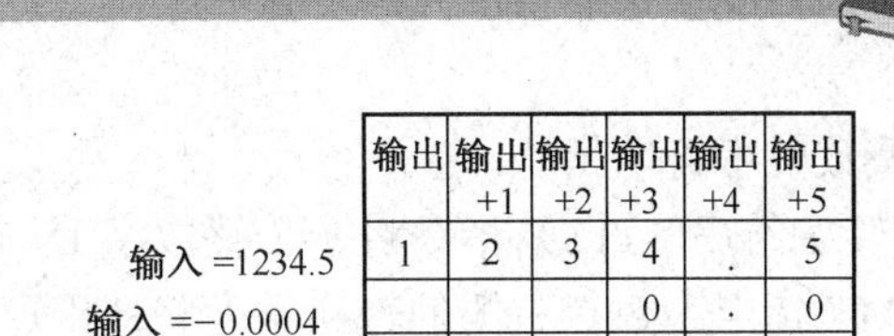

图 3-101 实数转 ASCII 码（RTA）指令的 FMT 操作数

图 3-101 中给出了一个数值的例子，其格式为：使用点号（c=0）、小数点右侧有 1 位小数（nnn=001）和 6 个字节的缓冲区大小（ssss=0110）。输出缓冲区的格式符合以下规则：

- 正数值写入输出缓冲区时没有符号位。
- 负数值写入输出缓冲区时以负号（-）开头。
- 小数点左侧的开头的 0（除去靠近小数点的那个之外）被隐藏。
- 小数点右侧的数值按照指定的小数点右侧的数字位数被四舍五入。
- 输出缓冲区的大小应至少比小数点右侧的数字位数多 3 个字节。
- 数值在输出缓冲区中是右对齐的。

实例：实数转 ASCII 码指令。

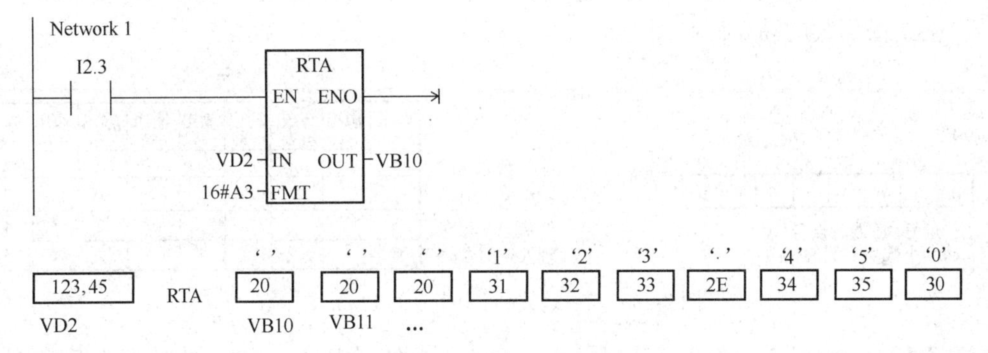

ASCII 码转换指令的有效操作数如表 3-33 所示。

表 3-33 ASCII 码转换指令的有效操作数

输入/输出	数据类型	操作数
IN	BYTE	IB、QB、VB、MB、SMB、SB、LB、*VD、*LD、*AC
	INT	IW、QW、VW、MW、SMW、SW、LW、T、C、AC、AIW、*VD、*LD、*AC、常数
	DINT	ID、QD、VD、MD、SMD、SD、LD、AC、HC、*VD、*LD、*AC、常数
	REAL	ID、QD、VD、MD、SMD、SD、LD、AC、*VD、*LD、*AC、常数
LEN、FMT	BYTE	IB、QB、VB、MB、SMB、SB、LB、AC、*VD、*LD、*AC、常数
OUT	BYTE	IB、QB、VB、MB、SMB、SB、LB、*VD、*LD、*AC

3. 字符串转换指令

（1）数值转换为字符串指令。

整数转字符串（ITS）、双整数转字符串（DTS）和实数转字符串（RTS）指令将整数、双整数或实数值（IN）转换成 ASCII 码字符串（OUT）。

1）整数转字符串指令。

整数转字符串（ITS）指令将一个整数字 IN 转换为 8 个字符长的 ASCII 码字符串。格式操作数 FMT 指定小数点右侧的转换精度和使用逗号还是点号作为小数点。结果字符串被写入从 OUT 开始的 9 个连续字节中。

整数转字符串指令的 LAD 指令格式如图 3-102 所示。

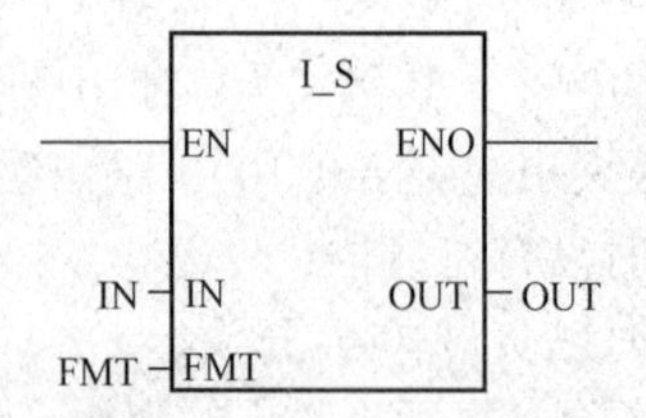

图 3-102　整数转字符串指令的 LAD 指令格式

图 3-103 是对整数转字符串指令中格式操作数的描述。输出字符串的长度总是 8 个字符。nnn 表示输出缓冲区中小数点右侧的数字位数。nnn 域的有效范围是 0～5。指定十进制小数点右面的数字为 0 使数值显示为一个没有小数点的数值。如果 nnn 的值大于 5，输出是由 8 个空格键的 ASCII 码组成的字符串。c 指定是用逗号（c=1）或者点号（c=0）作为整数和小数的分隔符。格式操作数的高 4 位必须为 0。

FMT

MSB　LSB

7	6	5	4	3	2	1	0
0	0	0	0	c	n	n	n

c= 逗号(1)或者点号(0)
nnn= 小数点右侧的位数

	输出	输出+1	输出+2	输出+3	输出+4	输出+5	输出+6	输出+7	输出+8
输入 =12	8				0	.	0	1	2
输入 = −123	8				0	.	1	2	3
输入 =1234	8				1	.	2	3	4
输入 =−12345	8		−	1	2	.	3	4	5

图 3-103　整数转字符串指令的 FMT 操作数

图 3-103 中给出了一个数值的例子，其格式为：使用点号（c=0）并且小数点后保留 3 位小数。OUT 的值为字符串的长度。

输出缓冲区的格式符合以下规则：

- 正数值写入输出缓冲区时没有符号位。
- 负数值写入输出缓冲区时以负号（-）开头。
- 小数点左侧的开头的 0（除去靠近小数点的那个之外）被隐藏。
- 数值在输出缓冲区中是右对齐的。

2）双整数转字符串指令。双整数转字符串（DTS）指令将一个双整数 IN 转换为一个长度为 12 个字符的 ASCII 码字符串。格式操作数 FMT 指定小数点右侧的转换精度和使用逗号还是点号作为小数点。结果字符串被写入从 OUT 开始的连续 13 个字节中。

双整数转字符串指令的 LAD 指令格式如图 3-104 所示。

图 3-105 是对整数转字符串指令中格式操作数的描述。输出字符串的长度总是 8 个字符。nnn 表示输出缓冲区中小数点右侧的数字位数。nnn 域的有效范围是 0～5。指定十进制小数点右面的数字为 0 使数值显示为一个没有小数点的数值。如果 nnn 的值大于 5，输出是由 12 个空格键的 ASCII 码组成的字符串。

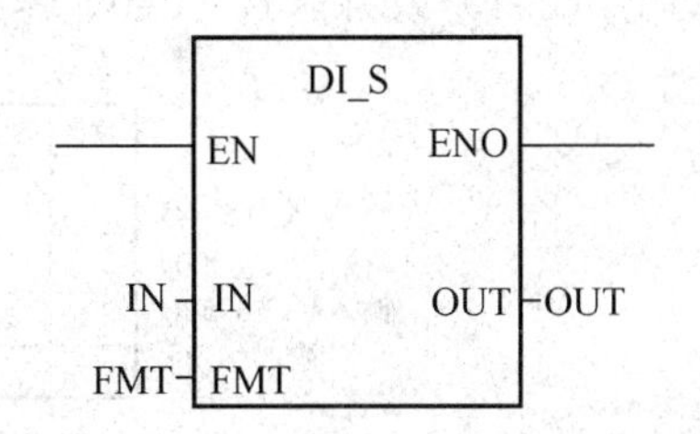

图 3-104　双整数转字符串指令的 LAD 指令格式

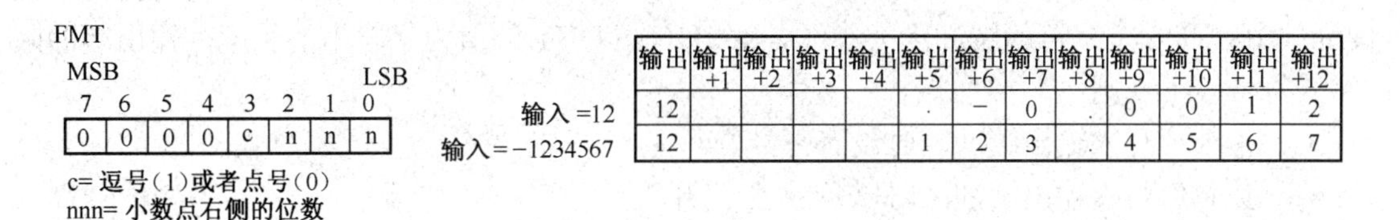

	输出	输出+1	输出+2	输出+3	输出+4	输出+5	输出+6	输出+7	输出+8	输出+9	输出+10	输出+11	输出+12
输入=12	12					.	−	0	.	0	0	1	2
输入=−1234567	12					1	2	3	.	4	5	6	7

图 3-105　整数转字符串指令的 FMT 操作数

c 指定是用逗号（c=1）或者点号（c=0）作为整数和小数的分隔符。格式操作数的高 4 位必须为 0。

图 3-105 中给出一个数值的例子，其格式为：使用点号（c=0）并且小数点后保留 4 位小数。OUT 的值为字符串的长度。输出缓冲区的格式符合以下规则：

- 正数值写入输出缓冲区时没有符号位。
- 负数值写入输出缓冲区时以负号（-）开头。
- 小数点左侧的开头的 0（除去靠近小数点的那个之外）被隐藏。
- 数值在输出缓冲区中是右对齐的。

3）实数转字符串指令。

实数转字符串（RTS）指令将一个实数值 IN 转换为一个 ASCII 码字符串。格式操作数 FMT 指定小数点右侧的转换精度和使用逗号还是点号作为小数点。转换结果放在从 OUT 开始的一个字符串中。结果字符串的长度由格式操作数给出，它可以是 3～15 个字符。

实数转字符串指令的 LAD 指令格式如图 3-106 所示。

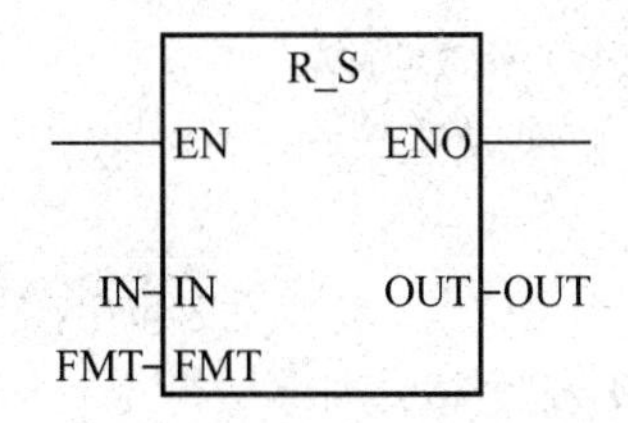

图 3-106　实数转字符串指令的 LAD 指令格式

S7-200 的实数格式支持最多 7 位小数。试图显示 7 位以上的小数会产生一个四舍五入错误。

图 3-107 是对实数转字符串指令中格式操作数的描述。ssss 表示输出字符串的长度。0、1 或者 2 个字节的大小是无效的。nnn 表示输出缓冲区中小数点右侧的数字位数。nnn 域的有效范围是 0～5。指定十进制小数点右面的数字为 0 使数值显示为一个没有小数点的数值。对于 nnn 大于 5 或者指定的输出缓冲区太小，以致无法存储转换值的情况，输出缓冲区会被空格键

的 ASCII 码填充。c 指定是用逗号（c=1）或者点号（c=0）作为整数和小数的分隔符。

FMT

MSB LSB

7	6	5	4	3	2	1	0
s	s	s	s	c	n	n	n

ssss =输出字符串长度
c =逗号（1）或者点号（0）
nnn =小数点右侧的位数

	输出	输出 +1	输出 +2	输出 +3	输出 +4	输出 +5	输出 +6
输入=1234.5	6	1	2	3	4	.	5
输入=−0.0004	6				0	.	0
输入=−3.67526	6			−	3	.	7
输入=1.95	6				2	.	0

图 3-107　实数转字符串指令的 FMT 操作数

图 3-107 中给出了一个数值的例子，其格式为：使用点号（c=0），小数点右侧有 1 位小数（nnn=001）和 6 个字符的缓冲区大小（ssss=0110）。OUT 的值为字符串的长度。输出缓冲区的格式符合以下规则：

- 正数值写入输出缓冲区时没有符号位。
- 负数值写入输出缓冲区时以负号（-）开头。
- 小数点左侧的开头的 0（除去靠近小数点的那个之外）被隐藏。
- 小数点右侧的数值按照指定的小数点右侧的数字位数被四舍五入。
- 输出缓冲区的大小应至少比小数点右侧的数字位数多 3 个字节。
- 数值在输出缓冲区中是右对齐的。

数值转字符串指令的有效操作数如表 3-34 所示。

表 3-34　数值转字符串指令的有效操作数

输入/输出	数据类型	操作数
IN	INT	IW、QW、VW、MW、SMW、SW、T、C、LW、AIW、*VD、*LD、*AC、常数
	DINT	ID、QD、VD、MD、SMD、SD、LD、AC、HC、*VD、*LD、*AC、常数
	REAL	ID、QD、VD、MD、SMD、SD、LD、AC、*VD、*LD、*AC、常数
FMT	BYTE	IB、QB、VB、MB、SMB、SB、LB、AC、*VD、*LD、*AC、常数
OUT	STRING	VB、LB、*VD、*LD、*AC

（2）子字符串转换为数字值指令。

子字符串转整数（STI）、子字符串转双整数（STD）和子字符串转实数（STR）指令将从偏移量 INDX 开始的字符串值 IN 转换成整数、双整数或实数值 OUT。

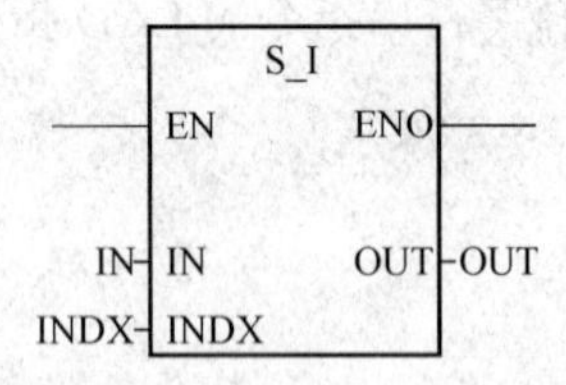

图 3-108　子字符串转整数指令的 LAD 指令格式

1）子字符串转整数指令。

子字符串转整数指令的 LAD 指令格式如图 3-108 所示。

2）子字符串转双整数指令。

子字符串转双整数指令的 LAD 指令格式如图 3-109 所示。

3）子字符串转实数指令。

子字符串转实数指令的 LAD 指令格式如图 3-110 所示。

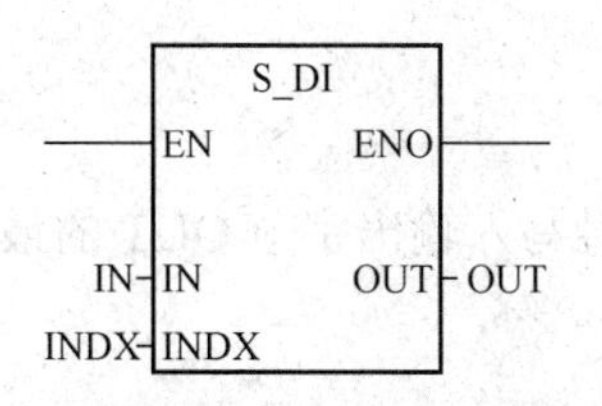

图 3-109　子字符串转双整数指令的 LAD 指令格式

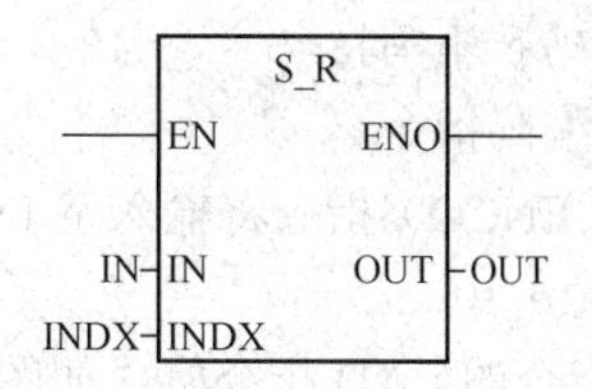

图 3-110　子字符串转实数指令的 LAD 指令格式

子字符串转整数和子字符串转双整数转换具有下列格式的字符串：

[空格][+或-][数字 0～9]

子字符串转实数指令转换具有下列格式的字符串：

[空格][+或-][数字 0～9][.或,][数字 0～9]

INDX 值通常设置为 1，从字符串的第一个字符开始转换。INDX 可以被设置为其他值，从字符串的不同位置进行转换。这可以被用于字符串中包含非数值字符的情况。例如，如果输入字符串是“Temperature：77.8”，则将 INDX 设为数值 13，跳过字符串起始字“Temperature：”。

子字符串转实数指令不能用于转换以科学计数法或者指数形式表示实数的字符串。指令不会产生溢出错误（SM1.1），但是它会将字符串转换到指数之前，然后停止转换。例如字符串“1.234E6”转换为实数值 1.234，并且没有错误提示。

当到达字符串的结尾或者遇到第一个非法字符时，转换指令结束。非法字符是指任意非数字（0～9）字符。

当转换产生的整数值过大以致输出值无法表示时，溢出标志（SM1.1）会置位。例如当输入字符串产生的数值大于 32767 或者小于-32768 时，子字符串转整数指令会置位溢出标志。

当输入字符串中并不包含可以转换的合法数值时，溢出标志（SM1.1）也会置位，如图 3-111 所示。例如，如果输入字符串“A123”，转换指令会置位 SM1.1（溢出）并且输出值保持不变。

对于整数和双整数合法的输入字符串

输入字符串	输出整数
‘123’	123
‘-00456’	- 456
‘123.45’	123
‘+2345’	2345
‘000000123ABCD’	123

对于实数合法的输入字符串

输入字符串	输出实数
‘123’	123.0
‘-00456’	-456.0
‘123.45’	123.45
‘+2345’	2345.0
‘00.000000123’	0.000000123

非法的输入字符串

输入字符串
‘A123’
‘ ’
‘++123’
‘+-123’
‘+ 123’

图 3-111　合法和非法的输入字符串的实例

子字符串转换为数值指令的有效操作数如表 3-35 所示。

表 3-35　子字符串转换为数值指令的有效操作数

输入/输出	数据类型	操作数
IN	STRING	IB、QB、VB、MB、SMB、SB、LB、*VD、*LD、*AC、常数
INDX	BYTE	VB、IB、QB、MB、SMB、SB、LB、AC、*VD、*LD、*AC、常数
OUT	INT	VW、IW、QW、MW、SMW、SW、T、C、LW、AC、AQW、*VD、*LD、*AC
	DINT、REAL	VD、ID、QD、MD、SMD、SD、LD、AC、*VD、*LD、*AC

4. 编码和译码指令

（1）编码指令。

编码（ENCO）指令将输入字 IN 的最低有效位的位号写入输出字节 OUT 的最低有效“半字节”（4 位）中。

编码指令的 LAD 指令格式如图 3-112 所示。

（2）译码指令。

译码（DECO）指令根据输入字节（IN）的低 4 位所表示的位号置输出字（OUT）的相应位为 1。输出字的所有其他位都清零。

译码指令的 LAD 指令格式如图 3-113 所示。

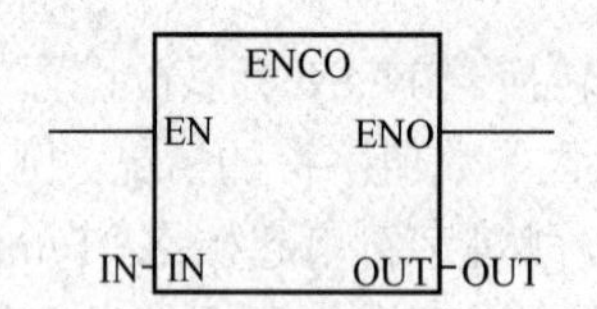

图 3-112　编码指令的 LAD 指令格式

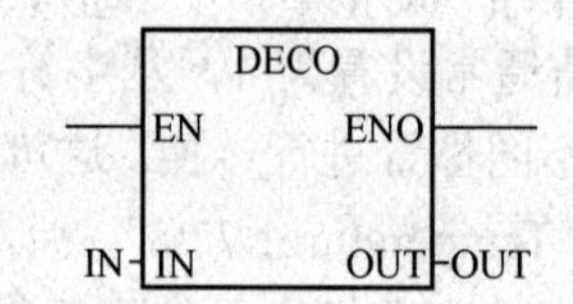

图 3-113　译码指令的 LAD 指令格式

编码和译码指令的有效操作数如表 3-36 所示。

表 3-36　编码和译码指令的有效操作数

输入/输出	数据类型	操作数
IN	BYTE	IB、QB、VB、MB、SMB、SB、LB、AC、*VD、*LD、*AC、常数
	WORD	IW、QW、VW、MW、SMW、SW、LW、T、C、AC、AIW、*VD、*LD、*AC、常数
OUT	BYTE	IB、QB、VB、MB、SMB、SB、LB、AC、*VD、*LD、*AC
	WORD	IW、QW、VW、MW、SMW、SW、T、C、LW、AC、AQW、*VD、*LD、*AC

实例：译码和编码指令。

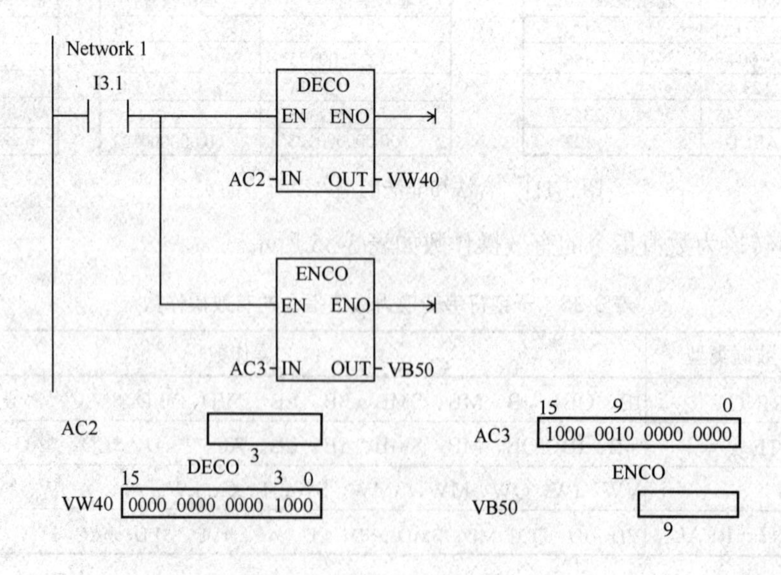

3.2.11 移位和循环指令

1. *右移和左移指令*

移位指令将输入值 IN 右移或左移 N 位，并将结果装载到输出 OUT 中。

移位指令对移出的位自动补零。如果位数 N 大于或等于最大允许值（对于字节操作为 8，对于字操作为 16，对于双字操作为 32），那么移位操作的次数为最大允许值。如果移位次数大于 0，溢出标志位（SM1.1）上就是最近移出的位值。如果移位操作的结果为 0，零存储器位（SM1.0）置位。

字节操作是无符号的。对于字和双字操作，当使用有符号数据类型时，符号位也被移动。

（1）右移字节和左移字节指令。

右移字节（SRB）和左移字节（SLB）指令将输入数值（IN）根据移位计数（N）向右或向左移动，并将结果载入输出字节（OUT）。移位指令对每个移出位补 0。如果移位数目（N）大于或等于 8，则数值最多被移位 8 次。如果移位数目大于 0，溢出内存位（SM1.1）采用最后一次移出位的数值；如果移位操作结果为 0，设置 0 内存位（SM1.0）。右移和左移字节操作不带符号。

右移字节和左移字节指令的 LAD 指令格式如图 3-114 所示。

图 3-114 右移字节和左移字节指令的 LAD 指令格式

（2）右移字和左移字指令。

右移字（SRW）和左移字（SLW）指令将输入字（IN）数值向右或向左移动 N 位，并将结果载入输出字（OUT）。移位指令对每个移出位补 0。如果移位数目（N）大于或等于 16，则数值最多被移位 16 次。如果移位数目大于 0，溢出内存位（SM1.1）采用最后一次移出位数值；如果移位操作结果为 0，设置 0 内存位（SM1.0）。注意，当使用带符号的数据类型时符号位被移位。

右移字和左移字指令的 LAD 指令格式如图 3-115 所示。

图 3-115 右移字和左移字指令的 LAD 指令格式

（3）右移双字和左移双字指令。

右移双字（SRD）和左移双字（SLD）指令将输入双字数值（IN）向右或向左移动 N 位，

并将结果载入输出双字（OUT）。移位指令对每个移出位补 0。如果移位数目（N）大于或等于 32，则数值最多被移位 32 次。如果移位数目大于 0，溢出内存位（SM1.1）采用最后一次移出位数值；如果移位操作结果为 0，设置 0 内存位（SM1.0）。注意，当使用带符号数据类型时符号位被移位。

右移双字和左移双字指令的 LAD 指令格式如图 3-116 所示。

图 3-116　右移双字和左移双字指令的 LAD 指令格式

2. 循环右移和循环左移指令

循环移位指令将输入值 IN 循环右移或者循环左移 N 位，并将输出结果装载到 OUT 中。循环移位是圆形的。

如果位数 N 大于或者等于最大允许值（对于字节操作为 8，对于字操作为 16，对于双字操作为 32），S7-200 在执行循环移位之前会执行取模操作，得到一个有效的移位次数。移位位数的取模操作的结果，对于字节操作是 0～7，对于字操作是 0～15，而对于双字操作是 0～31。

如果移位次数为 0，循环移位指令不执行。如果循环移位指令执行，最后一个移位的值会复制到溢出标志位（SM1.1）。

如果移位次数不是 8（对于字节操作）、16（对于字操作）和 32（对于双字操作）的整数倍，最后被移出的位会被复制到溢出标志位（SM1.1）。当要被循环移位的值是零时，零标志位（SM1.0）被置位。

字节操作是无符号的。对于字和双字操作，当使用有符号数据类型时，符号位也被移位。

（1）循环右移字节和循环左移字节指令。

循环右移字节（RRB）和循环左移字节（RLB）指令将输入字节数值（IN）向右或向左旋转 N 位，并将结果载入输出字节（OUT）。旋转具有循环性。如果移位数目（N）大于或等于 8，执行旋转之前先对位数（N）进行模数 8 操作，从而使位数在 0～7 之间。如果移动位数为 0，则不执行旋转操作。如果执行旋转操作，旋转的最后一位数值被复制到溢出位（SM1.1）。如果移动位数不是 8 的整倍数，旋转出的最后一位数值被复制到溢出内存位（SM1.1）。如果旋转数值为 0，设置 0 内存位（SM1.0）。循环右移和循环左移字节操作不带符号。

循环右移字节和循环左移字节指令的 LAD 指令格式如图 3-117 所示。

图 3-117　循环右移字节和循环左移字节指令的 LAD 指令格式

（2）循环右移字和循环左移字指令。

循环右移字（RRW）和循环左移字（RLW）指令将输入字数值（IN）向右或向左旋转N位，并将结果载入输出字（OUT）。旋转具有循环性。如果移动位数（N）大于或等于16，在旋转执行之前的移动位数（N）上执行模数16操作，从而使移动位数在0～15之间。如果移动位数为0，则不执行旋转操作。如果执行旋转操作，旋转的最后一位数值被复制到溢出位（SM1.1）。如果移动位数不是16的整倍数，旋转出的最后一位数值被复制到溢出内存位（SM1.1）。如果旋转数值为0，设置0内存位（SM1.0）。循环右移和循环左移字操作不带符号。

循环右移字和循环左移字指令的LAD指令格式如图3-118所示。

图3-118 循环右移字和循环左移字指令的LAD指令格式

（3）循环右移双字和循环左移双字指令。

循环右移双字（RRD）和循环左移双字（RLD）指令将输入双字数值（IN）向右或向左旋转N位，并将结果载入输出双字（OUT）。旋转具有循环性。如果移位数目（N）大于或等于32，执行旋转之前在移动位数（N）上执行模数32操作，从而使位数在0～31之间。如果移动位数为0，则不执行旋转操作。如果执行旋转操作，旋转的最后一位数值被复制到溢出位（SM1.1）。如果移动位数不是32的整倍数，旋转出的最后一位数值被复制到溢出内存位（SM1.1）。如果旋转数值为0，设置0内存位（SM1.0）。循环右移和循环左移双字操作不带符号。

循环右移双字和循环左移双字指令的LAD指令格式如图3-119和图3-120所示。

图3-119 循环右移双字指令的LAD指令格式　　图3-120 循环左移双字指令的LAD指令格式

移位和循环移位指令的有效操作数如表3-37所示。

表3-37 移位和循环移位指令的有效操作数

输入/输出	数据类型	操作数
IN	BYTE	IB、QB、VB、MB、SMB、SB、LB、AC、*VD、*LD、*AC、常数
	WORD	IW、QW、VW、MW、SMW、SW、LW、T、C、AC、AIW、*VD、*LD、*AC、常数
	DWORD	ID、QD、VD、MD、SMD、SD、LD、AC、HC、*VD、*LD、*AC、常数

续表

输入/输出	数据类型	操作数
OUT	BYTE	IB、QB、VB、MB、SMB、SB、LB、AC、*VD、*LD、*AC
	WORD	IW、QW、VW、MW、SMW、SW、T、C、LW、AIW、AC、*VD、*LD、*AC
	DWORD	ID、QD、VD、MD、SMD、SD、LD、AC、*VD、*LD、*AC
N	BYTE	IB、QB、VB、MB、SMB、SB、LB、AC、*VD、*LD、*AC、常数

实例：移位和循环移位指令。

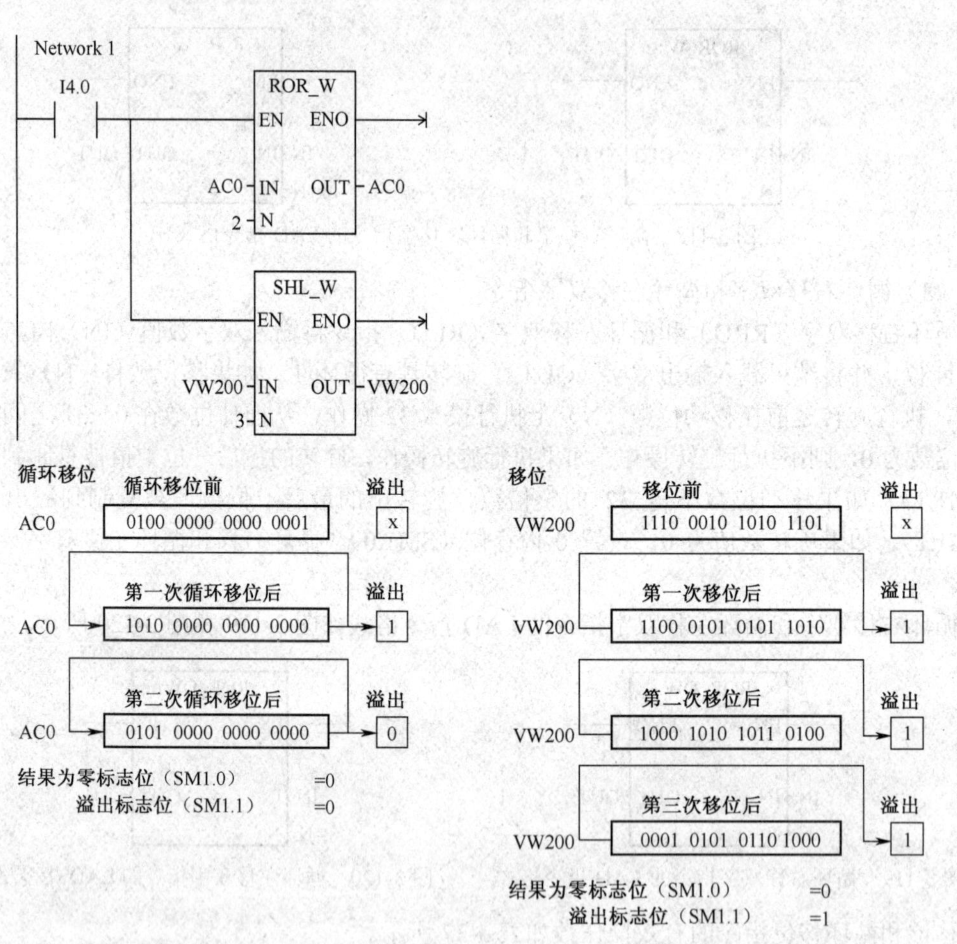

3．移位寄存器指令

移位寄存器（SHRB）指令将一个数值移入移位寄存器中。移位寄存器指令提供了一种排列和控制产品流或者数据的简单方法。使用该指令，每个扫描周期整个移位寄存器移动一位。

移位寄存器指令把输入的 DATA 数值移入移位寄存器。其中，S_BIT 指定移位寄存器的最低位，N 指定移位寄存器的长度和移位方向（正向移位=N，反向移位=-N）。SHRB 指令移出的每一位都被放入溢出标志位（SM1.1）。这条指令的执行取决于最低有效位（S_BIT）和由长度（N）指定的位数。

移位寄存器指令的LAD指令格式如图3-121所示。

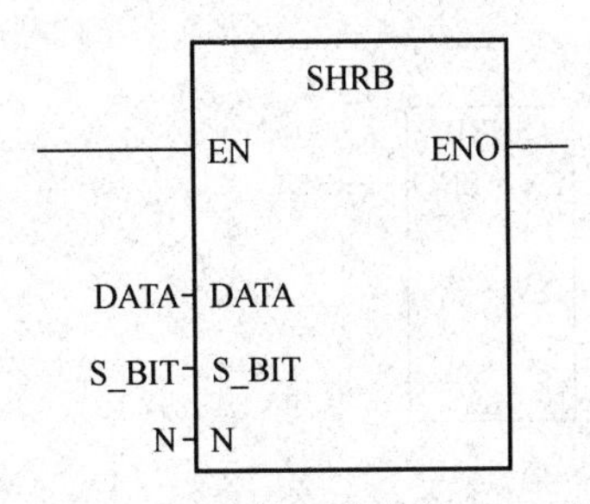

图3-121　移位寄存器指令的LAD指令格式

移位寄存器的最高位（MSB.b）可通过以下公式计算求得：

MSB.b=[(S_BIT的字节号)+([N]-1+(S_BIT的位号))/8].[除8的余数]

例如，如果S_BIT是V33.4、N是14，下列计算显示MSB.b是V35.1。

MSB.b=V33+([14]-1+4)/8

=V33+17/8

=V33+2（余数为1）

=V35.1

当反向移动时，N为负值，输入数据从最高位移入，最低位（S_BIT）移出。移出的数据放在溢出标志位（SM1.1）中。

当正向移动时，N为正值，输入数据从最低位（S_BIT）移入，最高位移出。移出的数据放在溢出标志位（SM1.1）中。

移位寄存器的最大长度为64位，可正可负。图3-122中给出了N为正和负两种情况下的移位过程。

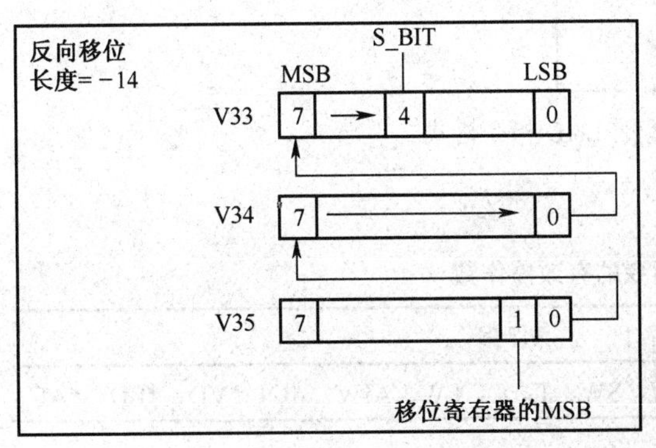

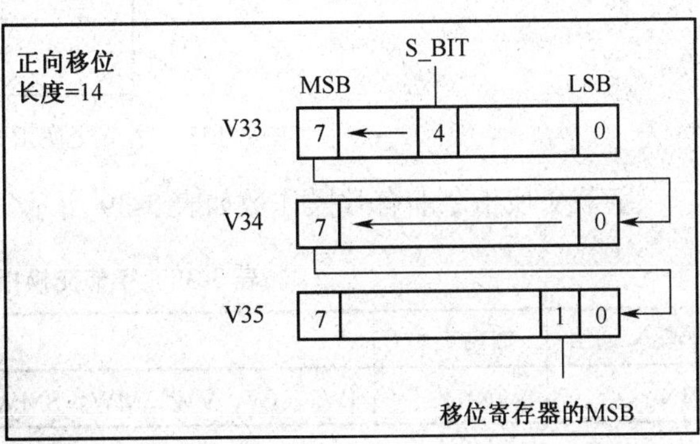

图3-122　移位寄存器的入口和出口

移位寄存器指令的有效操作数如表3-38所示。

表3-38　移位寄存器指令的有效操作数

输入/输出	数据类型	操作数
DATA、S_BIT	BOOL	I、Q、V、M、SM、S、T、C、L
N	BYTE	IB、QB、VB、MB、SMB、SB、LB、AC、*VD、*LD、*AC、常数

实例：移位寄存器指令。

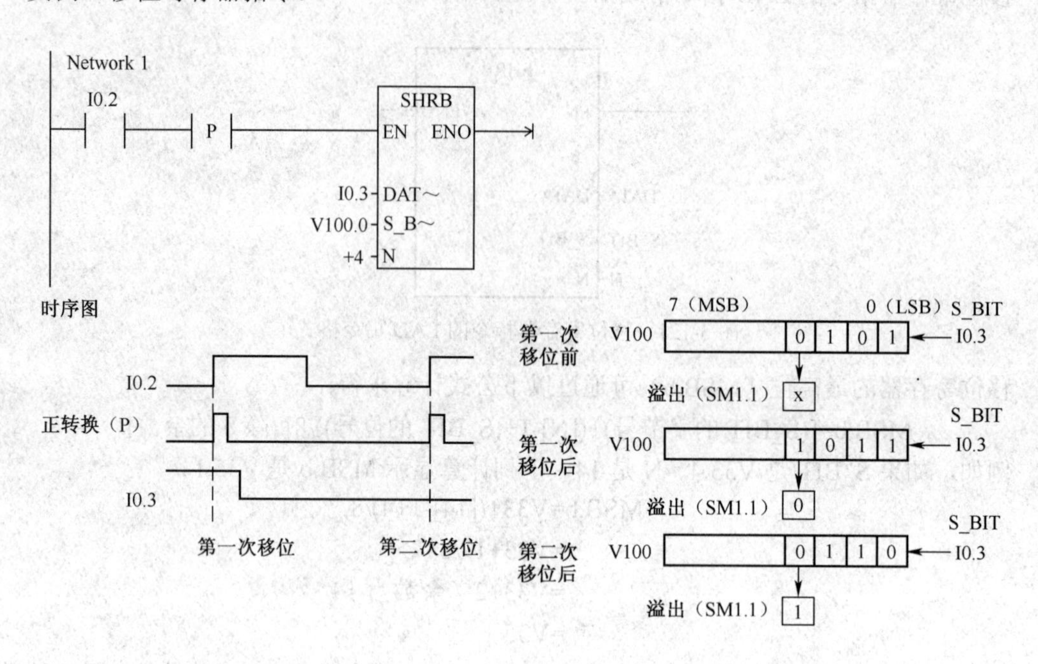

4. 字节交换指令

字节交换（SWAP）指令用来交换输入字 IN 的高字节和低字节。

字节交换指令的 LAD 指令格式如图 3-123 所示。

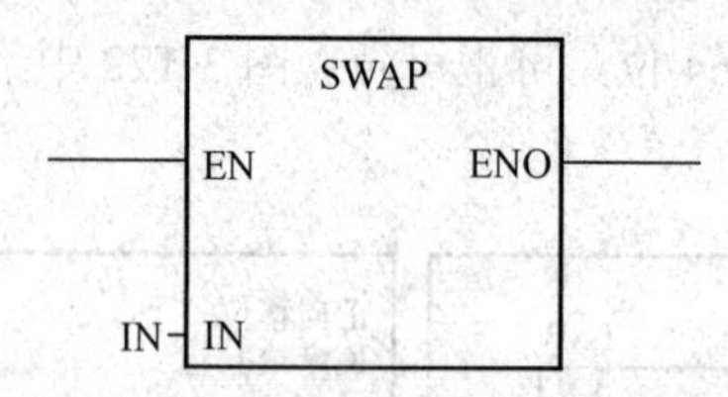

图 3-123　字节交换指令的 LAD 指令格式

字节交换指令的有效操作数如表 3-39 所示。

表 3-39　字节交换指令的有效操作数

输入/输出	数据类型	操作数
IN	WORD	IW、QW、VW、MW、SMW、SW、T、C、LW、AIW、AC、*VD、*LD、*AC

实例：交换指令。

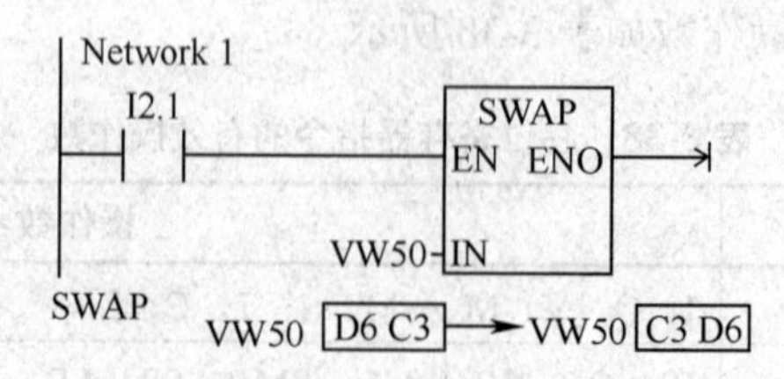

3.2.12　比例/积分/微分（PID）回路控制指令

PID 回路控制（PID）指令根据输入和表（TBL）中的组态信息对相应的 LOOP 执行 PID 回路计算。

PID 回路控制指令的 LAD 指令格式如图 3-124 所示。

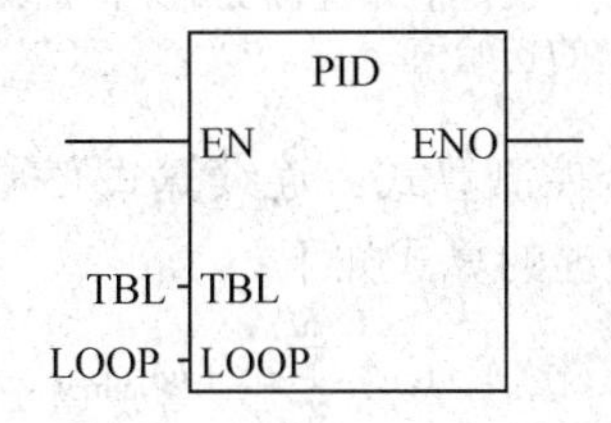

图 3-124　PID 回路控制指令的 LAD 指令格式

PID 回路指令（包含比例、积分、微分回路）可以用来进行 PID 运算。但是，可以进行这种 PID 运算的前提条件是逻辑堆栈栈顶（TOS）值必须为 1。该指令有两个操作数：作为回路表起始地址的“表”地址和从 0 到 7 的常数的回路编号。

PID 回路控制指令的有效操作数如表 3-40 所示。

表 3-40　PID 回路控制指令的有效操作数

输入/输出	数据类型	操作数
TBL	BYTE	VB
LOOP	BYTE	常数（0～7）

在程序中最多可以用 8 条 PID 指令。如果两个或两个以上的 PID 指令用了同一个回路号，那么即使这些指令的回路表不同，这些 PID 运算之间也会相互干涉，产生不可预料的结果。

回路表包含 9 个参数，用来控制和监视 PID 运算。这些参数分别是过程变量当前值（PV_n）、过程变量前值（PV_{n-1}）、设定值（SP_n）、输出值（M_n）、增益（K_c）、采样时间（T_s）、积分时间（T_I）、微分时间（T_D）和积分项前值（MX）。

为了让 PID 运算以预想的采样频率工作，PID 指令必须用在定时发生的中断程序中，或者用在主程序中被定时器所控制以一定频率执行。采样时间必须通过回路表输入到 PID 运算中。

自整定功能已经集成到 PID 指令中。PID 整定控制面板只能用于由 PID 向导创建的 PID 回路。

STEP7-Micro/WIN 提供了 PID 指令向导，指导定义一个闭环控制过程的 PID 算法。在命令菜单中选择“工具”→“指令向导”，然后在指令向导窗口中选择 PID 指令。

下限设置点和上限设置点要和过程变量的下限和上限相对应。

1．理解 PID 算法

PID 控制器调节输出，保证偏差（e）为零，使系统达到稳定状态。偏差（e）是设定值（SP）和过程变量（PV）的差。PID 控制的原理基于下面的算式；输出 M(t)是比例项、积分项和微分项的函数。

$$\text{输出} = \text{比例项} + \text{积分项} + \text{微分项}$$

$$M(t) = K_c * e + K_c \int_0^t e\,dt + M_{initial} + K_c * de/dt$$

其中，$M(t)$　是作为时间函数的回路输出
K_c　是回路增益
e　是回路误差（设定值和过程变量之间的差）
$M_{initial}$　是回路输出的初始值

为了能让数字计算机处理这个控制算式，连续算式必须离散化为周期采样偏差算式，才能用来计算输出值。数字计算机处理的算式如下：

$$M_n = K_c * e_n + K_I * \sum_1^n e_x + M_{initial} + K_D * (e_n - e_{n-1})$$

$$\text{输出} = \text{比例项} + \text{积分项} + \text{微分项}$$

其中，M_n　是在采样时刻 n 时 PID 回路输出的计算值
K_c　是回路增益
e_n　是采样时刻 n 的回路误差值
e_{n-1}　是回路误差的前一个数值（在采样时刻 n-1）
e_x　是采样时刻 X 的回路误差值
K_I　是积分项的比例常数
$M_{initial}$　是回路输出的初始值
K_D　是微分项的比例常数

从这个公式可以看出，积分项是从第一个采样周期到当前采样周期所有误差项的函数，微分项是当前采样和前一次采样的函数，比例项仅是当前采样的函数。在数字计算机中，不保存所有的误差项，实际上也不必要。

由于计算机从第一次采样开始，每有一个偏差采样值必须计算一次输出值，只需要保存偏差前值和积分项前值。作为数字计算机解决的重复性的结果，可以得到在任何采样时刻必须计算的方程的一个简化算式。简化算式为：

$$M_n = K_c * e_n + K_I * e_n + MX + K_D * (e_n - e_{n-1})$$

$$\text{输出} = \text{比例项} + \text{积分项} + \text{微分项}$$

其中，M_n　是在采样时刻 n 时回路输出的计算值
K_c　是回路增益
e_n　是采样时刻 n 的回路误差值
e_{n-1}　是回路误差的前一个数值（在采样时刻 n-1）
K_I　是积分项的比例常数
MX　是积分项的前一个数值（在采样时刻 n-1）
K_D　是微分项的比例常数

CPU 实际使用以上简化算式的改进形式计算 PID 输出。这个改进型算式为：

$$M_n = MP_n + MI_n + MD_n$$

$$\text{输出} = \text{比例项} + \text{积分项} + \text{微分项}$$

其中，M_n　是在采样时刻 n 时的回路输出的计算值
MP_n　是在采样时刻 n 时回路输出比例项的数值
MI_n　是在采样时刻 n 时回路输出积分项的数值

MD_n　　是在采样时刻 n 时回路输出微分项的数值

（1）理解 PID 方程的比例项。

比例项 MP 是增益（K_C）和偏差（e）的乘积。其中 K_C 决定输出对偏差的灵敏度，偏差（e）是设定值（SP）与过程变量值（PV）之差。S7-200 解决的求比例项的算式是：

$$MP_n = K_c * (SP_n - PV_n)$$

其中，MP_n　　是在采样时刻 n 时回路输出比例项的数值

K_c　　是回路增益

SP_n　　是在采样时刻 n 时的设定值的数值

PV_n　　是在采样时刻 n 时过程变量的数值

（2）理解 PID 方程的积分项。

积分项值 MI 与偏差和成正比。S7-200 解决的求积分项的算式是：

$$MI_n = K_c * T_S / T_I * (SP_n - PV_n) + MX$$

其中，MI_n　　是在采样时刻 n 时回路输出积分项的数值

K_c　　是回路增益

T_S　　是回路采样时间

T_I　　是回路的积分周期（也称为积分时间或复位）

SP_n　　是在采样时刻 n 时的设定点的数值

PV_n　　是在采样时刻 n 时的过程变量的数值

MX　　是在采样时刻 n-1 时的积分项的数值（也称为积分和或偏差）

积分和（MX）是所有积分项前值之和。在每次计算出 MI_n 之后，都要用 MI_n 去更新 MX。其中 MI_n 可以被调整或限定。MX 的初值通常在第一次计算输出以前被设置为 $M_{initial}$（初值）。积分项还包括其他几个常数：增益（K_C）、采样时间间隔（T_S）和积分时间（T_I）。其中采样时间是重新计算输出的时间间隔，而积分时间控制积分项在整个输出结果中影响的大小。

（3）理解 PID 方程的微分项。

微分项值 MD 与偏差的变化成正比。S7-200 使用下列算式来求解微分项：

$$MD_n = K_c * T_D / T_S * ((SP_n - PV_n) - (SP_{n-1} - PV_{n-1}))$$

为避免由于设定值变化的微分作用而引起的输出中阶跃变化或跳变，对此方程式进行改进，假定设定值恒定不变（$SP_n=SP_{n-1}$），这样可以用过程变量的变化替代偏差的变化，计算算式可改进为：

$$MD_n = K_c * T_D / T_S * (SP_n - PV_n - SP_n + PV_{n-1})$$

或

$$MD_n = K_c * T_D / T_S * (PV_{n-1} - PV_n)$$

其中，MD_n　　是在采样时刻 n 时回路输出微分项的数值

K_c　　是回路增益

T_S　　是回路采样时间

T_D　　是回路的微分周期（也称为微分时间或速率）

SP_n　　是在采样时刻 n 时设定点的数值

SP_{n-1}　　是在采样时刻 n-1 时设定点的数值

PV_n　　是在采样时刻 n 时过程变量的数值

PV_{n-1}　　是在采样时刻 n-1 时过程变量的数值

为了下一次计算微分项值，必须保存过程变量而不是偏差。在第一采样时刻初始化为 $PV_{n-1}=PV_n$。

（4）回路控制类型的选择。

在许多控制系统中，只需要一种或两种回路控制类型。例如只需要比例回路或者比例积分回路。通过设置常量参数，可以选择需要的回路控制类型。

如果不想要积分动作（PID 计算中没有“I”），可以把积分时间（复位）置为无穷大“INF”。即使没有积分作用，积分项还是不为零，因为有初值 MX。

如果不想要微分回路，可以把微分时间置为零。

如果不想要比例回路，但需要积分或微分回路，可以把增益设为 0.0，系统会在计算积分项和微分项时把增益当作 1.0 看待。

2. 回路输入的转换和标准化

每个回路有两个输入量：设定值和过程变量。设定值通常是一个固定的值，比如设定的汽车速度。过程变量与 PID 回路输出有关，可以衡量输出对控制系统作用的大小。在汽车速度控制系统的实例中，过程变量应该是测量轮胎转速的测速计输入。

设定值和过程变量都可能是现实世界的值，它们的大小、范围和工程单位都可能不一样。在 PID 指令对这些现实世界的值进行运算之前，必须把它们转换成标准的浮点型表达形式。

转换的第一步是把 16 位整数值转成浮点型实数值。下面的指令序列提供了实现这种转换的方法：

```
ITD   AIW0,AC0        //将输入值转换为双整数
DTR   AC0,AC0         //将 32 位双整数转换为实数
```

下一步是将现实世界的值的实数值表达形式转换成 0.0～1.0 之间的标准化值。下面的算式可以用于标准化设定值或过程变量值：

$$R_{Norm} = ((R_{Raw}/跨度) + 偏移量)$$

其中，R_{Norm}　是现实世界数值的标准化的实数值表达式

R_{Raw}　是现实世界数值的未标准化的或原始的实数值表达式

偏移量　对于单极性为 0.0

对于双级性为 0.5

跨度　是最大可能值减去最小可能值：

对于单极性数值（典型值）为 32000

对于双极性数值（典型值）为 64000

下面的指令序列显示如何在 AC0 中将作为以前指令序列延续的双极性值（其跨度为 64000）进行标准化：

```
/R    64000.0,AC0     //累加器中的标准化值
+R    0.5,AC0         //加上偏置,使其在 0.0~1.0 之间
MOVR  AC0,VD100       //标准化的值存入回路表
```

3. 回路输出值转换成刻度整数值

回路输出值一般是控制变量，比如在汽车速度控制中，可以是油阀开度的设置。回路输出是 0.0 和 1.0 之间的一个标准化了的实数值。在回路输出可以用于驱动模拟输出之前，回路输出必须转换成一个 16 位的标定整数值。这一过程，是将 PV 和 SP 转换为标准值的逆过程。第一步是使用下面给出的公式将回路输出转换成一个标定的实数值：

R_{Scal} = (M_n - 偏移量) * 跨度

其中，R_{Scal}　是回路输出经过标定的实数值

M_n　是回路输出标准化的实数值

偏移量　对于单极性值为0.0，对于双极性值为0.5

跨度　值域大小，可能的最大值减去可能的最小值

对于单极性为32000（典型值）

对于双极性为64000（典型值）

这一过程可以用下面的指令序列完成：

```
MOVR   VD108,AC0        //把回路输出值移入累加器
-R   0.5,AC0            //仅双极性有此句
*R   64000.0,AC0        //在累加器中得到刻度值
```

下一步是把表示回路输出的实数刻度值转换成16位整数，可以通过下面的指令序列来完成：

```
ROUND   AC0,AC0         //把实数转换为32位整数
DTI   AC0,LW0           //把32位整数转换为16位整数
MOVW   LW0,AQW0         //把16位整数写入模拟输出寄存器
```

4. 正作用或反作用回路

如果增益为正，那么该回路为正作用回路；如果增益为负，那么是反作用回路。（对于增益值为0.0的I或ID控制，如果指定积分时间、微分时间为正，就是正作用回路；如果指定为负值，就是反作用回路。）

（1）变量和范围。

过程变量和设定值是PID运算的输入值，因此回路表中的这些变量只能被PID指令读而不能被改写。

输出变量是由PID运算产生的，所以在每一次PID运算完成之后，需要更新回路表中的输出值，输出值被限定在0.0～1.0之间。当输出由手动转变为PID（自动）控制时，回路表中的输出值可以用来初始化输出值。

如果使用积分控制，积分项前值要根据PID运算结果更新。这个更新了的值用作下一次PID运算的输入，当计算输出值超过范围（大于1.0或小于0.0）时，那么积分项前值必须根据下列公式进行调整：

$MX = 1.0 - (MP_n + MD_n)$　　计算输出 $M_n>1.0$

或

$MX = -(MP_n + MD_n)$　　计算输出 $M_n<0.0$

其中，MX　是调整过的偏差的数值

MP_n　是在采样时刻n时回路输出的比例项的数值

MD_n　是在采样时刻n时回路输出的微分项的数值

M_n　是在采样时刻n时回路输出的数值

这样调整积分前值，一旦输出回到范围后可以提高系统的响应性能，而且积分项前值也要限制在0.0～0.1之间，然后在每次PID运算结束之后把积分项前值写入回路表，以备在下次PID运算中使用。

用户可以在执行PID指令以前修改回路表中的积分项前值。在实际运用中，这样做的目的是找到由于积分项前值引起的问题。手工调整积分项前值时必须小心谨慎，还应保证写入的

值在 0.0～1.0 之间。

回路表中的给定值与过程变量的差值（e）是用于 PID 运算中的差分运算，用户最好不要去修改此值。

（2）控制方式。

S7-200 的 PID 回路没有内置模式控制，只有当 PID 盒接通时才执行 PID 运算。在这种意义上说，PID 运算存在一种“自动”运行方式。当 PID 运算不被执行时，称之为“手动”模式。

同计数器指令相似，PID 指令有一个使能位。当该使能位检测到一个信号的正跳变（从 0 到 1）时，PID 指令执行一系列的动作，使 PID 指令从手动方式无扰动地切换到自动方式。为了达到无扰动切换，在转变到自动控制前，必须把手动方式下的输出值填入回路表中的 M_n 栏。PID 指令对回路表中的值进行下列动作，以保证当使能位正跳变出现时，从手动方式无扰动地切换到自动方式：

- 置设定值（SP_n）=过程变量（PV_n）。
- 置过程变量前值（PV_{n-1}）=过程变量现值（PV_n）。
- 置积分项前值（MX）=输出值（M_n）。

PID 使能位的默认值是 1，在 CPU 启动或从 STOP 方式转到 RUN 方式时建立。CPU 进入 RUN 方式后首次使 PID 块有效，没有检测到使能位的正跳变，那么就没有无扰动切换的动作。

（3）报警与特殊操作。

PID 指令是执行 PID 运算的简单而功能强大的指令。如果需要其他处理，如报警检查或回路变量的特殊计算等，则这些处理必须使用 S7-200 支持的基本指令来实现。

（4）出错条件。

如果指令指定的回路表起始地址或 PID 回路号操作数超出范围，那么在编译期间 CPU 将产生编译错误（范围错误），从而编译失败。

PID 指令不检查回路表中的一些输入值是否超界，必须保证过程变量和设定值（以及作为输入的和前一次过程变量）必须在 0.0～1.0 之间。

如果 PID 计算的算术运算发生错误，那么特殊存储器标志位 SM1.1（溢出或非法值）会被置 1，并且终止 PID 指令的执行。（要想消除这种错误，单靠改变回路表中的输出值是不够的，正确的方法是在下一次执行 PID 运算之前改变引起算术运算错误的输入值，而不是更新输出值）。

（5）回路表。

回路表有 80 字节长，它的格式如表 3-41 所示。

表 3-41　回路表

偏移量	域	格式	类型	描述
0	过程变量（PV_n）	实型	输入过程	变量，必须在 0.0～1.0 之间
4	设定值（SP_n）	实型	输入	包含的设定值必须标定在 0.0～1.0 之间
8	输出（M_n）	实型	输入/输出	输出值，必须在 0.0～1.0 之间
12	增益（K_C）	实型	输入	增益是比例常数，可正可负
16	采样时间（T_S）	实型	输入	包含采样时间，单位为秒，必须是正数
20	积分时间或复位（T_I）	实型	输入	包含积分时间或复位，单位为分钟，必须是正数

续表

偏移量	域	格式	类型	描述
24	微分时间或速率（T_D）	实型	输入	包含微分时间或速率，单位为分钟，必须是正数
28	偏差（MX）	实型	输入/输出	积分项前项，必须在0.0～1.0之间
32	以前的过程变量（PV_{n-1}）	实型	输入/输出	包含最后一次执行 PID 指令时所存储的过程变量的值
36～79	保留给自整定变量			

3.2.13　程序控制指令

1. 条件结束指令

条件结束（END）指令根据前面的逻辑关系终止当前扫描周期。

可以在主程序中使用条件结束指令，但不能在子程序或中断程序中使用该命令。

条件结束指令的LAD指令格式如图3-125所示。

——(END)

图3-125　条件结束指令的LAD指令格式

2. 停止指令

停止（STOP）指令导致S7-200CPU从RUN到STOP模式，从而可以立即终止程序的执行。

如果STOP指令在中断程序中执行，那么该中断立即终止，并且忽略所有挂起的中断，继续扫描程序的剩余部分。完成当前周期的剩余动作，包括主用户程序的执行，并在当前扫描的最后完成从RUN到STOP模式的转变。

停止指令的LAD指令格式如图3-126所示。

——(STOP)

图3-126　停止指令的LAD指令格式

3. 监视程序复位指令

监视程序复位（WDR）指令允许S7-200CPU的系统监视狗定时器被重新触发，这样可以在不引起监视狗错误的情况下增加此扫描所允许的时间。

监视程序复位指令的LAD指令格式如图3-127所示。

——(WDR)

图3-127　监视程序复位指令的LAD指令格式

使用WDR指令时要小心，因为如果用循环指令去阻止扫描完成或过度地延迟扫描完成的时间，那么在终止本次扫描之前下列操作过程将被禁止：

- 通信（自由端口方式除外）。
- I/O更新（立即I/O除外）。

- 强制更新。
- SM 位更新（SM0 和 SM5～SM29 不能被更新）。
- 运行时间诊断。
- 由于扫描时间超过 25 秒，10ms 和 100ms 定时器将不会正确累计时间。
- 在中断程序中的 STOP 指令。
- 带数字量输出的扩展模块也包含一个监视狗定时器，如果模块没有被 S7-200 写，则此监视狗定时器将关断输出。在扩展的扫描时间内，对每个带数字量输出的扩展模块进行立即写操作，以保持正确的输出。

提示

如果希望程序的扫描周期超过 500ms，或者在中断事件发生时有可能使程序的扫描周期超过 500ms 时，应该使用监视程序复位指令来重新触发监视狗定时器。

每次使用监视程序复位指令，应该对每个扩展模块的某一个输出字节使用一个立即写指令来复位每个扩展模块的监视狗。

如果使用了监视程序复位指令允许程序的执行有一个很长的扫描时间，此时将 S7-200 的模式开关切换到 STOP 位置，则在 1.4 秒内 CPU 转到 STOP 方式。

4. FOR-NEXT 循环指令

FOR 和 NEXT 指令可以描述需要重复进行一定次数的循环体。每条 FOR 指令必须对应一条 NEXT 指令。FOR-NEXT 循环嵌套（一个 FOR-NEXT 循环在另一个 FOR-NEXT 循环之内）深度可达 8 层。

FOR-NEXT 循环指令的 LAD 指令格式如图 3-128 所示。

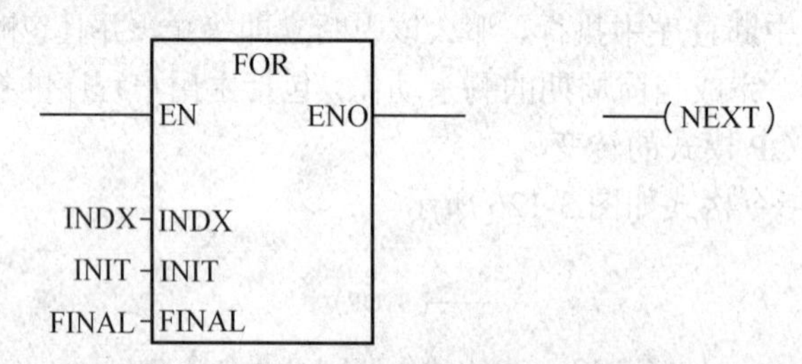

图 3-128　FOR-NEXT 循环指令的 LAD 指令格式

FOR-NEXT 指令执行 FOR 指令和 NEXT 指令之间的指令。必须指定计数值或者当前循环次数 INDX、初始值（INIT）和终止值（FINAL）。

NEXT 指令标志着 FOR 循环的结束。

如果允许 FOR-NEXT 循环，除非在循环内部修改了终值，循环体就一直循环执行直到循环结束。在 FOR-NEXT 循环执行的过程中可以修改这些值。当循环再次允许时，它把初始值拷贝到 INDX 中（当前循环次数）。

当下一次允许时，FOR-NEXT 指令复位。

例如，给定 1 的 INIT 值和 10 的 FINAL 值，随着 INDX 数值增加：1，2，3，…，10，在 FOR 指令和 NEXT 指令之间的指令被执行。

如果初值大于终值，那么循环体不被执行。每执行一次循环体，当前计数值增加 1，并且将其结果同终值作比较，如果大于终值，那么终止循环。

如果程序进入 FOR-NEXT 循环时，栈顶值为 1，则当程序退出 FOR-NEXT 循环时栈顶值也将为 1。

FOR-NEXT 指令的有效操作数如表 3-42 所示。

表 3-42　FOR-NEXT 指令的有效操作数

输入/输出	数据类型	操作数
INDX	INT	IW、QW、VW、MW、SMW、SW、T、C、LW、AIW、AC、*VD、*LD、*AC
INIT、FINAL	INT	VW、IW、QW、MW、SMW、SW、T、C、LW、AC、AIW、*VD、*AC、常数

实例：FOR-NEXT 循环指令。

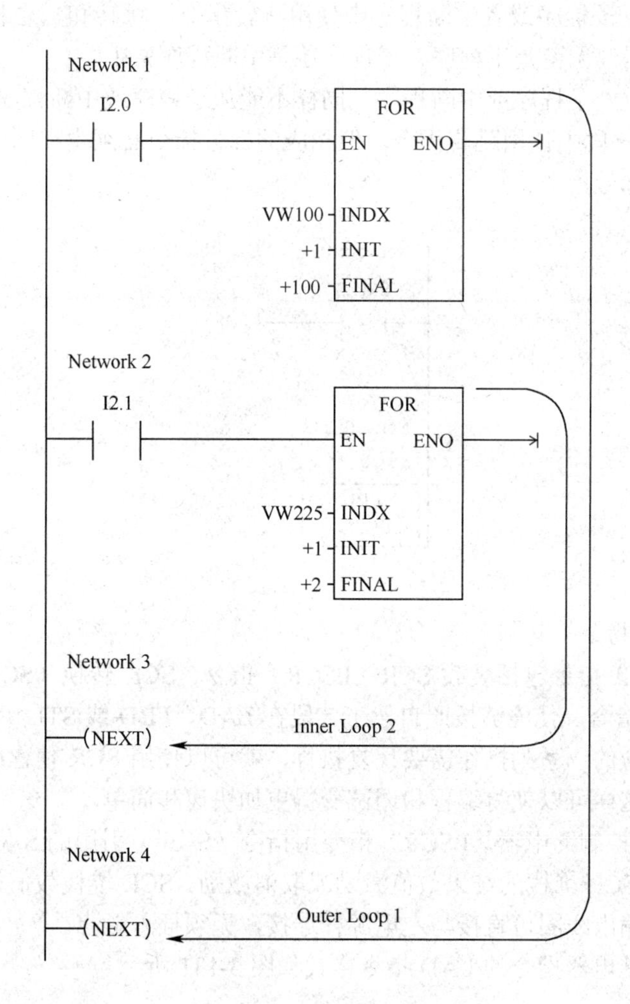

5. 跳转和标号指令

跳转（JMP）指令执行程序内标号 N 指定的程序分支，标号（LBL）指令标识跳转目的地的位置 N。

跳转和标号指令的 LAD 指令格式如图 3-129 和图 3-130 所示。

N
——(JMP)

图 3-129　跳转指令的 LAD 指令格式

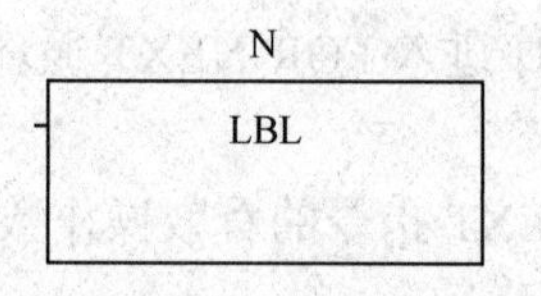

图 3-130　标号指令的 LAD 指令格式

跳转指令的有效操作数如表 3-43 所示。

表 3-43　跳转指令的有效操作数

输入/输出	数据类型	操作数
N	WORD	常数（0～255）

可以在主程序、子程序或者中断程序中使用跳转指令。跳转和与之相应的标号指令必须位于同一段程序代码（无论是主程序、子程序还是中断程序）中。

不能从主程序跳到子程序或中断程序，同样不能从子程序或中断程序跳出。

可以在 SCR 程序段中使用跳转指令，但相应的标号指令必须也在同一个 SCR 段中。

实例：跳转和标号指令。

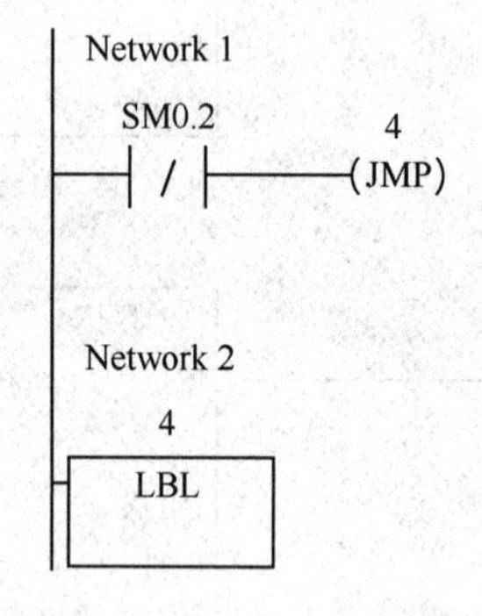

6. 顺控继电器指令

顺控继电器 SCR 指令包括装载 SCR（LSCR）指令、SCR 转换（SCRT）指令和 SCR 条件结束（CSCRE）指令，使能够按照自然工艺段在 LAD、FBD 或 STL 中编制状态控制程序。

只要应用中包含的一系列操作需要反复执行，就可以使用 SCR 使程序更加结构化，以至于直接针对应用。这样可以使得编程和调试变得更加快速和简单。

（1）载入顺序控制继电器（LSCR）指令用指令（S_bit）引用的 S 位数值载入 SCR 和逻辑堆栈。SCR 段被 SCR 堆栈的结果数值激励或取消激励。SCR 堆栈数值被复制到逻辑堆栈的顶端，以便方框或输出线圈可直接与左电源杆连接，无须插入触点。

载入顺序控制继电器指令的 LAD 指令格式如图 3-131 所示。

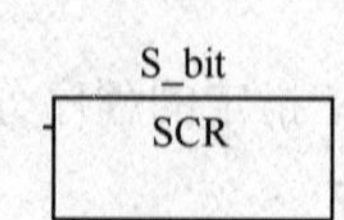

图 3-131　载入顺序控制继电器指令的 LAD 指令格式

（2）顺序控制继电器转换（SCRT）指令识别要启用的 SCR 位（下一个要设置的 S_bit 位）。当使能位进入线圈或 FBD 方框时，打开引用 S_bit 位，并关闭 LSCR 指令（启用该 SCR 段）的 S_bit 位。

顺序控制继电器转换指令的 LAD 指令格式如图 3-132 所示。

S_bit
——(SCRT)

图 3-132　顺序控制继电器转换指令的 LAD 指令格式

（3）顺序控制继电器结束（SCRE）指令标记 SCR 段的结束。一旦将电源应用于输入，有条件顺序控制继电器结束（CSCRE）指令即标记 SCR 段结束。CSCRE 只有在 STL 编辑器中才能使用。

注释　CSCRE 只有在第二代（22x）CPU（从 1.20 版开始）中才能使用。

顺序控制继电器结束指令的 LAD 指令格式如图 3-133 所示。

——(SCRE)

图 3-133　顺序控制继电器结束指令的 LAD 指令格式

装载 SCR（LSCR）指令将 S 位的值装载到 SCR 和逻辑堆栈中。SCR 堆栈的结果值决定是否执行 SCR 程序段。SCR 堆栈的值会被复制到逻辑堆栈中，因此可以直接将盒或者输出线圈连接到左侧的功率流线上而不经过中间触点。

当使用 SCR 时，请注意以下限定：

- 不能把同一个 S 位用于不同程序中。例如，如果在主程序中用了 S0.1，在子程序中就不能再使用它。
- 无法跳转入或跳转出 SCR 段，然而可以使用 Jump 和 Label 指令在 SCR 段附近跳转或在 SCR 段内跳转。
- 在 SCR 段中不能使用 END 指令。

顺控继电器指令的有效操作数如表 3-44 所示。

表 3-44　顺控继电器指令的有效操作数

输入/输出	数据类型	操作数
S_bit	BOOL	S

图 3-134 所示为 S 堆栈和逻辑堆栈以及执行 LSCR 指令产生的影响。以下是对顺控继电器指令的正确理解：

- 装载 SCR（LSCR）指令标志着 SCR 段的开始，SCR 结束指令则标志着 SCR 段的结束。在装载 SCR 指令与 SCR 结束指令之间的所有逻辑操作的执行取决于 S 堆栈的值。而在 SCR 结束指令和下一条装载 SCR 指令之间的逻辑操作则不依赖于 S 堆栈的值。

- SCR 转换（SCRT）指令将程序控制权从一个激活的 SCR 段传递到另一个 SCR 段。执行 SCRT 指令可以使当前激活的程序段的 S 位复位，同时使下一个将要执行的程序段的 S 位置位。在 SCRT 指令执行时，复位当前激活的程序段的 S 位并不会影响 S 堆栈。SCR 段会一直保持功率流直到退出。
- SCR 条件结束（CSCRE）指令可以使程序退出一个激活的程序段而不执行 CSCRE 与 SCRE 之间的指令。CSCRE 指令不影响任何位，也不影响 S 堆栈。

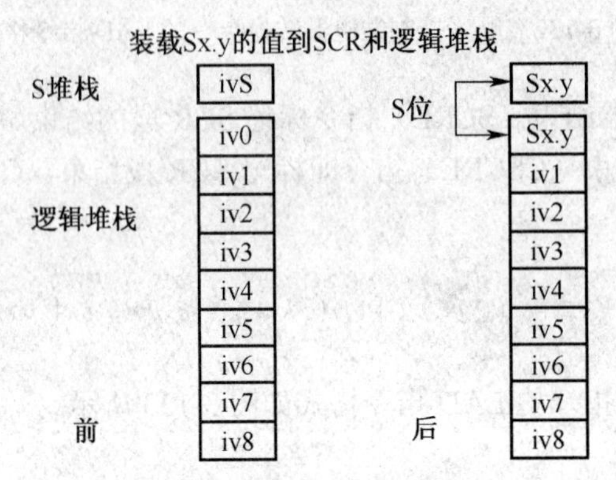

图 3-134　LSCR 对逻辑堆栈的影响

顺序控制继电器指令逻辑控制流的类型有以下几种：

（1）顺序控制。具有良好定义步骤顺序的进程很容易用 SCR 段作为示范。例如，考虑一个有三个步骤的循环进程，当第三个步骤完成时，应当返回第一个步骤，如图 3-135 所示。

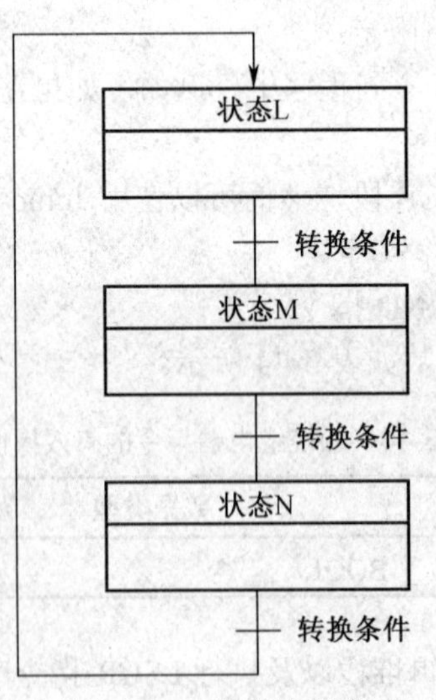

图 3-135　顺序控制流

在以下实例中，首次扫描位 SM0.1 置位 S0.1，从而在首次扫描中激活状态 1。延时 2 秒后，T37 导致切换到状态 2。切换使状态 1 停止，激活状态 2。

实例：顺序控制继电器指令。

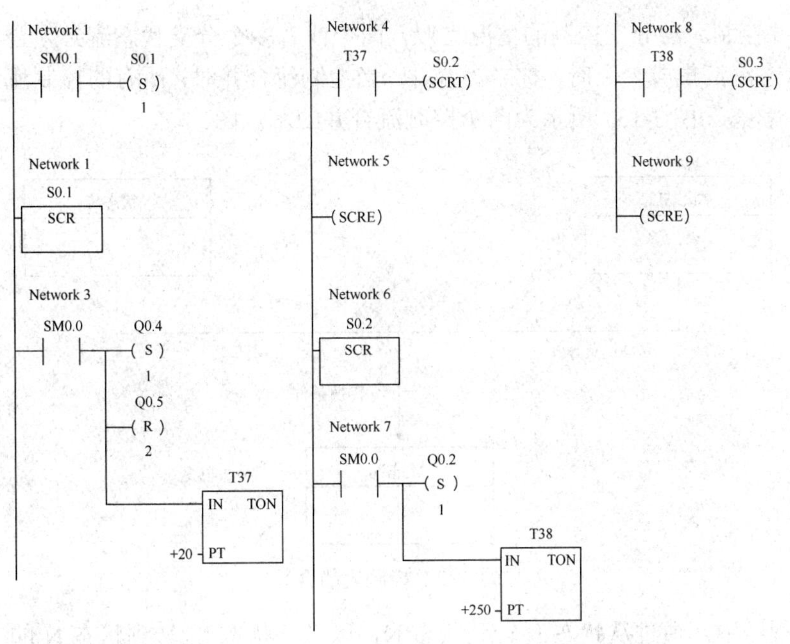

（2）分支控制。在许多实例中，一个顺序控制状态流必须分成两个或多个不同的分支控制状态流。当一个控制状态流分离成多个分支时，所有的分支控制状态流必须同时激活，如图3-136所示。

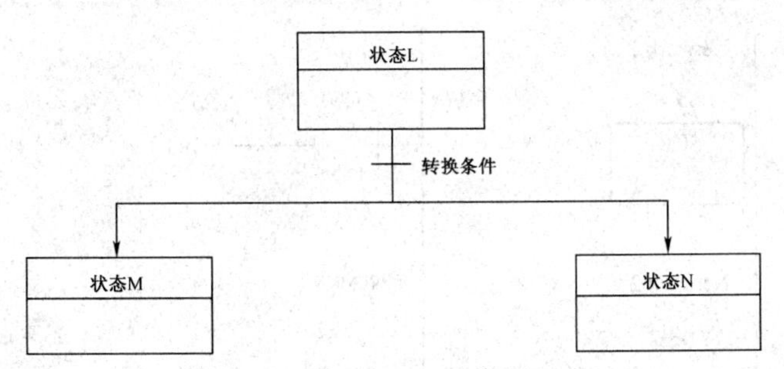

图3-136　控制流的分支

使用多条由相同转移条件激活的SCRT指令可以在一段SCR程序中实现控制流的分支，如下面的实例所示。

实例：控制流的分支。

Network 1
S3.4
SCR
Network 2
M2.3　I2.1　S3.5
(SCRT)
S6.5
(SCRT)
(SCRE)

（3）合并控制。与分支控制的情况类似，两个或者多个分支状态流必须合并为一个状态流。当多个状态流汇集成一个时，称之为合并。当控制流合并时，所有的控制流必须都完成才能执行下一个状态。图 3-137 所示为两个控制流合并的示意图。

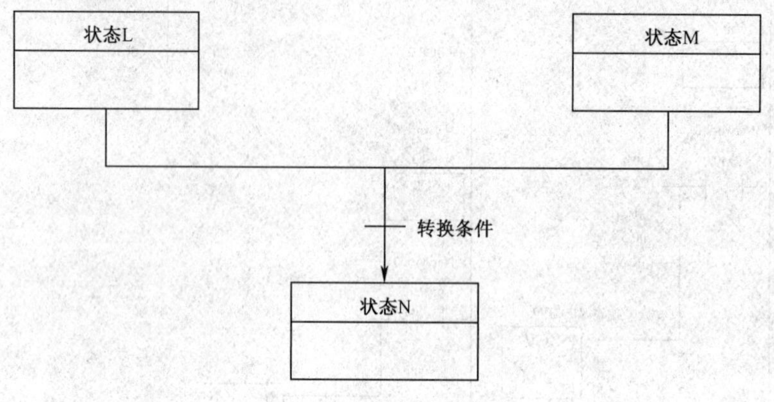

图 3-137　控制流的合并

在 SCR 程序中，通过从状态 L 转到状态 N，以及从状态 M 转到状态 N 的方法实现控制流的合并。当状态 L、M 的 SCR 使能位为真时，即可激活状态 N，如下面的实例所示。

实例：控制流的合并。

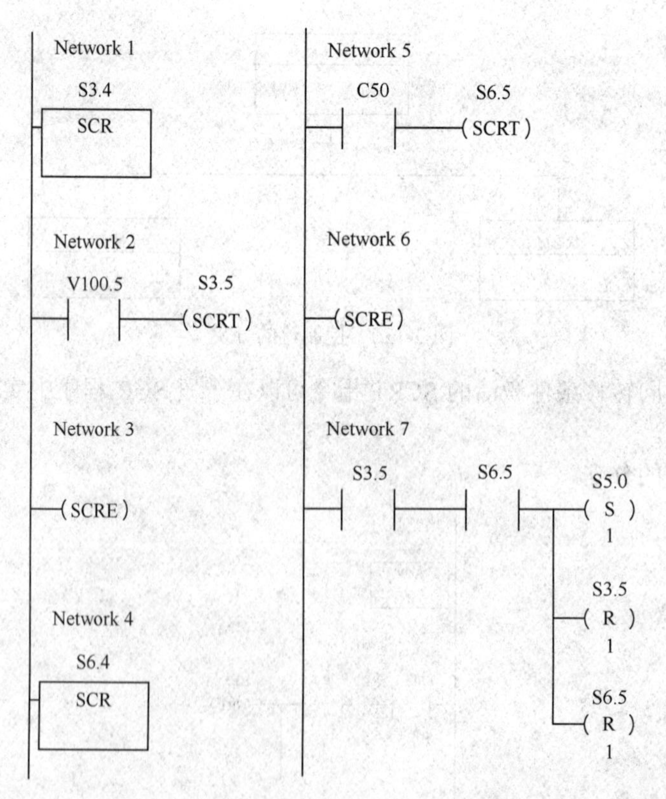

（4）条件转换控制流分支。在有些情况下，一个控制流可能转入多个可能的控制流中的某一个。到底进入哪一个取决于控制流前面的转移条件，哪一个首先为真，如图 3-138 所示。

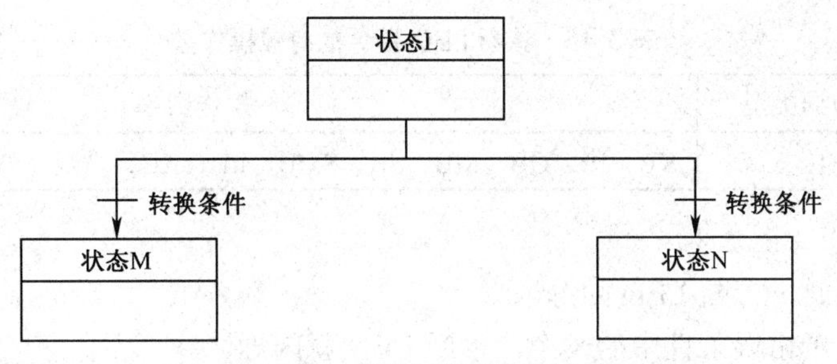

图 3-138　条件转换控制流分支

实例：条件转移。

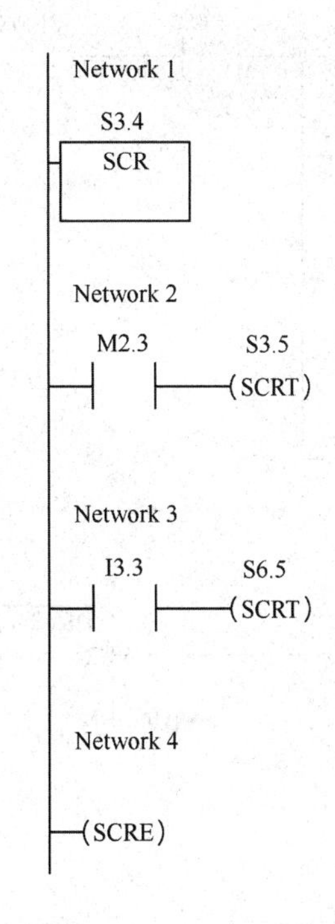

7. 诊断 LED 指令

如果输入参数 IN 的值为零，就将诊断 LED 置为 OFF；如果输入参数 IN 的值大于零，就将诊断 LED 置为 ON（黄色）。

当系统块中指定的条件为真或者用非零 IN 参数执行 DIAG_LED 指令时，CPU 发光二极管（LED）标注的 SF/DIAG 可以被配置用于显示黄色。

系统块（配置 LED）复选框选项：当有一项在 CPU 内被强制时，SF/DIAGLED 为 ON（黄色）；当模块有 I/O 错误时，SF/DIAGLED 为 ON（黄色）；两个配置 LED 选项都不选中，将使 SF/DIAG 黄光只受 DIAG_LED 指令控制。CPU 系统故障（SF）用红光指示。

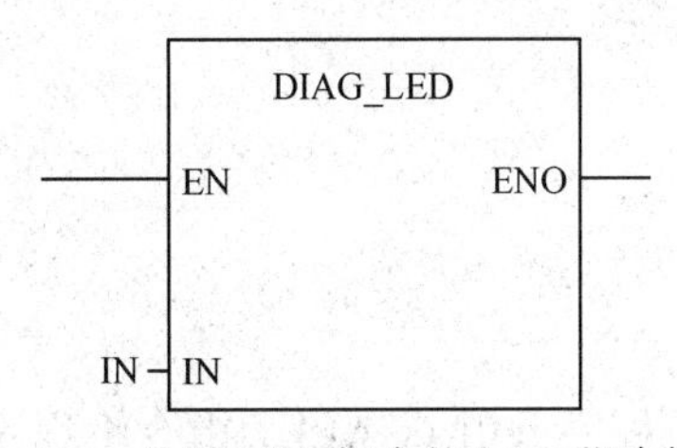

图 3-139　诊断 LED 指令的 LAD 指令格式

诊断 LED 指令的 LAD 指令格式如图 3-139 所示。

诊断 LED 指令的有效操作数如表 3-45 所示。

表 3-45 诊断 LED 指令的有效操作数

输入/输出	数据类型	操作数
IN	BYTE	VB、IB、QB、MB、SB、SMB、LB、AC、常数、*VD、*LD、*AC

实例：诊断 LED 指令 1。

当检测到错误时，诊断 LED 闪烁。

只要检测到 5 个错误条件中的一个，诊断 LED 就闪烁。

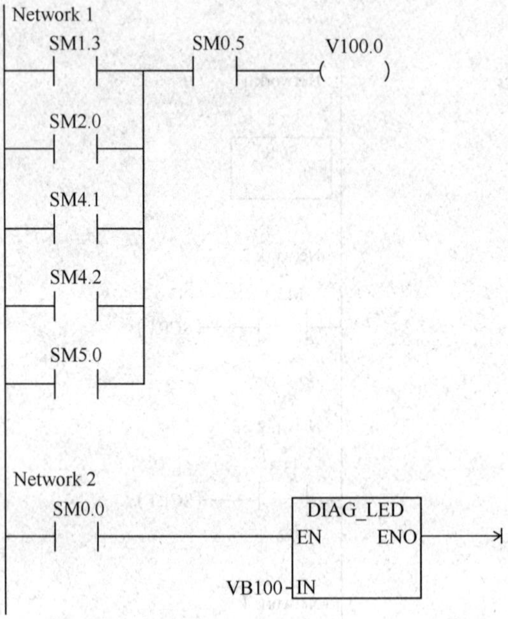

Network 1
SM1.3
SM0.5
V100.0
SM2.0
SM4.1
SM4.2
SM5.0
Network 2
SM0.0
DIAG_LED
EN
ENO
VB100
IN

实例：诊断 LED 指令 2。

当有错误返回时，接通诊断 LED。

当有错误代码在 VB100 中报告时，接通诊断 LED。

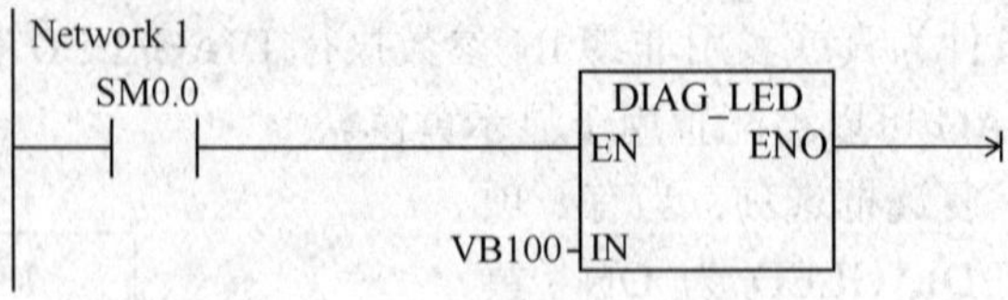

Network 1
SM0.0
DIAG_LED
EN
ENO
VB100
IN

3.2.14 子程序指令

子程序调用（CALL）指令将程序控制权交给子程序 SBR_N。调用子程序时可以带参数也可以不带参数。子程序执行完成后，控制权返回到调用子程序的指令的下一条指令。

子程序调用指令的 LAD 指令格式如图 3-140 所示。

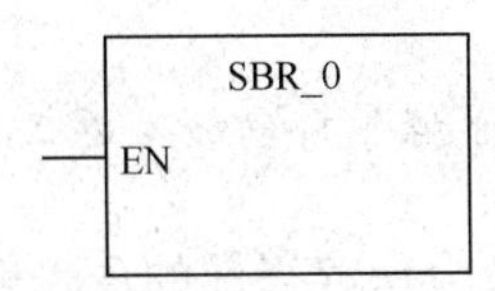

图 3-140　子程序调用指令的 LAD 指令格式

子程序条件返回（CRET）指令根据它前面的逻辑决定是否终止子程序。

子程序条件返回指令的 LAD 指令格式如图 3-141 所示。

——(RET)

图 3-141　子程序条件返回指令的 LAD 指令格式

子程序指令的有效操作数如表 3-46 所不。

表 3-46　子程序指令的有效操作数

输入/输出	数据类型	操作数
SBR_N	WORD	常数对于 CPU221、CPU222、CPU224：0～63 对于 CPU224XP 和 CPU226：0～127
IN	BOOL	V、I、Q、M、SM、S、T、C、L、功率流
	BYTE	VB、IB、QB、MB、SMB、SB、LB、AC、*VD、*LD、*AC①、常数
	WORD、INT	VW、T、C、IW、QW、MW、SMW、SW、LW、AC、AIW、*VD、*LD、*AC①、常数
	DWORD、DINT	VD、ID、QD、MD、SMD、SD、LD、AC、HC、*VD、*LD、*AC①、&VB、&IB、&QB、&MB、&T、&C、&SB、&AI、&AQ、&SMB、常数
	STRING	*VD、*LD、*AC、常数
输入/输出	BOOL	V、I、Q、M、SM②、S、T、C、L
	BYTE	VB、IB、QB、MB、SMB②、SB、LB、AC、*VD、*LD、*AC①
	WORD、INT	VW、T、C、IW、QW、MW、SMW②、SW、LW、AC、*VD、*LD、*AC①
	DWORD、DINT	VD、ID、QD、MD、SMD②、SD、LD、AC、*VD、*LD，*AC①
OUT	BOOL	V、I、Q、M、SM②、S、T、C、L
	BYTE	VB、IB、QB、MB、SMB②、SB、LB、AC、*VD、*LD、*AC①
	WORD、INT	VW、T、C、IW、QW、MW、SMW②、SW、LW、AC、AQW、*VD、*LD、*AC①
	DWORD、DINT	VD、ID、QD、MD、SMD②、SD、LD、AC、*VD、*LD，*AC①

注：①必须偏移 1 个或 1 个以上的单位；②必须偏移 30 个或 30 个以上的单位。

要添加一个子程序可以在命令菜单中选择“编辑”→“插入”→“子程序”。

在主程序中，可以嵌套调用子程序（在子程序中调用子程序），最多嵌套 8 层。在中断程序中，不能嵌套调用子程序。

在被中断程序调用的子程序中不能再出现子程序调用。不禁止递归调用（子程序调用自己），但是当使用带子程序的递归调用时应慎重。

提示 STEP7-Micro/WIN 为每个子程序自动加入返回指令。

当有一个子程序被调用时，系统会保存当前的逻辑堆栈，置栈顶值为 1，堆栈的其他值为零，把控制交给被调用的子程序。当子程序完成之后，恢复逻辑堆栈，把控制权交还给调用程序。

因为累加器可以在主程序和子程序之间自由传递，所以在子程序调用时累加器的值既不保存也不恢复。

当子程序在同一个周期内被多次调用时，不能使用上升沿、下降沿、定时器和计数器指令。

还可以带参数调用子程序，子程序可以包含要传递的参数。参数在子程序的局部变量表中定义。参数必须有变量名（最多 23 个字符）、变量类型和数据类型。一个子程序最多可以传递 16 个参数。

局部变量表中的变量类型区定义变量是传入子程序（IN）、传入和传出子程序（IN_OUT）或者传出子程序（OUT）。表 3-47 中描述了一个子程序中的参数类型。要加入一个参数，把光标放到要加入的变量类型区（IN、IN_OUT、OUT），右击，在弹出的快捷菜单中选择“插入”→“下一行”选项，这样就出现了另一个所选类型的参数项。

表 3-47　子程序的参数类型

参数	描述
IN	参数传入子程序。如果参数是直接寻址（如 VB10），则指定位置的值被传递到子程序。如果参数是间接寻址（如*AC），指针指定位置的值被传入子程序；如果参数是常数（如 16#1234），或者一个地址（如&VB100），常数或地址的值被传入子程序
IN_OUT	指定参数位置的值被传到子程序，从子程序来的结果值被返回到同样地址。常数（如 16#1234）和地址（如&VB100）不允许作为输入/输出参数
OUT	从子程序来的结果值被返回到指定参数位置。常数（如 16#1234）和地址（如&VB100）不允许作为输出参数。由于输出参数并不保留子程序最后一次执行时分配给它的数值，所以必须在每次调用子程序时将数值分配给输出参数。注意，在电源上电时，SET 和 RESET 指令只影响布尔量操作数的值
TEMP	任何不用于传递数据的局部存储器都可以在子程序中作为临时存储器使用

如图 3-142 所示，局部变量表中的数据类型区定义了参数的大小和格式。参数类型如下：

- BOOL：此数据类型用于单个位输入和输出。图中的 IN3 是布尔输入。
- BYTE、WORD、DWORD：这些数据类型分别识别 1、2 或 4 个字节的无符号输入或输出参数。
- INT、DINT：这些数据类型分别识别 2 或 4 个字节的有符号输入或输出参数。
- REAL：此数据类型识别单精度型（4 字节）IEEE 浮点数值。
- STRING：此数据类型用作一个指向字符串的四字节指针。
- 功率流：布尔型功率流只允许位（布尔型）输入。该变量声明告诉 STEP7-Micro/WIN32 此输入参数是位逻辑指令组合的功率流结果。在局部变量表中布尔功率流输入必须出现在其他类型的前面。只有输入参数可以这样使用。图中的使能输入（EN）和 IN1 输入使用布尔逻辑。

	Name	Var Type	Data Type	Comment
	EN	IN	BOOL	
L0.0	IN1	IN	BOOL	
LB1	IN2	IN	BYTE	
L2.0	IN3	IN	BOOL	
LD3	IN4	IN	DWORD	
		IN		
LD7	INOUT	IN_OUT	REAL	
		IN_OUT		
LD11	OUT	OUT	REAL	
		OUT		

图 3-142　局部变量表

实例：子程序调用。

这里有两个 STL 程序：第一个程序只能在 STL 编辑器中以 STL 的形式显示，因为用作功率流输入的 BOOL 参数没有存储在 L 存储区中；第二个程序能够在 LAD 和 FBD 编辑器中显示，因为使用了 L 存储器来存储用作功率流输入的 BOOL 输入参数。

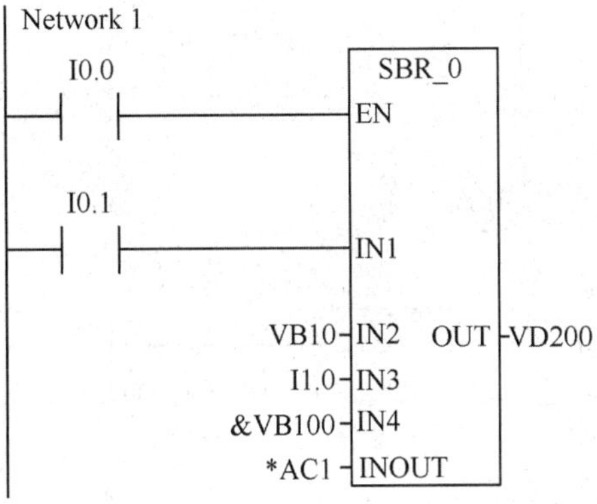

Network 1
I0.0
SBR_0
EN
I0.1
IN1
VB10 - IN2　OUT - VD200
I1.0 - IN3
&VB100 - IN4
*AC1 - INOUT

地址参数（如 IN4 处的&VB100）以一个双字（无符号）的值传送到子程序。在带常数调用程序时必须指明常数类型。例如，为了将一个数值为 12345 的无符号双字常量作为参数传递，常量参数必须指定为 DW#12345。如果参数遗漏常量描述符，则该常量被视为一种不同的类型。

输入或输出参数上没有自动数据类型转换功能。例如，如果局部变量表明一个参数具有实型，而在调用时使用一个双字，子程序中的值就是双字。

当给子程序传递值时，它们放在子程序的局部存储器中。局部变量表的最左列是每个被传递参数的局部存储器地址。当子程序调用时，输入参数值被拷贝到子程序的局部存储器。当子程序完成时，从局部存储器区拷贝输出参数值到指定的输出参数地址。

数据单元的大小和类型用参数的代码表示。在子程序中局部存储器的参数值的分配如下：

- 按照子程序指令的调用顺序，参数值分别给局部存储器，起始地址是 L0。
- 1～8 连续位参数值分配一个字节，Lx.0～Lx.7。
- 字节、字和双字值按照所需字节分配在局部存储器（LBx、LWx 或 LDx）中。

在带参数调用子程序指令中，参数必须按照一定顺序排列，输入参数在最前面，其次是输入/输出参数，然后是输出参数。

如果用语句表编程，CALL 指令的格式为：

CALL 子程序号,参数 1,参数 2,…,参数

实例：子程序和从子程序指令返回。

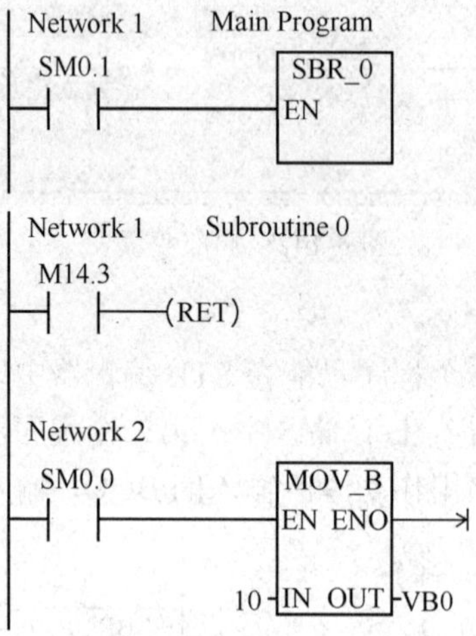

Network 1　Main Program
SM0.1
SBR_0
EN

Network 1　Subroutine 0
M14.3
(RET)

Network 2
SM0.0
MOV_B
EN ENO
10 IN OUT VB0

实例：带字符串的子程序调用。

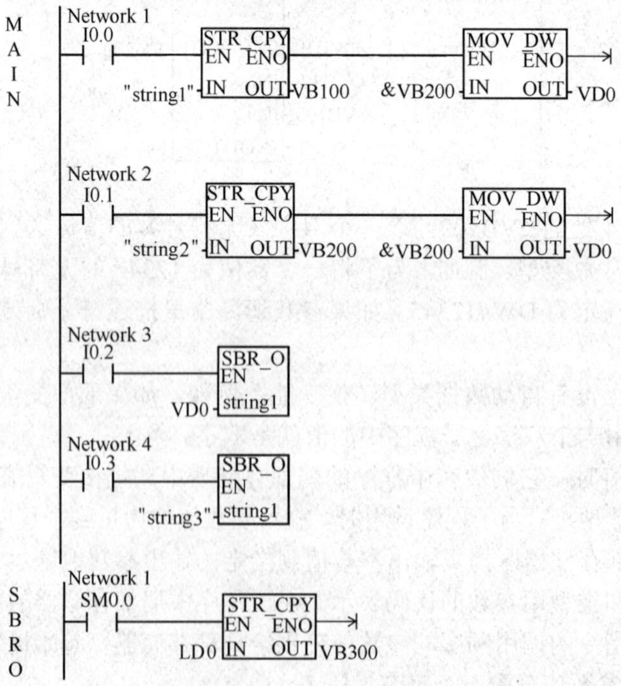

MAIN
Network 1
I0.0
STR_CPY
EN ENO
"string1" IN OUT VB100
MOV_DW
EN ENO
&VB200 IN OUT VD0

Network 2
I0.1
STR_CPY
EN ENO
"string2" IN OUT VB200
MOV_DW
EN ENO
&VB200 IN OUT VD0

Network 3
I0.2
SBR_O
EN
VD0 string1

Network 4
I0.3
SBR_O
EN
"string3" string1

SBRO
Network 1
SM0.0
STR_CPY
EN ENO
LD0 IN OUT VB300

3.2.15　字符串指令

1. 字符串长度指令

字符串长度（SLEN）指令返回 IN 中指定的字符串的长度值。

字符串长度指令的 LAD 指令格式如图 3-143 所示。

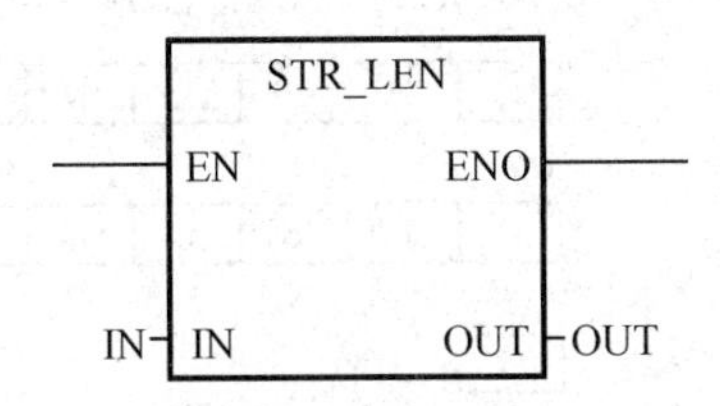

图 3-143　字符串长度指令的 LAD 指令格式

字符串长度指令的有效操作数如表 3-48 所示。

表 3-48　字符串长度指令的有效操作数

输入/输出	数据类型	操作数
IN	STRING	VB、LB、*VD、*LD、*AC、字符串常数
OUT	BYTE	IB、QB、VB、MB、SMB、SB、LB、AC、*VD、*LD、*AC

2. 字符串复制指令

字符串复制（SCPY）指令将 IN 中指定的字符串复制到 OUT 中。

字符串复制指令的 LAD 指令格式如图 3-144 所示。

3. 字符串连接指令

字符串连接（SCAT）指令将 IN 中指定的字符串连接到 OUT 中指定字符串的后面。

字符串连接指令的 LAD 指令格式如图 3-145 所示。

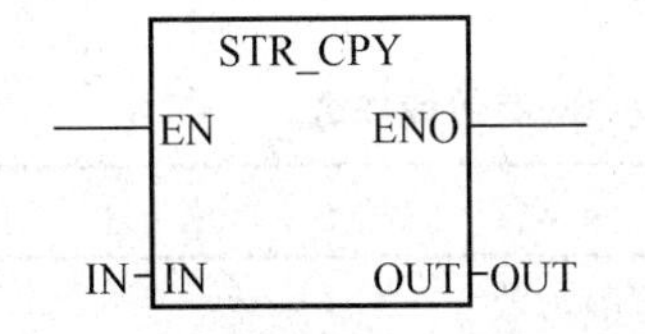

图 3-144　字符串复制指令的 LAD 指令格式

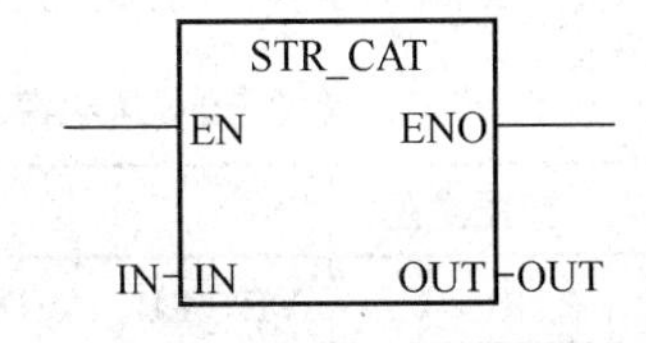

图 3-145　字符串连接指令的 LAD 指令格式

字符串复制和字符串连接指令的有效操作数如表 3-49 所示。

表 3-49　字符串复制和字符串连接指令的有效操作数

输入/输出	数据类型	操作数
IN	STRING	VB、LB、*VD、*LD、*AC、字符串常数
OUT	STRING	VB、LB、*VD、*AC、*LD

实例：字符串连接、字符串复制、字符串长度指令。

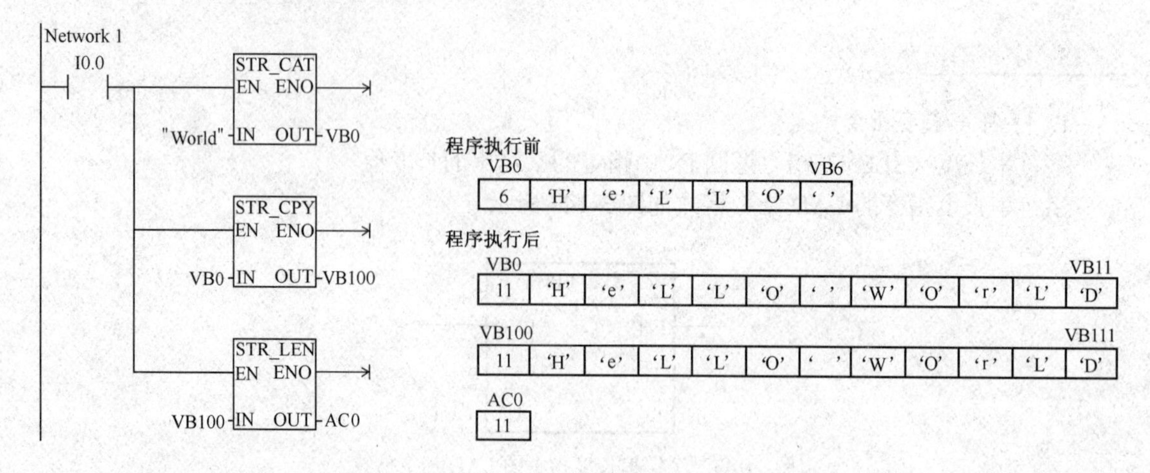

4. 从字符串中复制子字符串指令

从字符串中复制子字符串（SSCPY）指令从 INDX 指定的字符号开始，将 IN 中存储的字符串中的 N 个字符复制到 OUT 中。

从字符串中复制子字符串指令的 LAD 指令格式如图 3-146 所示。

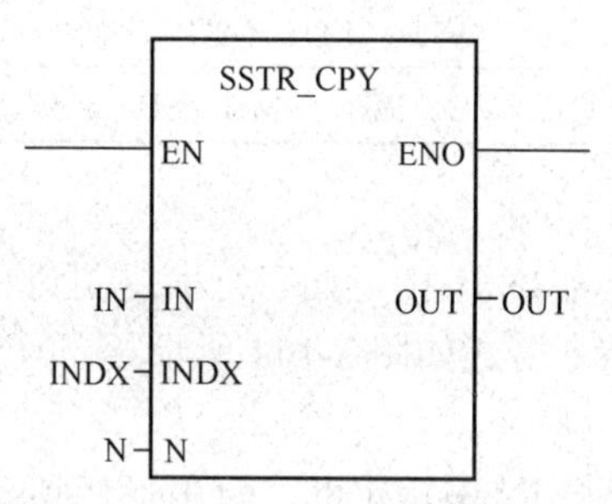

图 3-146 从字符串中复制子字符串指令的 LAD 指令格式

从字符串中复制子字符串指令的有效操作数如表 3-50 所示。

表 3-50 从字符串中复制子字符串指令的有效操作数

输入/输出	数据类型	操作数
IN	STRING	VB、LB、*VD、*LD、*AC、字符串常数
OUT	STRING	VB、LB、*VD、*LD、*AC
INDX、N	BYTE	IB、QB、VB、MB、SMB、SB、LB、AC、*VD、*LD、*AC、常数

实例：从字符串中复制子字符串指令。

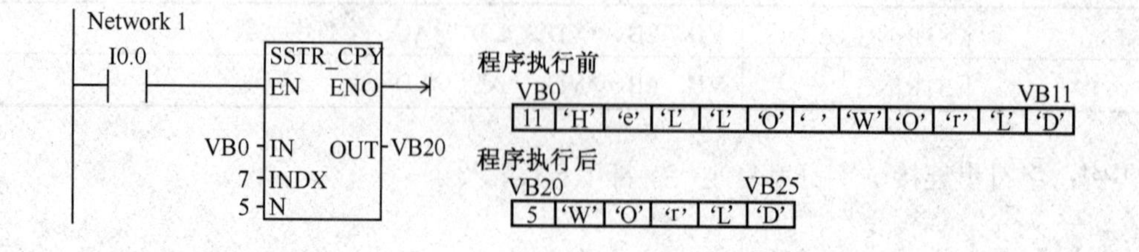

5. 字符串搜索指令

字符串搜索（SFND）指令在 IN1 字符串中寻找 IN2 字符串。从 OUT 指定的起始位置开始搜索（必须位于 1～字符串长度范围内）。如果在 IN1 中找到了与 IN2 中字符串相匹配的一段字符，则 OUT 中会存入这段字符中首个字符的位置；如果没有找到，OUT 被清零。

字符串搜索指令的 LAD 指令格式如图 3-147 所示。

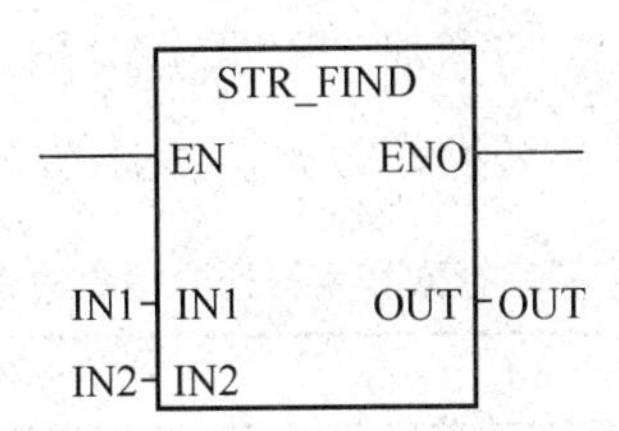

图 3-147 字符串搜索指令的 LAD 指令格式

实例：字符串搜索指令。

在这个例子中，用存储在 VB0 中的字符串作为泵的启/停命令。字符串“On”存储在 VB20 中，字符串“Off”存储在 VB30 中，搜索结果在 AC0 中（OUT 参数）。如果结果不是 0，就说明在命令字符串中找到了字符串“On”（VB12）。

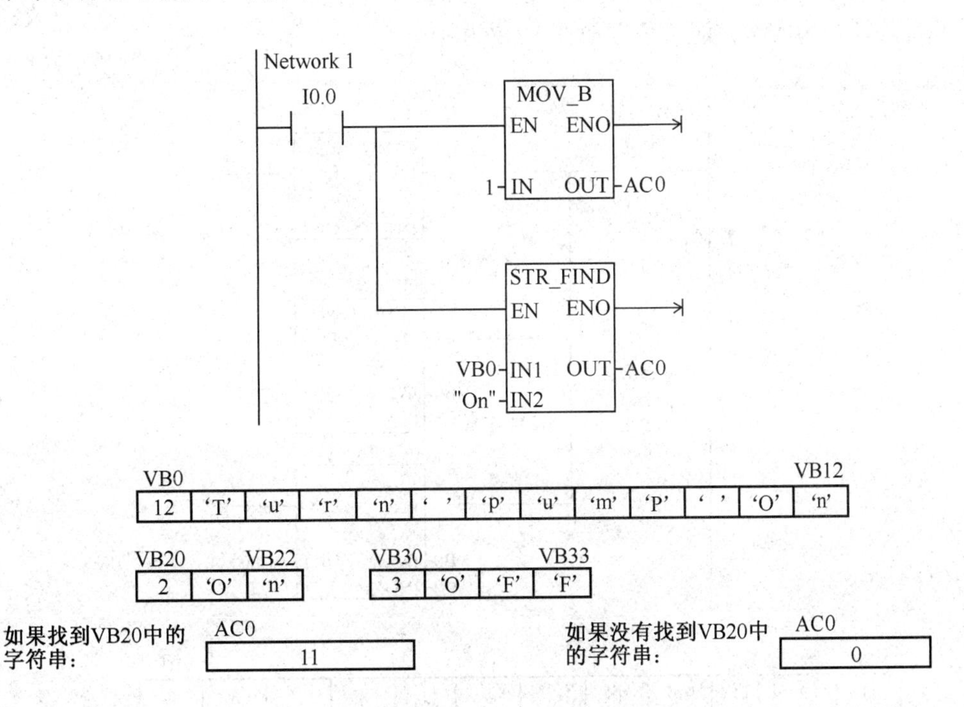

6. 字符搜索指令

字符搜索（CFND）指令在 IN1 字符串中寻找 IN2 字符串中的任意字符。从 OUT 指定的起始位置开始搜索（必须位于 1～字符串长度范围内）。如果找到了匹配的字符，字符的位置被写入 OUT 中；如果没有找到，OUT 被清零。

字符搜索指令的 LAD 指令格式如图 3-148 所示。

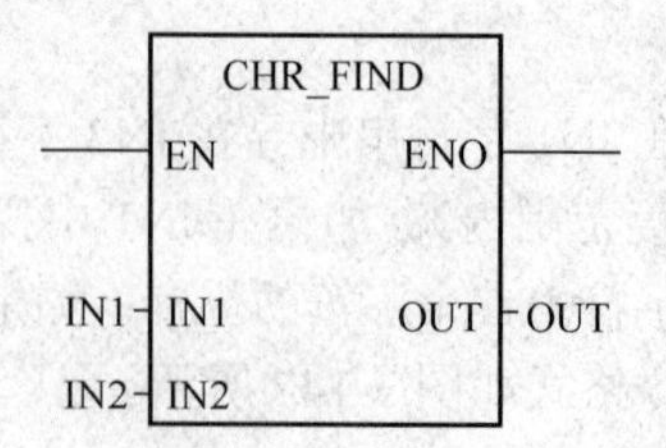

图 3-148　字符搜索指令的 LAD 指令格式

字符串搜索和字符搜索指令的有效操作数如表 3-51 所示。

表 3-51　字符串搜索和字符搜索指令的有效操作数

输入/输出	数据类型	操作数
IN1、IN2	STRING	VB、LB、*VD、*LD、*AC、字符串常数
OUT	BYTE	IB、QB、VB、MB、SMB、SB、LB、AC、*VD、*LD、*AC

实例：字符搜索指令。

在这个例子中，存储在 VB0 中的字符串包含温度值。存储在 VB20 中的字符串包括所有的数字（包括+和-)，用于识别字符串中的温度值。该范例程序在字符串中找到数字的启始位置，并将其转换为实数，温度值存放在 VD200 中。

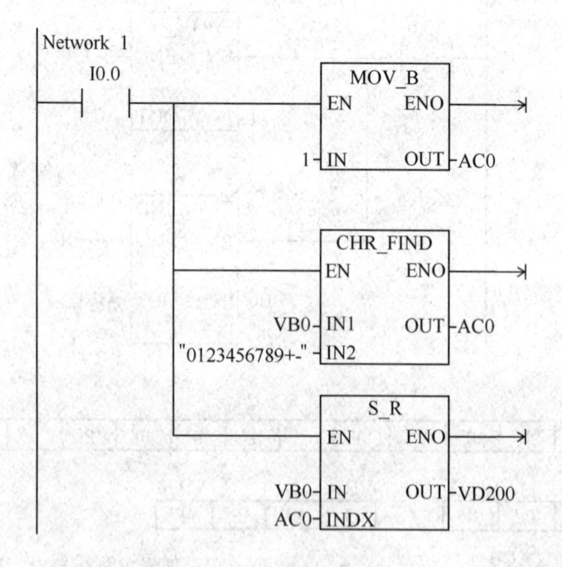

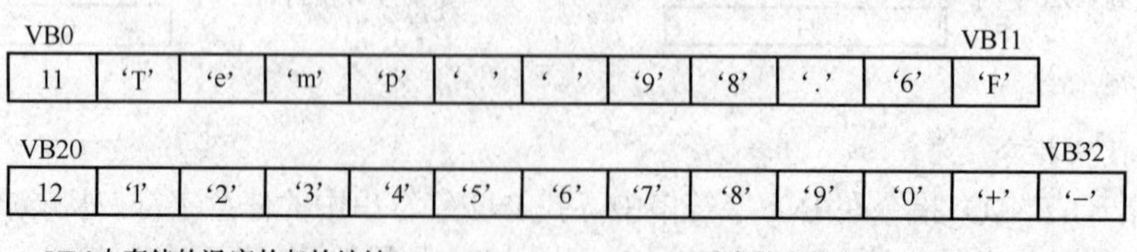

3.2.16 表指令

1. 填表指令

填表（ATT）指令向表（TBL）中增加一个数值（DATA）。首先应建立表格，表中第一个数是最大填表数（TL），第二个数是实际填表数（EC），指出已填入表的数据个数。新的数据添加在表中上一个数据的后面。每向表中添加一个新的数据，EC会自动加1。一个表最多可以有100条数据，不包括指定最大条目数和实际条目数的参数。数据条标号从0到99。

填表指令的LAD指令格式如图3-149所示。

填表指令的有效操作数如表3-52所示。

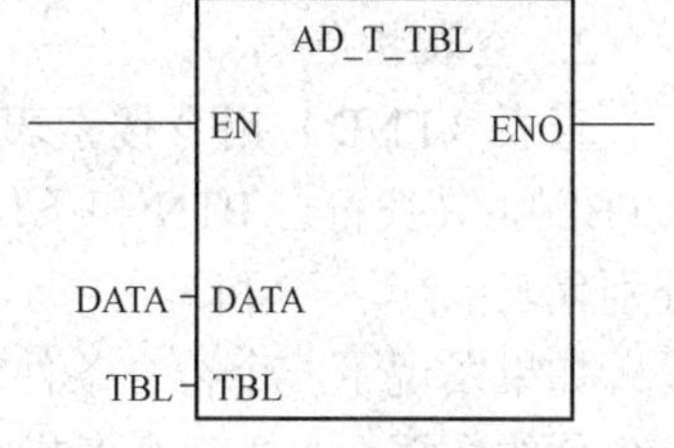

图3-149 填表指令的LAD指令格式

表3-52 填表指令的有效操作数

输入/输出	数据类型	操作数
DATA	INT	IW、QW、VW、MW、SMW、SW、LW、T、C、AC、AIW、*VD、*LD、*AC、常数
TBL	WORD	IW、QW、VW、MW、SMW、SW、T、C、LW、*VD、*LD、*AC

实例：填表指令。

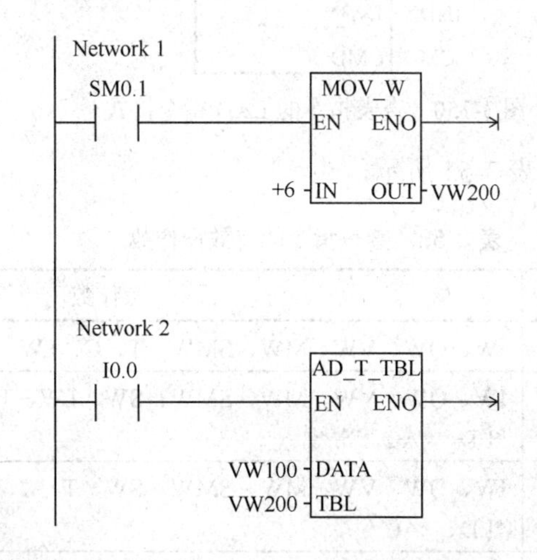

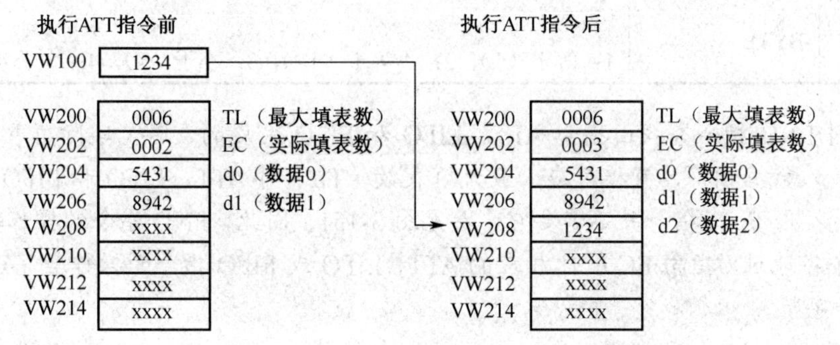

要建立表格，首先为最大表条目数建立一个条目。如果没有这样做，则无法在表格中建立任何条目。此外，所有的表格读取和表格写入指令必须用边缘触发器指令激活。

如果尝试过度填充表格，则 SM1.4 被设为 1。

2. 查表指令

查表（FND）指令搜索表以查找符合一定规则的数据。查表指令从 INDX 开始搜索表（TBL），寻找符合 PTN 和条件（=、<>、<或>）的数据。命令参数 CMD 是一个 1～4 的数值，分别代表=、<>、<和>。

如果发现了一个符合条件的数据，那么 INDX 指向表中该数的位置。为了查找下一个符合条件的数据，在激活查表指令前必须先对 INDX 加 1。如果没有发现符合条件的数据，那么 INDX 等于 EC。

查表指令的 LAD 指令格式如图 3-150 所示。

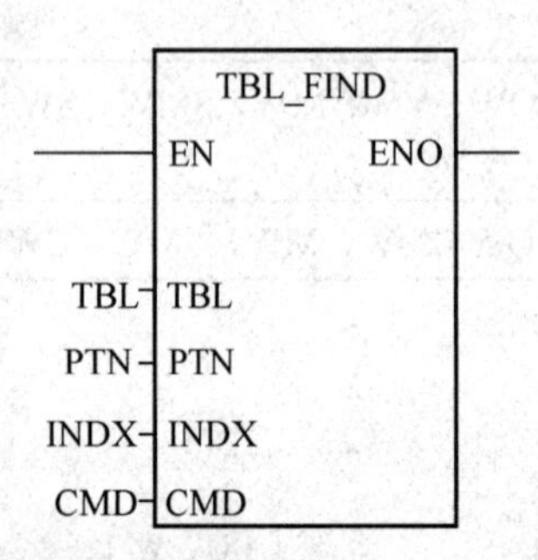

图 3-150　查表指令的 LAD 指令格式

查表指令的有效操作数如表 3-53 所示。

表 3-53　查表指令的有效操作数

输入/输出	数据类型	操作数
TBL	WORD	IW、QW、VW、MW、SMW、T、C、LW、*VD、*LC、*AC
PTN	INT	IW、QW、VW、MW、SMW、SW、LW、T、C、AC、AIW、*VD、*LD、*AC、常数
INDX	WORD	IW、QW、VW、MW、SMW、SW、T、C、LW、AIW、AC、*VD、*LD、*AC
CMD	BYTE	（常数） 1：等于（=），2：不等于（<>），3：小于（<），4：大于（>）

当用 FND 指令查找由指令 ATT、LIFO 和 FIFO 生成的表时，实际填表数（EC）和输入数据相符，直接对应。最大填表数（TL）对 ATT、LIFO 和 FIFO 指令是必需的，但 FND 指令并不需要它，参见图 3-151。因此，FND 指令的操作数 SRC 是一个字地址（指向 EC），比相应的 ATT、LIFO 或 FIFO 指令的操作数 TABLE 要高 2 个字节。

ATT、LIFO和FIFO指令的表格式

地址	数据	说明
VW200	0006	TL（最大填表数）
VW202	0006	EC（实际填表数）
VW204	xxxx	d0（数据0）
VW206	xxxx	d1（数据1）
VW208	xxxx	d2（数据2）
VW210	xxxx	d3（数据3）
VW212	xxxx	d4（数据4）
VW214	xxxx	d5（数据5）

FND查表指令的表格式

地址	数据	说明
VW202	0006	EC（实际填表数）
VW204	xxxx	d0（数据0）
VW206	xxxx	d1（数据1）
VW208	xxxx	d2（数据2）
VW210	xxxx	d3（数据3）
VW212	xxxx	d4（数据4）
VW214	xxxx	d5（数据5）

图 3-151 FND 指令与 ATT、LIFO 和 FIFO 指令所使用的表格式上的差异

实例：查表指令。

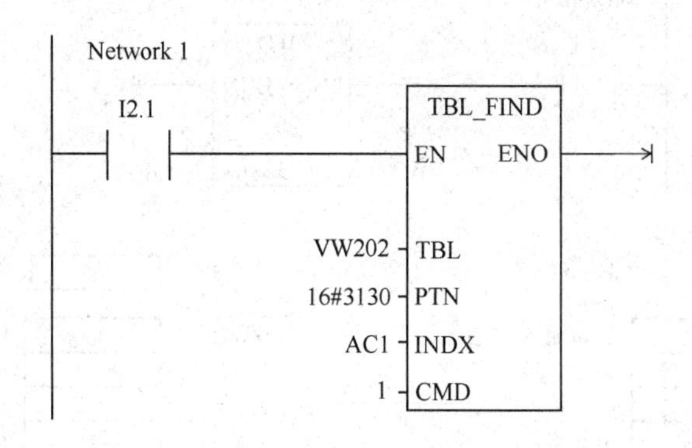

当I2.1接通时，搜索表，寻找和3130HEX相等的值

地址	数据	说明
VW202	0006	EC（实际填表数）
VW204	3133	d0（数据0）
VW206	4142	d1（数据1）
VW208	3130	d2（数据2）
VW210	3030	d3（数据3）
VW212	3130	d4（数据4）
VW214	4541	d5（数据5）

如果表是用ATT、LIFO和FIFO指令创建的，VW200包含了允许的最大填表数，而FIND指令不需要它

AC1 0 从表头开始查找，AC1必须置为0

执行查表

AC1 2 AC1中保存了第1个符合查表条件的数据编号（d2）

AC1 3 查表中剩余数据前INDX加1

执行查表

AC1 4 AC1中保存了第2个符合查表条件的数据编号（d4）

AC1 5 查表中剩余数据前INDX加1

执行查表

AC1 6 AC1中保存了已填表数，整个表已经查完，没有发现另外的匹配数据

AC1 0 再次查表前INDX的值必须复位到0

3．先进先出和后进先出指令

（1）先进先出指令。

先进先出（FIFO）指令从表（TBL）中移走第一个数据，并将此数输出到DATA，剩余数据依次上移一个位置。每执行一条本指令，表中的数据数减1。

先进先出指令的LAD指令格式如图3-152所示。

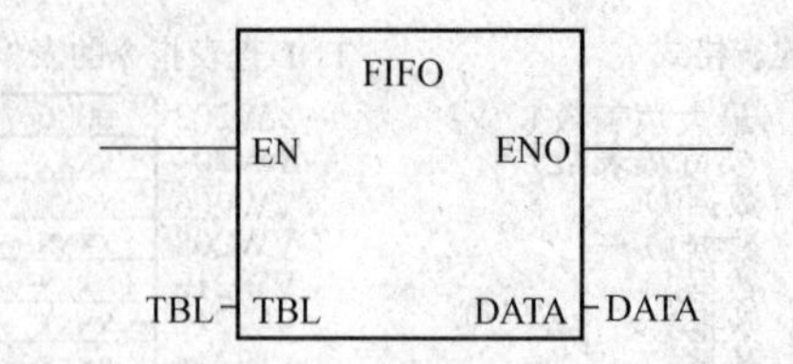

图 3-152　先进先出指令的 LAD 指令格式

实例：先进先出指令。

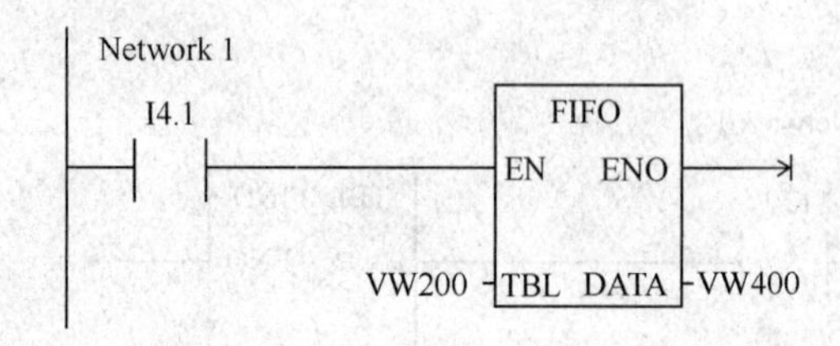

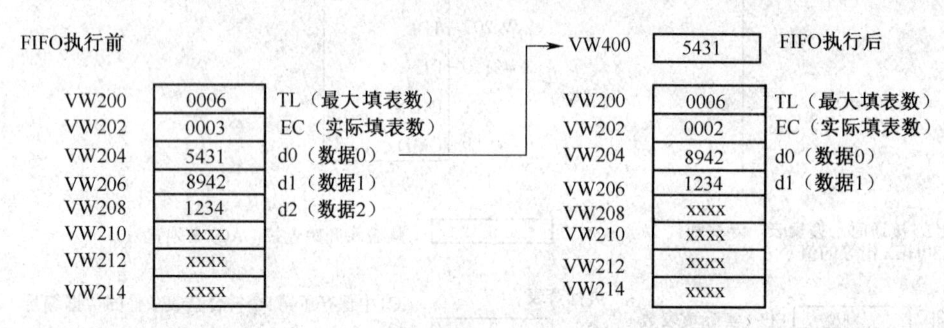

（2）后进先出指令。

后进先出（LIFO）指令从表（TBL）中移走最后一个数据，并将此数输出到 DATA。每执行一条本指令，表中的数据数减 1。

后进先出指令的 LAD 指令格式如图 3-153 所示。

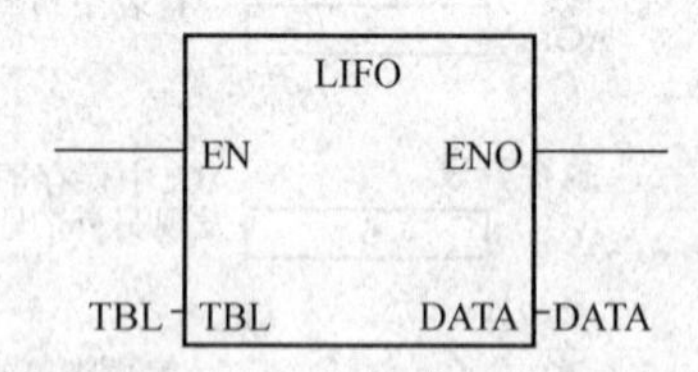

图 3-153　后进先出指令的 LAD 指令格式

先进先出和后进先出指令的有效操作数如表 3-54 所示。

表 3-54　先进先出和后进先出指令的有效操作数

输入/输出	数据类型	操作数
TBL	WORD	IW、QW、VW、MW、SMW、SW、T、C、LW、*VD、*LD、*AC
DATA	INT	IW、QW、VW、MW、SMW、SW、T、C、LW、AC、AQW、*VD、*LD、*AC

实例：后进先出指令。

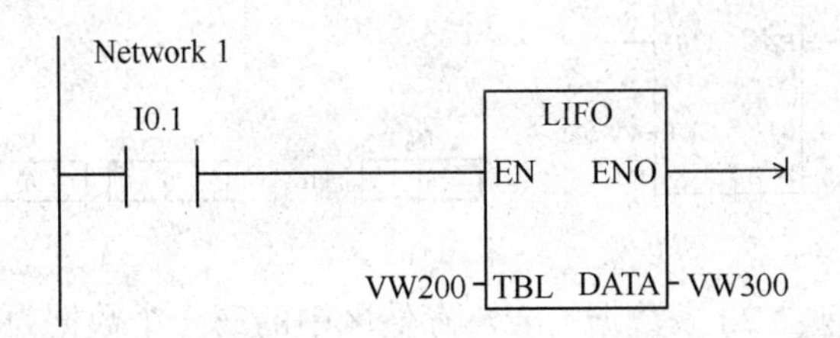

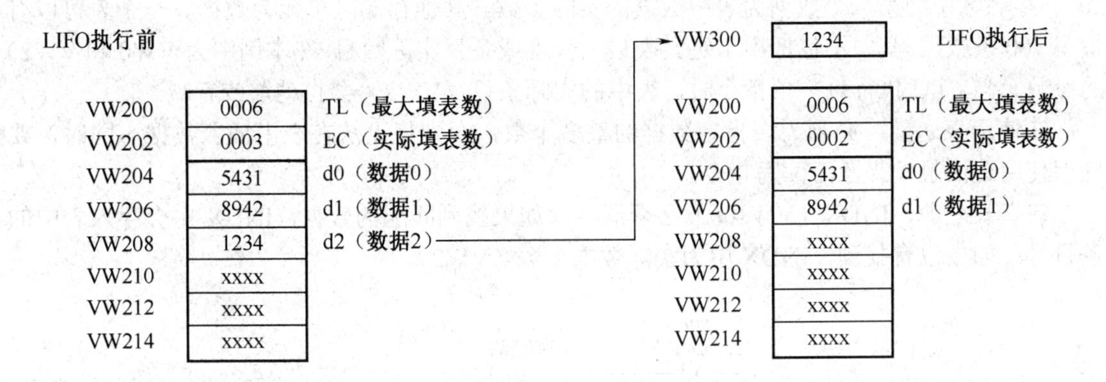

4. 存储器填充指令

存储器填充（FILL）指令用输入值（IN）填充从输出（OUT）开始的 N 个字的内容。N 的范围为 1～255。

存储器填充指令的 LAD 指令格式如图 3-154 所示。

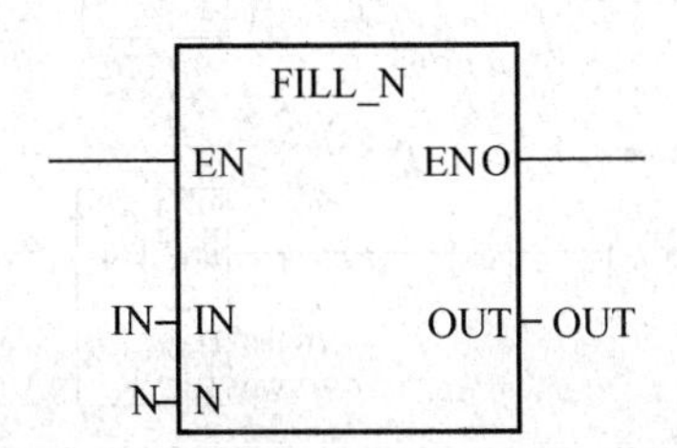

图 3-154　存储器填充指令的 LAD 指令格式

存储器填充指令的有效操作数如表 3-55 所示。

表 3-55　存储器填充指令的有效操作数

输入/输出	数据类型	操作数
IN	INT	IW、QW、VW、MW、SMW、SW、LW、T、C、AC、AIW、*VD、*LD、*AC、常数
N	BYTE	IB、QB、VB、MB、SMB、SB、LB、AC、*VD、*LD、*AC、常数
OUT	INT	IW、QW、VW、MW、SMW、SW、T、C、LW、AQW、*VD、*LD、*AC

实例：存储器填充指令。

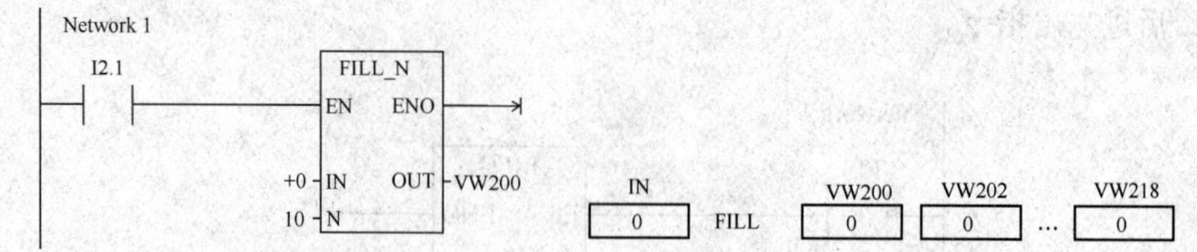

实例：创建表格。

下列程序创建一个包含20条数据的表。存储区中的第一个数据为表的长度（在本例中为20）。存储区中的第二个数据为表中数据的实际个数。其他存储区单元为数据。一个表可以有最多100条数据。其中不包括用于定义表最大长度或条目实际数目（在本例中为VW0和VW2）的参数。当CPU执行每一条指令时，表中的实际条目（VW2）会自动增或者减。

在使用表之前，必须为表指定数据的最多个数，否则将无法在表中插入数据。同时，要确保使用边沿触发来激活读写指令。

在查表之前，INDX（VW106）必须清零。如果找到匹配的数据，INDX中会存入表中的条目号；如果没有找到，INDX中为实际数据个数（VW2）。

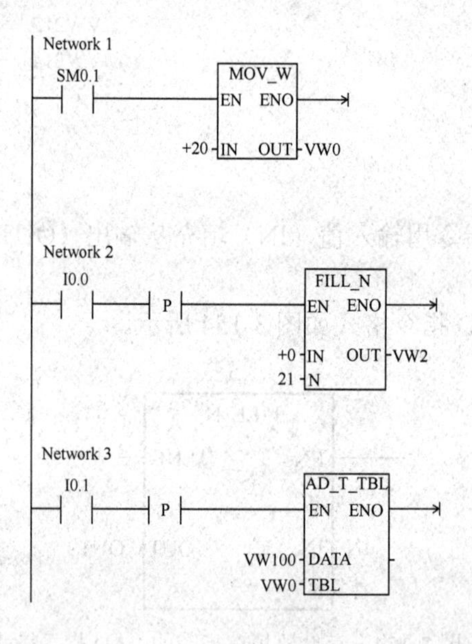

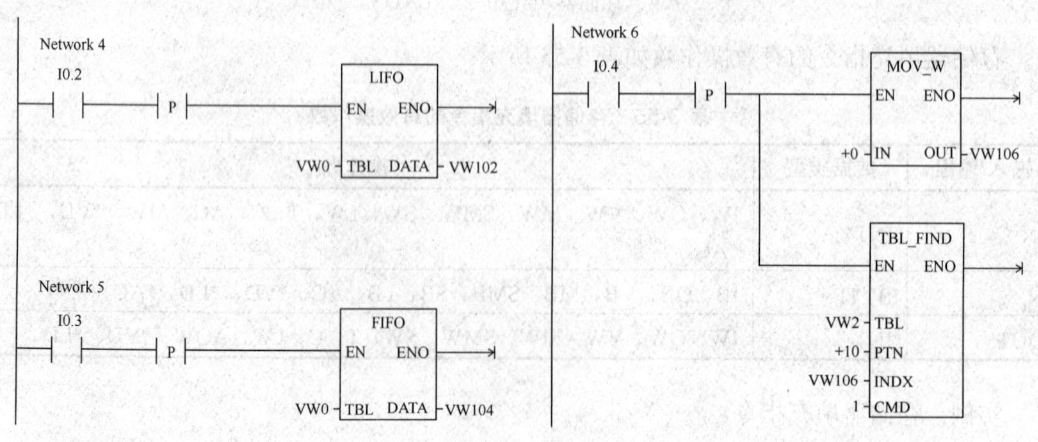

3.2.17　高速计数器指令

1. 定义高速计数器指令

定义高速计数器（HDEF）指令为指定的高速计数器（HSCx）选择操作模式。模块的选择决定了高速计数器的时钟、方向、启动和复位功能。

对每一个高速计数器使用一条定义高速计数器指令。

定义高速计数器指令的LAD指令格式如图3-155所示。

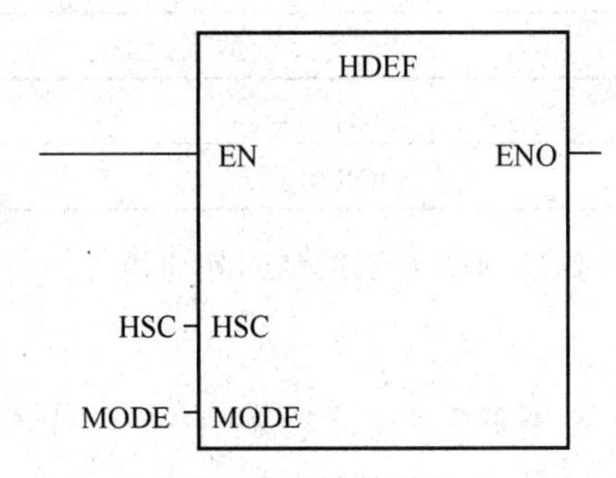

图3-155　定义高速计数器指令的LAD指令格式

实例：定义高速计数器指令。

Network 1
SM0.1
MOV_B
EN　ENO
16#F8 IN　OUT SMB47
HDEF
EN　ENO
1 HSC
11 MODE

2. 高速计数器指令

高速计数器（HSC）指令在HSC特殊存储器位状态的基础上配置和控制高速计数器。参数N指定高速计数器的标号。

高速计数器指令的LAD指令格式如图3-156所示。

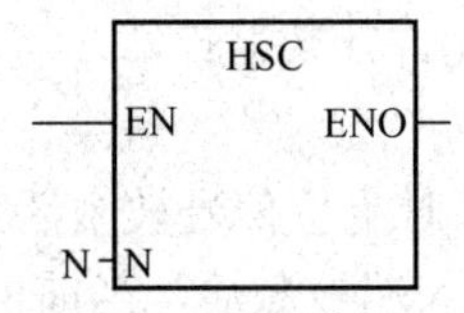

图3-156　高速计数器指令的LAD指令格式

高速计数器可以被配置为 12 种模式中的任意一种。

每个计数器有用于时钟、方向控制、重设和启动的专用输入，它们支持这些功能。对于两相计数器，两个时钟都可以运行在最高频率。在正交模式下，可以选择一倍速（1x）或者四倍速（4x）计数速率。所有计数器都可以运行在最高频率下而互不影响。

定义高速计数器、高速计数器指令的有效操作数如表 3-56 所示。

定义高速计数器指令和高速计数器指令的有效操作数如表 3-56 所示。

表 3-56　定义高速计数器指令和高速计数器指令的有效操作数

输入/输出	数据类型	操作数
HSC、MODE	BYTE	常数
N	WORD	常数

高速计数器用于对 S7-200 扫描速率无法控制的高速事件进行计数。高速计数器的最高计数频率取决于 CPU 类型。

CPU221 和 CPU222 支持 4 个高速计数器：HSC0、HSC3、HSC4 和 HSC5，不支持 HSC1 和 HSC2。
CPU224、CPU224XP 和 CPU226 支持 6 个高速计数器：HSC0 ~ HSC5。

一般来说，高速计数器被用作驱动鼓式计时器，该设备有一个安装了增量轴式编码器的轴，以恒定的速度转动。轴式编码器每圈提供一个确定的计数值和一个复位脉冲。来自轴式编码器的时钟和复位脉冲作为高速计数器的输入。

高速计数器装入一组预设值中的第一个值，当前计数值小于当前预设值时，希望的输出有效。计数器设置成在当前值等于预设值和有复位时产生中断。

随着每次当前计数值等于预设值的中断事件的出现，一个新的预设值被装入，并重新设置下一个输出状态。当出现复位中断事件时，设置第一个预设值和第一个输出状态，这个循环又重新开始。

由于中断事件产生的速率远低于高速计数器的计数速率，用高速计数器可实现精确控制，而与 PLC 整个扫描周期的关系不大。采用中断的方法允许在简单的状态控制中用独立的中断程序装入一个新的预设值。（同样地，也可以在一个中断程序中处理所有的中断事件。）

对于操作模式相同的计数器，其计数功能是相同的。计数器有 4 种基本类型：带内部方向控制的单相计数器、带外部方向控制的单相计数器、带 2 个时钟输入的双相计数器和带 A/B 相正交计数器的双相计数器。注意，并不是所有计数器都能使用每一种模式。可以使用每种类型：不带复位或启动输入、带复位和不带启动、带启动和复位输入。

（1）当激活复位输入端时，计数器清除当前值并一直保持到复位端失效。

（2）当激活启动输入端时，它允许计数器计数。当启动端失效时，计数器的当前值保持为常数，并且忽略时钟事件。

（3）如果在启动输入端无效的同时复位信号被激活，则忽略复位信号，当前值保持不变。如果在复位信号被激活的同时启动输入端被激活，当前值被清除。

在使用高速计数器之前，应该用 HDEF（定义高速计数器）指令为计数器选择一种计数模式。使用初次扫描存储器位 SM0.1（该位仅在第一次扫描周期接通，之后断开）来调用一个包含 HDEF 指令的子程序。

3. 高速计数器编程

可以使用指令向导来配置计数器。向导使用下列信息：计数器类型和模式、计数器预设值、计数器当前值和初始计数方向。要启动 HSC 指令向导，可以在命令菜单窗口中选择“工具”→“指令向导”，然后在向导窗口中选择 HSC 指令。

指令向导

对高速计数器编程，必须完成以下基本操作：定义计数器和模式；设置控制字节；设置初始值；设置预设值；指定并使能中断程序；激活高速计数器。

（1）定义计数器的模式和输入。

使用高速计数器定义指令来定义计数器的模式和输入。

表 3-57 中给出了与高速计数器相关的时钟、方向控制、复位和启动输入点。同一个输入点不能用于两个不同的功能，但是任何一个没有被高速计数器的当前模式使用的输入点都可以被用作其他用途。

表 3-57　高速计数器的输入点

模式	描述	输入			
	HSC0	I0.0	I0.1	I0.2	
	HSC1	I0.6	I0.7	I1.0	I1.1
	HSC2	I1.2	I1.3	I1.4	I1.5
	HSC3	I0.1			
	HSC4	I0.3	I0.4	I0.5	
	HSC5	I0.4			
0	带有内部方向控制的单相计数器	时钟			
1		时钟		复位	
2		时钟		复位	启动
3	带有外部方向控制的单相计数器	时钟	方向		
4		时钟	方向	复位	
5		时钟	方向	复位	启动
6	带有增减计数时钟的两相计数器	增时钟	减时钟		
7		增时钟	减时钟	复位	
8		增时钟	减时钟	复位	启动
9	A/B 正交双相计数器	时钟 A	时钟 B		
10		时钟 A	时钟 B	复位	
11		时钟 A	时钟 B	复位	启动
12	只有 HSC0 和 HSC3 支持模式 12 HSC0 计数 Q0.0 输出的脉冲数 HSC3 计数 Q0.1 输出的脉冲数				

例如，如果 HSC0 正被用于模式 1，它占用 I0.0 和 I0.2，则 I0.1 可以被边缘中断或者 HSC3 占用。

注意 HSC0 的所有模式（模式 12 除外）总是使用 I0.0，HSC4 的所有模式总是使用 I0.3，因此在使用这些计数器时相应的输入点不能用于其他功能。

（2）HSC 模式举例。

图 3-157 至图 3-161 所示为每种模式下计数器功能的时序图。

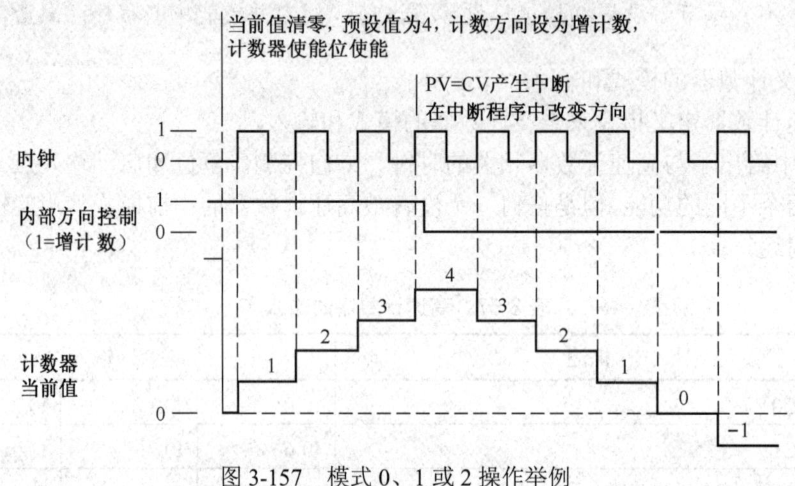

图 3-157　模式 0、1 或 2 操作举例

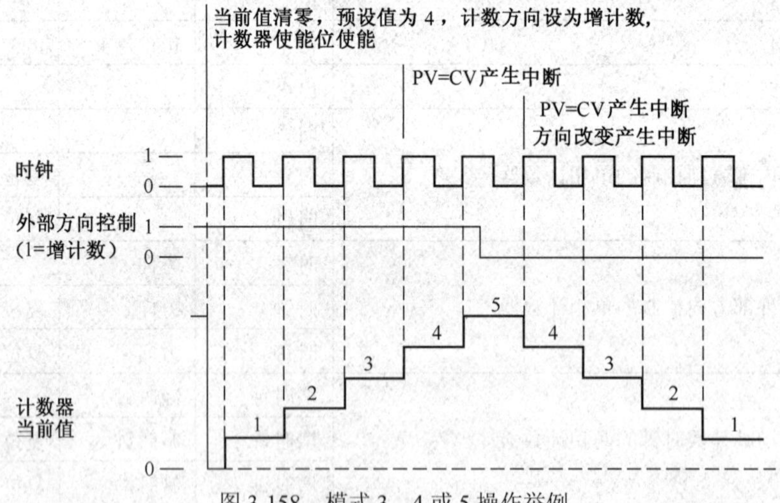

图 3-158　模式 3、4 或 5 操作举例

当使用模式 6、7 或 8 时，如果增时钟输入的上升沿与减时钟输入的上升沿之间的时间间隔小于 0.3μs，高速计数器会把这些事件看做是同时发生的。如果这种情况发生，当前值不变，计数方向指示不变。只要增时钟输入的上升沿与减时钟输入的上升沿之间的时间间隔大于 0.3 μs，高速计数器分别捕捉每个事件。在以上两种情况下都不会有错误产生，计数器保持正确的当前值。

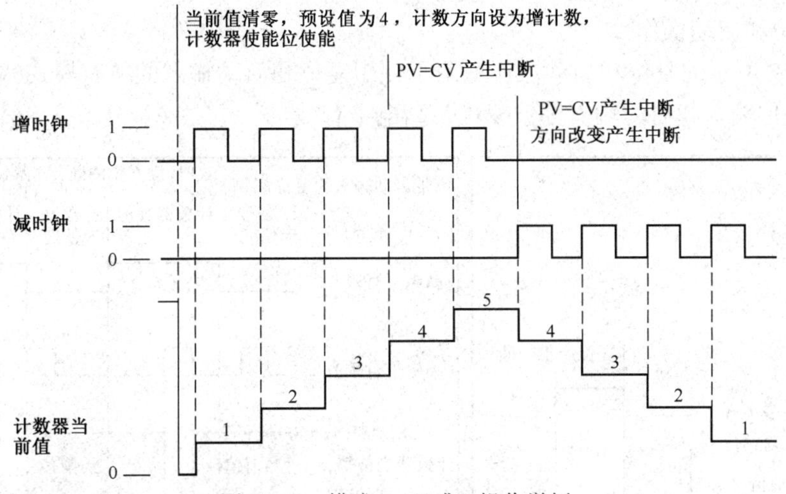

图 3-159　模式 6、7 或 8 操作举例

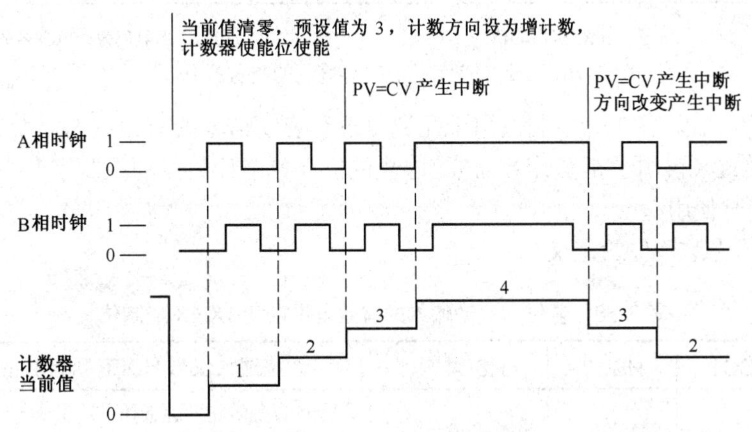

图 3-160　模式 9、10 或 11 操作举例（一倍速正交模式）

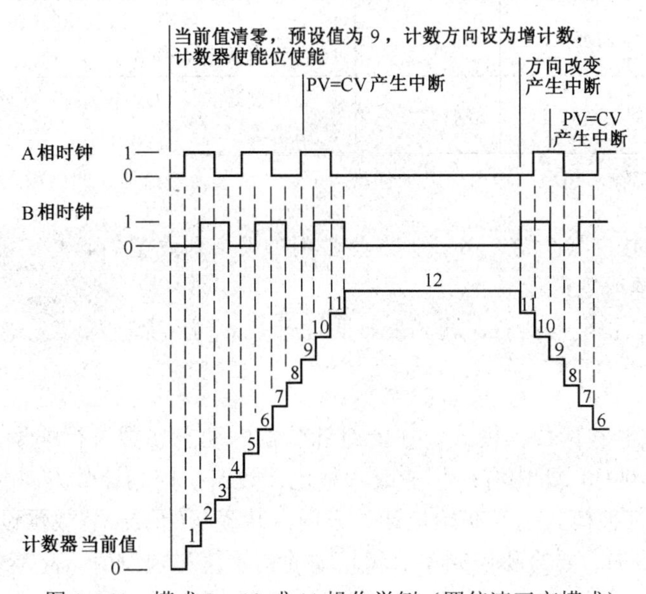

图 3-161　模式 9、10 或 11 操作举例（四倍速正交模式）

（3）复位和启动操作。

如图 3-162 所示的复位和启动操作适用于使用复位和启动输入的所有模式。在复位和启动输入图中，复位输入和启动输入都被编程为高电平有效。

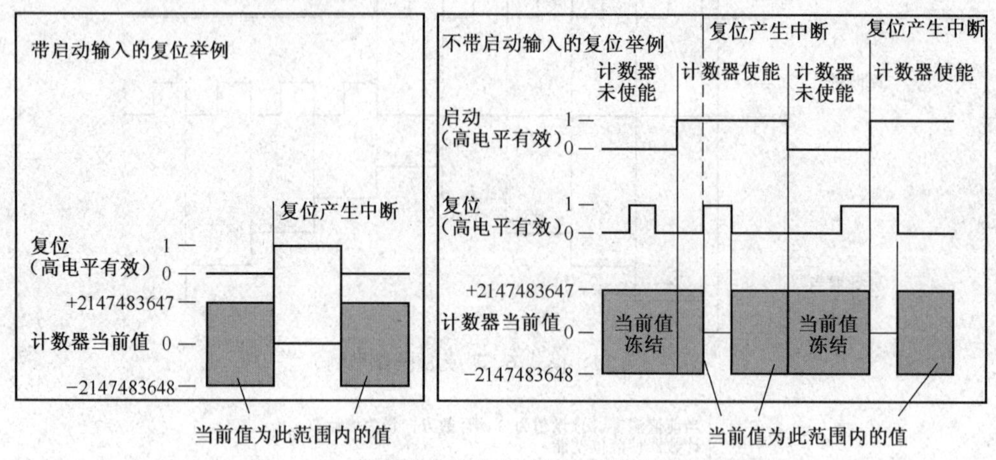

图 3-162 带有或者不带启动输入的复位操作举例

对于高速计数器，有 3 个控制位用于配置复位和启动信号的有效状态以及选择一倍速或者四倍速计数模式（仅用于正交计数器）。这些位位于各个计数器的控制字节中并且只有在 HDEF 指令执行时使用。

表 3-58 所示为这些位的定义。

表 3-58 复位和启动输入的有效电平以及 1X/4X 控制位

HSC0	HSC1	HSC2	HSC4	描述（仅当 HDEF 执行时使用）
SM37.0	SM47.0	SM57.0	SM147.0	用于复位的有效电平控制位①：0=复位为高电平有效；1=复位为低电平有效
…	SM47.1	SM57.1	…	用于启动的有效电平控制位①：0=启动为高电平有效；1=启动为低电平有效
SM37.2	SM47.2	SM57.2	SM147.2	正交计数器的计数速率选择：0=4X 计数速率；1=1X 计数速率

注：①默认设置为：复位输入和启动输入高电平有效，正交计数率为四倍速（四倍输入时钟频率）。

提示

在执行 HDEF 指令前，必须把这些控制位设定到希望的状态，否则计数器对计数模式的选择取默认设置。

一旦 HDEF 指令被执行，就不能再更改计数器的设置，除非先进入 STOP 模式。

（4）设置控制字节。

只有定义了计数器和计数器模式，才能对计数器的动态参数进行编程。每个高速计数器都有一个控制字节，包括以下内容：使能或者禁止计数器；控制计数方向（只对模式 0、1 和 2 有效）或者对所有其他模式定义初始化计数方向；装载初始值；装载预设值。

在执行 HSC 指令时，要检验控制字节和相关的初始值与预设值。表 3-59 所示为对这些控制位的说明。

表 3-59　HSC0~HSC5 的控制位

HSC0	HSC1	HSC2	HSC3	HSC4	HSC5	说明
SM37.0	SM47.0	SM57.0		SM147.0		用于复位的有效电平控制位：0 = 复位为高电平有效；1 = 复位为低电平有效
	SM47.1	SM57.1				用于启动的有效电平控制位：0 = 启动为高电平有效；1 = 启动为低电平有效
SM37.2.	SM47.2	SM57.2		SM147.2		正交计数器的计数速率选择：0 = 4×计数速率；1 = 1×计数速率
SM37.3	SM47.3	SM57.3	SM137.3	SM147.3	SM157.3	计数方向控制位：0 = 减计数；1 = 增计数
SM37.4	SM47.4	SM57.4	SM137.4	SM147.4	SM157.4	将计数方向写入 HSC：0 = 无更新；1 = 更新方向
SM37.5	SM47.5	SM57.5	SM137.5	SM147.5	SM157.5	将新预设值写入 HSC：0 = 无更新；1 = 更新预设值
SM37.6	SM47.6	SM57.6	SM137.6	SM147.6	SM157.6	将新的当前值写入 HSC：0 = 无更新；1 = 更新当前值
SM37.7	SM47.7	SM57.7	SM137.7	SM147.7	SM157.7	启用 HSC：0 = 禁止 HSC；1 = 启用 HSC

（5）读取当前值。

只能使用数据类型 HC（高速计数器当前值）后跟计数器编号（0、1、2、3、4 或 5）来读取每个高速计数器的当前值，如表 3-60 所示。当希望读取状态图或用户程序中的当前计数时使用 HC 数据类型。

表 3-60　HSC0、HSC1、HSC2、HSC3、HSC4 和 HSC5 的当前值

要读取的数值	HSC0	HSC1	HSC2	HSC3	HSC4	HSC5
当前值（CV）	HC0	HC1	HC2	HC3	HC4	HC5

HC 数据类型为只读，不能使用 HC 数据类型将一个新当前计数写入高速计数器。

实例：读取和保存当前计数。

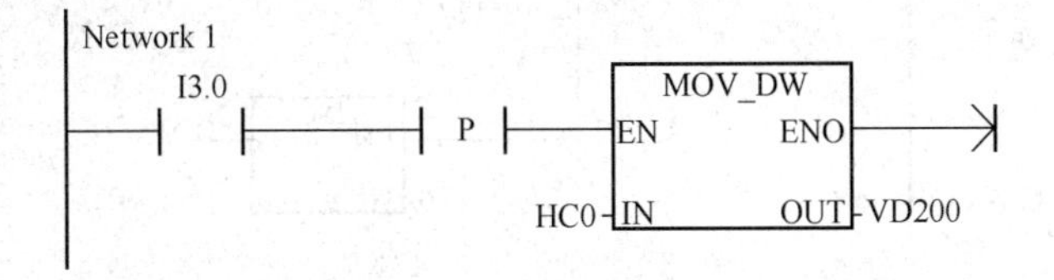

（6）设置初始值和预设值。

每个高速计数器在内部存储了一个 32 位当前值（CV）和一个 32 位预设值（PV）。当前值是计数器的实际计数值，而预设值是一个可选择的比较值，它用于在当前值到达预设值时触

发一个中断。可使用前面所述的 HC 数据类型读取当前值，无法直接读取预设值。要将新当前值或预设值载入高速计数器，必须设置保持期望的新当前和/或新预设值的控制字节和特殊存储双字，也要执行 HSC 指令以使新数值传送到高速计数器。表 3-61 所示为用于保持期望的新当前值和预设值的特殊存储双字。

表 3-61　HSC0、HSC1、HSC2、HSC3、HSC4 和 HSC5 的新当前值和新预设值

要装入的值	HSC0	HSC1	HSC2	HSC3	HSC4	HSC5
新当前值（新 CV）	SMD38	SMD48	SMD58	SMD138	SMD148	SMD158
新预设值（新 PV）	SMD42	SMD52	SMD62	SMD142	SMD152	SMD162

将一个新当前值和/或新预设值写入高速计数器（步骤 1 和 2 可以任意顺序完成）的步骤如下：

1）将要写入的数值装载到合适的 SM 新当前值和/或新预设值中（表 3-61）。装载这些数值不会影响高速计数器。

2）置位或清除合适控制字节中的合适位（表 3-59）指示是否更新当前值和/或预设值（位 x.5 用于预设值，位 x.6 用于当前值）。操作这些位不会影响高速计数器。

3）执行 HSC 指令引用合适的高速计数器编号。执行该指令将检查控制字节。如果控制字节指定更新当前值、预设值或两者，则将合适的数值从 SM 新当前值和/或新预设值位置复制到高速计数器内部寄存器中。

提示　对控制字节和新当前值和新预设值的 SM 位置的修改将不影响高速计数器，直到执行相应的 HSC 指令为止。

实例：更新当前值和预设值。

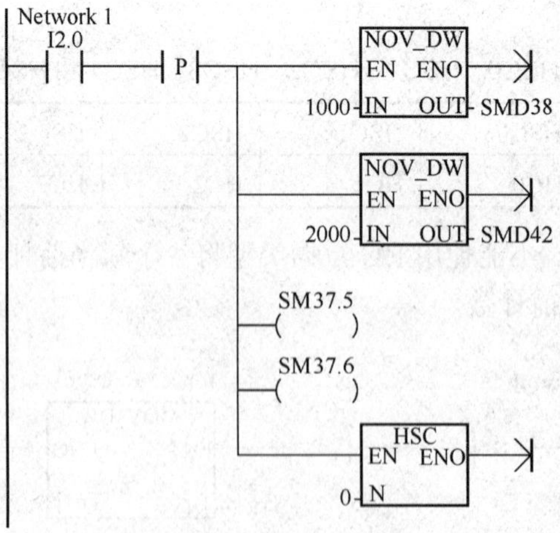

Network 1
I2.0
P
MOV_DW
EN ENO
1000 IN OUT SMD38
MOV_DW
EN ENO
2000 IN OUT SMD42
SM37.5
( )
SM37.6
( )
HSC
EN ENO
0 N

（7）指定中断。

所有计数器模式都支持在 HSC 的当前值等于预设值时产生一个中断事件。使用外部复位端的计数模式支持外部复位中断。除去模式 0、1 和 2 之外，所有计数器模式都支持计数方向改变中断。每种中断条件都可以分别使能或者禁止。

注意　当使用外部复位中断时，不要写入初始值或者是在该中断程序中禁止再允许高速计数器，否则会产生一个致命错误。

（8）状态字节。

每个高速计数器都有一个状态字节，其中的状态存储位指出了当前计数方向、当前值是否大于或者等于预设值。表3-62所示为每个高速计数器状态位的定义。

提示　只有在执行中断程序时，状态位才有效。监视高速计数器状态的目的是使其他事件能够产生中断以完成更重要的操作。

表3-62　HSC0～HSC5的状态位

HSC0	HSC1	HSC2	HSC3	HSC4	HSC5	描述
SM36.0	SM46.0	SM56.0	SM136.0	SM146.0	SM156.0	不用
SM36.1	SM46.1	SM56.1	SM136.1	SM146.1	SM156.1	不用
SM36.2	SM46.2	SM36.2	SM136.2	SM146.2	SM156.2	不用
SM36.3	SM46.3	SM56.3	SM136.3	SM146.3	SM156.3	不用
SM36.4	SM46.4	SM56.4	SM136.4	SM146.4	SM156.4	不用
SM36.5	SM46.5	SM56.5	SM136.5	SM146.5	SM156.5	当前计数方向状态位：0=减计数；1=增计数
SM36.6	SM46.6	SM56.6	SM136.6	SM146.6	SM156.6	当前值等于预设值状态位：0=不等；1=相等
SM36.7	SM46.7	SM56.7	SM136.7	SM146.7	SM156.7	当前值大于预设值状态位：0=小于等于；1=大于

4. 高速计数器的初始化步骤举例

下面以HSC1为例，对初始化和操作的步骤进行描述。在初始化描述中，假定S7-200已经置成RUN模式。因此，首次扫描标志位为真。如果不是这种情况，请记住在进入RUN模式之后，对每一个高速计数器的HDEF指令只能执行一次。对一个高速计数器第二次执行HDEF指令会引起运行错误，而且不能改变第一次执行HDEF指令时对计数器的设置。

虽然下列步骤描述了如何分别改变计数方向、初始值和预设值，但完全可以在同一操作步骤中对全部或者任意参数组合进行设置，只要设置正确的SMB47然后执行HSC指令即可。

（1）初始化模式0、1或2。

HSC1为内部方向控制的单相增/减计数器（模式0、1或2），初始化步骤如下：

1）用初次扫描存储器位（SM0.1=1）调用执行初始化操作的子程序。由于采用了这样的子程序调用，后续扫描不会再调用这个子程序，从而减少了扫描时间，也提供了一个结构优化的程序。

2）初始化子程序中，根据所希望的控制操作对SMB47置数。例如：

SMB47=16#F8

产生下列结果：启用计数器；写新当前值；写新预设值；将方向设为向上计数；将启动和复位输入设为高电平有效。

3）在 HSC 输入设为 1、MODE 输入设为下列其中一个数值时执行 HDEF 指令：0 用于无外部复位或启动，1 用于外部复位和无启动，2 用于外部复位和启动。

4）向 SMD48（双字）写入所希望的初始值（若写入 0，则清除）。

5）向 SMD52（双字）写入所希望的预设值。

6）为了捕获当前值（CV）等于预设值（PV）中断事件，编写中断子程序并指定 CV=PV 中断事件（事件 13）调用该中断子程序。

7）为了捕获外部复位事件，编写中断子程序并指定外部复位中断事件（事件 15）调用该中断子程序。

8）执行全局中断允许指令（ENI）来允许 HSC1 中断。

9）执行 HSC 指令，使 S7-200 对 HSC1 编程。

10）退出子程序。

（2）初始化模式 3、4 或 5。

HSC1 为外部方向控制的单相增/减计数器（模式 3、4 或 5），初始化步骤如下：

1）用初次扫描存储器位（SM0.1=1）调用执行初始化操作的子程序。由于采用了这样的子程序调用，后续扫描不会再调用这个子程序，从而减少了扫描时间，也提供了一个结构优化的程序。

2）初始化子程序中，根据所希望的控制操作对 SMB47 置数。例如：

SMB47=16#F8

产生下列结果：启用计数器；写新当前值；写新预设值；将 HSC 的初始方向设为向上计数；将启动和复位输入设为高电平有效。

3）在 HSC 输入设为 1、MODE 输入设为下列其中一个数值时执行 HDEF 指令：3 用于无外部复位或启动，4 用于外部复位和无启动，5 用于外部复位和启动。

4）向 SMD48（双字）写入所希望的初始值（若写入 0，则清除）。

5）向 SMD52（双字）写入所希望的预设值。

6）为了捕获当前值（CV）等于预设值（PV）中断事件，编写中断子程序并指定 CV=PV 中断事件（事件 13）调用该中断子程序。

7）为了捕获计数方向改变中断事件，编写中断子程序并指定计数方向改变中断事件（事件 14）调用该中断子程序。

8）为了捕获外部复位事件，编写中断子程序并指定外部复位中断事件（事件 15）调用该中断子程序。

9）执行全局中断允许指令（ENI）来允许 HSC1 中断。

10）执行 HSC 指令，使 S7-200 对 HSC1 编程。

11）退出子程序。

（3）初始化模式 6、7 或 8。

HSC1 为具有增/减两种时钟的两相增/减计数器（模式 6、7 或 8），初始化步骤如下：

1）用初次扫描存储器位（SM0.1=1）调用执行初始化操作的子程序。由于采用了这样的子程序调用，后续扫描不会再调用这个子程序，从而减少了扫描时间，也提供了一个结构优化的程序。

2）初始化子程序中，根据所希望的控制操作对 SMB47 置数。例如：

SMB47=16#F8

产生下列结果：启用计数器；写新当前值；写新预设值；将 HSC 的初始方向设为向上计数；将启动和复位输入设为高电平有效。

3）在 HSC 输入设为 1、MODE 设为下列其中一个数值时执行 HDEF 指令：6 用于无外部复位或启动，7 用于外部复位和无启动，8 用于外部复位和启动。

4）向 SMD48（双字）写入所希望的初始值（若写入 0，则清除）。

5）向 SMD52（双字）写入所希望的预设值。

6）为了捕获当前值（CV）等于预设值（PV）中断事件，编写中断子程序并指定 CV=PV 中断事件（事件 13）调用该中断子程序。

7）为了捕获计数方向改变中断事件，编写中断子程序并指定计数方向改变中断事件（事件 14）调用该中断子程序。

8）为了捕获外部复位事件，编写中断子程序并指定外部复位中断事件（事件 15）调用该中断子程序。

9）执行全局中断允许指令（ENI）来允许 HSC1 中断。

10）执行 HSC 指令，使 S7-200 对 HSC1 编程。

11）退出子程序。

（4）初始化模式 9、10 或 11。

HSC1 为 A/B 相正交计数器（模式 9、10 或 11），初始化步骤如下：

1）用初次扫描存储器位（SM0.1=1）调用执行初始化操作的子程序。由于采用了这样的子程序调用，后续扫描不会再调用这个子程序，从而减少了扫描时间，也提供了一个结构优化的程序。

2）初始化子程序中，根据所希望的控制操作对 SMB47 置数。

实例（1X 计数模式）：

SMB47=16#FC

产生下列结果：启用计数器；写新当前值；写新预设值；将 HSC 的初始方向设为向上计数；将启动和复位输入设为高电平有效。

实例（4X 计数模式）：

SMB47=16#F8

产生下列结果：启用计数器；写新当前值；写新预设值；将 HSC 的初始方向设为向上计数；将启动和复位输入设为高电平有效。

3）在 HSC 输入设为 1、MODE 输入设为下列其中一个数值时执行 HDEF 指令：9 用于无外部复位或启动，10 用于外部复位和无启动，11 用于外部复位和启动。

4）向 SMD48（双字）写入所希望的初始值（若写入 0，则清除）。

5）向 SMD52（双字）写入所希望的预设值。

6）为了捕获当前值（CV）等于预设值（PV）中断事件，编写中断子程序并指定 CV=PV 中断事件（事件 13）调用该中断子程序。

7）为了捕获计数方向改变中断事件，编写中断子程序并指定计数方向改变中断事件（事件 14）调用该中断子程序。

8）为了捕获外部复位事件，编写中断子程序并指定外部复位中断事件（事件 15）调用该中断子程序。

9）执行全局中断允许指令（ENI）来允许 HSC1 中断。

10）执行 HSC 指令，使 S7-200 对 HSC1 编程。

11）退出子程序。

（5）初始化模式 12。

HSC0 为 PTO0 产生的脉冲计数（模式 12），初始化步骤如下：

1）用初次扫描存储器位（SM0.1=1）调用执行初始化操作的子程序。由于采用了这样的子程序调用，后续扫描不会再调用这个子程序，从而减少了扫描时间，也提供了一个结构优化的程序。

2）初始化子程序中，根据所希望的控制操作对 SMB37 置数。例如：

SMB37=16#F8

产生下列结果：启用计数器；写新当前值；写新预设值；将方向设为向上计数；将启动和复位输入设为高电平有效。

3）执行 HDEF 指令时，HSC 输入置 0，MODE 输入置 12。

4）向 SMD38（双字）写入所希望的初始值（若写入 0，则清除）。

5）向 SMD42（双字）写入所希望的预设值。

6）为了捕获当前值（CV）等于预设值（PV）中断事件，编写中断子程序并指定 CV=PV 中断事件（事件 12）调用该中断子程序。

7）执行全局中断允许指令（ENI）来允许 HSC1 中断。

8）执行 HSC 指令，使 S7-200 对 HSC0 编程。

9）退出子程序。

（6）改变模式 0、1、2 或 12 的计数方向。

对具有内部方向（控制模式 0、1、2 或 12）的单相计数器 HSC1，改变其计数方向的步骤如下：

1）向 SMB47 写入所需要的计数方向：

SMB47=16#90　　允许计数
　　　　　　　　置 HSC 计数方向为减

SMB47=16#98　　允许计数
　　　　　　　　置 HSC 计数方向为增

2）执行 HSC 指令，使 S7-200 对 HSC1 编程。

（7）写入新的初始值（任何模式下）。

在改变初始值时，迫使计数器处于非工作状态。当计数器被禁止时，它既不计数也不产生中断。

改变 HSC1 的初始值（任何模式下）的步骤如下：

1）向 SMB47 写入新的初始值的控制位：

SMB47=16#C0　　允许计数
　　　　　　　　写入新的初始值

2）向 SMD48（双字）写入所希望的初始值（若写入 0，则清除）。

3）执行 HSC 指令，使 S7-200 对 HSC1 编程。

（8）写入新的预设值（任何模式下）。

改变 HSC1 的预设值（任何模式）的步骤如下：

1）向 SMB47 写入允许写入新的预设值的控制位：

SMB47=16#A0　　允许计数
　　　　　　　　写入新的预设值

2）向 SMD52（双字）写入所希望的预设值。

3）执行 HSC 指令，使 S7-200 对 HSC1 编程。

（9）禁止 HSC（任何模式下）。

禁止 HSC1 高速计数器（任何模式）的步骤如下：

1）写入 SMB47 以禁止计数：

SMB47=16#00　　禁止计数

2）执行 HSC 指令，以禁止计数。

实例：高速计数器指令。

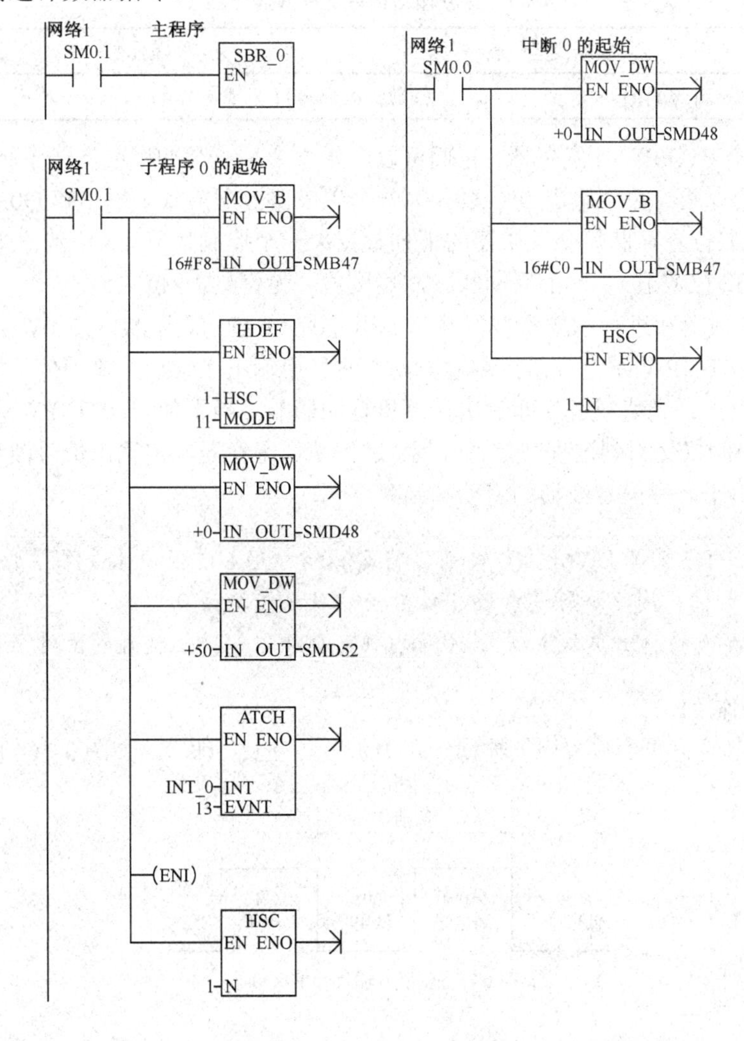

3.2.18 脉冲输出指令

脉冲输出（PLS）指令用于在高速输出（Q0.0 和 Q0.1）上控制脉冲串输出（PTO）和脉宽调制（PWM）功能。

PTO 可以输出一串脉冲（占空比 50%），用户可以控制脉冲的周期和个数。

PWM 可以输出连续的、占空比可调的脉冲串，用户可以控制脉冲的周期和脉宽。

脉冲输出指令的 LAD 指令格式如图 3-163 所示。

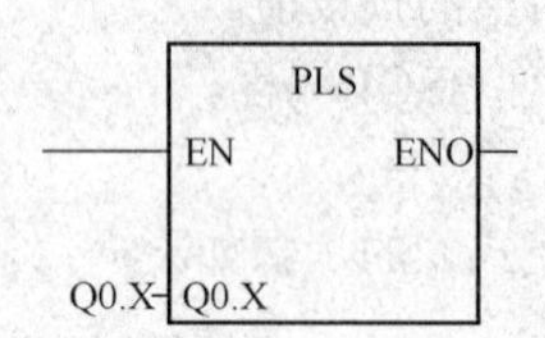

图 3-163 脉冲输出指令的 LAD 指令格式

脉冲输出指令的有效操作数如表 3-63 所示。

表 3-63 脉冲输出指令的有效操作数

输入/输出	数据类型	操作数
Q0.X	WORD	常数：0（=Q0.0）或 1（=Q0.1）

S7-200 有两个 PTO/PWM 发生器，它们可以产生一个高速脉冲串或者一个脉宽调制信号波形。一个生成器分配给数字输出点 Q0.0，另一个生成器分配给数字输出点 Q0.1。一个指定的特殊存储（SM）位置存储每个发生器的下列数据：一个控制字节（8 位数值）、一个脉冲计数值（无符号 32 位数值）、一个周期和脉冲宽度值（无符号 16 位数值）。

PTO/PWM 生成器和进程图像寄存器共享使用 Q0.0 和 Q0.1。当 PTO 或 PWM 功能在 Q0.0 或 Q0.1 激活时，PTO/PWM 生成器控制输出，正常使用输出点禁止。输出信号波形不受过程映像区状态、输出点强制值或者立即输出指令执行的影响。当不使用 PTO/PWM 发生器功能时，对输出点的控制权交回到过程映像寄存器。过程映像寄存器决定输出信号波形的起始和结束状态，以高低电平产生信号波形的启动和结束。

在使能 PTO 或者 PWM 操作之前，将 Q0.0 和 Q0.1 过程映像寄存器清零。
所有控制位、周期、脉宽和脉冲计数值的默认值均为 0。
PTO/PWM 的输出负载至少为 10％的额定负载才能提供陡直的上升沿和下降沿。

1. 脉冲串操作（PTO）

PTO 按照给定的脉冲个数和周期输出一串方波（占空比 50%），如图 3-164 所示。

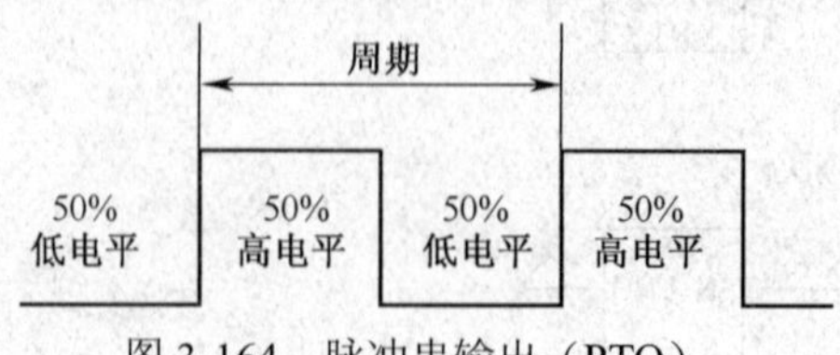

图 3-164 脉冲串输出（PTO）

PTO可以产生单段脉冲串或多段脉冲串（使用脉冲波形）。可以指定脉冲数目和周期（以微秒或毫秒为增加量）。

脉冲数目：1～4294967295。

周期：10μs～65535μs或2ms～65535ms。

如果为周期指定一个奇的微秒数或毫秒数（例如75ms），将会引起占空比失真。

表3-64所示为对脉冲计数和周期的限定。

表3-64　PTO功能的脉冲个数及周期

脉冲个数/周期	结果
周期<2个时间单位	将周期默认地设定为2个时间单位
脉冲个数=0	将脉冲个数默认地设定为1个脉冲

PTO功能允许脉冲串“链接”或者“排队”。当当前脉冲串输出完成时，会立即开始输出一个新的脉冲串。这保证了多个输出脉冲串之间的连续性。

（1）PTO脉冲串的单段管道。

在单段管道模式，需要为下一个脉冲串更新特殊寄存器。一旦启动了起始PTO段，就必须按照第二个信号波形的要求改变特殊寄存器，并再次执行PLS指令。第二个脉冲串的属性在管道中一直保持到第一个脉冲串发送完成。在管道中一次只能存储一段脉冲串的属性。当第一个脉冲串发送完成时，接着输出第二个信号波形，此时管道可以用于下一个新的脉冲串。重复这个过程可以再次设定下一个脉冲串的特性。

除了以下两种情况外，脉冲串之间可以做到平滑转换：时间基准发生了变化、在利用PLS指令捕捉到新脉冲之前启动的脉冲串已经完成。

（2）PTO脉冲串的多段管道。

在多段管道模式，CPU自动从V存储器区的包络表中读出每个脉冲串的特性。在该模式下，仅使用特殊存储器区的控制字节和状态字节。选择多段操作，必须装入包络表在V存储器中的起始地址偏移量（SMW168或SMW178）。时间基准可以选择微秒或者毫秒，但是在包络表中的所有周期值必须使用同一个时间基准，而且在包络正在运行时不能改变。执行PLS指令来启动多段操作。

每段记录的长度为8个字节，由16位周期值、16位周期增量值和32位脉冲个数值组成。表3-65所示为包络表的格式。可以通过编程的方式使脉冲的周期自动增减。在周期增量处输入一个正值将增加周期；输入一个负值将减少周期；输入0将不改变周期。

当PTO包络执行时，当前启动的段的编号保存在SMB166（或SMB176）。

表3-65　多段PTO操作的包络表格式

字节偏移量	分段	描述
0		分段数目：1～255①
1	#1	初始周期（2～65535时间基准单位）
3		每个脉冲的周期增量（有符号值）（-32768～32767时间基准单位）
5		脉冲数（1～4294967295）

续表

字节偏移量	分段	描述
9	#2	初始周期（2～65535 时间基准单位）
11		每个脉冲的周期增量（有符号值）（-32768～32767 时间基准单位）
13		脉冲数（1～4294967295）
（连续）	#3	（连续）

注：①输入 0 作为脉冲串的段数会产生一个非致命错误，将不产生 PTO 输出。

2. 脉宽调制（PWM）

PWM 产生一个占空比变化周期固定的脉冲输出，如图 3-165 所示。

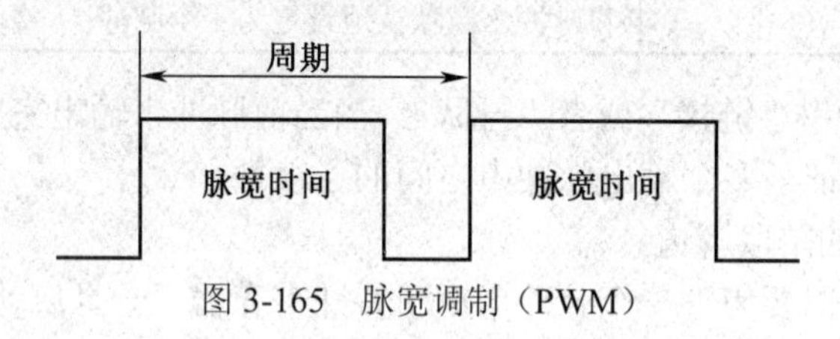

图 3-165 脉宽调制（PWM）

可以以微秒或者毫秒为单位指定其周期和脉冲宽度。

周期：10μs～65535μs 或 2ms～65535ms。

脉宽时间：0μs～65535μs 或 0ms～65535ms。

如表 3-66 所示，设定脉宽等于周期（使占空比为 100%），输出连续接通；设定脉宽等于 0（使占空比为 0%），输出断开。

表 3-66 脉宽、周期和 PWM 功能的执行结果

脉宽/周期	结果
脉宽≥周期值	占空比是 100%：连续接通输出
脉宽=0	占空比是 0%：连续关闭输出
周期<2 个时间单位	将周期默认地设定为 2 个时间单位

改变 PWM 信号波形特性的方法有两个：

- 同步更新。如果不要求改变时间基准，则可以使用同步更新。利用同步更新，信号波形特性的变化发生在周期边沿，提供平滑转换。
- 异步更新。通常，对于 PWM 操作，脉冲宽度在周期保持不变时变化，所以不要求改变时间基准。但是，如果需要改变 PTO/PWM 发生器的时间基准，就要使用异步更新。异步更新会造成 PTO/PWM 功能被瞬时禁止，和 PWM 信号波形不同步。这会引起被控设备的振动。由于这个原因，建议采用 PWM 同步更新。选择一个适合于所有周期时间的时间基准。

控制字节中的 PWM 更新方式位（SM67.4 或 SM77.4）用于指定更新方式，当 PLS 指令执行时变化生效。

如果改变了时间基准，会产生一个异步更新，而与 PWM 更新方式位的状态无关。

3．使用SM来配置和控制PTO/PWM操作

PLS指令会从特殊存储器SM中读取数据，使程序按照其存储值控制PTO/PWM发生器。SMB67控制PTO0或PWM0，SMB77控制PTO1或PWM1。表3-67所示为对控制PTO/PWM操作的存储器的描述。可以使用表3-68作为一个快速参考，用其中的数值作为PTO/PWM控制寄存器的值来实现需要的操作。

表3-67　PTO/PWM控制寄存器的SM标志

Q0.0	Q0.1	状态位
SM66.4	SM76.4	PTO包络被终止（增量计算错误）：0=无错；1=终止
SM66.5	SM76.5	由于用户终止了PTO包络：0=不终止；1=终止
SM66.6	SM76.6	PTO/PWM管线上溢/下溢：0=无上溢；1=溢出/下溢
SM66.7	SM76.7	PTO空闲：0=在进程中；1=PTO空闲
Q0.0	Q0.1	控制字节
SM67.0	SM77.0	PTO/PWM更新周期：0=无更新；1=更新周期
SM67.1	SM77.1	PWM更新脉宽时间：0=无更新；1=更新脉宽
SM67.2	SM77.2	PTO更新脉冲计数值：0=无更新；1=更新脉冲计数
SM67.3	SM77.3	PTO/PWM时间基准：0=1μs/刻度；1=1ms/刻度
SM67.4	SM77.4	PWM更新方法：0=异步；1=同步
SM67.5	SM77.5	PTO单个/多个段操作：0=单个；1=多个
SM67.6	SM77.6	PTO/PWM模式选择：0=PTO；1=PWM
SM67.7	SM77.7	PTO/PWM启用：0=禁止；1=启用
Q0.0	Q0.1	其他PTO/PWM寄存器
SMW68	SMW78	PTO/PWM周期数值范围：2～65535
SMW70	SMW80	PWM脉宽数值范围：0～65535
SMD72	SMD82	PTO脉冲计数数值范围：1～4294967295
SMB166	SMB176	进行中的段数（仅用在多段PTO操作中）
SMW168	SMW178	包络表的起始位置，用从V0开始的字节偏移表示（仅用在多段PTO操作中）
SMB170	SMB180	线性包络状态字节
SMB171	SMB181	线性包络结果寄存器
SMD172	SMD182	手动模式频率寄存器

表3-68　PTO/PWM控制字节参考

寄存器（十六进制）		执行PLS指令的结果						
	启用	模式选择	PTO段操作	PWM更新方法	时基	脉冲数	脉冲宽度	周期
16#81	是	PTO	单段		1μs/周期			装载
16#84	是	PTO	单段		1μs/周期	装载		
16#85	是	PTO	单段		1μs/周期	装载		装载

续表

寄存器（十六进制）	执行 PLS 指令的结果							
	启用	模式选择	PTO 段操作	PWM 更新方法	时基	脉冲数	脉冲宽度	周期
16#89	是	PTO	单段		1ms/周期			装载
16#8C	是	PTO	单段		1ms/周期	装载		
16#8D	是	PTO	单段		1ms/周期	装载		装载
16#A0	是	PTO	多段		1μs/周期			
16#A8	是	PTO	多段		1ms/周期			
16#D1	是	PWM		同步	1μs/周期			装载
16#D2	是	PWM		同步	1μs/周期		装载	
16#D3	是	PWM		同步	1μs/周期		装载	装载
16#D9	是	PWM		同步	1ms/周期			装载
16#DA	是	PWM		同步	1ms/周期		装载	
16#DB	是	PWM		同步	1ms/周期		装载	装载

可以通过修改 SM 存储区（包括控制字节），然后执行 PLS 指令来改变 PTO 或 PWM 信号波形的特性。可以在任意时刻禁止 PTO 或 PWM 信号波形，方法为：首先将控制字节中的使能位（SM67.7 或 SM77.7）清零，然后执行 PLS 指令。

PTO 状态字节中的空闲位（SM66.7 或 SM76.7）标志着脉冲串输出完成。另外，在脉冲串输出完成时，可以执行一段中断程序（参考中断指令和通信指令中的描述）。如果使用多段操作，可以在整个包络表完成之后执行中断程序。

下列条件使 SM66.4（或 SM76.4）或 SM66.5（或 SM76.5）置位：

- 在许多脉冲后，指定导致非法周期的周期增量数值将产生运算溢出条件，该条件终止 PTO 功能并将“增量计算错误”位（SM66.4 或 SM76.4）设为 1。输出返回映像寄存器控制。
- 如果要手动终止一个正在进行中的 PTO 包络，要把状态字节中的用户终止位（SM66.5 或 SM76.5）置 1。
- 在将 PTO/PWM 溢出位（SM66.6 或 SM76.6）设为 1 时，尝试装载管线。如果希望检测后续溢出，必须在检测到溢出后手动清除该位。当 CPU 切换至 RUN 模式时，该位被初始化为 0。

如果要装入新的脉冲数（SMD72 或 SMD82）、脉冲宽度（SMW70 或 SMW80）或周期（SMW68 或 SMW78），应该在执行 PLS 指令前装入这些值和控制寄存器。如果要使用多段脉冲串操作，在使用 PLS 指令前也需要装入包络表的起始偏移量（SMW168 或 SMW178）和包络表的值。

4. 计算包络表的值

PTO/PWM 发生器的多段管道功能在许多应用中非常有用，尤其是在步进电机控制中。

例如，可以用带有脉冲包络的 PTO 来控制一台步进电机以实现一个简单的加速、匀速和减速过程或者一个由最多 255 段脉冲波形组成的复杂过程，而其中每一段波形都是加速、匀速或者减速操作。

图 3-166 中的示例给出的包络表值要求产生一个输出信号波形包括三段：步进电机加速（第一段）、步进电机匀速（第二段）和步进电机减速（第三段）。

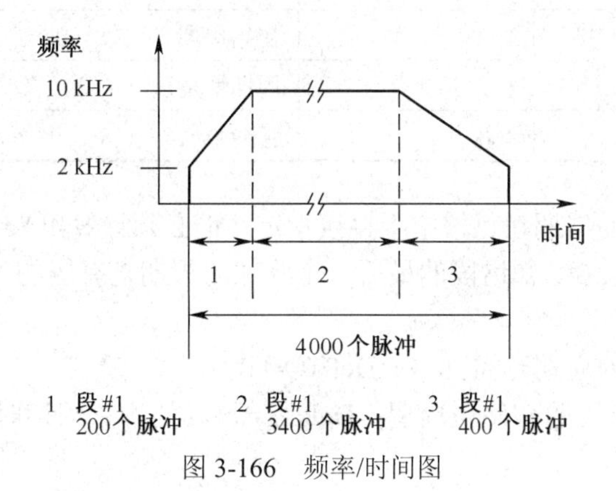

图 3-166　频率/时间图

对于该实例，启动和最终脉冲频率是 2kHz，最大脉冲频率是 10kHz，要求 4000 个脉冲才能达到期望的电机旋转数。由于包络表中的值是用周期表示的，而不是用频率，需要把给定的频率值转换成周期值。因此，启动（初始）和最终（结束）周期时间是 500μs，相应于最大频率的周期时间是 100μs。在输出包络的加速部分，要求在 200 个脉冲左右达到最大脉冲频率。也假定包络的减速部分在 400 个脉冲完成。

在该例中，使用一个简单公式计算 PTO/PWM 发生器用来调整每个脉冲周期所使用的周期增量值：

De 给定段的周期增量=|ECT-ICT|/Q

其中，End_CT_{seg}=此段的结束周期；$Init\_CT_{seg}$=此段的初始周期；$Quantity_{seg}$=此段中的脉冲数量。

利用这个公式，

分段 1（加速）：增量周期=-2

分段 2（恒速）：增量周期=0

分段 3（减速）：增量周期=1

假定包络表存放在从 VB500 开始的 V 存储器区，表 3-69 给出了产生所要求信号波形的值。该表的值可以在用户程序中用指令放在 V 存储器中。一种方法是在数据块中定义包络表的值。

表 3-69　包络表值

V 存储器地址	数值	描述	
VB500	3	总段数	
VW501	500	初始周期	#1
VW503	-2	周期增量段	
VD505	200	脉冲数	

续表

V 存储器地址	数值	描述	
VW509	100	初始周期	#2
VW511	0	周期增量段	
VD513	3400	脉冲数	
VW517	100	初始周期	#3
VW519	1	周期增量段	
VD521	400	脉冲数	

段的最后一个脉冲的周期在包络中不直接指定，但必须计算出来（除非周期增量是 0）。如果在段之间需要平滑转换，知道段的最后一个脉冲的周期是有用的。计算段的最后一个脉冲周期的公式是：

段的最后一个脉冲的周期时间=ICT+(Del*(Q-1))

其中，$Init\_CT_{seg}$=该段的初始化周期；$Delta_{seg}$=该段的增量周期时间；$Quantity_{seg}$=该段的脉冲数量。

作为介绍，上面的简例是有用的，实际应用可能需要更复杂的信号波形包络。记住：周期增量只能以微秒数或毫秒数指定，周期的修改在每个脉冲上进行。对于结束周期值或给定段的脉冲个数，可能需要进行调整。

在确定正确的包络表值的过程中，给定的波形段的持续时间很有用。按照下面的公式可以计算完成一个给定波形段的时间长短：

波形段的持续时间=Q*(ICT+((DEL/2)*(Q-1)))

其中，$Quantity_{seg}$=该段的脉冲数量；ICT=该段的初始化周期时间；DEL=该段的增量周期时间。

任务 3.3　PLC 控制系统设计实例

知识与能力目标

- 掌握常见电动机的 PLC 控制方式。
- 掌握变频器的 PLC 控制方式。
- 掌握旋转编码器的 PLC 控制方式。
- 掌握步进电动机的 PLC 控制方式。

3.3.1　常用电动机的基本控制

1. 电动机点动控制

合上开关 S，三相电源被引入控制电路，但电动机还不能启动。电动机点动控制过程为：按下点动按钮 SB（触点闭合），接触器 KM 线圈通电，衔铁吸合，常开主触点接通，电动机定子接入三相电源启动运转；松开点动按钮 SB（触点断开），接触器 KM 线圈断电，衔铁松开，常开主触点断开，电动机因断电而停转。

实现电动机点动控制的电气控制原理图如图 3-167 所示。

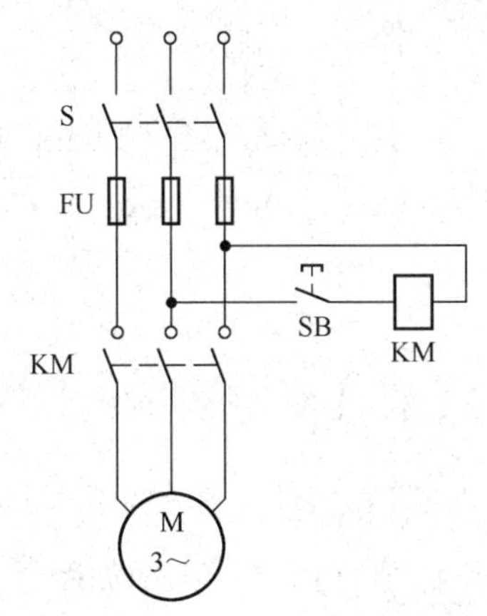

图 3-167　电动机点动控制的电气控制原理图

用 PLC 实现电动机点动控制时，将点动按钮 SB（常开触点）接 PLC 的 I0.0，交流接触器 KM 接 Q0.0。当按下点动按钮 SB 时，I0.0=1，Q0.0=1，KM 得电，电动机转动；当松开点动按钮 SB 时，I0.0=0，Q0.0=0，KM 失电，电动机停转。

实现电动机点动控制的 PLC 梯形图如图 3-168 所示。

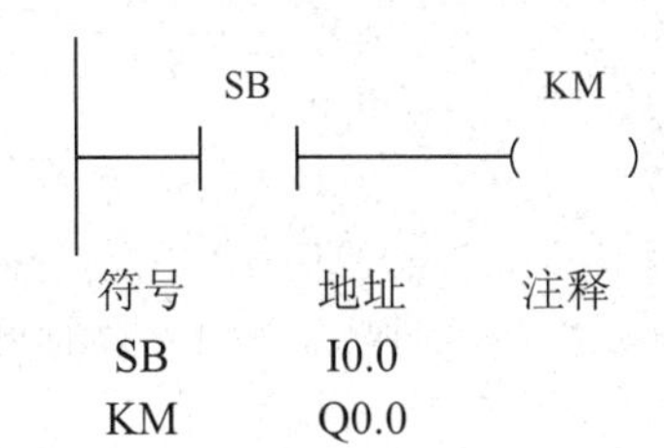

符号	地址	注释
SB	I0.0	
KM	Q0.0	

图 3-168　电动机点动控制的 PLC 梯形图

2. 电动机启动、保持、停止控制

电动机启动过程：按下启动按钮 SB_1（触点闭合），接触器 KM 线圈通电，与 SB_1 并联的 KM 辅助常开触点闭合，以保证松开启动按钮 SB_1（触点断开）后 KM 线圈持续通电，串联在电动机回路中的 KM 的主触点持续闭合，电动机连续运转，从而实现连续运转控制。

电动机停止过程：按下停止按钮 SB_2（触点断开），接触器 KM 线圈断电，与 SB1 并联的 KM 辅助常开触点断开，以保证松开停止按钮 SB_2（触点闭合）后 KM 线圈持续失电，串联在电动机回路中的 KM 的主触点持续断开，电动机停转。

实现电动机启动、保持、停止控制的电气控制原理图如图 3-169 所示。

用 PLC 实现电动机启动、保持、停止控制时，将启动按钮 SB_1（常开触点）接 PLC 的 I0.0，停止按钮 SB_2（常闭触点）接 PLC 的 I0.1，交流接触器 KM 接 Q0.0。当按下启动按钮 SB_1 时，I0.0=1，I0.1=1，Q0.0=1，KM 得电，电动机转动；由于 KM 得电，KM 辅助常开触点闭合，以保证松开启动按钮 SB_1 后，Q0.0=1，KM 保持得电状态，电动机保持转动；当按下停止按钮 SB_2 时，I0.1=0，Q0.0=0，KM 失电，电动机停转。

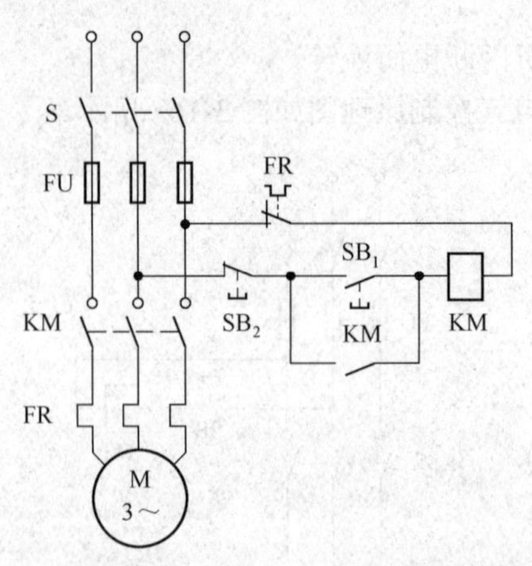

图 3-169　电动机启动、保持、停止控制的电气控制原理图

实现电动机启动、保持、停止控制的 PLC 梯形图如图 3-170 所示。

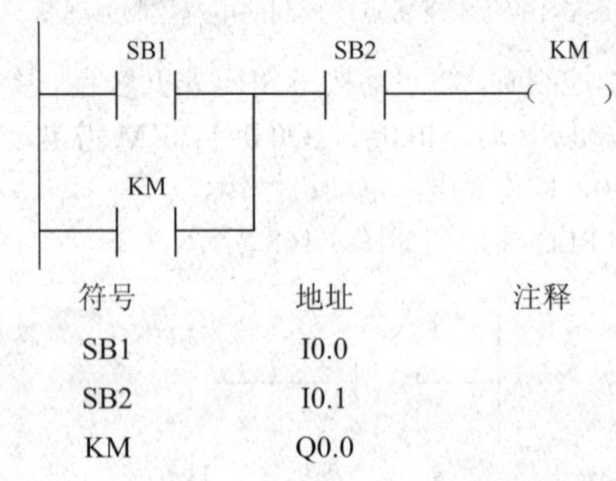

符号	地址	注释
SB1	I0.0	
SB2	I0.1	
KM	Q0.0	

图 3-170　电动机启动、保持、停止控制的 PLC 梯形图

3. 电动机正、反转控制

在生产实践过程中，常要求用一台电动机的正反转控制方向相反的两个运动，如小车的左行、右行；机械手的上升、下降等。

（1）电动机基本正、反转控制。

电动机正转过程：按下正转启动按钮 SB_1（触点闭合），接触器 KM_1 线圈通电，与 SB_1 并联的 KM_1 辅助常开触点闭合，以保证松开正转启动按钮 SB_1（触点断开）后 KM 线圈持续通电，串联在电动机回路中的 KM_1 主触点持续闭合，电动机连续正转，从而实现连续正转控制。

电动机反转过程：按下反转启动按钮 SB_2（触点闭合），接触器 KM_2 线圈通电，与 SB_2 并联的 KM_2 辅助常开触点闭合，以保证松开反转启动按钮 SB_2（触点断开）后 KM 线圈持续通电，串联在电动机回路中的 KM_2 主触点持续闭合，电动机连续反转，从而实现连续反转控制。

电动机停止过程：按下停止按钮 SB_3（触点断开），接触器 KM 线圈断电，与 SB_1（或 SB_2）并联的 KM_1（或 KM_2）辅助常开触点断开，以保证松开停止按钮 SB_3（触点闭合）后 KM_1（或 KM_2）线圈持续失电，串联在电动机回路中的 KM_1（或 KM_2）主触点持续断开，电动机停转。

存在问题：在具体操作时，若电动机处于正转状态要反转时，必须先按停止按钮 SB_3，使 KM_1 失电后按下反转启动按钮 SB_2 才能使电动机反转；若电动机处于反转状态要正转时，必须先按停止按钮 SB_3，使 KM_2 失电后按下正转启动按钮 SB_1 才能使电动机正转，否则将导致电源短路。

实现电动机基本正、反转控制的电气控制原理图如图 3-171 所示。

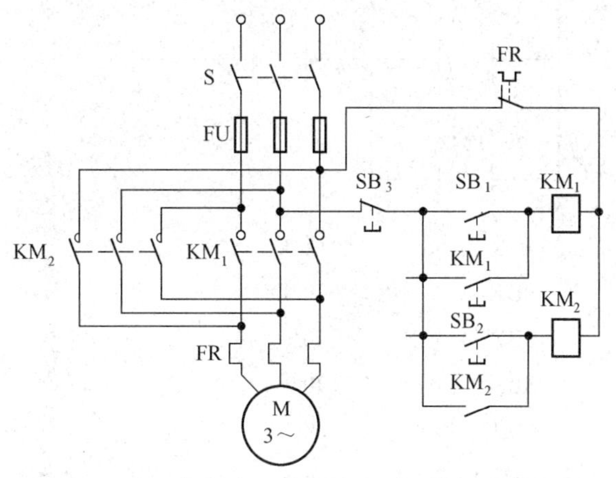

图 3-171　电动机基本正、反转控制的电气控制原理图

用 PLC 实现电动机基本正、反转控制时，将正转启动按钮 SB_1（常开触点）接 PLC 的 I0.0，反转启动按钮 SB_2（常开触点）接 PLC 的 I0.1，停止按钮 SB_3（常闭触点）接 PLC 的 I0.2，交流接触器 KM_1 接 Q0.0，交流接触器 KM_2 接 Q0.1。

当按下正转启动按钮 SB_1 时，I0.0=1，I0.2=1，Q0.0=1，KM_1 得电，电动机正转；由于 KM_1 得电，KM_1 辅助常开触点闭合，以保证松开启动按钮 SB_1 后，Q0.0=1，KM_1 保持得电状态，电动机保持正转。

当按下反转启动按钮 SB_2 时，I0.1=1，I0.2=1，Q0.1=1，KM_2 得电，电动机反转；由于 KM_2 得电，KM_2 辅助常开触点闭合，以保证松开启动按钮 SB_2 后，Q0.1=1，KM_2 保持得电状态，电动机保持反转。

当按下停止按钮 SB_3 时，I0.2=0，Q0.0（或 Q0.1）=0，KM_1（或 KM_2）失电，电动机停转。

实现电动机基本正、反转控制的 PLC 梯形图如图 3-172 所示。

（2）带电气联锁的电动机正、反转控制。

将接触器 KM_1 的辅助常闭触点串入 KM_2 的线圈回路中，从而保证在 KM_1 线圈通电时 KM_2 线圈回路总是断开的；将接触器 KM_2 的辅助常闭触点串入 KM_1 的线圈回路中，从而保证在 KM_2 线圈通电时 KM_1 线圈回路总是断开的。这样接触器的辅助常闭触点 KM_1 和 KM_2 保证了两个接触器线圈不能同时通电，这种控制方式称为联锁或者互锁，这两个辅助常闭触点称为联锁或者互锁触点。

存在问题：在具体操作时，若电动机处于正转状态要反转时，必须先按停止按钮 SB_3，使联锁触点 KM_1 闭合后按下反转启动按钮 SB_2 才能使电动机反转；若电动机处于反转状态要正转时，必须先按停止按钮 SB_3，使联锁触点 KM_2 闭合后按下正转启动按钮 SB_1 才能使电动机正转。

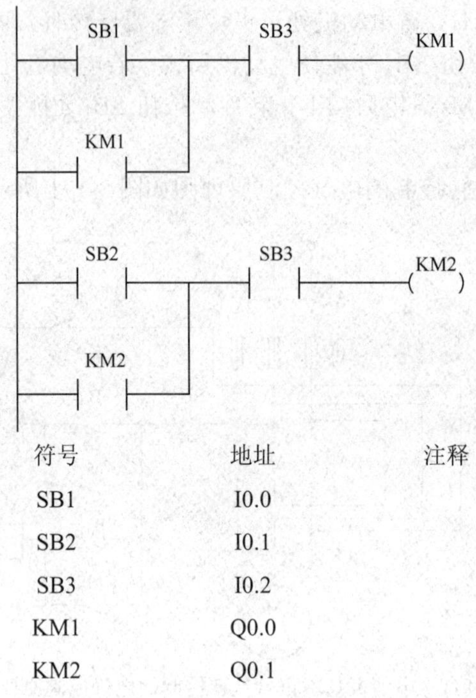

符号	地址	注释
SB1	I0.0	
SB2	I0.1	
SB3	I0.2	
KM1	Q0.0	
KM2	Q0.1	

图 3-172　电动机基本正、反转控制的 PLC 梯形图

实现带电气联锁的电动机正、反转控制的电气控制原理图如图 3-173 所示。

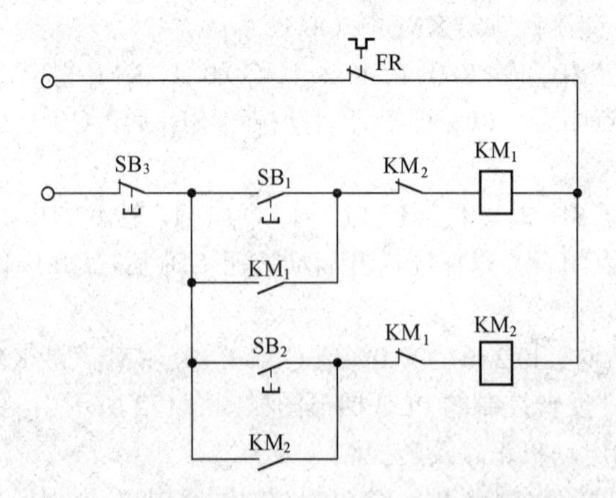

图 3-173　带电气联锁的电动机正、反转控制的电气控制原理图

用 PLC 实现带电气联锁的电动机正、反转控制时，将正转启动按钮 SB_1（常开触点）接 PLC 的 I0.0，反转启动按钮 SB_2（常开触点）接 PLC 的 I0.1，停止按钮 SB_3（常闭触点）接 PLC 的 I0.2，交流接触器 KM_1 接 Q0.0，交流接触器 KM_2 接 Q0.1。

当按下正转启动按钮 SB_1 时，I0.0=1，I0.2=1，Q0.0=1，KM_2 辅助常闭触点闭合，KM_1 得电，电动机正转；由于 KM_1 得电，KM_1 辅助常开触点闭合，以保证松开启动按钮 SB_1 后，Q0.0=1，KM_1 保持得电状态，电动机保持正转。

当按下反转启动按钮 SB_2 时，I0.1=1，I0.2=1，Q0.1=1，KM_1 辅助常闭触点闭合，KM_2 得电，电动机反转；由于 KM_2 得电，KM_2 辅助常开触点闭合，以保证松开启动按钮 SB_2 后，Q0.1=1，

KM_2保持得电状态，电动机保持反转。

当按下停止按钮SB_3时，I0.2=0，Q0.0（或Q0.1）=0，KM_1（或KM_2）失电，电动机停转。

实现带电气联锁的电动机正、反转控制的PLC梯形图如图3-174所示。

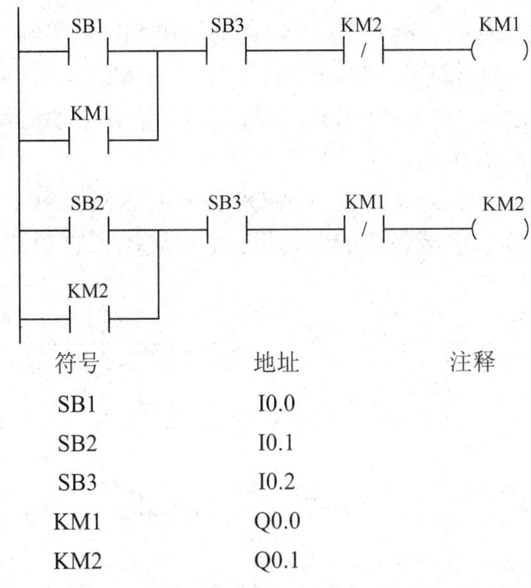

符号	地址	注释
SB1	I0.0	
SB2	I0.1	
SB3	I0.2	
KM1	Q0.0	
KM2	Q0.1	

图3-174　带电气联锁的电动机正、反转控制的PLC梯形图

（3）同时具有电气联锁和机械联锁的电动机正、反转控制。

采用复式按钮，将正转启动按钮SB_1的常闭触点串接在KM_2的线圈电路中，将反转启动按钮SB_2的常闭触点串接在KM_1的线圈电路中，这样无论何时，只要按下反转启动按钮，在KM_2线圈通电之前就首先使KM_1断电，从而保证KM_1和KM_2不同时通电；从反转到正转的情况也是一样。这种由机械按钮实现的联锁也叫机械联锁或按钮联锁。

实现同时具有电气联锁和机械联锁的电动机正、反转控制的电气控制原理图如图3-175所示。

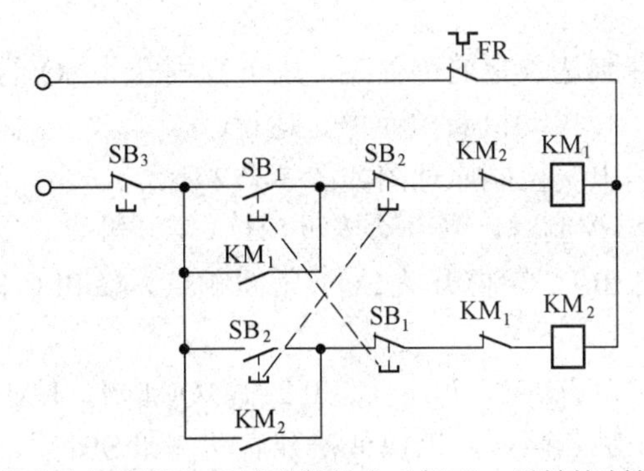

图3-175　同时具有电气联锁和机械联锁的电动机正、反转控制的电气控制原理图

用PLC实现同时具有电气联锁和机械联锁的电动机正、反转控制时，将正转启动按钮SB_1（常开触点）接PLC的I0.0，反转启动按钮SB_2（常开触点）接PLC的I0.1，停止按钮SB_3（常闭触点）接PLC的I0.2，交流接触器KM_1接Q0.0，交流接触器KM_2接Q0.1。

当按下正转启动按钮 SB_1 时，I0.0=1，反转启动按钮 SB_2 常闭触点闭合，I0.2=1，Q0.0=1，KM_2 辅助常闭触点闭合，KM_1 得电，电动机正转；由于 KM_1 得电，KM_1 辅助常开触点闭合，以保证松开启动按钮 SB_1 后，Q0.0=1，KM_1 保持得电状态，电动机保持正转；由于正转启动按钮 SB_1 常闭触点断开，KM_2 失电，电动机不能反转。

当按下反转启动按钮 SB_2 时，I0.1=1，正转启动按钮 SB_1 常闭触点闭合，I0.2=1，Q0.1=1，KM_1 辅助常闭触点闭合，KM_2 得电，电动机反转；由于 KM_2 得电，KM_2 辅助常开触点闭合，以保证松开启动按钮 SB_2 后，Q0.1=1，KM_2 保持得电状态，电动机保持反转；由于反转启动按钮 SB_2 常闭触点断开，KM_1 失电，电动机不能正转。

当按下停止按钮 SB_3 时，I0.2=0，Q0.0（或 Q0.1）=0，KM_1（或 KM_2）失电，电动机停转。

实现同时具有电气联锁和机械联锁的电动机正、反转控制的 PLC 梯形图如图 3-176 所示。

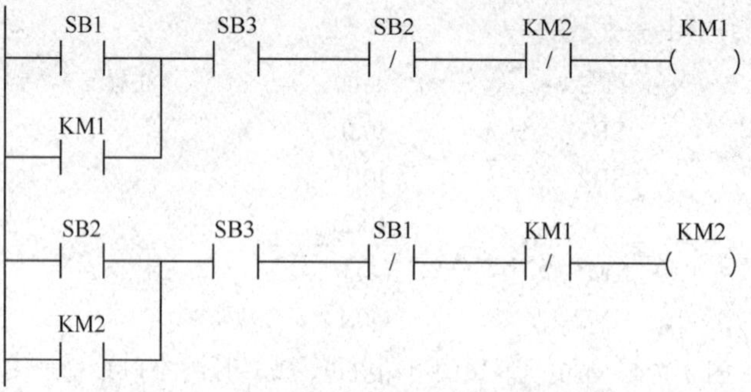

符号	地址	注释
SB1	I0.0	
SB2	I0.1	
SB3	I0.2	
KM1	Q0.0	
KM2	Q0.1	

图 3-176　同时具有电气联锁和机械联锁的电动机正、反转控制的 PLC 梯形图

4. 电动机限位控制

当生产机械的运动部件到达预定的位置时，压下行程开关 SQ 的触杆，将 SQ 常闭触点断开，接触器线圈 KM 断电，使电动机断电而停止运行。

实现电动机限位控制的电气控制原理图如图 3-177 所示。

用 PLC 实现电动机限位控制时，将启动按钮 SB_1（常开触点）接 PLC 的 I0.0，停止按钮 SB_2（常闭触点）接 PLC 的 I0.1，限位开关 SQ（常闭触点）接 PLC 的 I0.2，交流接触器 KM 接 Q0.0。

当按下启动按钮 SB_1 时，I0.0=1，I0.1=1，I0.2=1，Q0.0=1，KM 得电，电动机运转；由于 KM 得电，KM 辅助常开触点闭合，以保证松开启动按钮 SB_1 后，Q0.0=1，KM 保持得电状态，电动机保持运转。

当生产机械的运动部件到达预定的位置时，压下行程开关 SQ 的触杆，将 SQ 常闭触点断开，I0.2=0，KM 失电，使电动机停止运转。

实现电动机限位控制的 PLC 梯形图如图 3-178 所示。

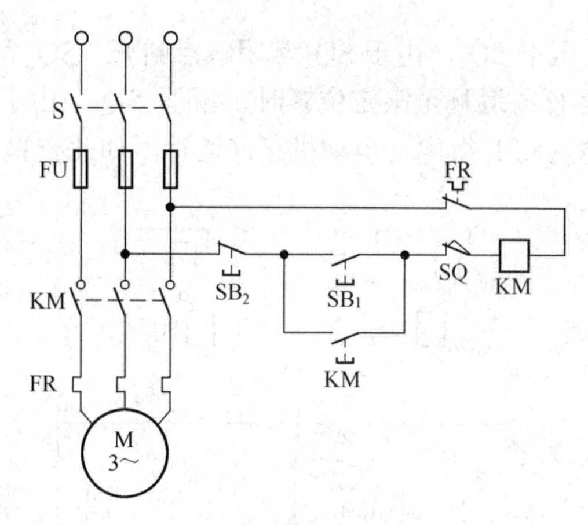

图 3-177　电动机限位控制的电气控制原理图

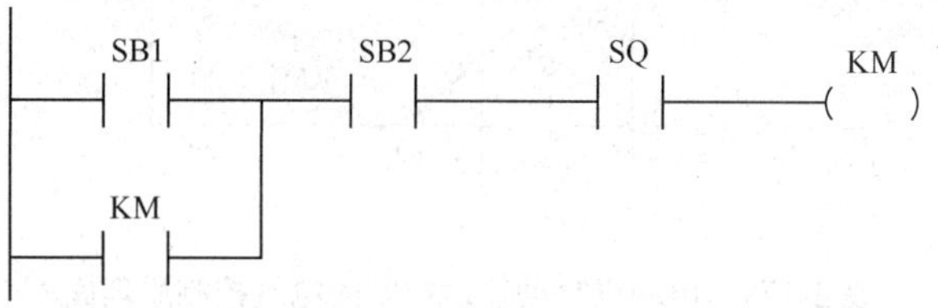

符号	地址	注释
SB1	I0.0	
SB2	I0.1	
SQ	I0.2	
KM	Q0.0	

图 3-178　实现电动机限位控制的 PLC 梯形图

5. 电动机自动往返控制

按下正向启动按钮 SB_1（或反向启动按钮 SB_2）（触点闭合），电动机正（或反）向启动运行，带动工作台向前（或后）运动。当运行到 SQ_2（或 SQ_1）位置时，挡块压下 SQ_2（或 SQ_1），接触器 KM_1（或 KM_2）断电释放，KM_2（或 KM_1）通电吸合，电动机反（或正）向启动运行，使工作台后退（或前进）。工作台后退（或前进）到 SQ_1（或 SQ_2）位置时，挡块压下 SQ_1（或 SQ_2），KM_2（或 KM_1）断电释放，KM_1（或 KM_2）通电吸合，电动机又正（或反）向启动运行，工作台又向前进（或后退），如此一直循环下去，直到需要停止时按下 SB_3，KM_1 和 KM_2 线圈同时断电释放，电动机脱离电源停止转动。

实现电动机自动往返控制的电气控制原理图如图 3-179 所示。

用 PLC 实现电动机自动往返控制时，将正向启动按钮 SB_1（常开触点）接 PLC 的 I0.0，反向启动按钮 SB_2（常开触点）接 PLC 的 I0.1，停止按钮 SB_3（常闭触点）接 PLC 的 I0.2，限位开关 SQ_1（常开触点）接 PLC 的 I0.4，限位开关 SQ_2（常开触点）接 PLC 的 I0.5，交流接触器 KM_1 接 Q0.0，交流接触器 KM_2 接 Q0.1。

当按下正向启动按钮 SB_1 时，I0.0=1，限位开关 SQ_2 常开触点断开，SQ_2 常闭触点闭合，Q0.0=1，KM_2 辅助常闭触点闭合，KM_1 得电，电动机正向运行；由于 KM_1 得电，KM_1 辅助常开触点闭合，以保证松开启动按钮 SB_1 后，Q0.0=1，KM_1 保持得电状态，电动机保持正向运行；运行至限定位置时，压下 SQ_2，由于 SQ_2 常闭触点断开，SQ_2 常开触点闭合，KM_1 失电，KM_2 得电，电动机反向运行；运行至限定位置时，压下 SQ_1，由于 SQ_1 常闭触点断开，SQ_1 常开触点闭合，KM_2 失电，KM_1 得电，电动机正向运行，如此一直循环下去。

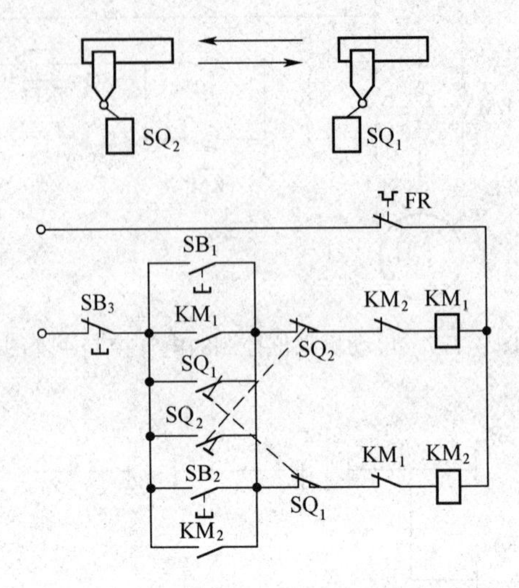

图 3-179　电动机自动往返控制的电气控制原理图

当按下停止按钮 SB_3 时，I0.2=0，Q0.0（或 Q0.1）=0，KM_1（或 KM_2）失电，电动机停转。实现电动机自动往返控制的 PLC 梯形图如图 3-180 所示。

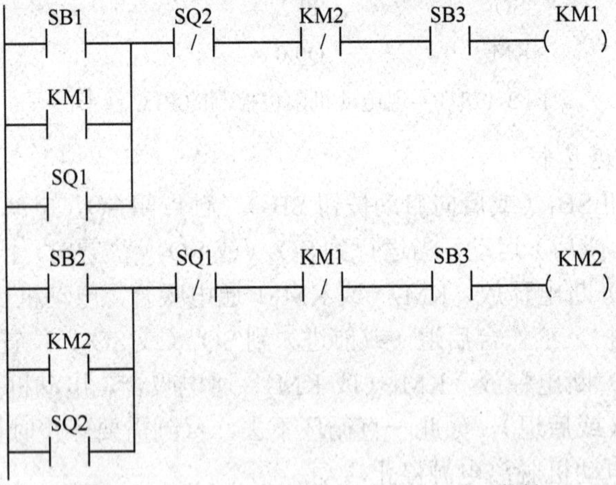

SB1　SQ2 /　KM2 /　SB3　KM1 ( )
KM1
SQ1
SB2　SQ1 /　KM1 /　SB3　KM2 ( )
KM2
SQ2

符号	地址	注释
SB1	I0.0	
SB2	I0.1	
SB3	I0.2	
SQ1	I0.4	
SQ2	I0.5	
KM1	Q0.0	
KM2	Q0.1	

图 3-180　电动机自动往返控制的 PLC 梯形图

3.3.2　变频器控制

1. 通用变频器的认识

（1）通用变频器的内部结构。

图 3-181 所示为目前常见的通用变频器内部结构图，由主电路、给定电路、微机（单片机）控制系统、隔离驱动电路、保护电路、显示电路等部分组成。

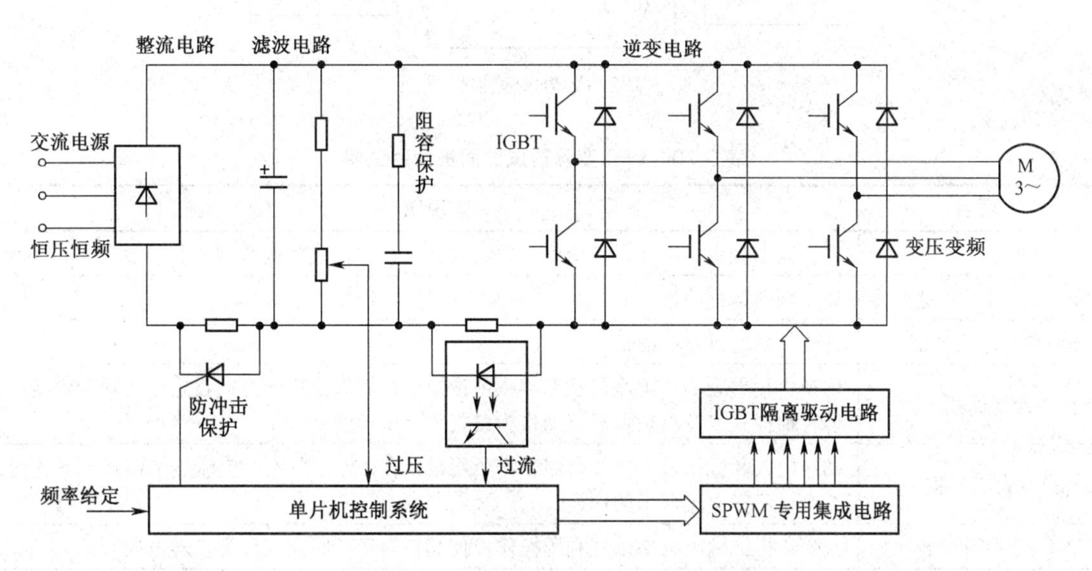

图 3-181　通用变频器的内部结构

（2）变频器的作用。

- 调速。普通的三相异步电动机加装变频后可以实现调速功能，即任意地改变电动机的转速。
- 节能。变频器调速比传统的电磁调速可以节电 25%～80%，具体节电多少要看客户设备的不同而不同。
- 软启动。变频器软启动对机械设备没有危害，而硬启动则相反。

2. VF0 型变频器的使用

VF0 变频器是为了满足各类机器小型化的需要，实现了同类产品中最小型化的目标而设计的。0.2kW 和 0.4kW 型的宽只有 78mm、高只有 110mm，体积仅是松下公司过去产品的 40%～50%；可与 PLC 直接调节频率、直接接收 PLC 的 PWM 信号并可控制电动机频率；采用了新设计的调频电位器，用操作盘即可容易地操作正转/反转；内装 8 段速控制制动功能（0.2kW 无制动功能）、再试功能等。

VF0 变频器的面板如图 3-182 所示，VF0 变频器操作面板使用说明如表 3-70 所示。

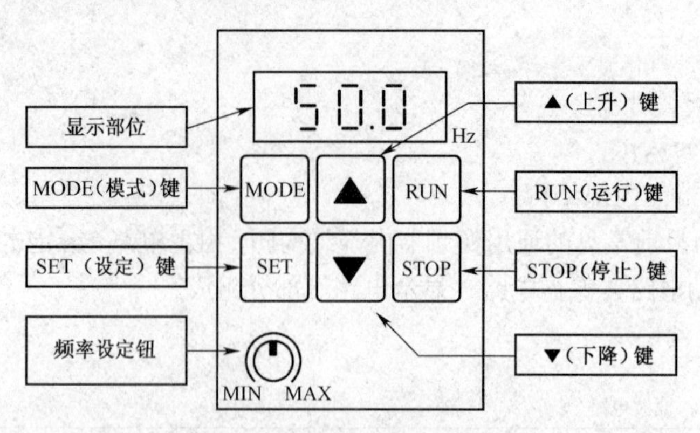

图 3-182 VF0 变频器的面板

表 3-70 VF0 变频器操作面板使用说明

项目	说明
显示部位	显示输出频率、电流、线速度、异常内容、设定功能时的数据及其参数 NO
RUN（运行）键	使变频器运行的键
STOP（停止）键	使变频器运行停止的键
MODE（模式）键	切换“输出频率、电流显示”、“频率设定、监控”、“旋转方向设定”、“功能设定”等各种模式以及将数据显示切换为模式显示所用的键
SET（设定）键	切换模式和数据显示以及存储数据所用键，在“输出频率、电流显示模式”下进行频率显示和电流显示的切换
▲UP（上升）键	改变数据或输出频率以及利用操作板使其正转运行时用于设定正转方向
▼DOWN（下降）键	改变数据或输出频率以及利用操作板使其反转运行时用于设定反转方向
频率设定钮	用操作板设定运行频率而使用的旋钮

VF0 变频器主电路接线图如图 3-183 所示。

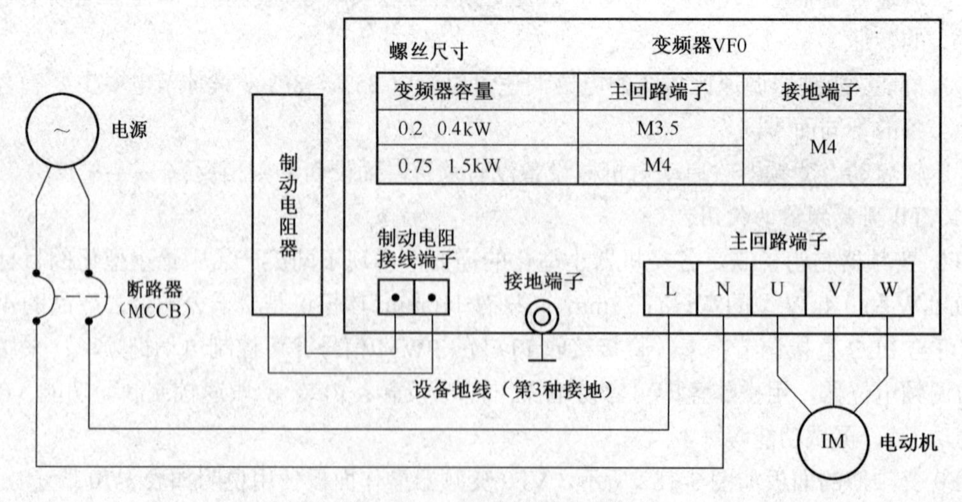

图 3-183 VF0 变频器主电路

VF0 变频器控制电路的接线如图 3-184 所示，VF0 变频器控制电路端子符号、功能说明及与各个端子有关的参数如表 3-71 所示。

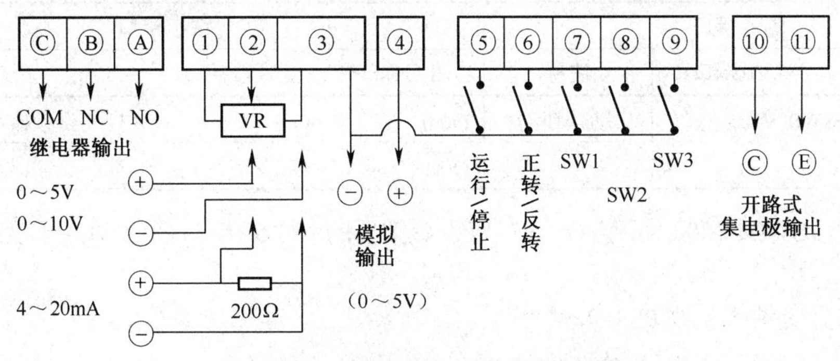

图 3-184　VF0 变频器控制电路的接线

表 3-71　VF0 变频器控制电路端子符号、功能说明及有关参数表

端子 NO.	端子功能	关联数据
1	频率设定用电位器连接端子（+5V）	P09
2	频率设定模拟信号的输入端子	P09
3	（1）、（2）、（4）～（9）输入信号的共用端子	
4	多功能模拟信号的输出端子（0～5V）	P58、P59
5	运行/停止、正转运行信号的输入端子	P08
6	正转/反转、反转运行信号的输入端子	P08
7	多功能控制信号 SW1 的输入端子	P19、20、21
8	多功能控制信号 SW2 的输入端子 PWM 控制的频率切换用输入端子	P19～21 P22～24
9	多功能控制信号 SW3 的输入端子 PWM 控制时的 PWM 信号的输入端子	P19～21 P22～24
10	开路式集电极输出端子（C：集电极）	P25
11	开路式集电极输出端子（E：发射极）	P25
A	继电器接点输出端子（NO：出厂配置）	P26
B	继电器接点输出端子（NO：出厂配置）	P26
C	继电器接点输出端子（COM）	P26

3. VF0 型变频器控制实例

实例：变频器启停的 PLC 控制。

【内容要求】

利用 PLC 控制变频器的启动停止。按动启动按钮，变频器延迟 2 秒后运行，正转运行 10 秒，然后反转运行 10 秒后停止运行。

【任务分析】

利用 PLC 的继电控制功能可以让 PLC 控制变频器的自动启停运行。

【操作步骤】

（1）硬件设计：根据系统要求，系统 I/O 分配表如表 3-72 所示。

表 3-72　实例：变频器启停的 PLC 控制系统 I/O 分配表

输入接口			输出接口		
PLC 端	控制板端口	注释	PLC 端	变频器接口	注释
I0.0	SW0	启动按钮	Q0.0	NO.5	控制变频器启动
			Q0.1	NO.6	控制变频器正反转

系统接线：SW0 与 I0.0 相连，Q0.0 对应于变频器的 NO.5 端子，Q0.1 对应于变频器的 NO.6 端子。

（2）设置变频器参数 P08=2。

P08 选择运行指令参数如表 3-73 所示。

表 3-73　P08 参数表

设定数据	面板/外控操控	操作板复位功能	操作方法、控制端子连接图
0	面板	有	运行：RUN；停止：STOP；正转/反转：用 dr 模式设定
1			正转运行：▲RUN；反转运行：▼RUN；停止：STOP
2	外控	无	共用端子 ON：运行；OFF：停止 ON：反转；OFF：正传
3		有	
4	外控	无	共用端子 ON：正转运行；OFF：停止 ON：反转运行；OFF：停止
5		有	

用于选择用操作板（面板操作）或用外控操作的输入信号来进行运行/停止和正转/反转。

（3）编写 PLC 参考程序。

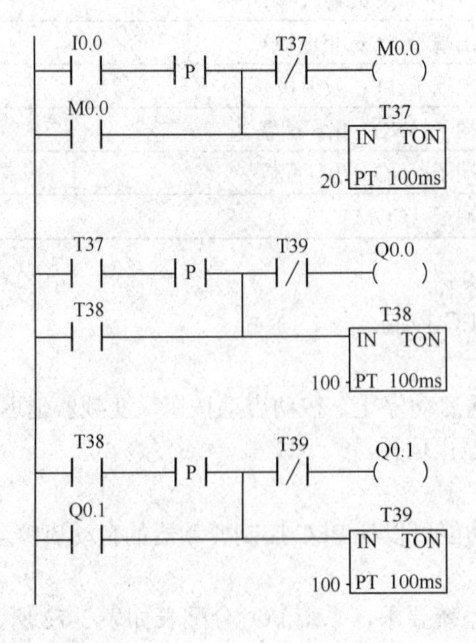

实例：基于 PLC 的变频器 PWM 控制。

【内容要求】

利用 PLC 的 PWM 功能控制变频器的运行。频率可从 10～50Hz 之间进行阶跃变化，每 5Hz 作为一挡变化，可手动进行加速和减速调整。

【任务分析】

PWM 控制技术是变频器常用的一个控制技术，特别是现在的 PLC 都具有 PWM 输出功能，为这项技术的应用提供了更为广阔的空间。

【操作步骤】

（1）硬件设计：根据系统要求，系统 I/O 分配表如表 3-74 所示。

表 3-74　实例：基于 PLC 的变频器 PWM 控制系统 I/O 分配表

输入接口			输出接口		
PLC 端	控制板端口	注释	PLC 端	变频器接口	注释
I0.0	SW0	启动按钮	Q0.0	NO.9	PWM 输出控制变频器
I0.1	SW1		Q0.1	NO.5	控制变频器启动
I0.2	SW2				
I0.3	SW3				

系统接线：SW0 与 I0.0 相连，SW1 与 I0.1 相连，SW2 与 I0.2 相连，SW3 与 I0.3 相连，Q0.0 对应于变频器的 NO.9 端子，Q0.1 对应于变频器的 NO.5 端子。

（2）设定变频器参数 P22=1，P23=50，P24=10.0。

P22、P23、P24 是 PWM 频率信号选择、平均次数、周期参数，用于将 VF0 由 PLC 等的 PWM 信号控制运行频率，但是容许的 PWM 信号周期为 0.9ms～1100ms 以内。

参数 P22：PWM 频率信号选择，如表 3-75 所示。

表 3-75　参数 P22 设定

设定数据	内容
0	无 PWM 频率信号选择
1	有 PWM 频率信号选择

选择 PWM 频率信号时，SW2（端子 NO.8）和 SW3（端子 NO.9）的功能将强制性地变为 PWM 控制专用。

端子 NO.8：频率信号切换输入端子。

ON：参数 P09 设定的信号

OFF：PWM 频率信号。

端子 NO.9：PWM 频率信号输入端子。

最大额定电压、电流：用具有 DC50V、50mA 以上能力的开路式集电极信号输入。

参数 P23：PWM 信号平均次数，数据设定范围（次）为 1～100。

参数 P24：PWM 信号周期，数据设定范围（ms）为 1～999，请以 PWM 输入信号周期的 ±12.5%以内的值设定数据。

要实现变频器的 PWM 功能，首先必须对变频器进行设定。松下变频器内部参数 P22、P23、P24 是针对 PWM 功能进行设定的。因此首先应将参数 P22 设定为 1，启用变频器的 PWM 功能。

参数 P23 是决定 PWM 周期的指令平均次数，数据越大，速度运行越稳定，但响应速度会变慢，在这里将其值设定为 50。

参数 P24 决定 PWM 信号周期，这个数值应与 PLC 输出的 PWM 的周期吻合，在此将周期定为 10ms，因此参数 P24=10。

（3）编写 PLC 程序。

由于西门子编程软件 STEP7-Micro/WIN 自带位置控制向导，通过使用向导可以方便地应用 PWM 输出功能。在这里，就以向导为例介绍 PLC 的 PWM 输出功能。

1）打开编程软件 STEP7-Micro/WIN，选择“工具”→“位置控制向导”，如图 3-185 所示。

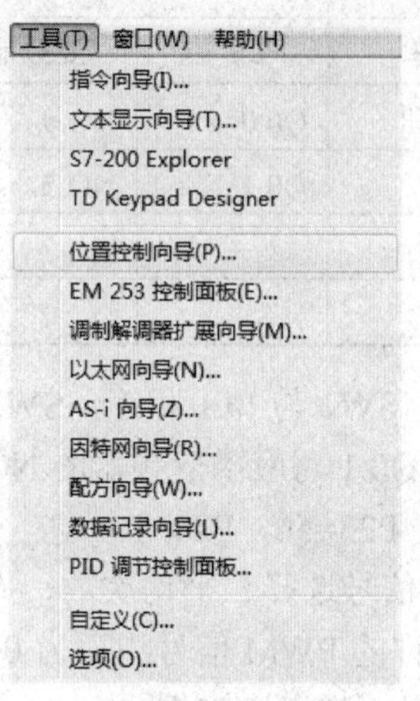

图 3-185　菜单操作

2）打开位置控制向导，进入运动控制功能选择对话框。PLC 的运动控制分为两种：一种是利用自身带的脉冲输出功能，另一种是配置 EM253 位控模块。在这里，选择 PLC 本身的脉冲输出功能，即“配置 S7-200PLC 内置 PTO/PWM 操作”，如图 3-186 所示。选择完成以后单击“下一步”按钮。

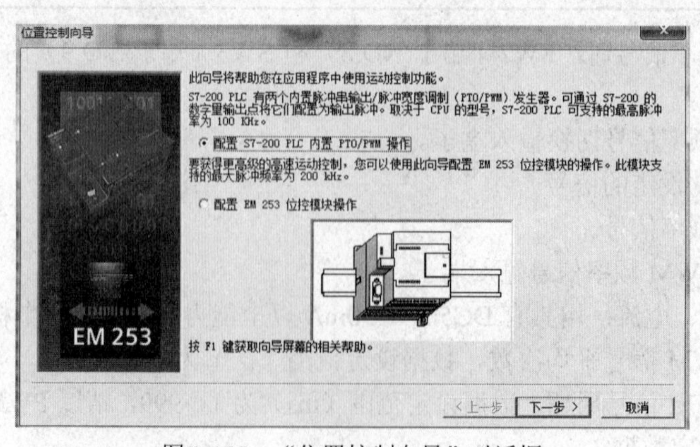

图 3-186　“位置控制向导”对话框

3）进入脉冲发生器选择界面。S7-200PLC 提供两个脉冲发生器：一个被分配给数字量输出点 Q0.0，另一个被分配给数字量输出点 Q0.1。这两个通道在应用上没有区别，可以任意选择一个。在这里选择 Q0.0，如图 3-187 所示。完成操作后单击“下一步”按钮。

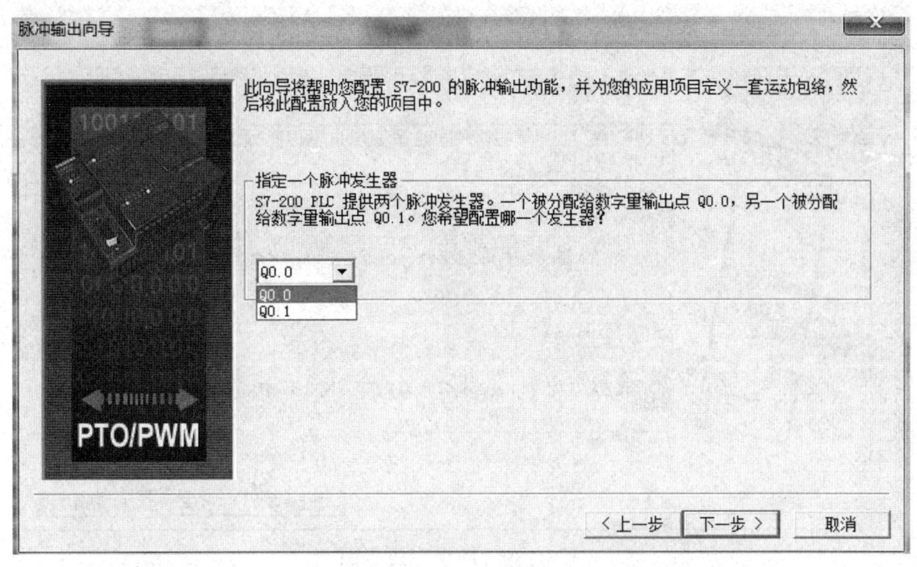

图 3-187 “脉冲输出向导”对话框

4）进入 PTO 或 PWM 选择和时间基数选择的对话框。脉冲发生器可配置为用于线性脉冲串输出（PTO），也可以选择脉冲宽度调制（PWM）。对于变频器控制，只能选择 PWM 功能。

同时在界面下方，要求选择周期的时间基数和脉冲宽度的时间基数。为了与变频器的周期（1ms～999ms）相匹配，选择时间基数为毫秒，如图 3-188 所示。完成后单击“下一步”按钮。

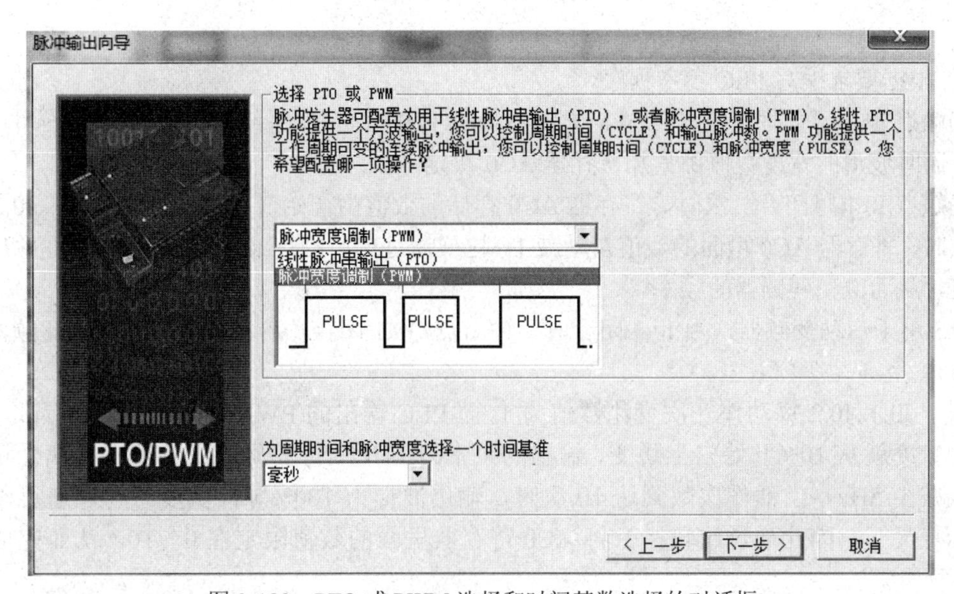

图 3-188 PTO 或 PWM 选择和时间基数选择的对话框

5）完成向导。完成了上述步骤的操作以后，向导会给用户提供一个名为 PWM0_RUN 的子程序。在系统中调用子程序即可完成相应的程序设计，如图 3-189 所示。

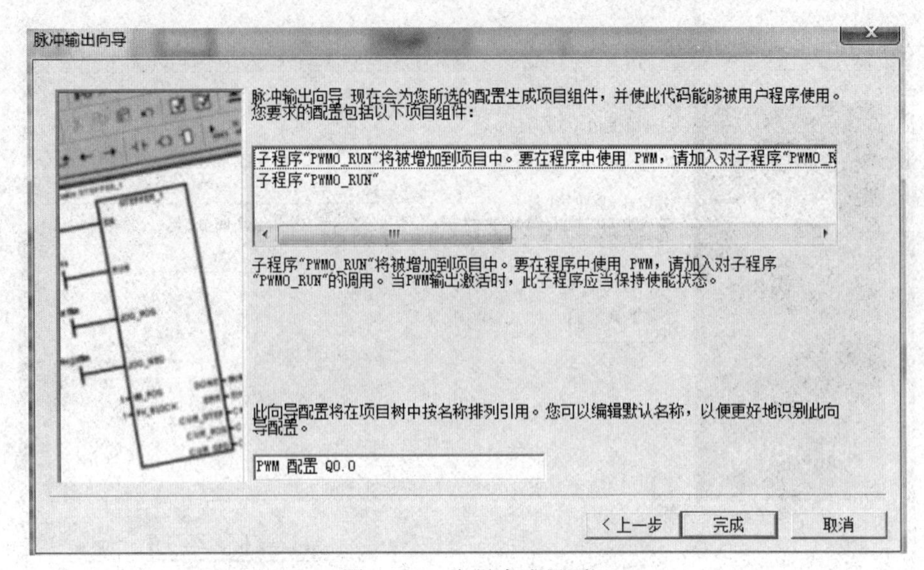

图 3-189　向导完成界面

6）回到编程界面，在“调用子程序”下会增加 PWM0_RUN(SBR1)项，如图 3-190 所示。

图 3-190　增加了项目

7）根据要求编写 PLC 参考程序。

当触点 I0.0 闭合时，子程序 PWM0_RUN(SBR1)开始运行，系统输出周期为 10ms 的 PWM 波形，同时波形的宽度数值由累加寄存器 AC0 决定。

当触点 I0.1 每闭合一次时，寄存器 AC0 存储的数值由初始值 0 自动加 1，触点 I0.2 每闭合一次时，寄存器 AC0 里面的数值自动减 1。这样通过调节触点 I0.1、I0.2 可以改变输出波形的宽度，从而改变变频器的频率。

I0.3 用于启动变频器，当 I0.3 闭合时，输出点 Q0.1 闭合，启动变频器。要求变频器参数 P08=2。

由于 I0.1、I0.2 每动作一次变化数值为 1，而 PLC 输出的 PWM 的周期为 10，因此 PWM 的脉冲宽度就从 10%开始向上跳变，输出的频率为 11Hz，每变化一次输出频率就会相应地增加或减少 5Hz。当动作次数到达 10 次时，输出波形为 100%脉冲宽度，再调速就没有什么实际意义了，因此通过比较指令将 AC0 寄存器里面的数值限定在 0～10，从而完成控制要求。

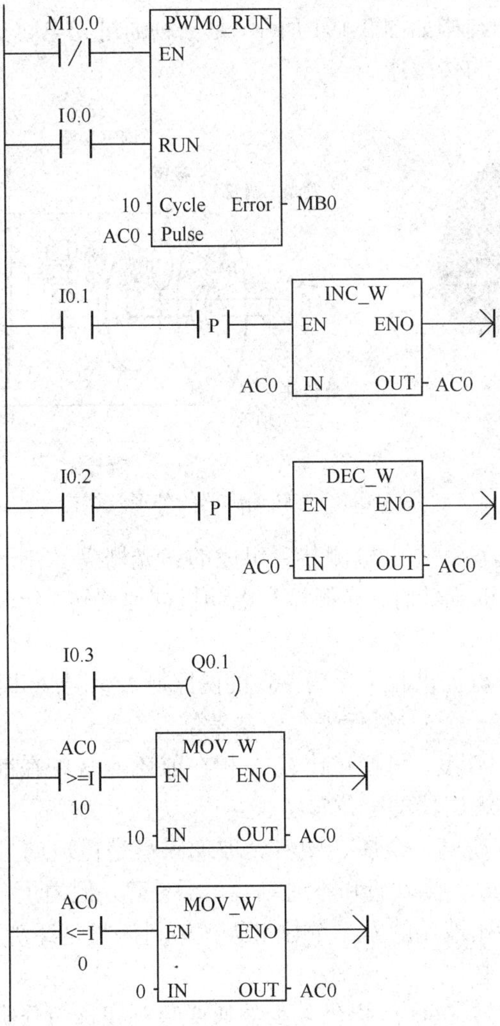

M10.0 PWM0_RUN EN
I0.0 RUN
10 Cycle Error MB0
AC0 Pulse

I0.1 P INC_W EN ENO
AC0 IN OUT AC0

I0.2 P DEC_W EN ENO
AC0 IN OUT AC0

I0.3 Q0.1

AC0 >=I 10 MOV_W EN ENO
10 IN OUT AC0

AC0 <=I 0 MOV_W EN ENO
0 IN OUT AC0

3.3.3 旋转编码器定位控制

在实际工业控制中，经常需要测量电机转速、工作台位移等，用来测量转速的装置为旋转编码器，其通过光电转换可将输出轴的角位移、角速度等机械量转换成相应的电脉冲以数字量输出（REP）。

旋转编码器输出的信号频率高，使用普通的计数器无法对其进行计数，在 S7-200PLC 设有专门的高速计数器用来实现高精度定位控制和数据快速处理。

PLC 在执行高速计数、高精度定位控制时，有很多内外部的随机事件发生，而这些事件出现时又需要尽快处理，此时 PLC 用中断的方法来实现。

1. 旋转编码器的认识

旋转编码器是用来测量转速的装置，它分为单路输出和双路输出两种。技术参数主要有每转脉冲数（几十个到几千个都有）和供电电压等。单路输出是指旋转编码器的输出是一组脉冲，而双路输出的旋转编码器输出两组 A/B 相位差 90 度的脉冲，通过这两组脉冲不仅可以测量转速，还可以判断旋转的方向。

旋转编码器的外形和结构如图 3-191 所示，是一种通过光电转换将输出轴上的机械几何位移量转换成脉冲或数字量的传感器。

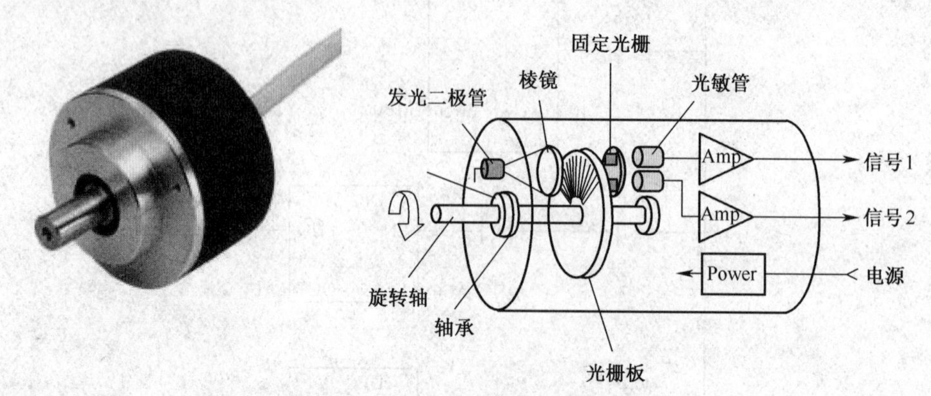

图 3-191　旋转编码器的外形及结构

光电编码器是由光栅盘和光电检测装置组成的。光栅盘是在一定直径的圆板上等分地开通若干个长方形孔。电动机旋转时，光栅盘与电动机同速旋转，经发光二极管等电子元件组成的检测装置检测输出若干脉冲信号。

为判断旋转方向，码盘提供相位差为 90º 的两路脉冲信号 A 相和 B 相。此外，还提供一路 Z 相脉冲（转一圈出现一个），以代表零位参考位。

由于 A、B 两相相差 90 度，可通过比较 A 相在前还是 B 相在前来判别编码器的正转与反转，通过零位脉冲可获得编码器的零位参考位。

编码器码盘的材料有玻璃、金属、塑料。玻璃码盘是在玻璃上沉积很薄的刻线，其热稳定性好、精度高；金属码盘直接以通和不通刻线，不易碎，但由于金属有一定的厚度，精度就有限制，其热稳定性就要比玻璃的差一个数量级；塑料码盘是经济型的，其成本低，但精度、热稳定性、寿命均要差一些。

- 分辨率：将每旋转 360 度提供多少的通或暗刻线称为分辨率，也称解析分度，或直接称多少线，一般在每转分度 5～10000 线。
- 信号输出：有正弦波（电流或电压）、方波（TTL、HTL）、集电极开路（PNP、NPN）、推拉式多种形式，其中 TTL 为长线差分驱动（对称 A、A-，B、B-，Z、Z-），HTL 也称推拉式、推挽式输出，编码器的信号接收设备接口应与编码器对应。
- 信号连接：编码器的脉冲信号一般连接计数器、PLC、计算机，PLC 和计算机连接的模块有低速模块和高速模块之分，开关频率有低有高。例如，单相联接，用于单方向计数、单方向测速；A、B 两相联接，用于正反向计数、判断正反向和测速；A、B、Z 三相联接，用于带参考位修正的位置测量；A、A-，B、B-，Z、Z-连接，由于带有对称负信号的连接，电流对于电缆贡献的电磁场为 0，衰减最小，抗干扰最佳，可传输较远的距离。对于 TTL 的带有对称负信号输出的编码器，信号传输距离可达 150 米。

2. OMRON E6A2 旋转编码器控制实例

实例：货物的定位控制。

【内容要求】

使用旋转编码器进行定位控制，当货物运行 10cm 后，变频器停止运行。

【任务分析】

为了实现货物的定位控制，需要用到旋转编码器。旋转编码器是一种将角位移转换成脉冲值的检测装置，PLC 通过高速计数器来统计编码器发出的脉冲数，从而判断货物所处的位置。

旋转编码器可输出两路脉冲信号，其波形如图 3-192 所示。

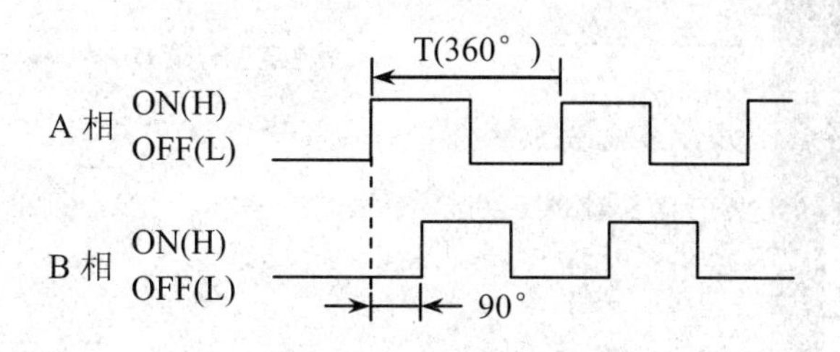

图 3-192 旋转编码器输出脉冲信号的波形

旋转编码器正转时，A 相超前 B 相 90°；旋转编码器反转时，A 相滞后 B 相 90°，这样通过该装置就可以检测电机运行的绝对位移。

控制要求检测货物运行 10cm 的距离，实际就是要求检测旋转编码器运行一定脉冲数值后变频器停止运行。不失一般性，不妨假设货物运行 10cm 所需要的脉冲值为 1000 个脉冲（实际数值可通过实验测量，在此不再赘述），下面进行实际操作。

【操作步骤】

（1）硬件设计：根据系统要求，系统 I/O 分配表如表 3-76 所示。

表 3-76 实例：货物的定位控制系统 I/O 分配表

输入接口			输出接口		
PLC 端	控制板端口	注释	PLC 端	变频器接口	注释
I0.0	SA	旋转编码器 A 相脉冲输出	Q0.0	NO.5	控制变频器启动
I0.1	SW1	启动变频器信号			
I0.2	SW2	高速计数器复位信号			

系统接线：旋转编码器中的 SA 与 I0.0 相连，SW1 与 I0.1 相连，SW2 与 I0.2 相连，Q0.0 对应于变频器的 NO.5 端子。

（2）编写 PLC 程序。

S7-200 型 CPU226PLC 中共有 6 个高速计数器，每个高速计数器有 11 种模式，针对控制要求选择计数器 HSC0，选择模式为 1，通过编程软件的向导指令可以完成控制要求。

使用“指令向导”定义高速计数器 HSC0。

1）打开编程软件 STEP7-Micro/WIN，选择“工具”→“指令向导”，如图 3-193 所示。

图 3-193 菜单操作

2）进入指令向导界面。在指令向导中，支持 3 种指令功能：PID、NETR/NETW、HSC。使用高速计数功能应选择 HSC，然后单击“下一步”按钮，如图 3-194 所示。

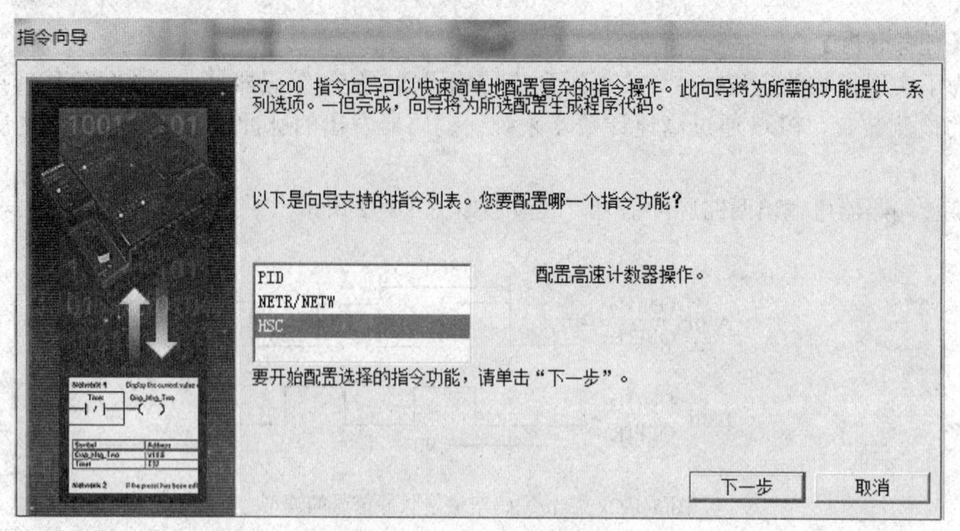

图 3-194　选择指令功能

3）配置高速计数器。从 HC0～HC5 中选择一个高速计数器。选择不同的高速计数器所使用的外部输入信号不同。针对此控制要求，选择 HC0，输入点为 I0.0、I0.1、I0.2。

每个高速计数器最多有 11 种工作模式，选择模式 1，控制方式为带有内部方向控制的单相/减计数器，没有启动输入，带有复位输入信号。结合选择的高速计数器 HSC0，则输入点 I0.0 为脉冲时钟输入端口，I0.2 为复位输入操作。设置完成后如图 3-195 所示，单击“下一步”按钮。

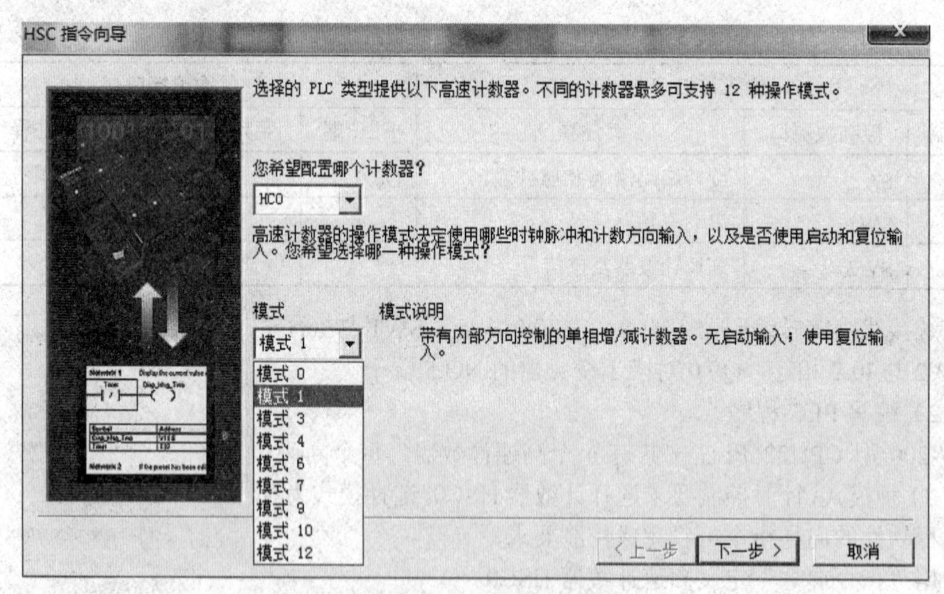

图 3-195　配置高速计数器

4）初始化 HC0。在初始化选项中，需要给子程序命名，系统默认名称为 HSC_INIT；设定高速计数器的预置值（PV）为 1000，计数器的当前值为 0，计数器的初始计数方向为增，复位输入信号为高电平有效，具体设置如图 3-196 所示。

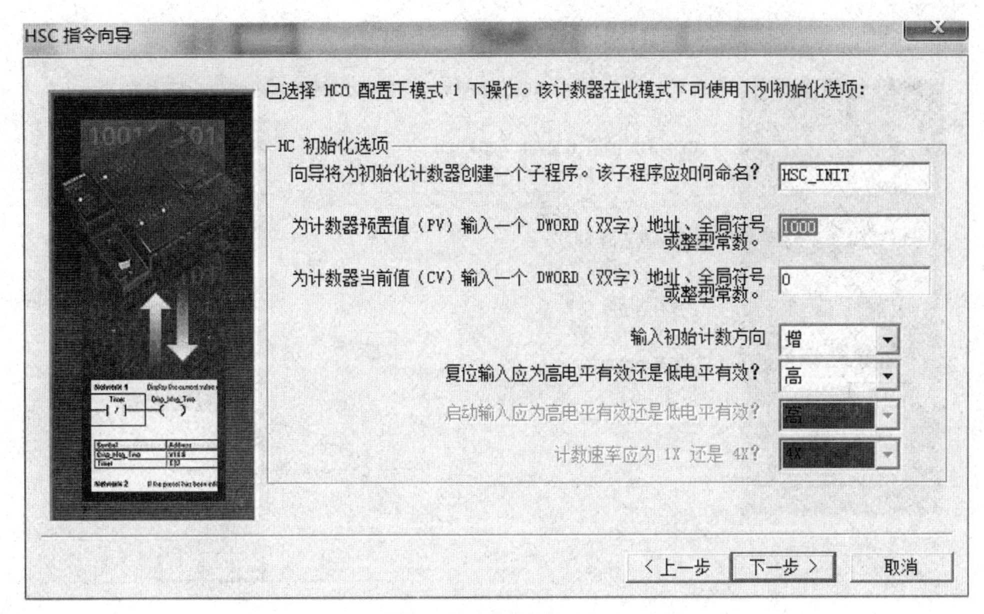

图 3-196　初始化 HC0

5）设置 HC0 的中断事件。当高速计数器的预置值与计数器当前值相等时，产生中断事件，设置如图 3-197 所示。

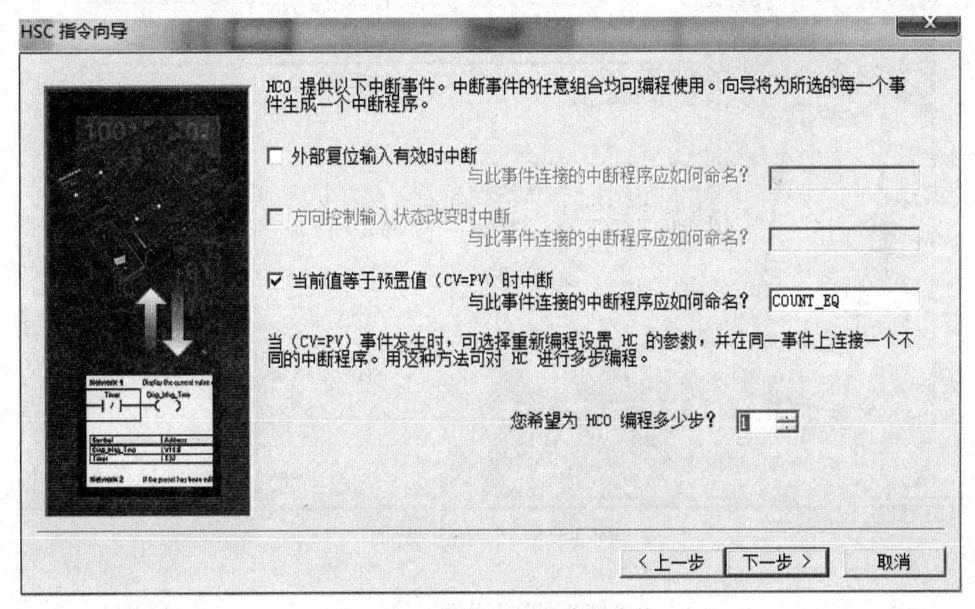

图 3-197　设置 HC0 的中断事件

6）当计数器的经过值与预置值相等时，高速计数器的任何一个动态参数都可以被更新。在这里，更新预置值为 0，设置如图 3-198 所示。

7）完成指令向导。向导完成以后，会自动生成一个子程序 HSC_INIT 和一个中断程序 COUNT_EQ，在编程序时直接调用即可，如图 3-199 所示。

8）回到编程界面，在“调用子程序”中会增加 HSC_INIT 项，如图 3-200 所示。

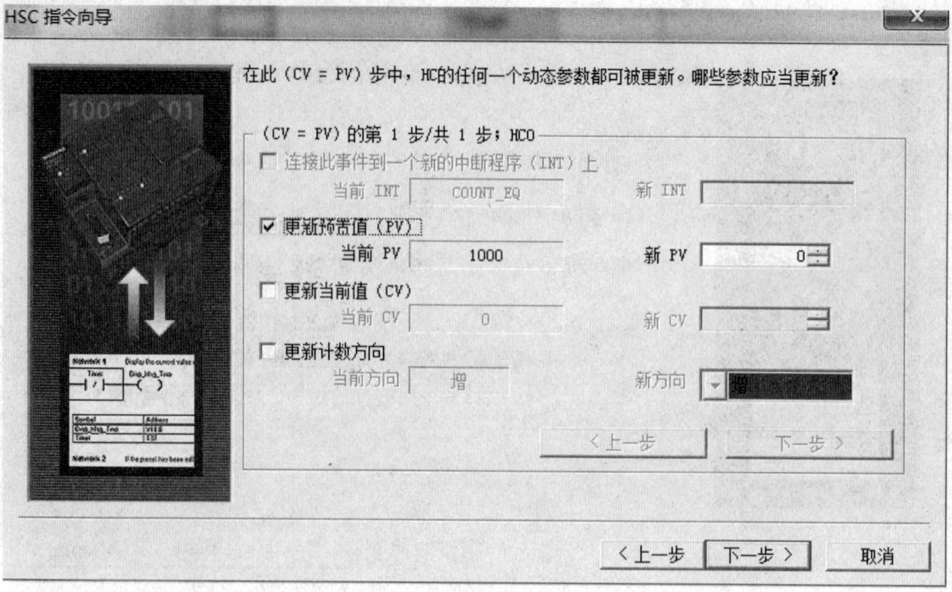

图 3-198 参数更新

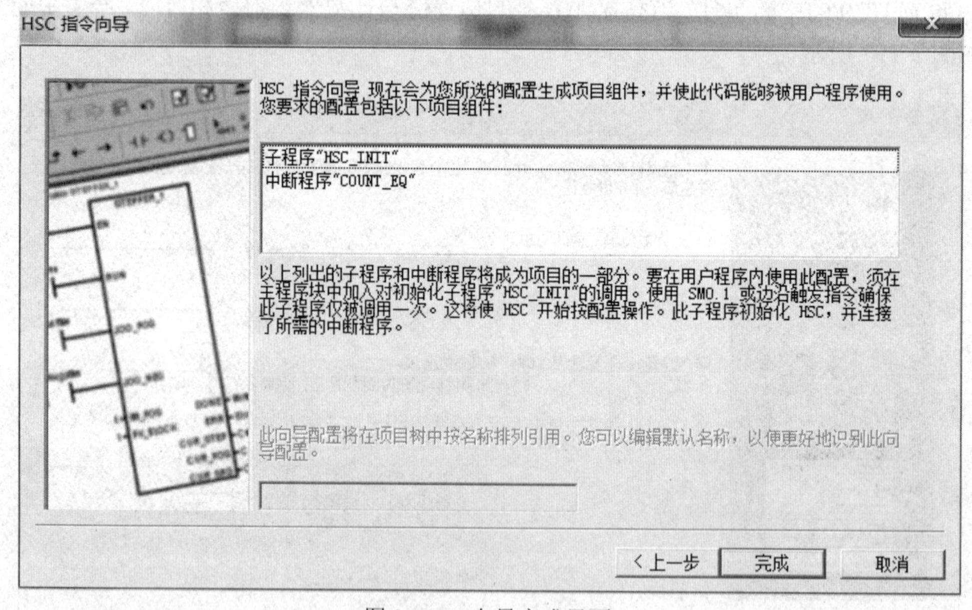

图 3-199 向导完成界面

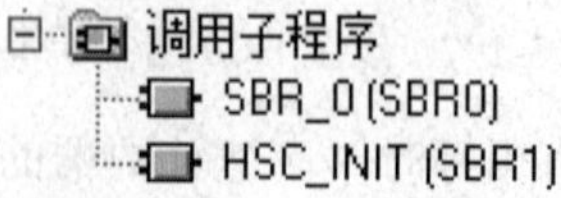

图 3-200 增加了项目

9）根据要求编写 PLC 参考程序。

当系统开始运行时，调用子程序 HSC_INIT。子程序的目的是用于初始化 HSC0，将其控制字节 SMB47 设置为 16#F8，即允许计数、写入新的当前值、写入新的预置值、写入新的计数方向，设置初始计数方向为加计数，启动输入信号和复位输入信号都是高电平有效。

当 HSC0 计数脉冲达到设定值 1000 时，调用中断程序 COUNT_EQ，将 SMD48 的值变为 0，即清除高速计数器的当前值。同时设置完成标志位 M0.0。

当 I0.1 触点闭合时，Q0.0 吸合，变频器启动，电机开始转动，同时编码器经过值 HC0 开始增加，当经过值达到 1000 时，启动中断程序，标志位 M0.0 置 1，变频器停止运行。

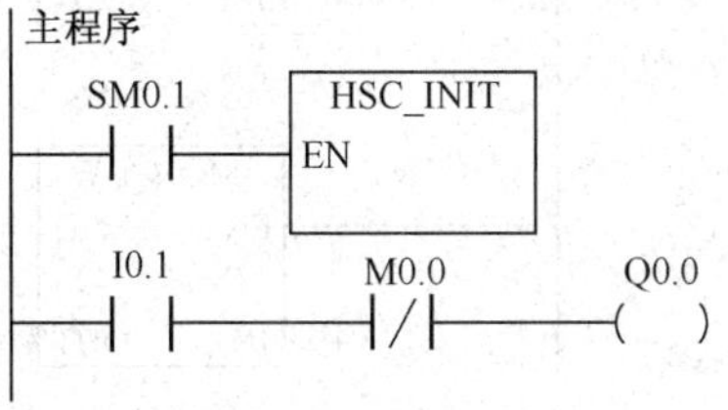

主程序

SM0.1　HSC_INIT　EN

I0.1　M0.0　Q0.0

网络 1　HSC 指令向导

要在程序中使用此配置，请在主程序块中使用 SM0.1 或一条沿触发指令请用一次此子程序。配置 HC0 为模式 1；CV=0；PV=1000；增计数；
连接中断程序 COUNT_EQ 到事件 12（HC0 的 CV=PV）。
开放中断和启动计数器。

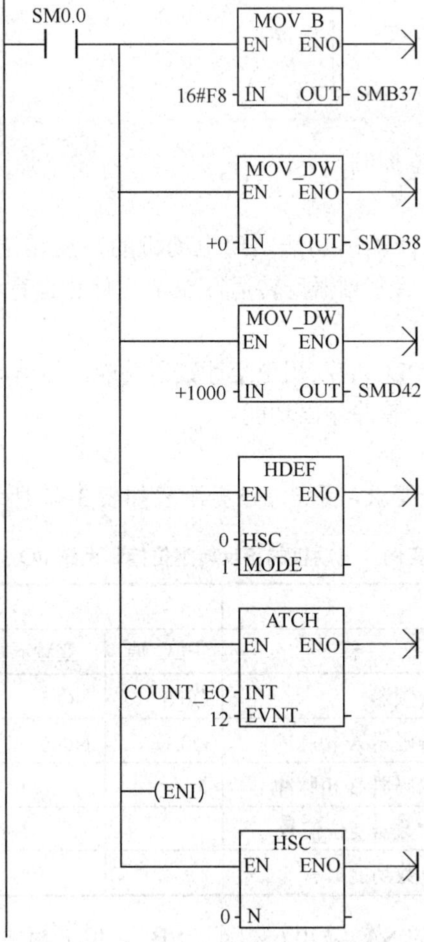

SM0.0

MOV_B　EN　ENO　16#F8 - IN　OUT - SMB37

MOV_DW　EN　ENO　+0 - IN　OUT - SMD38

MOV_DW　EN　ENO　+1000 - IN　OUT - SMD42

HDEF　EN　ENO　0 - HSC　1 - MODE

ATCH　EN　ENO　COUNT_EQ - INT　12 - EVNT

(ENI)

HSC　EN　ENO　0 - N

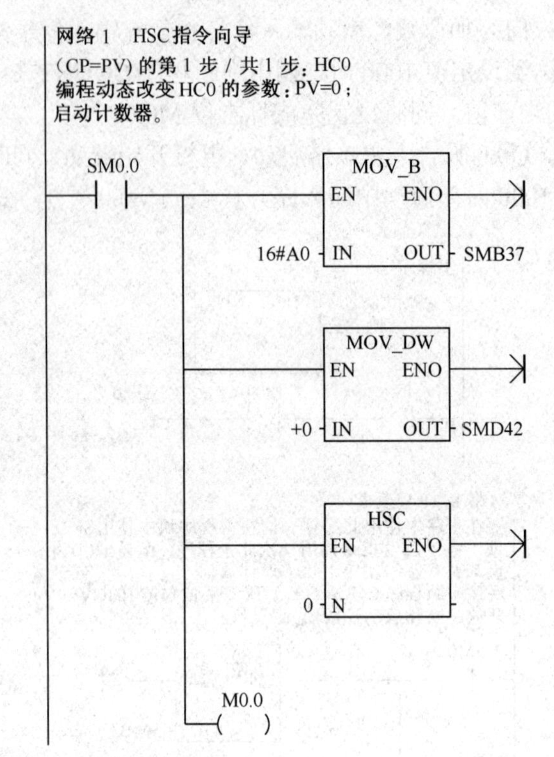

实例：电动机的正反转定位控制。

【内容要求】

使用旋转编码器的双相脉冲输出功能实现电动机的正反转定位控制。当货物正转运行10cm后，变频器停止运行，然后变频器反转运行5cm后停止运行。

【任务分析】

根据控制要求，要求利用PLC的双相正交计数器功能，这就要求旋转编码器输出两路脉冲，正好利用旋转编码器的双相脉冲输出功能。

【操作步骤】

（1）硬件设计：根据系统要求，系统I/O分配表如表3-77所示。

表3-77 实例：电动机的正反转定位控制系统I/O分配表

输入接口			输出接口		
PLC端	控制板端口	注释	PLC端	变频器接口	注释
I0.0	SW0	启动变频器	Q0.0	NO.5	控制变频器启动
I0.6	SA	旋转编码器A相脉冲	Q0.1	NO.6	控制变频器正反转
I0.7	SB	旋转编码器B相脉冲			
I1.0	SW3	高速计数器复位信号			
I1.1	SW4	启动计数功能			

系统接线：旋转编码器中的SA与I0.6相连，SB与I0.7相连，SW1与I0.1相连，SW2与I0.2相连，Q0.0对应于变频器的NO.5端子。

（2）编写 PLC 程序。

定义高速计数器 HSC1。

1）进入指令向导界面。选择 HSC1 计数器，选择模式 11，即 A/B 相正交计数器，使用启动输入和停止输入，然后单击“下一步”按钮，如图 3-201 所示。

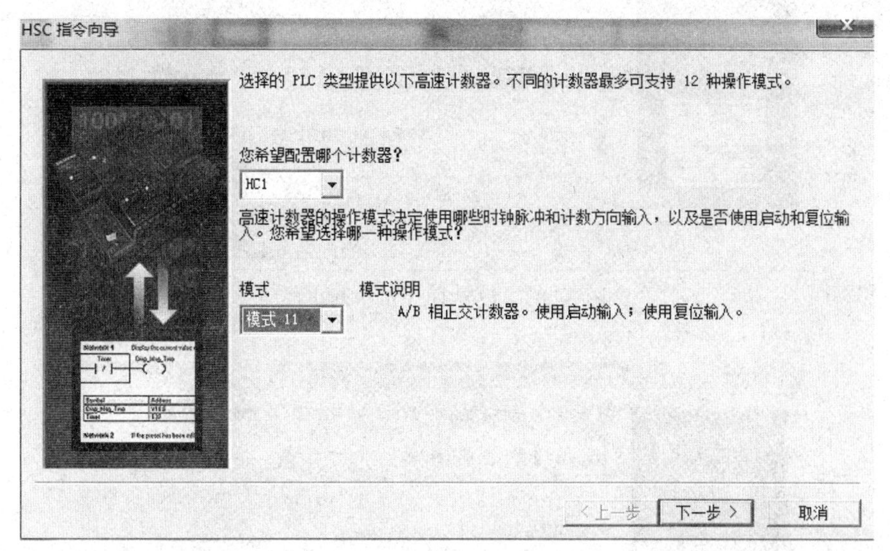

图 3-201　配置高速计数器

2）初始化 HC1。选择子程序的默认名称 HSC_INIT，选择预置值为 1000，输入初始计数为增，输入复位信号和启动信号为高电平有效，如图 3-202 所示。

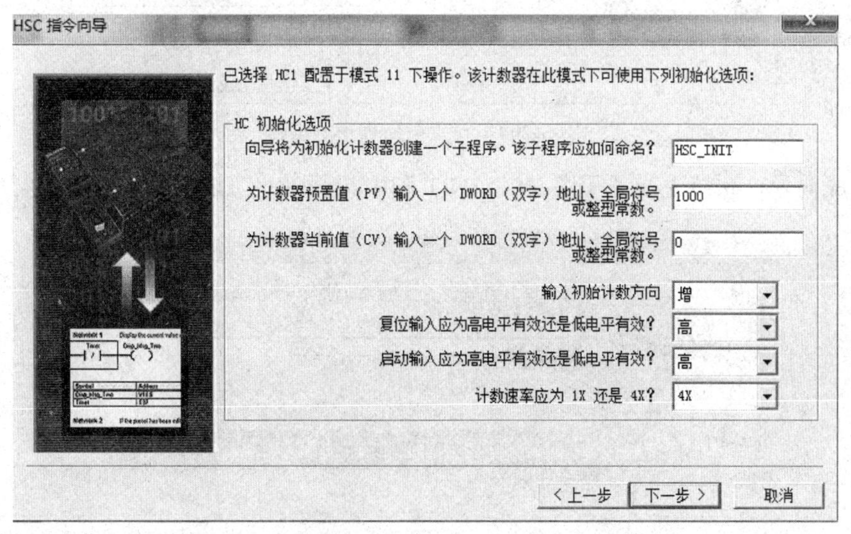

图 3-202　初始化 HC1

3）启用中断程序，当计数器的当前值与预置值相等时，启用中断程序 COUNT_EQ，完成操作后单击“下一步”按钮，如图 3-203 所示。

4）设置中断程序的操作。当中断事件发生时，更新预置值为 500，完成后单击“下一步”按钮，如图 3-204 所示。

HSC 指令向导

HC1 提供以下中断事件。中断事件的任意组合均可编程使用。向导将为所选的每一个事件生成一个中断程序。

外部复位输入有效时中断
与此事件连接的中断程序应如何命名?

方向控制输入状态改变时中断
与此事件连接的中断程序应如何命名?

当前值等于预置值（CV=PV）时中断
与此事件连接的中断程序应如何命名? COUNT_EQ

当（CV=PV）事件发生时，可选择重新编程设置 HC 的参数，并在同一事件上连接一个不同的中断程序。用这种方法可对 HC 进行多步编程。

您希望为 HC1 编程多少步? 1

<上一步 下一步> 取消

图 3-203　设置 HC1 的中断事件

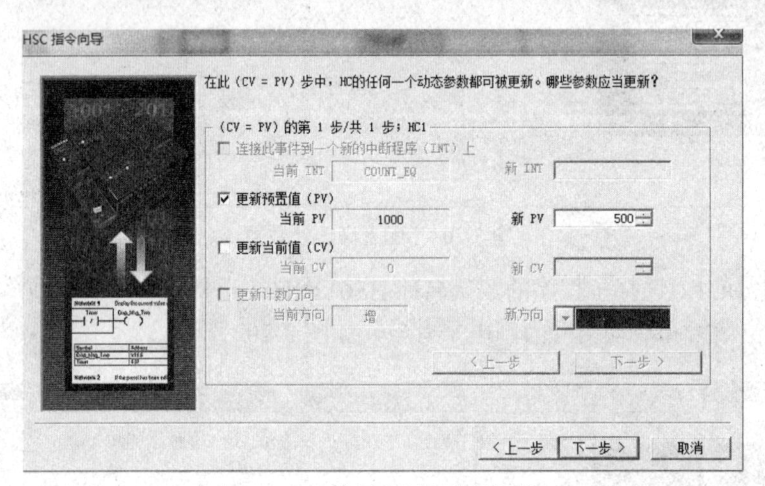

图 3-204　设置中断程序的操作

5）完成向导，系统生成子程序 HSC_INIT 和中断程序 COUNT_EQ，如图 3-205 所示。

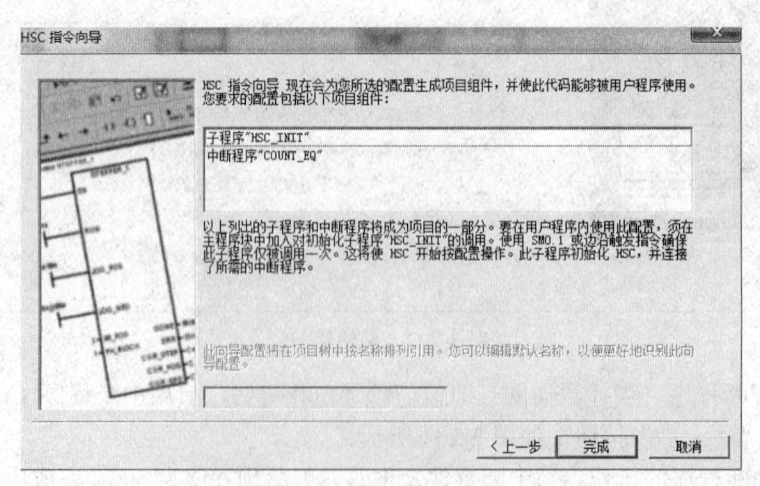

图 3-205　向导完成界面

6）根据要求编写 PLC 参考程序。

当系统的触发信号 I0.0 闭合时，变频器启动，触点 I1.1 闭合时，计数功能启动，寄存器 HC1 数值增加，当 HC1 达到 1000 时，启用中断，同时标志位 M0.0 置 1，变频器停止运行。

当完成正转后，变频器反转控制信号 Q0.1 置为 1，当系统的触发信号 I0.0 再次闭合时，变频器启动，反转 500 个脉冲后变频器停止运行，完成控制要求。

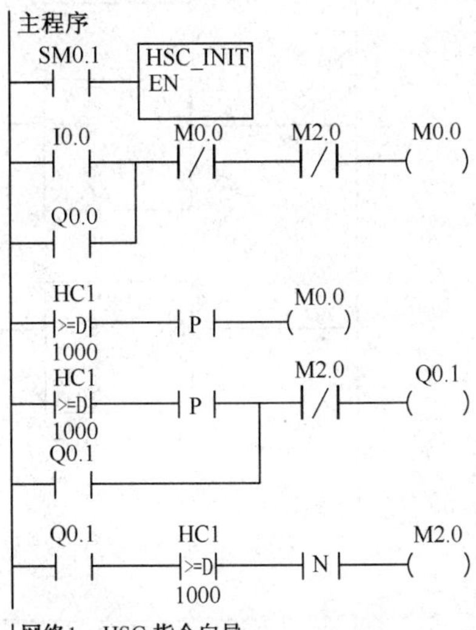

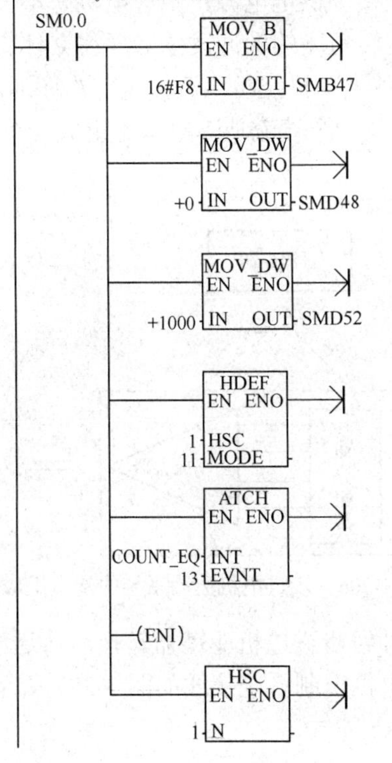

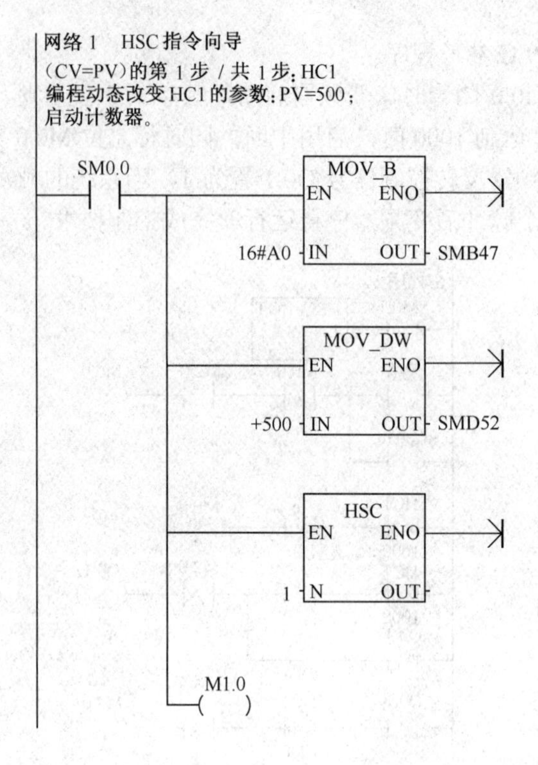

3.3.4　步进电机控制

1. 步进电机驱动系统

与交直流电动机不同，仅仅接上供电电源，步进电机是不会运行的。为了驱动步进电机，必须由一个决定电动机速度和旋转角度的脉冲发生器（在立体仓库控制系统中采用 PLC 作脉冲发生器进行位置控制）、一个使电动机绕组电流按规定次序通断的脉冲分配器、一个保证电动机正常运行的功率放大器，以及一个直流功率电源等组成一个驱动系统，步进电机驱动系统的基本组成如图 3-206 所示。

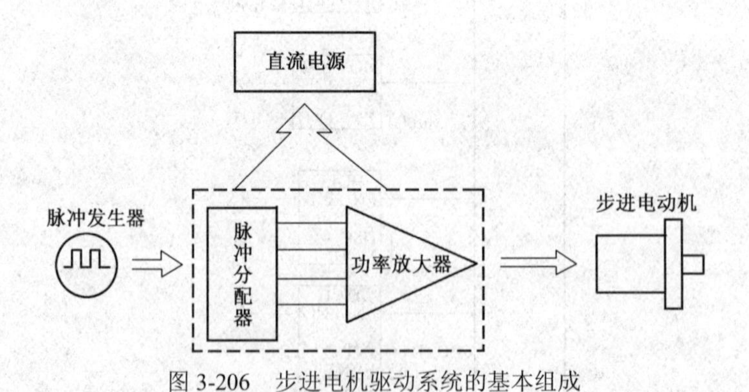

图 3-206　步进电机驱动系统的基本组成

图中，PLC 充当发出的脉冲经步进电机驱动器转换后传送给步进电机，进而控制步进的速度和方向。基于 PLC 的步进电机控制系统接线如图 3-207 所示。

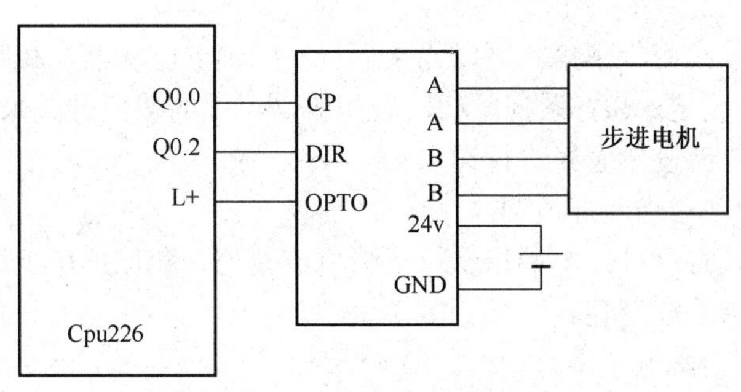

图 3-207 步进电机与步进电机驱动器接法

从上面的描述可以看出，步进电机的运行要有一个电子装置进行驱动，这种装置就是步进电机驱动器，它是把控制系统发出的脉冲信号转化为步进电机的角位移，或者说，控制系统每发一个脉冲信号，通过驱动器就使步进电机旋转一步距角。所以步进电机的转速与脉冲信号的频率成正比。

（1）步进电机驱动器细分数和电机相电流的设定。

1）细分数的设定。要了解“细分”，先要弄清“步距角”这个概念。它表示控制系统每发一个步进脉冲信号电机所转动的角度。SH 系列驱动器是靠驱动器上的拨位开关来设定细分数的，只需要根据面板上的提示设定即可。在系统频率允许的情况下，尽量选用高细分数。

对于两相步进电机，细分后电机的步距角等于电机的整步步距角除以细分数，例如细分数设定为 40、驱动步距角为 0.9°/1.8°的电机，其细分步距角为 1.8÷40=0.045。可以看出，步进电机通过细分驱动器的驱动，其步距角变小了，如驱动器工作在 40 细分状态时，其步距角只为电机固有步距角的十分之一，也就是说：当驱动器工作在不细分的整步状态驱动上例的电机时，控制系统每发一个步进脉冲，电机转动 1.8°；而用细分驱动器工作在 40 细分状态时，电机只转动了 0.045°，这就是细分的基本概念。细分功能完全是由驱动器靠精确控制电机的相电流所产生的，与电机无关。

驱动器细分后将使电机的运行性能产生质的飞跃，但是这一切都是由驱动器本身产生的，和电机及控制系统无关。在使用时，唯一需要注意的一点是步进电机步距角的改变，这一点将对控制系统所发出的步进信号的频率有影响。因为细分后步进电机的步距角将变小，要求步进信号的频率要相应提高。

驱动器细分后的主要优点为：

- 完全消除了电机的低频振荡。低频振荡（约在 200Hz 左右）是步进电机的固有特性，而细分是消除它的唯一途径，如步进电机有时要在共振区工作（如走圆弧），选择细分驱动器是唯一的选择。
- 提高了电机的输出转矩。尤其是对三相反应式电机，其力矩比不细分时提高约 30～4096。
- 提高了电机的分辨率。由于减小了步距角、提高了步距的均匀度，提高电机的分辨率是不言而喻的。

以上这些优点，尤其是在性能上的优点，并不是一个量的变化，而是质的飞跃。所以我们最好选用细分驱动器。在没有细分驱动器时，用户主要靠选择不同相数的步进电机来满足自己步距角的要求。但现在的情况不同了，细分驱动器的出现改变了这种观念，用户只需在驱动器上改变细分数就可以改变步距角。所以如果用户采用细分驱动器，相数将变得没有意义。

2）电机相电流的设定。SH 系列驱动器是靠驱动器上的拨位开关来设定电机的相电流，只需要根据面板上的电流设定表格进行设定。

（2）步进电机驱动器指示灯说明。

驱动器的指示灯共有两种：电源指示灯（绿色或黄色）和保护指示灯（红色）。当任意一种保护发生时，保护指示灯变亮。

（3）步进电机驱动器电源接口。

对于超小型驱动器（SH-2H057、SH-3F075、SH-2H057M、SH-3F075M），采用一组直流供电 DC（24～40V），注意正负极不要接错，此电源可以由一变压器变压后加整流滤波（无须稳压）组成或者由一开关电源提供，参考图 3-208 所示。因为 PLC 需要采用开关式稳压电源供电，所以在设计中电源应选用开关式稳压电源。

☞ 开关电源供电，适用于：SH-2H057M、SH-3F057M、SH2H057、SH-2H075 型

图 3-208　开关式稳压电源

2. 森创两相混合式步进电机驱动器 SH-20403

北京斯达特机电科技发展有限公司生产的 SH 系列步进电机驱动器（型号为 SH-20403），主要由电源输入部分、信号输入部分和输出部分组成，如图 3-209 所示。SH-20403 步进电机驱动器采用铸铝结构，此种结构主要用于小功率驱动器，这种结构为封闭的超小型结构，本身不带风机，其外壳即为散热体，所以使用时要将其固定在较厚、较大的金属板上或较厚的机柜内，接触面之间要涂上导热硅脂，在其旁边加一个风机也是一种较好的散热办法。

图 3-209　SH-20403 森创两相混合式步进电机驱动器

（1）电源电压。

驱动器内部的开关电源设计保证了可以适应较宽的电压范围，用户可根据各自的情况在 10V～40V DC 之间选择。一般来说较高的额定电源电压有利于提高电机的高速力矩，但却会加大驱动器的损耗和温升。

（2）输出电流选择。

本驱动器最大输出电流值为3A/相（峰值），通过驱动器面板上六位拨码开关的第5、6、7三位可组合出8种状态，对应8种输出电流，从0.9A到3A，以配合不同的电机使用，如图3-210所示。

5	6	7	
ON	ON	ON	0.9A
ON	OFF	ON	1.5A
OFF	ON	ON	2.1A
OFF	OFF	ON	2.7A
ON	ON	OFF	1.2A
ON	OFF	OFF	1.8A
OFF	ON	OFF	2.4A
OFF	OFF	OFF	3A

图3-210　输出电流选择

（3）细分选择。

本驱动器可提供整步、改善半步、4细分、8细分、16细分、32细分和64细分7种运行模式，利用驱动器面板上六位拨码开关的第1、2、3三位可组合出不同的状态，如图3-211所示。

1	2	3	
ON	ON	ON	保留
ON	OFF	ON	32细分
OFF	ON	ON	64细分
OFF	OFF	ON	16细分
ON	ON	OFF	8细分
ON	OFF	OFF	半步
OFF	ON	OFF	4细分
OFF	OFF	OFF	整步

图3-211　细分模式选择

（4）输入信号。

- 公共端：本驱动器的输入信号采用共阳极接线方式，用户应将输入信号的电源正极连接到该端子上，将输入的控制信号连接到对应的信号端子上。控制信号低电平有效，此时对应的内部光耦导通，控制信号输入驱动器中。
- 脉冲信号输入：共阳极时该脉冲信号下降沿被驱动器解释为一个有效脉冲，并驱动电机运行一步。为了确保脉冲信号的可靠响应，共阳极时脉冲低电平的持续时间不应少于10μs。本驱动器的信号响应频率为70kHz，过高的输入频率将可能得不到正确响应。

- 方向信号输入：该端信号的高电平和低电平控制电机的两个转向。共阳极时该端悬空被等效认为输入高电平。控制电机转向时，应确保方向信号领先脉冲信号至少10μs建立，可避免驱动器对脉冲的错误响应。
- 脱机信号输入：该端接收控制机输出的高/低电平信号，共阳极时低电平时电机相电流被切断，转子处于自由状态（脱机状态）；共阳极时高电平或悬空时，转子处于锁定状态。

注意

本驱动器可以通过修改程序实现对双脉冲工作方式的支持，当工作于双脉冲方式时，方向信号端输入的脉冲被解释为反转脉冲，脉冲信号端输入的脉冲为正转脉冲。另外，标准共阳驱动器也可以修改成共阴驱动器。以上特殊需求需要客户提前说明。

（5）典型接线图（如图3-212所示）。

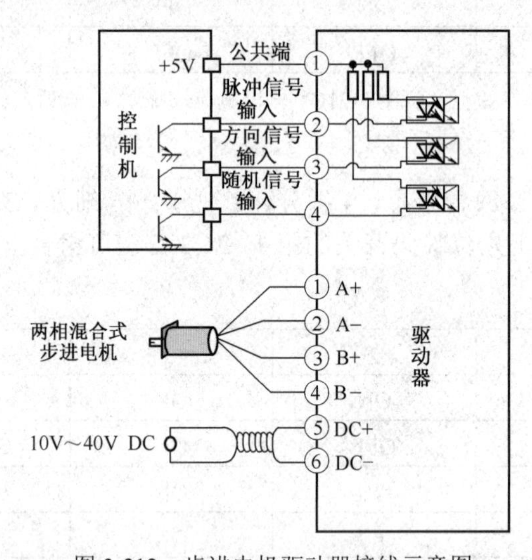

图3-212　步进电机驱动器接线示意图

注意

为了更好地使用本驱动器，用户在系统接线时应遵循功率线（电机相线、电源线）与弱电信号线分开的原则，以避免控制信号被干扰。在无法分别布线或有强干扰源（变频器、电磁阀等）存在的情况下，最好使用屏蔽电缆传送控制信号，采用较高电平的控制信号对抵抗干扰也有一定的意义。

（6）输入接口电路（如图3-213所示）。

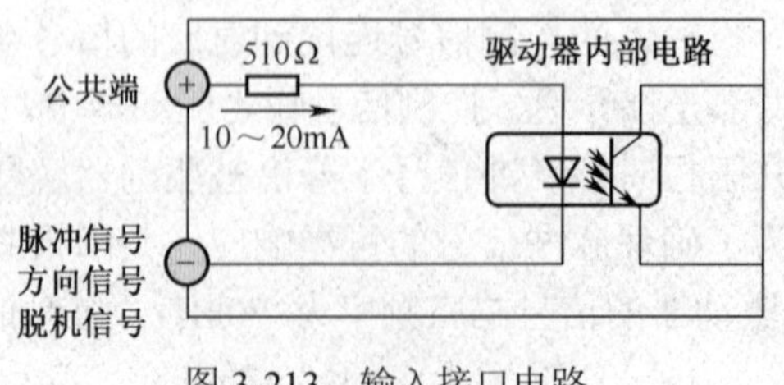

图3-213　输入接口电路

当控制信号不是 TTL 电平时，应根据信号电压大小分别在各输入信号端口（而非公共端）外串限流电阻，如 24V 时，外串 2kΩ电阻。每路信号都要使用单独的限流电阻，不要共用。

3. 步进电机控制实例

实例：手动控制步进电机实现正反转。

【内容要求】

手动控制步进电机实现正反转。

【任务分析】

为了控制步进电机，需要利用高速脉冲输出功能。每个 CPU 有两个 PTO 发生器，通过 Q0.0、Q0.1 输出高速脉冲列。

每个 PTO 生成器有一个 9 位的控制字节、一个 16 位无符号的周期值或脉冲宽度值和一个无符号 32 位脉冲计数值。这些值全部存储在指定的特殊存储器区，它们被设置好，通过执行脉冲输出指令（PLS）来启动操作。PLC 指令使 S7-200 读取 SM 位，并对 PTO 发生器进行编程。

【操作步骤】

（1）硬件设计：针对控制要求，设置系统 I/O 分配表如表 3-78 所示。

表 3-78　实例：手动控制步进电机实现正反转系统 I/O 分配表

输入接口			输出接口		
PLC 端	控制板端口	注释	PLC 端	步进电机接口	注释
I0.4	SW4	电机正转启动信号	Q0.0	脉冲	PLC 脉冲输出端
I0.5	SW5	电机反转启动信号	Q0.2	方向	脉冲方向控制信号

系统接线：步进电机中的脉冲端与 Q0.0 相连，方向端与 Q0.2 相连，SW4 与 I0.4 相连，SW5 与 I0.5 相连。

（2）编写 PLC 程序。

当触点 I0.4 闭合时，将 16#85 传送给 SMB67，可更新周期值和脉冲数，时间基准时间单位为 1μs，允许 PTO 输出，PTO 操作为单段操作。

传送 5000 给 SMW68，即 PTO 周期为 5000μs，故脉冲频率为 200Hz；传送 1 给 SMD72，每个包络线输出一个脉冲，执行 PLS 指令可以启动正转操作。

当触点 I0.5 闭合时，输出频率为 200Hz，包络线输出一个脉冲，同时方向控制信号 Q0.2 置为 1，执行 PLS 指令可启动反转操作。

拨动 SW4 开关，步进电机开始向左运行；拨动 SW5 开关，步进电机开始向右运行。

根据要求编写 PLC 参考程序如下：

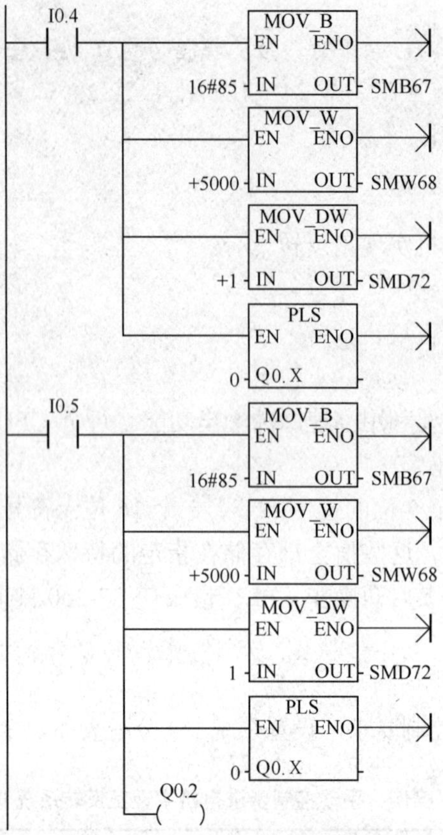

```
 I0.4
─┤ ├─┬── MOV_B  EN ENO ──>|
     │   16#85 ─ IN  OUT ─ SMB67
     ├── MOV_W  EN ENO ──>|
     │   +5000 ─ IN  OUT ─ SMW68
     ├── MOV_DW EN ENO ──>|
     │   +1 ─ IN  OUT ─ SMD72
     └── PLS    EN ENO ──>|
         0 ─ Q0.X
 I0.5
─┤ ├─┬── MOV_B  EN ENO ──>|
     │   16#85 ─ IN  OUT ─ SMB67
     ├── MOV_W  EN ENO ──>|
     │   +5000 ─ IN  OUT ─ SMW68
     ├── MOV_DW EN ENO ──>|
     │   1 ─ IN  OUT ─ SMD72
     ├── PLS    EN ENO ──>|
     │   0 ─ Q0.X
     │   Q0.2
     └──(    )
```

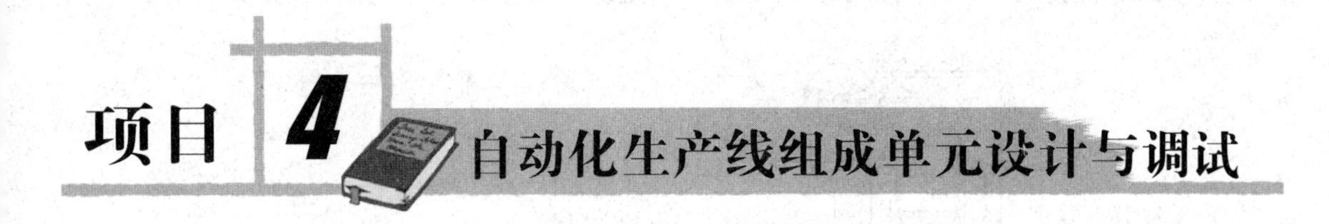

项目4 自动化生产线组成单元设计与调试

任务 4.1 下料单元设计与调试

知识与能力目标

- 了解下料单元的机械主体结构，熟悉间歇机构等传动过程。
- 通过系统运行过程理解传感检测元件和执行机构的作用。
- 读懂工程图纸，学会照图完成安装接线，掌握检查方法。
- 学习根据控制要求编制和调试 PLC 程序的方法。
- 学习系统调试和分析、查找、排除故障的方法。

4.1.1 下料单元结构与功能分析

1. 下料单元功能

下料单元的主要功能是通过直流电机驱动间歇机构带动同步齿型带使前站送入下料单元下料仓的工件主体下落，下落至托盘后经传送带向下站运行。

2. 下料单元简介

下料单元主体结构组成如图 4-1 所示，包括间歇轮、同步齿型带、同步轮、传送电机、直线单元、工作指示灯等。

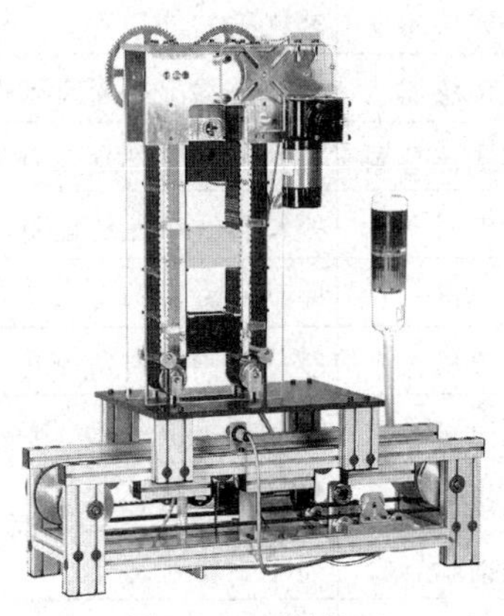

图 4-1 下料单元

为实现下料单元的控制功能，在结构的相应位置装设了光电传感器、电感式传感器、电容式传感器等检测元件，并配备了直流电机、电磁铁等执行机构，如图 4-2 所示。

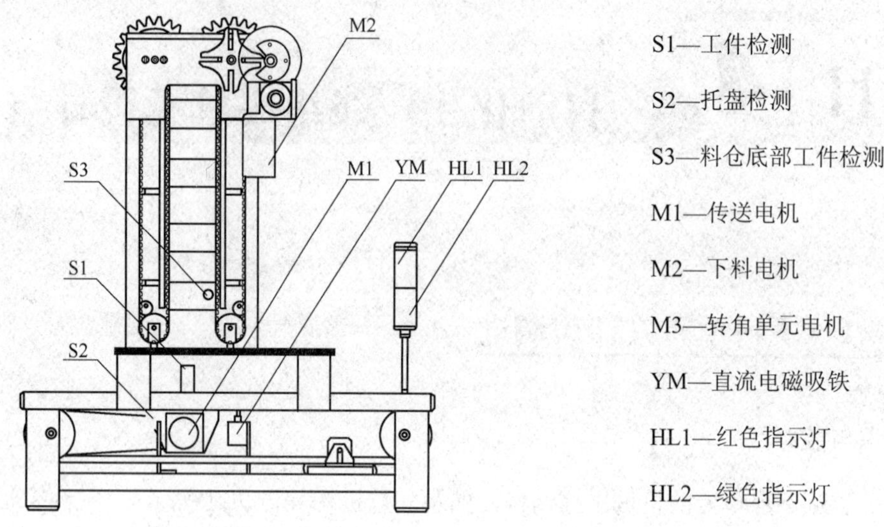

图 4-2　下料单元元件、控制机构安装位置示意图

4.1.2　下料单元系统设计与调试

1. 下料单元设计与实现步骤

（1）熟悉下料单元的机械主体结构和机械装配方法，重点观察间歇机构、同步带传动、螺杆调节结构，理解螺杆锁紧结构、张紧机构的作用。

（2）对照电源系统总图，学习下料单元电源系统的设计与连接调试方法。

（3）对照资料查找下料单元各类检测元件、执行机构的安装位置，并依据下料单元 PLC 控制接线图熟悉其安装接线方法。

（4）根据表 4-1 理解下料单元各检测元件、执行机构的功能，熟悉基本调试方法。

表 4-1　下料单元检测元件、执行机构、控制元件一览表

<table>
<tr><th>类别</th><th>序号</th><th colspan="2">编号</th><th>名称</th><th>功能</th><th>安装位置</th></tr>
<tr><td rowspan="3">检测元件</td><td>1</td><td colspan="2">S1</td><td>电感式传感器</td><td>检测托盘的位置</td><td>直线单元上</td></tr>
<tr><td>2</td><td colspan="2">S2</td><td>光电传感器</td><td>检测托盘上是否有工件</td><td>直线单元上</td></tr>
<tr><td>3</td><td colspan="2">S3</td><td>电容式传感器</td><td>检测料仓底部是否有工件</td><td>料仓下部</td></tr>
<tr><td rowspan="7">执行机构等</td><td>1</td><td colspan="2">M1</td><td>直流电机</td><td>驱动直线单元传送带</td><td>直线单元上</td></tr>
<tr><td>2</td><td colspan="2">M2</td><td>直流电机</td><td>驱动间歇机构</td><td>料仓上</td></tr>
<tr><td>3</td><td colspan="2">M3</td><td>直流电机</td><td>驱动滚筒型转角单元</td><td>下料单元旁转角单元</td></tr>
<tr><td>4</td><td colspan="2">YM</td><td>直流电磁吸铁</td><td>控制托盘位置</td><td>直线单元上</td></tr>
<tr><td rowspan="2">5</td><td rowspan="2">HL</td><td>HL1</td><td>红色指示灯</td><td>显示工作状态</td><td rowspan="2">直线单元侧</td></tr>
<tr><td>HL2</td><td>绿色指示灯</td><td>显示工作状态</td></tr>
<tr><td>6</td><td colspan="2">HA</td><td>蜂鸣器</td><td>事故报警</td><td>控制板</td></tr>
</table>

（5）编制和调试 PLC 自动控制程序。

1）反复观察分站运行演示，深刻理解控制要求。

2）根据控制要求描述及工作状态图自行绘制自动控制功能图。

3）设置 I/O 编号，并将功能图转换为梯形图输入计算机进行调试。

4）将程序下载至 PLC 进行试运行（断开负载电源）。

5）根据 I/O 编号逐个核对 PLC 与输入输出设备的连接。

6）进行系统调试，实现 PLC 带分站负载运行（接通负载电源）。

（6）在自动控制程序的基础上增加启动、停止、急停、复位控制和工作方式选择控制。

（7）学习分析、查找、排除故障的基本方法。

2. 下料单元控制要求

（1）下料单元自动控制过程说明及工作状态图。

初始状态：直线及转角的两个传送电机、下料电机处于停止状态；直流电磁限位杆竖起禁行；工作指示灯熄灭。

系统启动运行后下料单元红色指示灯发光，直线电机、转角电机驱动传送带开始运转且始终保持运行状态（分单元运行时可选用与 PLC 运行/停止同状态的特殊继电器保持两传送电机的运行状态）。

系统运行期间：

1）当前站上料单元向料仓中放入工件发出信号，绿色工作指示灯亮，红色指示灯亮灭，经过 4 秒时间确认后启动下料电机执行将工件主体下落动作。

2）当工件主体下落 6 秒后，若无托盘到位信号，则停止下料电机运行，将工件置于料仓中等待。绿色工作指示灯灭，红色指示灯亮。

3）当托盘到达定位口时，底层的电感式传感器发出检测信号，红色指示灯亮灭，经过 2 秒时间确认后启动下料电机执行将工件主体下落动作。

4）检测到托盘到位信号，当工件下落至托盘时，工件检测传感器发出检测信号，延时 3 秒确认后直流电磁铁吸合下落，放行托盘。

5）托盘放行 2 秒后，电磁吸铁释放处于禁止状态，绿色工作指示灯熄灭，红色指示灯亮，系统回复初始状态。

若下料电机从料仓入口至出口动作一个行程后工件检测传感器仍无检测信号，此时报警器发出警报，提示运行人员必须在料仓中装入工件。

与上述描述对应的下料单元工作状态表如表 4-2 所示。

下料单元自动控制过程功能图如图 4-3 所示。

（2）下料单元控制方式说明。

下料单元独立运行时具有自动、手动两种控制方式。当选择自动方式时下料单元呈连续运行工作状态；当选择手动方式时则相当于步进工作状态，即每按动一次启动按钮系统按设计步骤依次运行一步的运行方式。

在系统运行期间，若按下停止按钮，执行动作立即停止；再按下启动按钮，将在上一停顿状态继续运行。

表 4-2 下料单元工作状态表

动作顺序	输入信号				输出信号						
	工件检测	托盘检测	料仓底部工件检测	上料单元放件	下料电机	绿色工作指示灯	直流电磁吸铁	传送电机	转角电机	红色工作指示灯	蜂鸣器报警
0	－	－	－	－	－	－	－	＋	＋	＋	－
1	－	－	－	＋	－（4s）/＋	＋	－	＋	＋	－	－
2	－	－	－	－	＋（6s）/－	－	－	＋	＋	＋	－
3	－	＋	－	－	－（2s）/＋	＋	－	＋	＋	－	－
4	＋	＋	－	－	－	＋	－（3s）/＋	＋	＋	－	－
5	－	－	－	－	－	－	＋（2s）/－	＋	＋	＋	－

注：此工作状态表表示工件动作一次完成的控制过程。

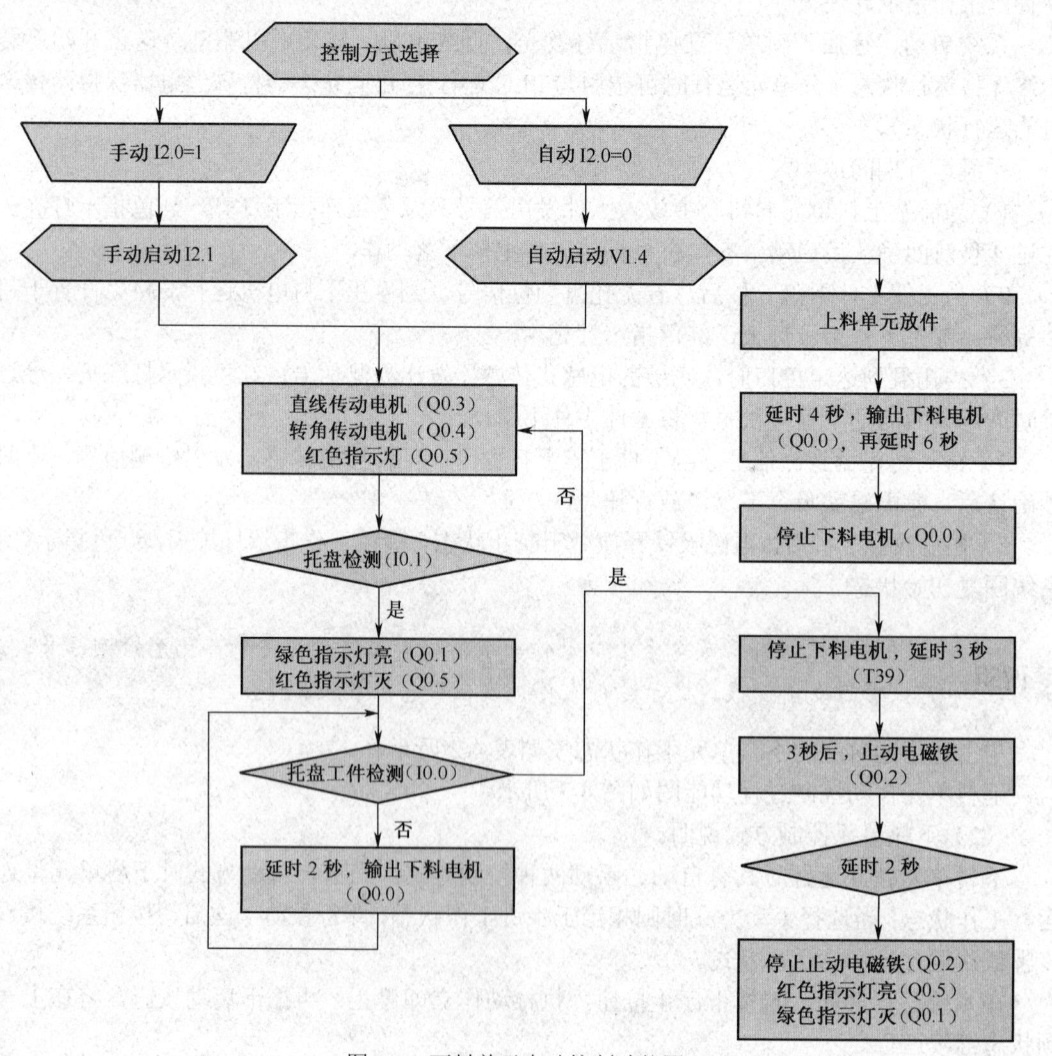

图 4-3 下料单元自动控制功能图

当发生突发事故时，应立即按下急停按钮，此时系统将切断 PLC 负载供电即刻停止运行（此时所有其他按钮都不起作用）。排除故障后需要拔起急停按钮并按下复位按钮，待各机构回复初始状态后按下启动按钮，下料单元方可重新开始运行。

（3）下料单元 I/O 编号分配表。

表 4-3 所示为下料单元 PLC 的 I/O 编号设置。

表 4-3　下料单元 I/O 分配表

形式	序号	名称	PLC 地址	编号	地址设置
输入	1	工件检测	I0.0	S2	EM277 总线模块设置的站号为 8 与总站通信的地址为 2～3
	2	托盘检测	I0.1	S1	
	3	料槽底层工件检测	I0.2	S3	
	4	手动/自动按钮	I2.0	SA	
	5	启动按钮	I2.1	SB1	
	6	停止按钮	I2.2	SB2	
	7	急停按钮	I2.3	SB3	
	8	复位按钮	I2.4	SB4	
输出	1	下料电机	Q0.0	M2	
	2	绿灯	Q0.1	HL2	
	3	直流电磁吸铁	Q0.2	KM	
	4	传送电机	Q0.3	M1	
	5	转角电机	Q0.4	M3	
	6	红灯	Q0.5	HL1	
	7	蜂鸣器报警	Q1.6	HA1	
	8	蜂鸣器报警	Q1.7	HA2	
发送地址		V2.0～V3.7（200PLC→300PLC）			
接收地址		V0.0～V1.7（200PLC←300PLC）			

若运用下料单元控制板上的 PLC 进行控制，必须按表 4-3 设置的 I/O 编号编制程序；若另行选用其他 PLC 进行控制，编制程序时可以任意设置 I/O 编号，但在完成 PLC 与接口板的连接时应特别注意 PLC 编号与接口板接线的对应关系。

任务 4.2　加盖单元设计与调试

知识与能力目标

- 了解加盖单元的机械主体结构，熟悉蜗轮蜗杆减速机构等传动过程。
- 通过系统运行过程理解传感检测元件和执行机构的作用。
- 读懂工程图纸，学会照图完成安装接线，掌握检查方法。

- 学习根据控制要求编制和调试 PLC 程序的方法。
- 学习系统调试和分析、查找、排除故障的方法。

4.2.1　加盖单元结构与功能分析

1. 加盖单元功能

加盖单元的主要功能是通过直流电机带动蜗轮蜗杆，经减速电机驱动摆臂将上盖装配至工件主体，完成装配后工件随托盘向下站传送。

2. 加盖单元简介

加盖单元主体结构组成如图 4-4 所示，包括蜗轮蜗杆减速机构、传送电机、料槽、摆臂、直线单元、工作指示灯等。

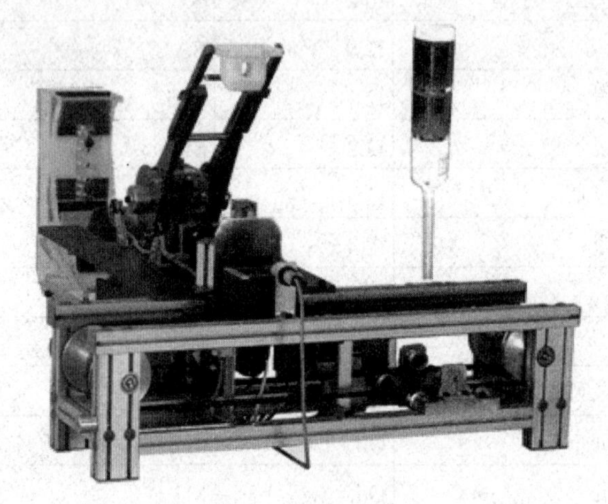

图 4-4　加盖单元

加盖单元在结构设计中涉及到蜗轮蜗杆减速机构、拔轴式联轴器等相关的机械原理和机械零件知识。蜗轮蜗杆减速机构如图 4-5 所示。

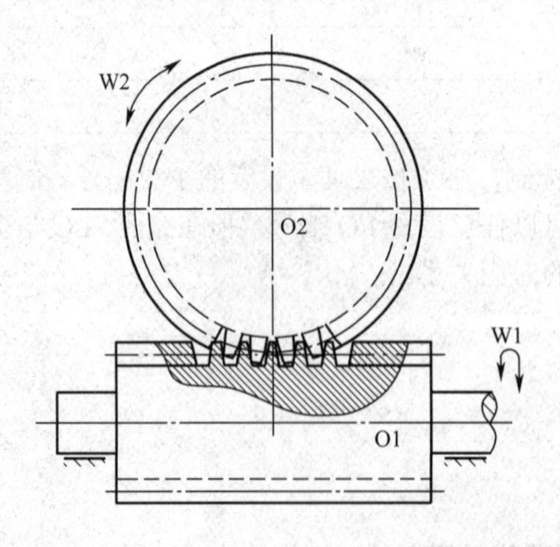

机构名称：蜗轮蜗杆减速机构

工作特性：蜗轮蜗杆一般用于轴线垂直交叉的传动，其结构紧凑、传动平稳，但传动效率较低。蜗轮轴可以得到低转速大扭矩动力输出。

本机应用目的：往复的摆动。

图 4-5　蜗轮蜗杆减速机构结构图

拔轴式联轴器结构图如图 4-6 所示。

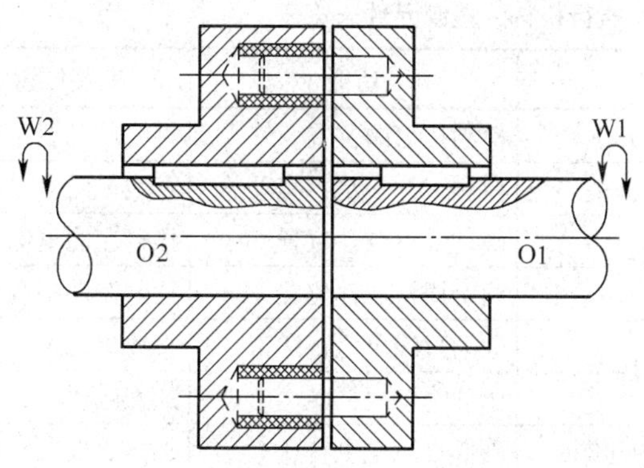

机构名称：拔轴式联轴器

工作特性：可以补偿由于制造及安装造成的Q_1、Q_2的位置偏差，使运转平稳。

本机应用目的：电动机轴与蜗杆轴的同轴联接。

图 4-6　拔轴式联轴器结构图

为实现加盖单元的控制功能，在结构的相应位置装设了电感式传感器、电容式传感器、微动开关等检测与传感装置，并配备了直流电机、电磁铁等执行机构和继电器等控制元件，如图 4-7 所示。

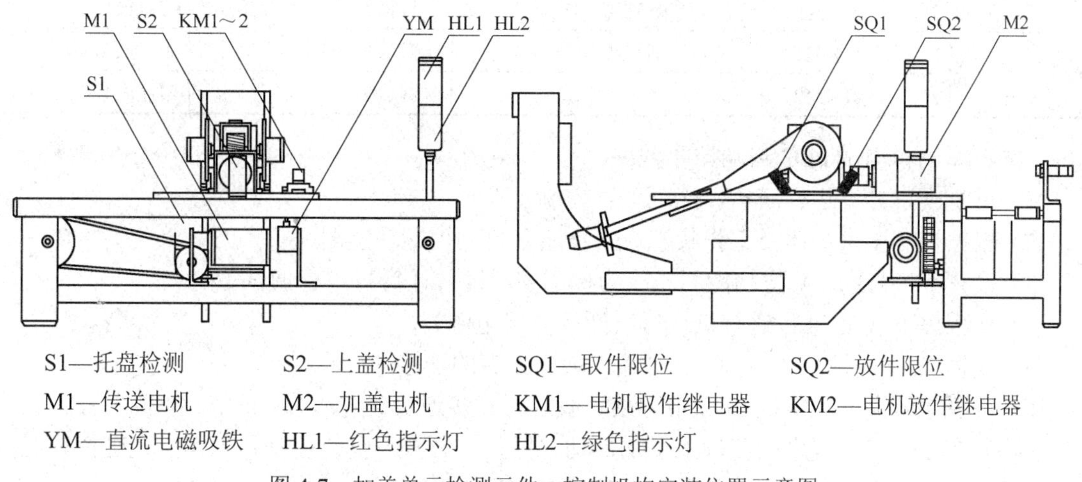

图 4-7　加盖单元检测元件、控制机构安装位置示意图

4.2.2　加盖单元系统设计与调试

1．加盖单元设计与实现步骤

（1）掌握加盖单元的机械装配方法，熟悉翻转定位装置、连杆机构及连轴器的工作原理，观察蜗轮蜗杆减速机构的运动过程。

（2）对照电源系统图，学习加盖单元电源系统的设计与连接调试方法。

（3）对照资料查找加盖单元各类检测元件、执行机构的安装位置，并依据加盖单元 PLC 控制接线图熟悉其安装接线方法。

（4）根据表 4-4 理解加盖单元各检测元件、执行机构的功能，熟悉基本调试方法（必要时可根据系统运行情况适当调整相应位置）。

表 4-4　加盖单元检测元件、执行机构、控制元件一览表

类别	序号	编号		名称	功能	安装位置
检测元件	1	S1		电感式接近开关	检测托盘的位置	直线单元上
	2	S2		电容式接近开关	检测工件上是否有上盖	直线单元上
	3	SQ1		微动开关	确定摆臂取件位置	摆臂左面里侧
	4	SQ2		微动开关	确定摆臂放件位置	摆臂左面外侧
执行机构	1	M1		直流电机	驱动直线单元传送带	直线单元上
	2	M2		直流电机	驱动蜗轮蜗杆减速电机	加盖底板上
	3	M3		蜗轮蜗杆减速电机	降低直流电机转速	加盖底板上
	4	YM		直流电磁吸铁	控制托盘位置	直线单元上
	5	HL	HL1	红色指示灯	显示工作状态	直线单元侧
			HL2	绿色指示灯	显示工作状态	
	6	HA1		蜂鸣器	事故报警	控制板
	7	HA2		蜂鸣器	事故报警	控制板
控制元件	1	KM1		继电器	摆臂取件控制	加盖底板上
	2	KM2		继电器	摆臂放件控制	加盖底板上

（5）编制和调试 PLC 自动控制程序。

1）反复观察分站运行演示，深刻理解控制要求。

2）根据控制要求描述及工作状态表自行绘制自动控制功能图。

3）设置 I/O 编号，并将功能图转换为梯形图，输入计算机进行调试。

4）将程序下载至 PLC 进行试运行（断开负载电源）。

5）根据 I/O 编号逐个核对 PLC 与输入输出设备的连接。

6）进行系统调试，实现 PLC 带分站负载运行（接通负载电源）。

（6）在自动控制程序的基础上增加启动、停止、急停、复位控制和工作方式选择控制。

（7）学习分析、查找、排除故障的基本方法。

2. 加盖单元控制要求

（1）加盖单元自动控制过程说明。

初始状态：直线传送电机、摆臂电机处于停止状态；摆臂处于原位，内限位开关受压；直流电磁吸铁竖起禁行；工作指示灯熄灭。

系统启动运行后加盖单元红色指示灯发光；直线电机驱动传送带开始运转且始终保持运行状态（分单元运行时可选用与 PLC 运行/停止同状态的特殊继电器保持直线传送电机的运行状态）。

系统运行期间：

1）当托盘载工作主体到达定位口时，由电感式传感器检测托盘，发出检测信号；绿色指示灯亮，红色指示灯灭；由电容式传感器检测上盖，确认无上盖信号后，经 3 秒确认后启动主摆臂执行加盖动作。

2）PLC 通过两个继电器控制电机正反转，带动减速机使摆臂动作，主摆臂从料槽中取出上盖，翻转 180 度，当碰到放件控制板时复位弹簧松开，此时摆臂碰到外限位开关后结束加盖动作，上盖靠自重落入工件主体内，3 秒后启动摆臂执行返回原位动作。

3）摆臂返回后内限位开关发出信号，摆臂结束返回动作。此时若上盖安装到位，即上盖传感器发出检测信号，则通过3秒确认后直流电磁铁吸合下落，将托盘放行（若上盖安装为空操作，即上盖传感器无检测信号，摆臂手应再次执行加装上盖动作，直到上盖安装到位）。

4）放行3秒后，电磁铁释放，恢复限位状态，绿色指示灯灭，红色指示灯亮，该站恢复预备工作状态。

若摆臂往复3次加装动作后上盖传感器仍无检测信号，此时报警器发出警报，提示运行人员需要在料槽中装入上盖。

（2）加盖单元控制方式说明。

加盖单元独立运行时具有自动、手动两种控制方式。当选择自动方式时加盖单元呈连续运行工作状态；当选择手动方式时则相当于步进工作状态，即每按动一次启动按钮系统按设计步骤依次运行一步的运行方式。

在系统运行期间若按下停止按钮，执行动作立即停止；再按下启动按钮，将在上一停顿状态继续运行。

当发生突发事故时，应立即拍下急停按钮，系统将切断PLC负载供电即刻停止运行（此时所有其他按钮都不起作用）。排除故障后需要旋起急停按钮并按下复位按钮，待各机构回复初始状态后按下启动按钮，加盖单元方可重新开始运行。

（3）加盖单元I/O编号分配表。

表4-5所示为加盖单元PLC的I/O编号设置。

表4-5 加盖单元I/O分配表

形式	序号	名称	PLC地址	编号	地址设置
输入	1	上盖检测	I0.0	S2	EM277 总线模块设置的站号为12 与总站通信的地址为4～5
	2	托盘检测	I0.1	S1	
	3	取件限位（复位）	I0.2	SQ1	
	4	放件限位（至位）	I0.3	SQ2	
	5	手动/自动按钮	I2.0	SA	
	6	启动按钮	I2.1	SB1	
	7	停止按钮	I2.2	SB2	
	8	急停按钮	I2.3	SB3	
	9	复位按钮	I2.4	SB4	
输出	1	电机取件	Q0.0	KM1	
	2	电机放件	Q0.1	KM2	
	3	绿色指示灯	Q0.2	HL2	
	4	直流电磁吸铁	Q0.3	YM	
	5	传送电机	Q0.4	M2	
	6	红色指示灯	Q0.5	HL1	
	7	蜂鸣器报警	Q1.6	HA1	
	8	蜂鸣器报警	Q1.7	HA2	
发送地址		V2.0～V3.7（200PLC→300PLC）			
接收地址		V0.0～V1.7（200PLC←300PLC）			

若运用加盖单元控制板上的 PLC 进行控制，必须按照表 4-5 设置的 I/O 编号编制程序；若另行选用其他 PLC 进行控制，编制程序时可以任意设置 I/O 编号，但在完成 PLC 与接口板的连接时应特别注意 PLC 编号与接口板接线的对应关系。

（4）特别提示。

完成加盖单元独立运行后若要参与到系统总控台控制的全程运行，需要在单元控制的程序中增加如下内容：

- 增加总控启动、停止、急停、复位等功能，并将加盖单元的工作状态传送至上位机。
- 为确保后续站穿销单元的运行安全，需要将穿销单元的托盘检测信号作为本站托盘放行的闭锁条件，即在穿销单元工作时本站不放行。

任务 4.3　穿销单元设计与调试

知识与能力目标

- 了解穿销单元的机械主体结构，熟悉旋转推筒机构传动过程。
- 通过系统运行过程理解传感检测元件和执行机构的作用。
- 读懂工程图纸，学会照图完成安装接线，掌握检查方法。
- 学习根据控制要求编制和调试 PLC 程序的方法。
- 学习系统调试和分析、查找、排除故障的方法。

4.3.1　穿销单元结构与功能分析

1. 穿销单元功能

穿销单元的主要功能是通过旋转推筒推送销钉的方法完成工件主体与上盖的实体连接装配，完成装配后的工件随托盘向下一站传送。

2. 穿销单元简介

穿销单元在结构设计中涉及到旋转推筒机构等相关的机械原理、机械零件知识。

穿销单元主体结构组成如图 4-8 所示，包括销钉料槽、旋转筒、往复推筒、直线单元、工作指示灯等。

轴向凸轮旋转机构：由旋转筒和往复推筒构成，往复推筒上开有 6 个斜槽，将 360°等分，每个斜槽首尾在圆周上沿展 60°。当推筒正向进给时，旋转筒上的滚珠突起进入斜槽，旋转筒在斜槽和滚珠突起的共同作用下顺时针旋转 60°，从销钉料斗中取出销钉并将销钉定位到主体工件销钉孔，推筒进给时带动轴线上的推杆将销钉顶入工件销钉孔。轴向凸轮旋转机构如图 4-9 所示。

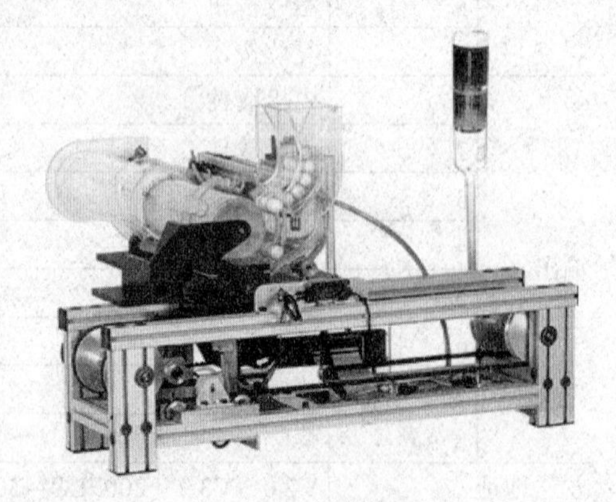

图 4-8　穿销单元

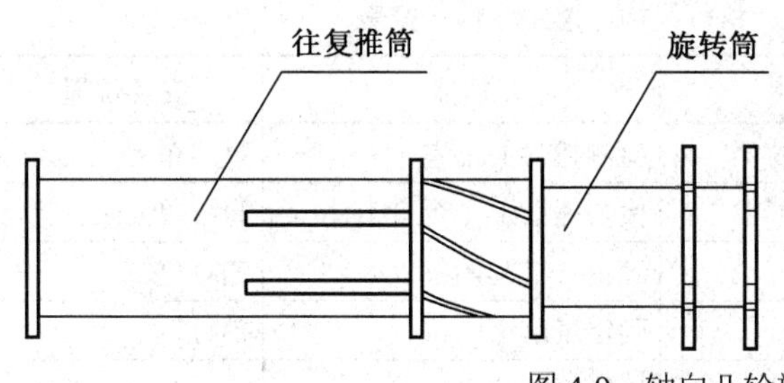

机构名称：轴向凸轮旋转机构

工作特性：把往复运动变成局部旋转运动。

本机应用目的：

旋转筒——将工件预存到位。

往复推筒——将销钉对准装配位置并推入到位。

图 4-9　轴向凸轮旋转机构结构图

为实现穿销单元的控制功能，在结构的相应位置装设了电感式传感器、光纤式传感器、磁性接近开关等检测与传感装置，并配备了直流电机、标准气缸等执行机构和电磁阀等控制元件，如图 4-10 所示。

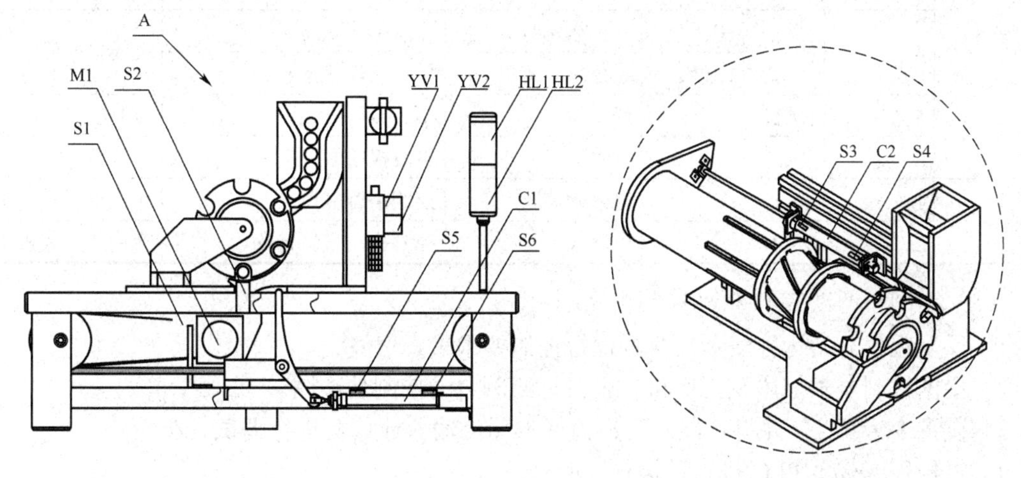

S1—托盘检测	S2—销钉检测	S3—销钉气缸复位	S4—销钉气缸至位
S5—止动气缸至位	S6—止动气缸复位	C1—止动气缸	C2—销钉气缸
M1—传送电机	YV1—止动气缸电磁阀	YV2—销钉气缸电磁阀	HL1—红色指示灯
HL2—绿色指示灯			

图 4-10　穿销单元检测元件、控制机构安装位置示意图

4.3.2　穿销单元系统设计与调试

1. 穿销单元设计与实现步骤

（1）掌握穿销单元的机械主体结构，熟悉机械装配方法，重点理解轴向凸轮旋转机构和张紧机构的作用。

（2）对照电源系统图和气动原理图学习穿销单元电源系统和气动系统的设计与连接调试方法。

（3）对照资料查找穿销单元各类检测元件、执行机构的安装位置，并依据穿销单元 PLC 控制接线图熟悉其安装接线方法。

（4）根据表 4-6 理解穿销单元各检测元件、执行机构的功能，熟悉基本调试方法（必要时可根据系统运行情况适当调整相应位置）。

表 4-6　穿销单元检测元件、执行机构、控制元件一览表

类别	序号	编号		名称	功能	安装位置
检测元件	1	S1		电感式传感器	检测托盘的位置	直线单元上
	2	S2		光纤式传感器	检测托盘上是否有工件	直线单元上
	3	S3		磁性接近开关	确定气缸初始位置	销钉气缸
	4	S4		磁性接近开关	确定气缸缩回位置	销钉气缸
	5	S5		磁性接近开关	确定气缸伸出位置	止动气缸
	6	S6		磁性接近开关	确定气缸初始位置	止动气缸
执行机构	1	M1		直流电机	驱动直线单元传送带	直线单元上
	2	C1		止动气缸	控制托盘位置	直线单元上
	3	C2		销钉气缸	控制旋转推筒	穿销单元底板上
	4	HL	HL1	红色指示灯	显示工作状态	直线单元侧
			HL2	绿色指示灯	显示工作状态	
	5	HA1		蜂鸣器	事故报警	控制板
	6	HA2		蜂鸣器	事故报警	控制板
控制元件	1	YV1		电磁阀	控制销钉气缸	穿销单元底板上
	2	YV2		电磁阀	控制止动气缸伸缩	穿销单元底板上

（5）编制和调试 PLC 自动控制程序。

1）反复观察分站运行演示，深刻理解控制要求。

2）根据控制要求描述及工作状态表自行绘制自动控制功能图。

3）设置 I/O 编号，并将功能图转换为梯形图，输入计算机进行调试。

4）将程序下载至 PLC 进行试运行（断开负载电源）。

5）根据 I/O 编号逐个核对 PLC 与输入输出设备的连接。

6）进行系统调试，实现 PLC 带分站负载运行（接通负载电源）。

（6）在自动控制程序的基础上增加启动、停止、急停、复位控制和工作方式选择控制。

（7）学习分析、查找、排除故障的基本方法。

2. 穿销单元控制要求

（1）穿销单元自动控制过程说明。

初始状态：直线传送电机处于停止状态；销钉气缸处于原位（即旋转推筒处于退回状态）；限位杆竖起禁行；工作指示灯熄灭。

系统启动运行后穿销单元红色指示灯发光；直线电机驱动传送带开始运转且始终保持运行状态（分单元运行时可选用与 PLC 运行/停止同状态的特殊继电器保持直线传送电机的运行状态）。

系统运行期间：

1）当托盘载工件到达定位口时，托盘传感器发出检测信号，且确认无销钉信号后，绿色指示灯亮，红色指示灯灭，经 3 秒确认后，销钉气缸推进执行装销钉动作。

2）当销钉气缸发出至位检测信号后结束推进动作，延时 2 秒后自动退回。

3）气缸退回至复位状态且接收到销钉检测信号后进行 3 秒延时，止动气缸动作使限位杆落下将托盘放行。（若销钉安装为空操作，2 秒后销钉检测传感器仍无信号，销钉气缸再次推

进执行安装动作，直到销钉安装到位。）

4）放行3秒后，限位杆竖起处于禁行状态，绿色指示灯灭，红色指示灯亮。系统回复初始状态。

本站销钉连续穿三次后，传感器还未检测到有销钉穿入，报警器报警，此时应在销钉下料仓内加入销钉。

（2）穿销单元控制方式说明。

穿销单元独立运行时具有自动、手动两种控制方式。当选择自动方式时穿销单元呈连续运行工作状态；当选择手动方式时则相当于步进工作状态，即每按动一次启动按钮系统按设计步骤依次运行一步的运行方式。

在系统运行期间若按下停止按钮，执行动作立即停止；再按下启动按钮，将在上一停顿状态继续运行。

当发生突发事故时，应立即拍下急停按钮，系统将切断PLC负载供电即刻停止运行（此时所有其他按钮都不起作用）。排除故障后需要旋起急停按钮并按下复位按钮，待各机构回复初始状态后按下启动按钮，穿销单元方可重新开始运行。

（3）穿销单元I/O编号分配表。

表4-7所示为穿销单元PLC的I/O编号设置。

表4-7　穿销单元I/O分配表

形式	序号	名称	PLC地址	编号	地址设置
输入	1	销钉检测	I0.0	S2	EM277 总线模块设置的站号为14 与总站通信的地址为6～7
	2	托盘检测	I0.1	S1	
	3	销钉气缸至位	I0.2	S4	
	4	销钉气缸复位	I0.3	S3	
	5	止动气缸至位	I0.4	S5	
	6	止动气缸复位	I0.5	S6	
	7	手动/自动按钮	I2.0	SA	
	8	启动按钮	I2.1	SB1	
	9	停止按钮	I2.2	SB2	
	10	急停按钮	I2.3	SB3	
	11	复位按钮	I2.4	SB4	
输出	1	止动气缸	Q0.0	C1	
	2	绿色指示灯	Q0.1	HL2	
	3	销钉气缸	Q0.2	C2	
	4	传送电机	Q0.3	M1	
	5	红色指示灯	Q0.4	HL1	
	6	蜂鸣器报警	Q1.6	HA1	
	7	蜂鸣器报警	Q1.7	HA2	
发送地址	V2.0～V3.7（200PLC→300PLC）				
接收地址	V0.0～V1.7（200PLC←300PLC）				

若运用穿销单元控制板上的 PLC 进行控制，必须按照设置的 I/O 编号编制程序；若另行选用其他 PLC 进行控制，编制程序时可以任意设置 I/O 编号，但在完成 PLC 与接口板的连接时应特别注意 PLC 编号与接口板接线的对应关系。

（4）特别提示。

完成穿销单元独立运行后若要参与到系统总控台控制的全程运行，需要在单元控制的程序中增加如下内容：

- 增加总控启动、停止、急停、复位等功能，并将穿销单元的工作状态传送至上位机。
- 为确保后续站模拟单元的运行安全，需要将模拟单元托盘检测的信号作为穿销单元托盘放行的闭锁条件，即在下一单元有托盘时本站不放行。

任务 4.4　伸缩换向单元设计与调试

知识与能力目标

- 了解伸缩换向单元的机械主体结构，熟悉平面连杆平移机构等传动过程。
- 通过系统运行过程理解传感检测元件和执行机构的作用。
- 掌握电机正反转的工作原理及调试方法。
- 读懂工程图纸，学会照图完成安装接线，掌握检查方法。
- 学习根据控制要求编制和调试 PLC 程序的方法。
- 学习系统调试和分析、查找、排除故障的方法。

4.4.1　伸缩换向单元结构与功能分析

1. 伸缩换向单元功能

伸缩换向单元的主要功能是将前站送过来的托盘及组装好的工件经换向、提升、旋转、下落后伸送至传送带向下站传送。

2. 伸缩换向单元简介

伸缩换向单元主体结构组成如图 4-11 所示，包括托盘转向机构、托盘转向扇齿轮齿条传动机构、伸缩机构、旋转换向齿轮减速机构、气缸提升机构、托盘直线传送单元 I、托盘直线传送单元 II、托盘转向气缸、气动电磁阀组、限位开关、工作指示灯等。

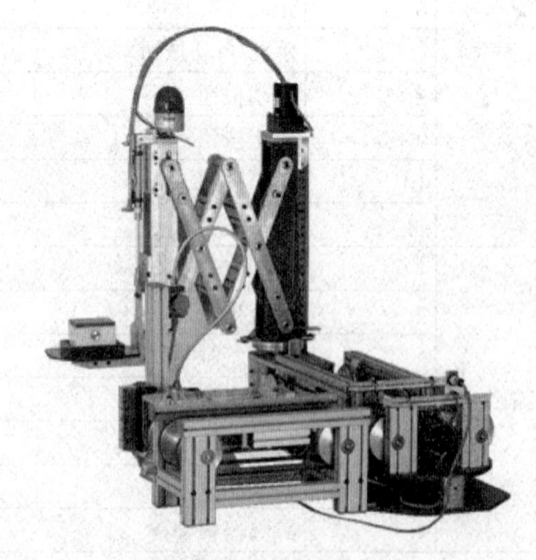

图 4-11　伸缩换向单元

为实现伸缩换向单元的控制功能，在主体结构的相应位置装设了光电开关、电感式传感器、微动开关等检测元件，并配备了直流电机等执行机构和电磁阀、继电器等控制元件，如图 4-12 所示。

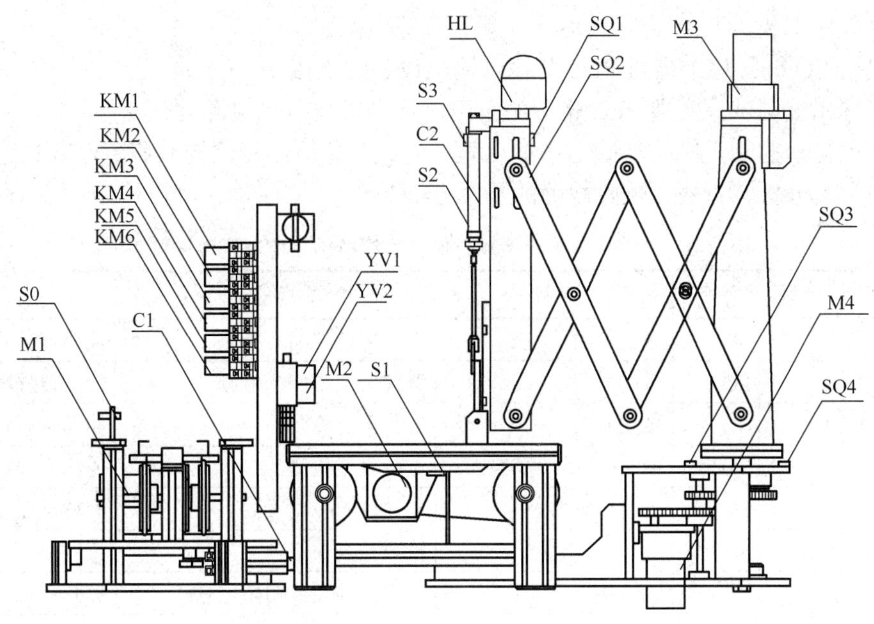

SQ1—送件复位（缩）检测　SQ2—送件至位（伸）检测　SQ3—旋转至位检测　SQ4—旋转复位检测
S0—工件进入检测　S1—托盘检测　S2—提升气缸复位　S3—提升气缸至位
S4—换向气缸至位　S5—换向气缸复位　M0—直线 I 电机　M1—接、送件电机
M2—直线 II 电机　M3—伸缩电机　M4—旋转电机　YV1—提升气缸电磁阀
YV2—旋转气缸电磁阀　C1－旋转气缸　C2－提升气缸　HL—指示灯
KM1—伸缩电机复位　KM2—伸缩电机至位　KM3—旋转电机复位　KM4—旋转电机至位
KM5—换向电机送件　KM6—换向电机接件

图 4-12　伸缩换向单元检测元件、控制机构安装位置示意图

4.4.2　伸缩换向单元系统设计与调试

1. 伸缩换向单元设计与实现步骤

（1）掌握伸缩换向单元的机械装配方法；熟悉换向气缸、提升气缸的旋转、升降及伸缩电机送件的工作原理；重点观察平面连杆平移机构、扇齿轮齿条传动机构等机械传动结构和运动过程，了解三角带传动的特点。

（2）对照气路连接总图和电源系统总图学习伸缩换向单元气动系统和电源系统的设计与连接调试方法。

（3）对照资料查找伸缩换向单元各类检测元件、控制元件和执行机构的安装位置，并依据伸缩换向单元 PLC 控制接线图熟悉其安装接线方法。

（4）根据表 4-8 理解伸缩换向单元各检测元件、执行机构的功能，熟悉基本调试方法（必要时可根据系统运行情况适当调整相应位置）。

（5）编制和调试 PLC 自动控制程序。

1）反复观察分站运行演示，深刻理解控制要求。

2）根据控制要求描述及工作状态图自行绘制自动控制功能图。

3）设置 I/O 编号，并将功能图转换为梯形图输入计算机进行调试。

4）将程序下载至 PLC 进行试运行（断开负载电源）。

5）根据 I/O 编号逐个核对 PLC 与输入输出设备的连接。

6）进行系统调试，实现 PLC 带分站负载运行（接通负载电源）。

（6）在自动控制程序的基础上增加启动、停止、急停、复位控制和工作方式选择控制。

（7）学习分析、查找、排除故障的基本方法。

表 4-8　伸缩换向单元检测元件、执行机构、控制元件一览表

类别	序号	编号	名称	功能	安装位置
检测元件	1	SQ1	微动开关	送件复位（缩）检测	伸缩臂移动支架上
	2	SQ2	微动开关	送件至位（伸）检测	伸缩臂移动支架上
	3	SQ3	微动开关	旋转至位检测	伸缩臂固定支架上
	4	SQ4	微动开关	旋转复位检测	伸缩臂固定支架上
	5	S0	光电传感器	工件进入检测	旋转盘上
	6	S1	电感式传感器	检测托盘的位置	直线单元上
	7	S2	磁性接近开关	确定提升气缸初始位置	提升气缸
	8	S3	磁性接近开关	确定提升气缸缩回位置	提升气缸
	9	S4	磁性接近开关	确定换向气缸伸出位置	换向气缸
	10	S5	磁性接近开关	确定换向气缸缩回位置	换向气缸
执行机构	1	M0	直线 I 电机	驱动直线单元传送带	直线单元上
	2	M1	接、送件电机	对托盘进行接和送	旋转盘
	3	M2	直线 II 电机	驱动直线 II 皮带	直线单元 II 上
	4	M3	伸缩电机	驱动伸缩臂	伸缩臂固定支架上
	5	M4	旋转电机	驱动伸缩臂旋转	伸缩臂固定支架底部
	6	C1	旋转气缸	带动转盘进行旋转	旋转盘
	7	C2	提升气缸	将工件提升	伸缩臂移动支架上
	8	HL	工作指示灯	显示工作状态	伸缩单元顶端
控制元件	1	YV1	提升气缸电磁阀	控制销钉气缸	桌面立柱上
	2	YV2	旋转气缸电磁阀	控制止动气缸伸缩	桌面立柱上
	3	KM1	继电器	伸缩电机复位	桌面立柱上
	4	KM2	继电器	伸缩电机至位	桌面立柱上
	5	KM3	继电器	旋转电机复位	桌面立柱上
	6	KM4	继电器	旋转电机至位	桌面立柱上
	7	KM5	继电器	换向电机送件	桌面立柱上
	8	KM6	继电器	换向电机接件	桌面立柱上

2. 伸缩换向单元控制要求

（1）伸缩换向单元自动控制过程说明及工作状态图。

初始状态：直线传送电机 I、直线传送电机 II 及换向电机均处于停止状态；换向、提升气缸处于原位；旋转、伸缩电机呈静止状态；工作指示灯熄灭。

系统启动运行后直线电机 I、II 驱动两传送带开始运转且始终保持运行状态；换向电机接件正转。

系统运行期间：

1）当有工件传送至换向机构时，工件传感器发出检测信号，换向传送带停转；换向气缸输出带动转盘顺时针正转；工作指示灯发光。

2）换向气缸旋转 90°到位后发出信号，启动换向传送带反转，然后将工件送向直线单元 II。

3）工件传送至直线单元 II 时货叉下的托盘传感器发出检测信号，换向传送带停转；换向气缸带动转盘逆时针反转，换向传送带正转，处于准备接件状态，提升气缸启动持工件上升。

4）提升气缸上升至终端，启动旋转电机持工件顺时针正转。

5）旋转电机旋转 180°到位后限位开关发出信号，启动伸缩电机正转伸出送件。

6）伸缩电机送件到位后限位开关发出信号，释放提升气缸使其持工件下降。

7）当提升气缸下降到位后发出信号，3 秒后再次启动提升气缸由下降转为上升。

8）提升气缸上升至终端后发出信号，启动伸缩电机反转回缩。

9）伸缩电机回缩原位后限位开关发出信号，启动旋转电机逆时针反转回原位。

10）当旋转电机旋转 180°回到原位后限位开关发出信号，释放提升气缸下降。

11）当提升气缸下降到位后发出信号，工作指示灯熄灭。系统回复初始状态。

与上述描述对应的伸缩换向单元工作状态表如表 4-9 所示。

表 4-9　伸缩换向单元工作状态表

动作顺序	输入信号										输出信号											
	换向气缸至位	换向气缸复位	托盘检测	提升气缸至位	提升气缸复位	旋转复位检测	旋转至位检测	送件复位（缩）检测	送件至位（伸）检测	工件进入检测	换向气缸	换向电机接件	换向电机送件	小直线II电机	提升气缸	旋转电机至位	旋转电机复位	伸缩电机至位（送）	伸缩电机复位（缩）	工作指示灯	小直线I电机	蜂鸣器报警
0	−	+	−	−	+	+	−	+	−	−	−	+	−	+	−	−	−	−	−	−	+	−
1	−	+	−	−	+	+	−	+	−	+	+	−	−	+	−	−	−	−	−	+	+	−
2	+	−	−	−	+	+	−	+	−	+	+	−	+	+	−	−	−	−	−	+	+	−
3	+	−	+	−	+	+	−	+	−	−	−	+	−	+	+	−	−	−	−	+	+	−
4	−	+	−	+	−	+	−	+	−	−	−	+	−	+	+	+	−	−	−	+	+	−
5	−	+	−	+	−	−	+	+	−	−	−	+	−	+	+	−	−	+	−	+	+	−
6	−	+	−	+	−	−	+	−	+	−	−	+	−	+	−	−	−	−	−	+	+	−
7	−	+	−	−	+	−	+	−	+	−	−	+	−	+	−（3s）/+	−	−	−	−	+	+	−
8	−	+	−	+	−	−	+	−	+	−	−	+	−	+	+	−	−	−	+	+	+	−
9	−	+	−	+	−	+	−	+	−	−	−	+	−	+	+	−	+	−	−	+	+	−
10	−	+	−	+	−	+	−	+	−	−	−	+	−	+	−	−	−	−	−	+	+	−
11	−	+	−	−	+	+	−	+	−	−	−	+	−	+	−	−	−	−	−	−	+	−

注：此工作状态图表示工件动作一次完成的控制过程。

伸缩换向单元自动控制过程功能图如图 4-13 所示。

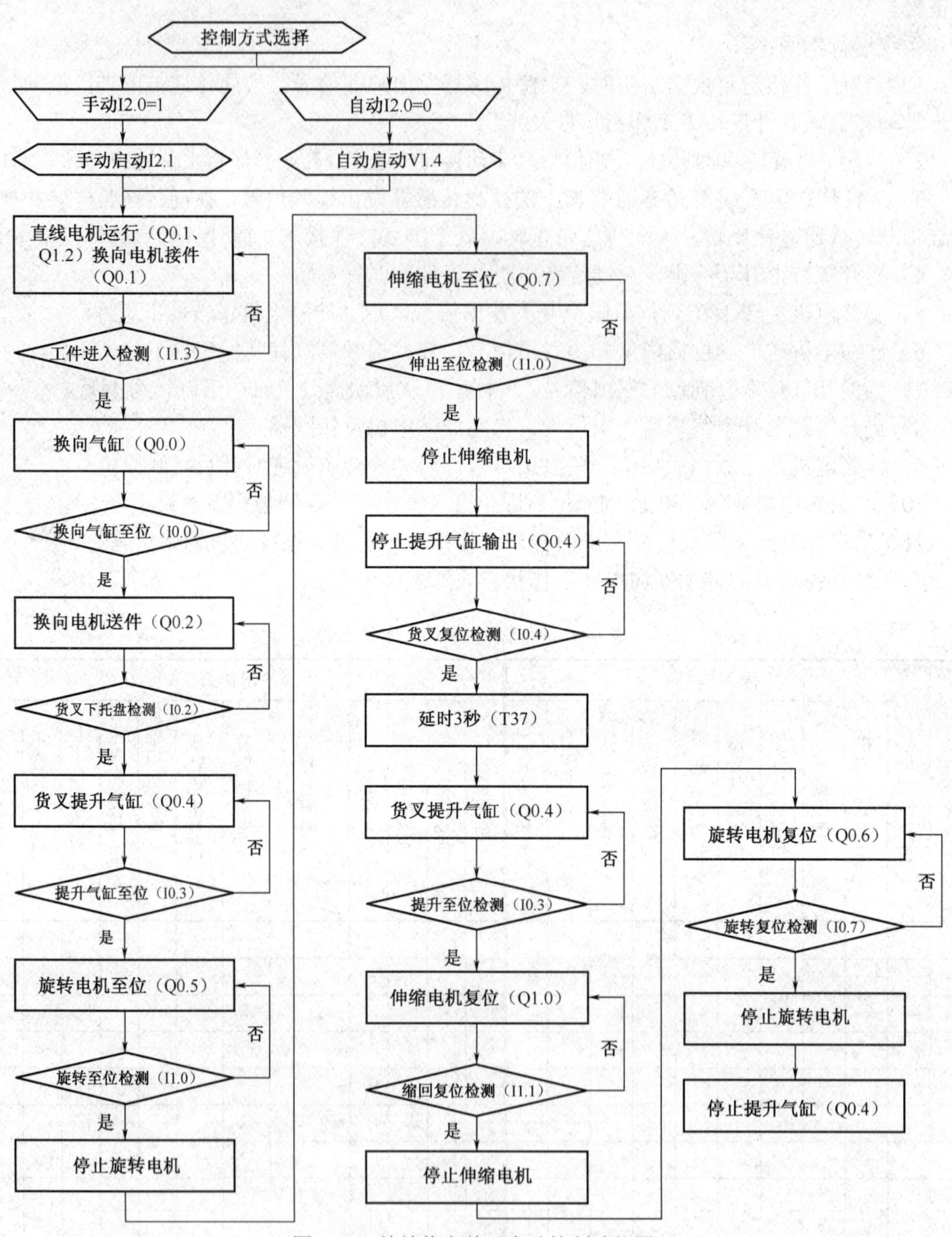

图 4-13　伸缩换向单元自动控制功能图

（2）伸缩换向单元控制方式说明。

伸缩换向单元独立运行时具有自动、手动两种控制方式。当选择自动方式时伸缩换向单元呈连续运行工作状态；当选择手动方式时则相当于步进工作状态，即每按动一次启动按钮系统按设计步骤依次运行一步的运行方式。

在系统运行期间若按下停止按钮，执行动作立即停止；再按下启动按钮，将在上一停顿状态继续运行。

当发生突发事故时，应立即拍下急停按钮，此时系统将切断 PLC 负载供电即刻停止运行（此时所有其他按钮都不起作用）。排除故障后需要旋起急停按钮并按下复位按钮，待各机构回复初始状态后按下启动按钮，伸缩换向单元方可重新开始运行。

（3）伸缩换向单元 I/O 编号分配表。

表 4-10 所示为伸缩换向单元 PLC 的 I/O 编号设置。

表 4-10　伸缩换向单元 I/O 分配表

形式	序号	名称	PLC 地址	编号	地址设置
输入	1	换向气缸至位	I0.0	S4	EM277 总线模块设置的站号为 20 与总站通信的地址为 22～25
	2	换向气缸复位	I0.1	S5	
	3	托盘检测	I0.2	S1	
	4	提升气缸至位	I0.3	S3	
	5	提升气缸复位	I0.4	S2	
	6	旋转复位检测	I0.7	SQ4	
	7	旋转至位检测	I1.0	SQ3	
	8	送件复位（缩）检测	I1.1	SQ1	
	9	送件至位（伸）检测	I1.2	SQ2	
	10	工件进入检测	I1.3	S0	
	11	手动/自动按钮	I2.0	SA	
	12	启动按钮	I2.1	SB1	
	13	停止按钮	I2.2	SB2	
	14	急停按钮	I2.3	SB3	
	15	复位按钮	I2.4	SB4	
输出	1	换向气缸	Q0.0	YV2	
	2	换向电机接件	Q0.1	KM5	
	3	换向电机送件	Q0.2	KM6	
	4	小直线 II 电机	Q0.3	M2	
	5	提升气缸	Q0.4	YV1	
	6	旋转电机至位	Q0.5	KM4	
	7	旋转电机复位	Q0.6	KM3	
	8	伸缩电机至位（送）	Q0.7	KM2	
	9	伸缩电机复位（缩）	Q1.0	KM1	
	10	工作指示灯	Q1.1	HL	
	11	小直线 I 电机	Q1.2	M0	
	12	蜂鸣器报警	Q1.6	HA1	
	13	蜂鸣器报警	Q1.7	HA2	
发送地址		V4.0～V7.7（200PLC→300PLC）			
接收地址		V0.0～V3.7（200PLC←300PLC）			

若运用伸缩换向单元控制板上的PLC进行控制，必须按表4-10设置的I/O编号编制程序；若另行选用其他PLC进行控制，编制程序时可以任意设置I/O编号，但在完成PLC与接口板的连接时应特别注意PLC编号与接口板接线的对应关系。

任务4.5　分拣单元设计与调试

知识与能力目标

- 熟悉分拣单元各类传感器、执行机构的功能。
- 掌握无杆气缸、短程气缸、摆动气缸的工作原理及调试方法。
- 了解该站与废品单元、升降梯立体仓库单元的通信和编程。
- 读懂工程图纸，学会照图完成安装接线，掌握检查方法。
- 学习根据控制要求及工作状态图绘制功能图，并依此编制和调试PLC程序的方法。
- 学习分析、查找、排除故障的方法。

4.5.1　分拣单元结构与功能分析

1. 分拣单元功能

分拣单元的主要功能是根据检测单元的检测结果（标签有无）采用气动机械手对工件进行分类，合格产品随托盘进入下一站入库；不合格产品进入废品线，空托盘继续向下一站传送。

2. 分拣单元简介

分拣单元的主体结构组成如图4-14所示，包括分拣单元主体框架、垂直移动气缸、直线单元、水平移动气缸、摆动气缸、气动电磁阀组、工作指示灯等。

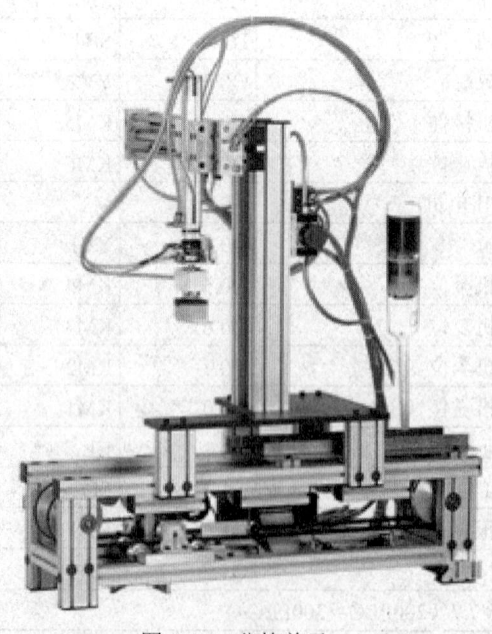

图4-14　分拣单元

为实现分拣单元的控制功能，在本站结构的相应位置装设了电感式传感器、磁性开关等检测与传感装置，并配备了直流电机、直动气缸、短程气缸、导向驱动装置、摆动气缸、真空开关等执行机构和电磁阀等控制元件，如图 4-15 所示。

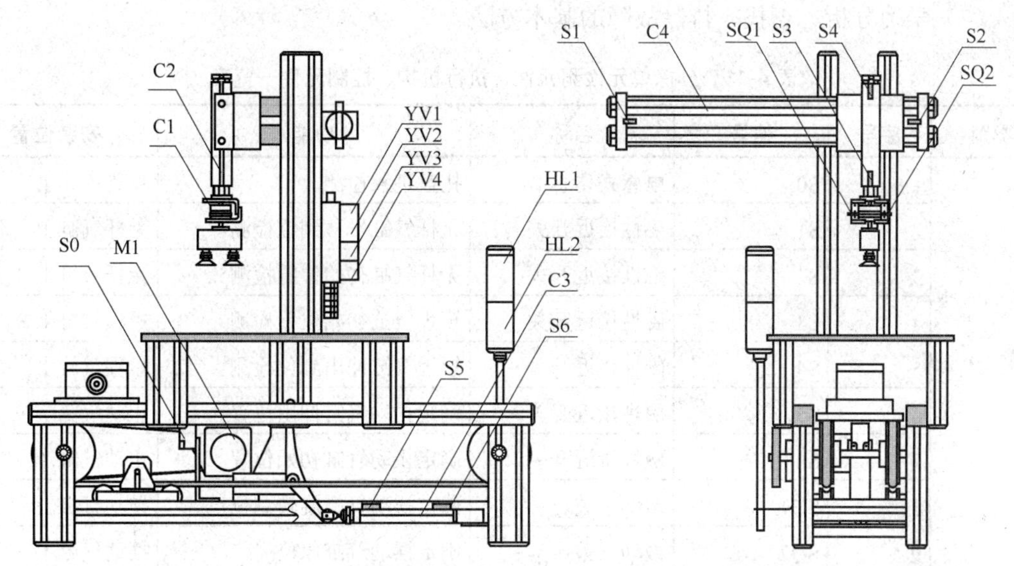

S0—托盘检测　S1—导向驱动装置至位　S2—导向驱动装置复位　S3—短程气缸至位
S4—短程气缸复位　S5—止动气缸至位　S6—止动气缸复位　SQ1—摆动气缸至位
SQ2—摆动气缸复位　M1—传送电机　YV1—摆动气缸电磁阀　YV2—短程气缸电磁阀
YV3—导向驱动装置电磁阀　YV4—止动气缸电磁阀　C1—摆动气缸　C2—短程气缸
C3—止动气缸　C4—导向驱动装置　HL1—红色指示灯　HL2—绿色指示灯

图 4-15　分拣单元检测元件、控制机构安装位置示意图

4.5.2　分拣单元系统设计与调试

1. 分拣单元设计与实现步骤

（1）掌握分拣单元的机械装配方法；熟悉气动机械手的工作原理和真空皮碗的功能；观察机械传动结构和运动过程。

（2）对照电源系统图和气动原理图学习分拣单元电源系统和气动系统的设计与连接调试方法。

（3）对照资料，查找分拣单元各类检测元件、控制元件和执行机构的安装位置，并依据分拣 PLC 控制接线图熟悉其安装接线方法。

（4）根据表 4-11 理解分拣单元各检测元件、执行机构的功能，熟悉基本调试方法（必要时可根据系统运行情况适当调整相应位置）。

（5）编制和调试 PLC 自动控制程序。

1）反复观察分站运行演示，深刻理解控制要求。

2）根据控制要求描述及工作状态表自行绘制自动控制功能图。

3）设置 I/O 编号，并将功能图转换为梯形图输入计算机进行调试。

4）将程序下载至 PLC 进行试运行（断开负载电源）。

5）根据 I/O 编号逐个核对 PLC 与输入输出设备的连接。

6）进行系统调试，实现 PLC 带分站负载运行（接通负载电源）。

（6）在自动控制程序的基础上增加启动、停止、急停、复位控制和工作方式选择控制。

（7）学习分析、查找、排除故障的基本方法。

表 4-11　分拣单元检测元件、执行机构、控制元件一览表

<table>
<tr><th>类别</th><th>序号</th><th colspan="2">编号</th><th>名称</th><th>功能</th><th>安装位置</th></tr>
<tr><td rowspan="9">检测元件</td><td>1</td><td colspan="2">S0</td><td>电感式传感器</td><td>托盘进入检测</td><td>直线单元上</td></tr>
<tr><td>2</td><td colspan="2">S1</td><td>磁性接近开关</td><td>无杆气缸平移到位检测</td><td>无杆气缸上</td></tr>
<tr><td>3</td><td colspan="2">S2</td><td>磁性接近开关</td><td>无杆气缸初始位置检测</td><td>无杆气缸上</td></tr>
<tr><td>4</td><td colspan="2">S3</td><td>磁性接近开关</td><td>短程气缸初始位置检测</td><td>短程气缸上</td></tr>
<tr><td>5</td><td colspan="2">S4</td><td>磁性接近开关</td><td>短程气缸伸出到位检测</td><td>短程气缸上</td></tr>
<tr><td>6</td><td colspan="2">S5</td><td>磁性接近开关</td><td>确定止动气缸伸出位置</td><td>止动气缸上</td></tr>
<tr><td>7</td><td colspan="2">S6</td><td>磁性接近开关</td><td>确定止动气缸初始位置</td><td>止动气缸上</td></tr>
<tr><td>8</td><td colspan="2">SQ1</td><td>微动开关</td><td>确定摆动气缸旋转到位</td><td>摆动气缸上</td></tr>
<tr><td>9</td><td colspan="2">SQ2</td><td>微动开关</td><td>确定摆动气缸原位</td><td>摆动气缸上</td></tr>
<tr><td rowspan="7">执行机构</td><td>1</td><td colspan="2">M1</td><td>直流电机</td><td>驱动直线单元传送带</td><td>直线单元上</td></tr>
<tr><td>2</td><td colspan="2">C1</td><td>摆动气缸</td><td>将工件旋转 90 度</td><td>短程气缸终端</td></tr>
<tr><td>3</td><td colspan="2">C2</td><td>短程气缸</td><td>控制旋转推筒</td><td>垂直于无杆气缸</td></tr>
<tr><td>4</td><td colspan="2">C3</td><td>止动气缸</td><td>控制托盘位置</td><td>直线单元上</td></tr>
<tr><td>5</td><td colspan="2">C4</td><td>导向驱动装置</td><td>将废品工件送入废品道</td><td>分拣支架上</td></tr>
<tr><td rowspan="2">6</td><td rowspan="2">HL</td><td>HL1</td><td>红色指示灯</td><td>显示工作状态</td><td rowspan="2">直线单元上</td></tr>
<tr><td>HL2</td><td>绿色指示灯</td><td>显示工作状态</td></tr>
<tr><td rowspan="4">控制元件</td><td>1</td><td colspan="2">YV1</td><td>电磁阀</td><td>控制摆动气缸</td><td>分拣支架上</td></tr>
<tr><td>2</td><td colspan="2">YV2</td><td>电磁阀</td><td>控制短程气缸</td><td>分拣支架上</td></tr>
<tr><td>3</td><td colspan="2">YV3</td><td>电磁阀</td><td>控制止动气缸</td><td>分拣支架上</td></tr>
<tr><td>4</td><td colspan="2">YV4</td><td>电磁阀</td><td>控制导向驱动装置</td><td>分拣支架上</td></tr>
</table>

2. 分拣单元控制要求

（1）分拣单元自动控制过程说明。

初始状态：短程气缸（垂直）、无杆气缸（水平）、摆动气缸（旋转）均为复位，机械手处于原始状态，限位杆竖起禁止为止动状态；真空开关不工作；直线传送电机处于停止状态；工作指示灯熄灭。

系统启动运行后分拣单元红色指示灯发光；直线电机驱动传送带开始运转且始终保持运行状态（分单元运行时可选用与 PLC 运行/停止同状态的特殊继电器保持直线传送电机的运行状态）。

系统运行期间，需要根据检测单元的检测结果选择 A、B 两种不同的控制过程。

A．若检测结果为合格产品，则：

1）当托盘载合格工件到达定位口时，托盘传感器发出检测信号，红色指示灯熄灭，绿色指示灯发光；经3秒确认后，止动气缸动作使限位杆落下放行。

2）放行3秒后止动气缸复位，限位杆恢复竖直禁行状态。

3）当限位杆恢复止动状态后，红色指示灯发光，绿色指示灯熄灭，此时系统恢复初始状态。

B．若检测结果为不合格产品，则：

1）当托盘载合格工件到达定位口时，托盘传感器发出检测信号，红色指示灯熄灭，绿色指示灯发光；经3秒确认后启动短程气缸垂直下行。

2）短程气缸垂直下行到位发出信号，开启真空开关，皮碗压紧工件。

3）接收到真空检测信号（皮碗吸紧工件）后，短程气缸持工件垂直上行。

4）短程气缸持工件上行至位（返回原位）后，摆动气缸动作使工件转动90°。

5）机械手持工件转动90°至位后，无杆气缸动作使机械手水平左行。

6）机械手水平左行至位后，启动短程气缸垂直下行。

7）短程气缸垂直下行到位发出信号，停止真空开关，皮碗失真空使工件下落。

8）真空检测信号消失后，短程气缸垂直上行。

9）短程气缸上行至位（返回原位）后，无杆气缸动作使机械手水平右行返回，同时摆动气缸动作使其回转90°。

10）摆动气缸（旋转）、无杆气缸（水平）均复位后，延时3秒，止动气缸输出使限位杆下落，放行托盘。

11）止动气缸至位3秒后停止输出。

12）限位杆恢复竖直禁行状态，红色指示灯发光，绿色指示灯熄灭，系统回复初始状态。

（2）分拣单元控制方式说明。

分拣单元独立运行时具有自动、手动两种控制方式。当选择自动方式时分拣单元呈连续运行工作状态；当选择手动方式时则相当于步进工作状态，即每按动一次启动按钮系统按设计步骤依次运行一步的运行方式。

在系统运行期间若按下停止按钮，执行动作立即停止；再按下启动按钮，将在上一停顿状态继续运行。

当发生突发事故时，应立即拍下急停按钮，此时系统将切断PLC负载供电即刻停止运行（此时所有其他按钮都不起作用）。排除故障后需要旋起急停按钮并按下复位按钮，待各机构回复初始状态后按下启动按钮，分拣单元方可重新开始运行。

（3）分拣单元I/O编号分配表。

表4-12所示为分拣单元PLC的I/O编号设置。

若运用分拣单元控制板上的PLC进行控制，必须按照表4-12设置的I/O编号编制程序；若另行选用其他PLC进行控制，编制程序时可以任意设置I/O编号，但在完成PLC与接口板的连接时应特别注意PLC编号与接口板接线的对应关系。

（4）特别提示。

完成分拣单元独立运行后若要参与到系统总控台控制的全程运行，需要在单元控制的程序中增加如下内容：

- 增加总控启动、停止、急停、复位等功能，并将分拣单元的工作状态传送至上位机。

- 为确保后续站升降梯立体仓库单元的运行安全，需要将升降梯立体仓库单元回到初始位置的信号作为分拣单元托盘放行的闭锁条件，即在下一单元有托盘时本站不放行。

表 4-12　分拣单元 I/O 分配表

<table>
<tr><th>形式</th><th>序号</th><th>名称</th><th>PLC 地址</th><th>编号</th><th>地址设置</th></tr>
<tr><td rowspan="17">输入</td><td>1</td><td>导向驱动装置至位</td><td>I0.0</td><td>S1</td><td rowspan="26">EM277 总线模块设置的站号为 24
与总站通讯的地址为 10～11</td></tr>
<tr><td>2</td><td>导向驱动装置复位</td><td>I0.1</td><td>S2</td></tr>
<tr><td>3</td><td>短程气缸至位</td><td>I0.2</td><td>S3</td></tr>
<tr><td>4</td><td>短程气缸复位</td><td>I0.3</td><td>S4</td></tr>
<tr><td>5</td><td>摆动气缸至位</td><td>I0.4</td><td>SQ2</td></tr>
<tr><td>6</td><td>摆动气缸复位</td><td>I0.5</td><td>SQ1</td></tr>
<tr><td>7</td><td>真空开关</td><td>I0.6</td><td></td></tr>
<tr><td>8</td><td>托盘检测</td><td>I0.7</td><td>S0</td></tr>
<tr><td>9</td><td>止动气缸至位</td><td>I1.0</td><td>S5</td></tr>
<tr><td>10</td><td>止动气缸复位</td><td>I1.1</td><td>S6</td></tr>
<tr><td>11</td><td>手动/自动按钮</td><td>I2.0</td><td>SA</td></tr>
<tr><td>12</td><td>启动按钮</td><td>I2.1</td><td>SB1</td></tr>
<tr><td>13</td><td>停止按钮</td><td>I2.2</td><td>SB2</td></tr>
<tr><td>14</td><td>急停按钮</td><td>I2.3</td><td>SB3</td></tr>
<tr><td>15</td><td>复位按钮</td><td>I2.4</td><td>SB4</td></tr>
<tr><td>16</td><td>KEY1</td><td>I2.6</td><td>SB5</td></tr>
<tr><td>17</td><td>KEY2</td><td>I2.5</td><td>SB6</td></tr>
<tr><td rowspan="9">输出</td><td>1</td><td>止动气缸</td><td>Q0.0</td><td>YV3</td></tr>
<tr><td>2</td><td>摆动气缸（旋转）</td><td>Q0.1</td><td>YV1</td></tr>
<tr><td>3</td><td>导向驱动装置（水平）</td><td>Q0.2</td><td>YV4</td></tr>
<tr><td>4</td><td>短程气缸（垂直）</td><td>Q0.3</td><td>YV2</td></tr>
<tr><td>5</td><td>真空发生器</td><td>Q0.4</td><td></td></tr>
<tr><td>6</td><td>传送电机</td><td>Q0.5</td><td>M1</td></tr>
<tr><td>7</td><td>绿色指示灯</td><td>Q0.6</td><td>HL2</td></tr>
<tr><td>8</td><td>空直线电机</td><td>Q0.7</td><td>M2</td></tr>
<tr><td>9</td><td>红色指示灯</td><td>Q1.0</td><td>HL1</td></tr>
<tr><td colspan="2">发送地址</td><td colspan="4">V2.0～V3.7（200PLC→300PLC）</td></tr>
<tr><td colspan="2">接收地址</td><td colspan="4">V0.0～V1.7（200PLC←300PLC）</td></tr>
</table>

任务 4.6　检测单元设计与调试

知识与能力目标

- 了解总线的功能。
- 熟悉检测单元电感式传感器、电容式传感器、色彩标志检测器、激光传感器等器件的工作原理及安装、调试方法。
- 理解 PLC 各站之间的通信关系并编写本站与下站的数据交换控制过程。
- 读懂工程图纸，学会照图完成安装接线，掌握检查方法。
- 学习分析、查找、排除故障的方法。

4.6.1　检测单元结构与功能分析

1. 检测单元功能

检测单元的主要功能是运用各类检测传感装置对装配好的工件成品进行全面检测（包括上盖和销钉的装配情况、销钉材质、标签有无等），并将检测结果送至 PLC 进行处理，以此作为后续站控制方式选择的依据（如分拣站依标签有无判别正次品、仓库站依销钉材质确定库位）。

2. 检测单元简介

检测单元的主体结构组成如图 4-16 所示，包括多种传感与检测装置、直线单元、工作指示灯等。

图 4-16　检测单元

为实现检测单元的控制功能，在本站结构的相应位置装设了电感式传感器、电容式传感器、激光传感器、色差传感器等检测与传感装置，并配备了直流电机、直动电磁铁等执行机构，如图 4-17 所示。

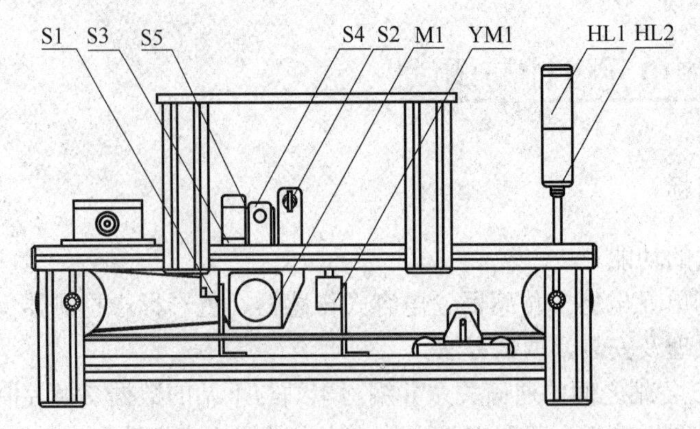

S1—托盘检测　S2—上盖检测　S3—标签检测　S4—销钉检测　S5—材质检测
M1—传送电机　YM1—直流电磁吸铁　HL1—红色指示灯　HL2—绿色指示灯

图 4-17　检测单元检测元件、控制机构安装位置示意图

4.6.2　检测单元系统设计与调试

1. 检测单元设计与实现步骤

（1）对照电源系统图学习检测单元电源系统的设计与连接调试方法。

（2）对照资料查找检测单元各类检测元件、执行机构的安装位置，并依据检测单元 PLC 控制接线图熟悉其安装接线方法。

（3）根据表 4-13 理解检测单元各检测元件、执行机构的功能，熟悉基本调试方法（必要时可根据系统运行情况适当调整相应位置）。

表 4-13　检测单元检测元件、执行机构一览表

类别	序号	编号	名称	功能	安装位置
检测元件	1	S1	电感式传感器	工件进入检测	直线单元上
	2	S2	激光对射传感器	检测上盖	直线单元上
	3	S3	电感式传感器	检测销钉材质	直线单元上
	4	S4	色差传感器	检测标签	直线单元上
	5	S5	电容式传感器	检测销钉	直线单元上
执行机构	1	YM1	直流电磁吸铁	控制托盘位置	直线单元上
	2	M1	传送电机	驱动直线单元传送带	直线单元上
	3	HL1	红色指示灯	显示工作状态	直线单元上
	4	HL2	绿色指示灯	显示工作状态	直线单元上
	5	HA1	蜂鸣器	事故报警	控制板
	6	HA2	蜂鸣器	事故报警	控制板

（4）编制和调试PLC自动控制程序。

1）反复观察分站运行演示，深刻理解控制要求。

2）根据控制要求描述及工作状态表自行绘制自动控制功能图。

3）设置I/O编号，并将功能图转换为梯形图输入计算机进行调试。

4）将程序下载至PLC进行试运行（断开负载电源）。

5）根据I/O编号逐个核对PLC与输入输出设备的连接。

6）进行系统调试，实现PLC带分站负载运行（接通负载电源）。

（5）在自动控制程序的基础上增加启动、停止、急停、复位控制和工作方式选择控制。

（6）学习分析、查找、排除故障的基本方法。

2. 检测单元控制要求

（1）检测单元自动控制过程说明。

初始状态：直线传送电机处于静止状态；直流电磁吸铁竖起禁行；工作指示灯熄灭。

系统启动运行后，检测单元红色指示灯发光；直线电机驱动传送带开始运转且始终保持运行状态（分单元运行时可选用与PLC运行/停止同状态的特殊继电器保持直线传送电机的运行状态）。

系统运行期间：

1）当托盘带工件进入本站后，运行3秒延时；绿色指示灯发光，红色指示灯熄灭；产品检测工作开始。

2）产品检测要求为：上盖检测（上盖为1/无上盖为0）；销钉材质检测（金属为1/非金属为0）；色差检测（贴签为1/未贴签为0）；销钉检测（穿销为1/未穿销为0）。

3）产品检测工作开始3秒后，直流电磁吸铁吸合下落放行托盘。

4）放行托盘3秒后，直流电磁铁释放伸出恢复禁行状态。此时系统回复初始状态，红色指示灯发光，绿色指示灯熄灭。

（2）检测单元控制方式说明。

检测单元独立运行时具有自动、手动两种控制方式。当选择自动方式时检测单元呈连续运行工作状态；当选择手动方式时则相当于步进工作状态，即每按动一次启动按钮系统按设计步骤依次运行一步的运行方式。

在系统运行期间若按下停止按钮，执行动作立即停止；再按下启动按钮，将在上一停顿状态继续运行。

当发生突发事故时，应立即拍下急停按钮，此时系统将切断PLC负载供电即刻停止运行（此时所有其他按钮都不起作用）。排除故障后，需要旋起急停按钮并按下复位按钮，待各机构回复初始状态后按下启动按钮，检测单元方可重新开始运行。

（3）检测单元I/O编号分配表。

表4-14所示为检测单元PLC的I/O编号设置。

若运用检测单元控制板上的PLC进行控制，必须按照表4-14设置的I/O编号编制程序；若另行选用其他PLC进行控制，编制程序时可以任意设置I/O编号，但在完成PLC与接口板的连接时应特别注意PLC编号与接口板接线的对应关系。

表 4-14　检测单元 I/O 分配表

形式	序号	名称	PLC 地址	编号	地址设置
输入	1	托盘检测	I0.0	S1	EM277 总线模块设置的站号为 18 与总站通信的地址为 08～09
	2	上盖检测	I0.1	S2	
	3	材质检测	I0.2	S3	
	4	标签检测	I0.3	S4	
	5	销钉检测	I0.4	S5	
	6	废料检测	I1.1	S6	
	7	手动/自动按钮	I2.0	SA	
	8	启动按钮	I2.1	SB1	
	9	停止按钮	I2.2	SB2	
	10	急停按钮	I2.3	SB3	
	11	复位按钮	I2.4	SB4	
输出	1	直流电磁吸铁	Q0.0	YM1	
	2	传送电机	Q0.1	M1	
	3	绿色指示灯	Q0.2	HL2	
	4	红色指示灯	Q0.3	HL1	
	5	蜂鸣器报警	Q1.6	HA1	
	6	蜂鸣器报警	Q1.7	HA2	
发送地址		V2.0～V3.7（200PLC→300PLC）			
接收地址		V0.0～V1.7（200PLC←300PLC）			

（4）特别提示。

完成检测单元独立运行后若要参与到系统总控台控制的全程运行，需要在单元控制的程序中增加如下内容：

- 增加总控启动、停止、急停、复位等功能，并将检测单元的工作状态传送至上位机。
- 为确保后续站液压单元的运行安全，需要将液压单元复位的检测信号作为检测单元托盘放行的闭锁条件，即在下一单元有托盘时本站不放行。
- 托盘进入本站，在检测过程中需要将上盖和销钉的装配情况、销钉材质、标签有无等检测结果传送至总站，然后由总站将这些信息传送至相应从站作为其控制方式选择的依据。

任务 4.7　上料单元设计与调试

知识与能力目标

- 了解上料单元的机械主体结构，熟悉齿轮齿条等传动过程。
- 通过系统运行过程理解传感检测元件和执行机构的作用。

- 读懂工程图纸，学会照图完成安装接线，掌握检查方法。
- 学习根据控制要求编制和调试 PLC 程序的方法。
- 学习系统调试和分析、查找、排除故障的方法。

4.7.1　上料单元结构与功能分析

1. 上料单元功能

上料单元是整个装配生产线的起点，该单元的主要功能是根据不同的控制要求从料槽中抓取装配主体送入数控铣床单元或将铣床单元加工后的产品转送下料单元。

2. 上料单元简介

上料单元的主体结构组成如图 4-18 所示，包括扬臂同步带传动机构、旋转行星齿轮传动机构、水平移动支架及其齿轮齿条传动机构、托盘直线传送单元、托盘转向从动单元、轨道等。

图 4-18　上料单元

上料单元在结构设计中涉及到行星齿轮系、螺纹微调机构、齿轮齿条机构、张紧机构等相关的机械原理和机械零件知识，行星齿轮系的结构图如图 4-19 所示。

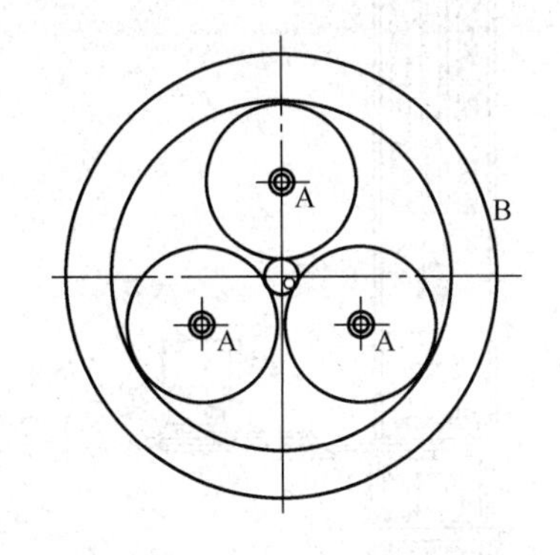

机构名称：行星齿轮系

工作特性：降速比大，增加扭矩；齿轮 O 和电机安装在一起，齿轮 A 与齿轮 O、B 相啮合。

本机应用目的：齿轮 A 带动旋转盘（齿轮 B）取、送件。

图 4-19　行星齿轮系结构图

螺纹微调机构结构图如图 4-20 所示。

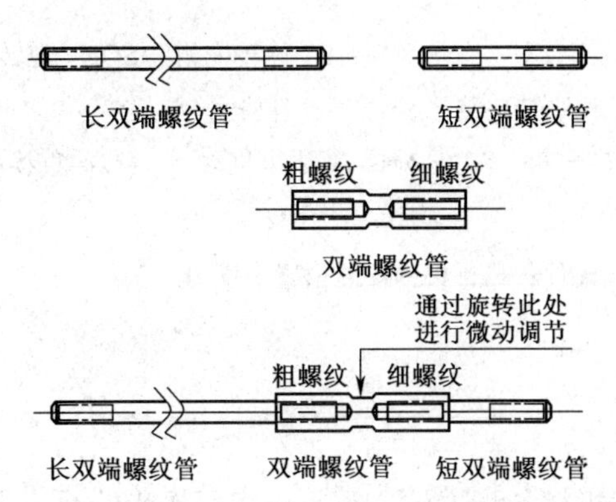

机构名称：螺纹微调机构

工作特性：调动螺母，利用螺距差实现微调。

本机应用目的：调节平行四边形的精度。

图 4-20　螺纹微调机构结构图

齿轮齿条机构结构图如图 4-21 所示。

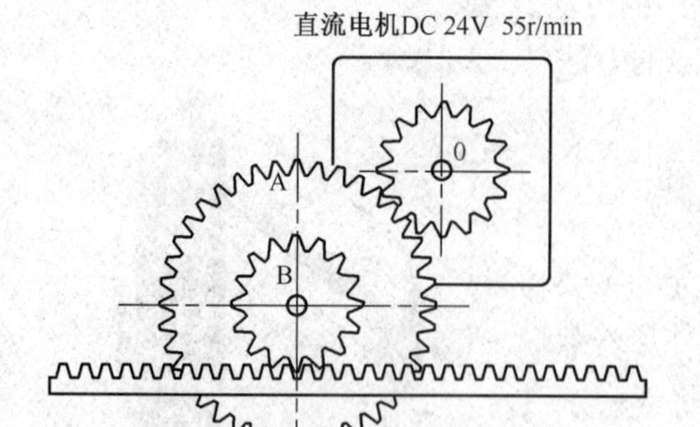

机构名称：齿轮齿条机构

工作特性：降速比大，增加水平推动力；齿轮 O 和电机安装在一起，与齿轮 A 相啮合；齿轮 B 与齿轮 A 同轴，与齿条相啮合，将旋转运动转为直线运动。

本机应用目的：电机带动齿轮齿条行走。

图 4-21 齿轮齿条机构结构图

为实现上料单元的控制功能，在主体结构的相应位置装设了光电传感器、磁性接近开关、微动开关等检测与传感装置，并配备了步进电机、直流电机、直动气缸、电磁铁等执行机构和电磁阀、继电器等控制元件，如图 4-22 所示。

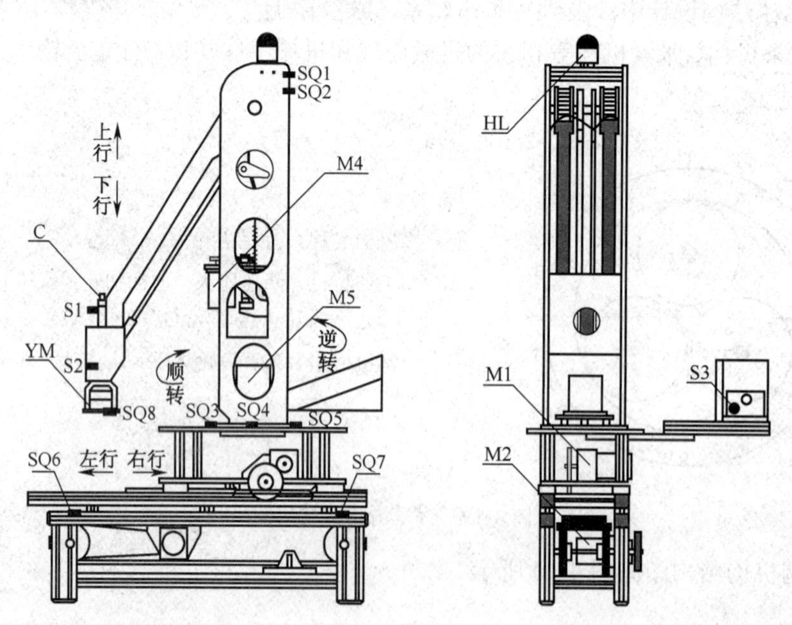

SQ1—扬臂下行检测　SQ2—扬臂上行检测　SQ3—顺转检测　SQ4—90°旋转检测　SQ5—逆转检测

SQ6—左行检测　SQ7—右行检测　SQ8—工件吸持检测　S1—气缸升检测　S2—气缸降检测

S3—工件检测　M4—扬臂升降电机　M5—旋转电机　M1—行进电机　M2—直线 I 电机

M3—直线 II 电机　YM—直流电磁吸铁　C－直动气缸　HL—指示灯

图 4-22 上料单元检测元件、控制元件、执行机构安装位置示意图

4.7.2 上料单元系统设计与调试

1. 上料单元设计与实现步骤

（1）熟悉上料单元的机械主体结构，了解机械装配方法，重点观察行星齿轮系、齿轮齿

条机构的传动过程和理解螺纹微调机构、张紧机构的作用。

（2）对照电源系统图和气动原理图学习上料单元电源系统和气动系统的设计与连接调试方法。

（3）对照图4-22查找上料单元各类检测元件、控制元件和执行机构的安装位置，并依据上料单元PLC 控制接线图熟悉其安装接线方法。

（4）根据表4-15理解上料单元各检测元件、执行机构及控制元件的功能，熟悉基本调试方法（必要时可根据系统运行情况适当调整相应位置）。

表4-15 上料单元检测元件、执行机构、控制元件一览表

类别	序号	编号	名称	功能	安装位置
检测元件	1	SQ1	微动开关	确定扬臂下行位置	两支撑侧板顶部型材
	2	SQ2	微动开关	确定扬臂上行位置	两支撑侧板顶部型材
	3	SQ3	微动开关	确定扬臂顺转位置	圆盘
	4	SQ4	微动开关	确定扬臂90°旋转位置	圆盘
	5	SQ5	微动开关	确定扬臂逆转位置	圆盘
	6	SQ6	微动开关	确定扬臂左行位置（铣床方向）	圆盘左面支撑型材
	7	SQ7	微动开关	确定扬臂右行位置（下料方向）	圆盘右面支撑型材
	8	SQ8	微动开关	工件吸持检测	电磁铁上
	9	S1	磁性接近开关	确定气缸初始位置	气缸
	10	S2	磁性接近开关	确定气缸伸出位置	气缸
	11	S3	光电传感器	检测工件槽工件	工件槽侧面
执行机构等	1	M5	直流电机	驱动扬臂旋转	圆盘
	2	M4	步进电机	驱动扬臂升降	两支撑侧板中间
	3	M1	直流电机	驱动上料单元行进	滑轨支撑板
	4	M2	直流电机	驱动直线I传送带	直线单元
	5	M3	直流电机	驱动直线II传送带	升降梯旁直线单元
	6	YM	直流电磁吸铁	控制扬臂电磁铁吸放工件	扬臂
	7	C	直动气缸	驱动扬臂顶端电磁铁升降	扬臂
	8	HL	工作指示灯	显示工作状态	两支撑侧板顶部型材
	9	HA1	蜂鸣器	事故报警	控制板
	10	HA2	蜂鸣器	事故报警	控制板
控制元件等	1	KM1	继电器	扬臂左行控制	直线单元内侧
	2	KM2	继电器	扬臂右行控制	直线单元内侧
	3	KM3	继电器	控制步进电机得电失电	直线单元内侧
	4	KM4	继电器	扬臂顺时旋转控制	直线单元内侧
	5	KM5	继电器	扬臂逆时旋转控制	直线单元内侧
	6	YV	电磁阀	直动气缸伸缩控制	两支撑侧板中间

（5）编制和调试 PLC 自动控制程序。

1）反复观察分站运行演示，深刻理解控制要求。

2）根据控制要求描述及工作状态表自行绘制自动控制功能图。

3）设置 I/O 编号，并将功能图转换为梯形图输入计算机进行调试。

4）将程序下载至 PLC 进行试运行（断开负载电源）。

5）根据 I/O 编号逐个核对 PLC 与输入输出设备的连接。

6）进行系统调试，实现 PLC 带分站负载运行（接通负载电源）。

（6）在自动控制程序的基础上增加启动、停止、急停、复位控制和工作方式选择控制。

（7）学习分析、查找、排除故障的基本方法。

2. 上料单元控制要求

（1）上料单元自动控制过程说明及工作状态表。

初始状态：升降、行进、旋转电机及直动气缸处于原位，扬臂呈静止状态；吸持工件电磁吸铁释放；工作指示灯熄灭。

在系统全程运行时二直线电机驱动传送带始终保持运行状态（系统启动即开始运转）；分单元运行时可选用 PLC 的特殊继电器（与 PLC 运行/停止同状态的继电器）保持其运行状态。

系统运行期间，需要根据铣床单元的工作状态选择 A、B 两种不同的控制过程。

A．若铣床正在铣削工件则待加工完毕后向上料单元发出转运信号：

1）当上料单元接收到铣削完毕信号后，工作指示灯发光，直流电机驱动齿轮齿条动作，上料单元左行至铣床方向。

2）上料单元左行到位后，气动回路的电磁换向阀动作，气缸活塞杆伸出，带动电磁铁下降。

3）气缸活塞杆伸出到位后，电磁吸铁得电，通过主体工件上安装的金属条吸取工件主体。吸持工件 3 秒后，气动回路电磁换向阀复位，气缸活塞杆收回，电磁铁持工件回缩（若一次吸合未果，即安装在电磁吸铁上的微动开关未发出信号，蜂鸣器发出音响报警信号）。

4）安装在电磁吸铁上的微动开关发出信号表示完成吸合且气缸回缩归位后，直流电机驱动齿轮齿条动作，上料单元反向右行。

5）上料单元右行到位后，步进电机切换继电器得电，发出升降脉冲信号，同步带驱动扬臂持工件上行。

6）扬臂上行到位后，步进电机切换继电器失电，此时直流电机带动行星齿轮动作，使扬臂持工件顺向旋转 180 度，将工件送至下料单元入口处。

7）扬臂旋转到位后，气动回路的电磁换向阀动作，气缸活塞杆伸出，带动电磁铁持工件下降。

8）气缸活塞杆伸出到位后，电磁吸铁失电，对准下料口释放工件，2 秒后气动回路电磁换向阀复位，气缸活塞杆收回。

9）气缸回缩到位后，进行 2 秒延时，启动旋转直流电机带动行星齿轮动作，使扬臂逆向旋转。

10）气缸回缩且扬臂逆转 180 度回到初始位置后，步进电机切换继电器再次得电，扬臂升降方向为“+”（选中下行），且发出升降脉冲信号。此时同步带驱动扬臂下行。

11）扬臂下行到位后，工作指示灯熄灭，系统回复初始状态。

与上述描述对应的上料单元工作状态表如表 4-16 所示。

表 4-16　上料单元工作状态表 A

动作顺序	输入信号												输出信号												
	扬臂下行原位	扬臂上行原位	扬臂逆转原位	扬臂90度到位	扬臂顺转到位	扬臂右行原位	扬臂左行到位	气缸初始原位	气缸下降至位	工件吸持检测	料槽工件检测	铣削完毕信号	扬臂升降脉冲	扬臂升降方向	扬臂旋转脉冲	扬臂旋转方向	步进电机切换	扬臂左行	扬臂右行	直动气缸	扬臂电磁吸铁	工作指示灯	直线Ⅰ电机	直线Ⅱ电机	蜂鸣报警器
0	+	−	+	−	−	+	−	+	−	−	−	−	−	−	−	−	−	−	−	−	−	−	+	+	−
1	+	−	+	−	−	+	−	+	−	−	−	+	−	−	−	−	−	+	−	−	−	+	+	+	−
2	+	−	+	−	−	−	+	+	−	−	−	−	−	−	−	−	−	−	−	+	−	+	+	+	−
3	+	−	+	−	−	−	+	−	+	−	−	−	−	−	−	−	−	−	−	+（3s）/−	+	+	+	+	−
4	+	−	+	−	−	−	+	+	−	+	−	−	−	−	−	−	−	−	+	−	+	+	+	+	−
5	+	−	+	−	−	+	−	+	−	+	−	−	+	−	−	−	+	−	−	−	+	+	+	+	−
6	−	+	+	−	−	+	−	+	−	+	−	−	−	−	−	−	−	−	−	−	+	+	+	+	−
7	−	+	−	−	+	+	−	+	−	+	−	−	−	−	+	−	−	−	−	+	+	+	+	+	−
8	−	+	−	−	+	+	−	−	+	+	−	−	−	−	−	−	−	−	−	+（2s）/−	−	+	+	+	−
9	−	+	−	−	+	+	−	+	−	−	−	−	−	−	−（2s）/+	+	−	−	−	−	−	+	+	+	−
10	−	+	+	−	−	+	−	+	−	−	−	−	+	+	−	−	+	−	−	−	−	+	+	+	−
11	+	−	+	−	−	+	−	+	−	−	−	−	−	−	−	−	−	−	−	−	−	−	+	+	−

注：①此工作状态表表示吸持工件动作一次完成的控制过程。

②当步进电机切换信号为“－”时表示选择旋转电机运行；当步进电机切换信号为“＋”时表示选择升降电机运行。

③当扬臂升降方向信号为“－”，同时脉冲信号为“＋”时，表示执行上行动作；当扬臂升降方向信号为“＋”，同时脉冲信号为“＋”时，表示执行下行动作。

④当扬臂旋转方向信号为“－”，同时脉冲信号为“＋”时，表示执行顺转动作；当扬臂旋转方向信号为“＋”，同时脉冲信号为“＋”时，表示执行逆转动作。

B．若铣床无工件则向上料单元发出加送信号：

1）当有工件放入工件槽时，工件传感器发出检测信号，工作指示灯发光，此时步进电机切换继电器为失电状态（选中旋转电机），控制扬臂旋转的步进电机驱动器发出旋转脉冲信号，步进电机带动行星齿轮动作，使扬臂顺向旋转 90 度，对准工件槽。

2）扬臂旋转到位后，气动回路的电磁换向阀动作，气缸活塞杆伸出，带动扬臂终端电磁铁下降。

3）气缸活塞杆伸出到位后，电磁吸铁得电，通过主体工件上安装的金属条吸取工件主体。吸持工件 2 秒后，气动回路电磁换向阀复位，气缸活塞杆收回，电磁铁持工件回缩（若一次吸合未果，即安装在电磁吸铁上的微动开关未发出信号，蜂鸣器发出音响报警信号）。

4）安装在扬臂终端电磁吸铁上的微动开关发出信号表示完成吸合且气缸回缩归位后，启动扬臂旋转方向为“＋”（选中逆向），且发出旋转脉冲信号。步进电机带动行星齿轮动作，使扬臂逆向旋转。

5）扬臂逆转 90 度回到初始位置后，直流电机驱动齿轮齿条动作，上料单元左行。

6）上料单元左行到位后，气动回路的电磁换向阀再次动作，气缸活塞杆伸出，带动扬臂终端电磁铁持工件下降。

7）气缸活塞杆伸出到位后，电磁吸铁失电，将工件放下；2 秒后气动回路电磁换向阀复位，气缸活塞杆收回，扬臂终端电磁铁回缩。

8）气缸回缩归位后，直流电机驱动齿轮齿条动作，上料单元右行。

9）上料单元右行回位后，工作指示灯熄灭，系统回复初始状态。

与上述描述对应的上料单元工作状态表如表 4-17 所示。

表 4-17　上料单元工作状态表 B

动作顺序	输入信号												输出信号												
	扬臂下行原位	扬臂上行原位	扬臂逆转原位	扬臂90度到位	扬臂顺转到位	扬臂右行原位	扬臂左行到位	气缸初始原位	气缸下降至位	工件吸持检测	料槽工件检测	铣削完毕信号	扬臂升降脉冲	扬臂升降方向	扬臂旋转脉冲	扬臂旋转方向	步进电机切换	扬臂左行	扬臂右行	直动气缸	扬臂电磁吸铁	工作指示灯	直线Ⅰ电机	直线Ⅱ电机	蜂鸣报警器
0	＋	－	＋	－	－	＋	－	＋	－	－	－	－	－	－	－	－	－	－	－	－	－	－	＋	＋	－
1	＋	－	＋	－	－	＋	－	＋	－	－	＋	－	－	－	＋	－	－	－	－	－	－	＋	＋	＋	－
2	＋	－	－	＋	－	＋	－	＋	－	－	＋	－	－	－	－	－	－	－	－	＋	－	＋	＋	＋	－
3	＋	－	－	＋	－	＋	－	－	＋	－	－	－	－	－	－	－	－	－	－	＋（2s）/－	＋	＋	＋	＋	－
4	＋	－	－	＋	－	＋	－	＋	－	＋	－	－	－	－	＋	＋	－	－	－	－	＋	＋	＋	＋	－
5	＋	－	＋	－	－	＋	－	＋	－	＋	－	－	＋	－	－	－	－	＋	－	－	＋	＋	＋	＋	－
6	－	－	＋	－	－	－	＋	＋	－	＋	－	－	－	－	－	－	－	－	－	＋	＋	＋	＋	＋	－
7	－	－	＋	－	－	－	＋	－	＋	＋	－	－	－	－	－	－	－	－	－	＋（2s）/－	－	＋	＋	＋	－
8	－	－	＋	－	－	－	＋	＋	－	－	－	－	－	－	－	－	－	－	＋	－	－	＋	＋	＋	－
9	－	－	＋	－	－	＋	－	＋	－	－	－	－	－	－	＋	＋	－	－	－	－	－	－	＋	＋	－

注：内容同表 4-16 注。

（2）上料单元自动控制程序流程图。

图 4-23 所示为在自动控制工作方式下选择不同控制过程的程序框图。

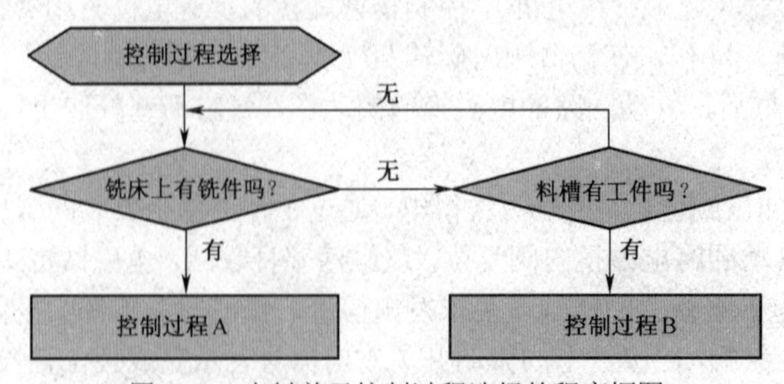

图 4-23　上料单元控制过程选择的程序框图

图 4-24 所示为选择上料单元控制过程 A 的程序流程图。

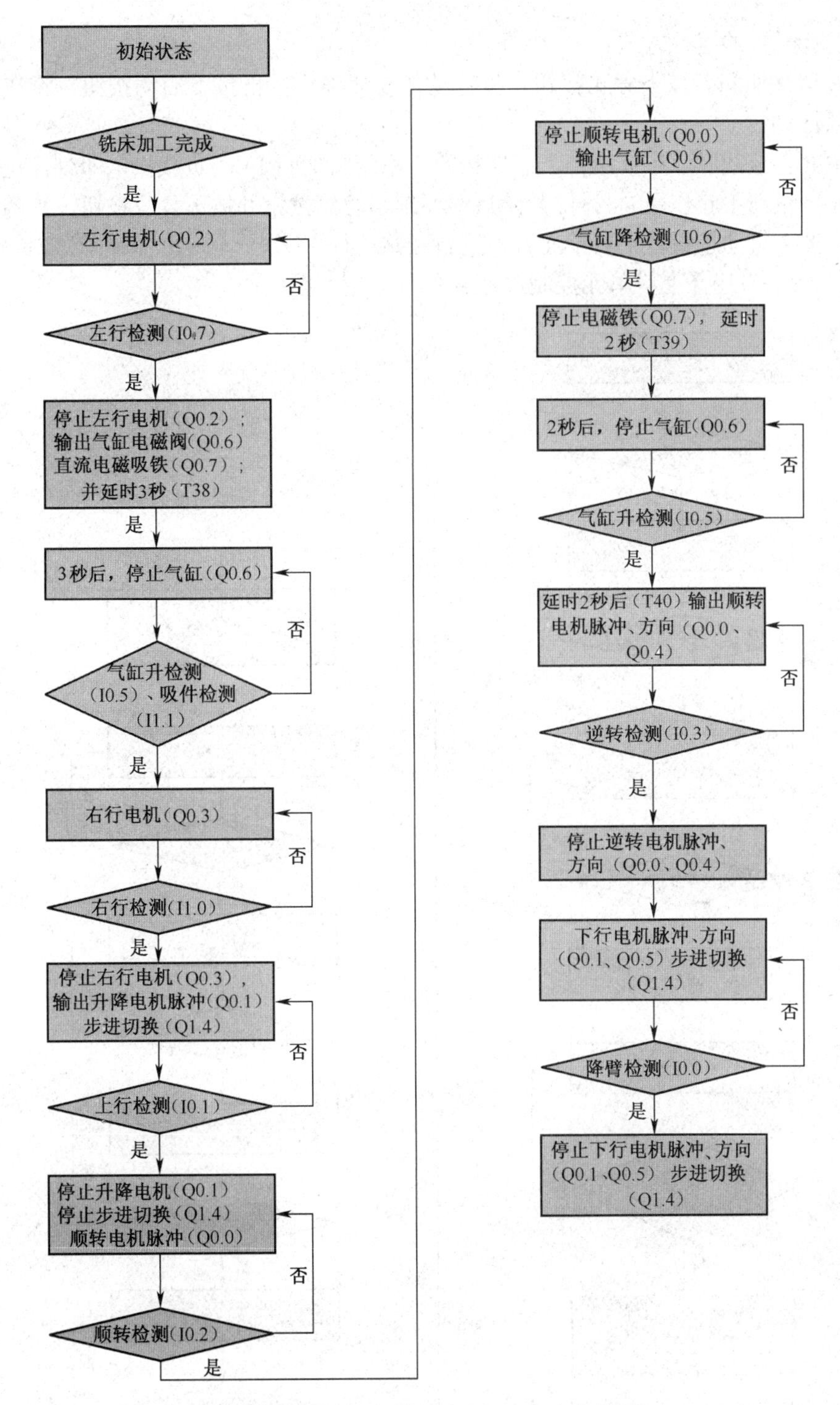

图4-24　上料单元控制过程A程序流程图

（3）上料单元控制方式说明。

上料单元独立运行时具有自动、手动两种控制方式。当选择自动方式时上料单元呈连续运行工作状态；当选择手动方式时则相当于步进工作状态，即每按动一次启动按钮系统按设计步骤依次运行一步的运行方式。

在系统运行期间若按下停止按钮，执行动作立即停止；再按下启动按钮，将在上一停顿状态继续运行。

当发生突发事故时，应立即拍下急停按钮，系统将切断 PLC 负载供电即刻停止运行（此时所有其他按钮都不起作用）。排除故障后需要旋起急停按钮并按下复位按钮，待各机构回复初始状态后按下启动按钮，上料单元方可重新开始运行。

图 4-25 所示为选择上料单元控制过程 B 的程序流程图：

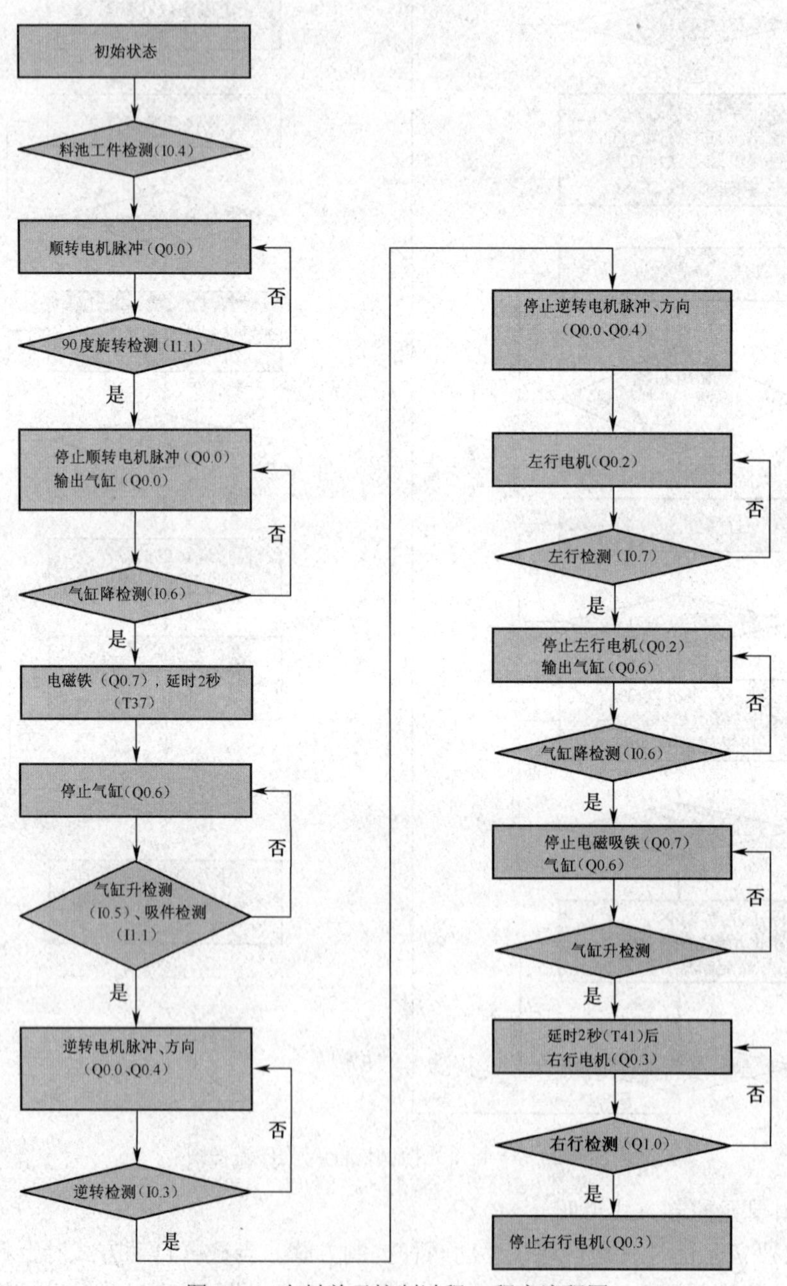

图 4-25　上料单元控制过程 B 程序流程图

（4）上料单元 I/O 编号分配表。

表 4-18 所示为上料单元控制板上 PLC 的 I/O 编号设置。

表 4-18　上料单元 I/O 分配表

形式	序号	名称	PLC 地址	编号	地址设置
输入	1	扬臂下行检测（复位）	I0.0	SQ1	EM277 总线模块设置的站号为 10 与总站通信的地址为 16～17
	2	扬臂上行检测	I0.1	SQ2	
	3	顺转检测	I0.2	SQ3	
	4	逆转检测（复位）	I0.3	SQ5	
	5	工件检测	I0.4	S3	
	6	气缸升检测（复位）	I0.5	S1	
	7	气缸降检测	I0.6	S2	
	8	左行检测（铣床方向）	I0.7	SQ6	
	9	右行检测（下料方向）	I1.0	SQ7	
	10	工件吸持检测	I1.1	SQ8	
	11	90 度旋转检测	I1.2	SQ4	
	12	手动/自动按钮	I2.0	SA	
	13	启动按钮	I2.1	SB1	
	14	停止按钮	I2.2	SB2	
	15	急停按钮	I2.3	SB3	
	16	复位按钮	I2.4	SB4	
输出	1	顺时旋转（至位）	Q0.0	M5：P	
	2	上行电机（至位）	Q0.1	M4：P	
	3	左行电机（至位）	Q0.2	KM1	
	4	右行电机（复位）	Q0.3	KM2	
	5	逆时旋转（复位）	Q0.4	M5：P+D	
	6	下行电机（复位）	Q0.5	M4：P+D	
	7	气缸电磁阀	Q0.6	YV	
	8	直流电磁吸铁	Q0.7	YM	
	9	工作指示灯	Q1.0	HL	
	10	直线 I 电机	Q1.1	M2	
	11	直线 II 电机	Q1.2	M3	
	12	步进电机切换继电器	Q1.4	KM3	
	13	蜂鸣器报警	Q1.6		
	14	蜂鸣器报警	Q1.7		
发送地址		V2.0～V3.7（200PLC→300PLC）			
接收地址		V0.0～V1.7（200PLC←300PLC）			

若运用上料单元控制板上的PLC进行控制，必须按照表4-18设置的I/O编号编制程序；若另行选用其他PLC进行控制，编制程序时可以任意设置I/O编号，但在完成PLC与接口板的连接时应特别注意PLC编号与接口板接线的对应关系。

（5）特别提示。

完成上料单元独立运行后若要参与到系统总控台控制的全程运行，需要在单元控制的程序中增加如下内容：

- 增加总控启动、停止、急停、复位等功能，并将上料单元的工作状态传送至上位机。
- 为确保后续站工件主体放工下料单元的运行安全，需要将下料电机运行及料仓底部工件检测信号作为上料单元向下料口释放工件的闭锁条件，即在下料电机运行期间或料仓底部工件检测有信号时，上料单元不得向下料口释放工件。

任务4.8　模拟单元设计与调试

知识与能力目标

- 了解模拟单元的温度控制过程，观察喷气阀动作及电炉丝加热过程。
- 通过系统运行过程理解传感检测元件和执行机构的作用。
- 读懂工程图纸，学会照图完成安装接线，掌握检查方法。
- 学习根据控制要求编制和调试PLC程序的方法。
- 了解PLC特殊功能模块的应用及模拟量控制的编程方法。
- 学习系统调试和分析、查找、排除故障的方法。

4.8.1　模拟单元结构与功能分析

1. 模拟单元功能

模拟单元的主要功能是实现对完成装配的工件进行模拟喷漆和烘干，为此本站增加了模拟量控制的PLC特殊功能模块，完成喷漆烘干后的工件随托盘向下站传送。

2. 模拟单元简介

模拟单元主体结构组成如图4-26所示，包括加热装置、烘干装置、温度显示、直线单元、工作指示灯等。

为实现模拟单元的控制功能，在主体结构的相应位置装设了电感式传感器、磁性接近开关、铂热电阻等检测与传感装置，并配备了直流电机、直动气缸、电磁铁等执行机构和电磁阀等控制元件，如图4-27所示。

图4-26　模拟单元

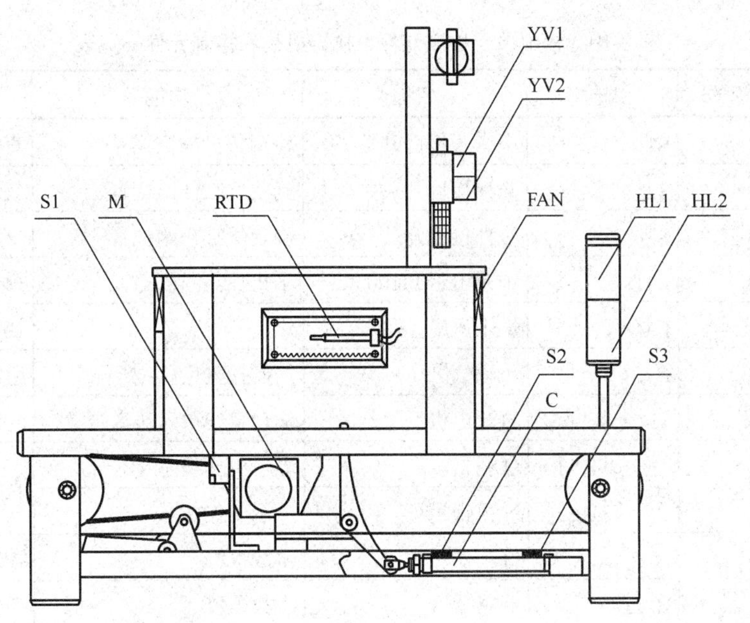

S1—托盘检测　S2—止动气缸至位　S3—止动气缸复位　RTD—Pt100 铂热电阻　FAN—烘干风扇
C—止动气缸　M—传送电机　YV1—喷漆电磁阀　YV2—止动气缸电磁阀　HL1—红色指示灯
HL2—绿色指示灯

图 4-27　模拟单元检测元件、控制元件、执行机构安装位置示意图

4.8.2　模拟单元系统设计与调试

1. 模拟单元设计与步骤

（1）熟悉模拟单元的机械主体结构。

（2）对照电源系统图和气动原理图学习模拟单元电源系统和气动系统的设计与连接调试方法。

（3）对照图 4-27 查找模拟单元各类检测元件、执行机构的安装位置，并依据模拟单元 PLC 控制接线图熟悉其安装接线方法。

（4）根据表 4-19 理解模拟单元各检测元件、执行机构的功能，熟悉基本调试方法（必要时可根据系统运行情况适当调整相应位置）。

（5）编制和调试 PLC 自动控制程序。

1）反复观察分站运行演示，深刻理解控制要求。

2）根据控制要求描述设置 I/O 编号并编制程序。

3）将梯形图输入计算机进行调试。

4）将程序下载至 PLC 进行试运行（断开负载电源）。

5）根据 I/O 编号逐个核对 PLC 与输入输出设备的连接。

6）进行系统调试，实现 PLC 带分站负载运行（接通负载电源）。

（6）在自动控制程序的基础上增加启动、停止、急停、复位控制和工作方式选择控制。

（7）学习分析、查找、排除故障的基本方法。

表 4-19 模拟单元检测元件、执行机构、控制元件一览表

<table>
<tr><th>类别</th><th>序号</th><th colspan="2">编号</th><th>名称</th><th>功能</th><th>安装位置</th></tr>
<tr><td rowspan="4">检测元件</td><td>1</td><td colspan="2">S1</td><td>电感式接近开关</td><td>检测托盘的位置</td><td>直线单元上</td></tr>
<tr><td>2</td><td colspan="2">S2</td><td>磁性接近开关</td><td>确定气缸伸出位置</td><td>气缸</td></tr>
<tr><td>3</td><td colspan="2">S3</td><td>磁性接近开关</td><td>确定气缸初始位置</td><td>气缸</td></tr>
<tr><td>4</td><td colspan="2">RTD</td><td>铂热电阻 Pt100</td><td>采集加热温度</td><td>模拟单元后板上</td></tr>
<tr><td rowspan="7">执行机构等</td><td>1</td><td colspan="2">FAN</td><td>烘干风扇</td><td>烘干</td><td>模拟单元侧板上</td></tr>
<tr><td>2</td><td colspan="2">C</td><td>止动气缸</td><td>控制托盘位置</td><td>直线单元上</td></tr>
<tr><td>3</td><td colspan="2">M</td><td>直流电机</td><td>驱动直线单元传送带</td><td>直线单元上</td></tr>
<tr><td rowspan="2">4</td><td rowspan="2">HL</td><td>HL1</td><td>红色指示灯</td><td>显示工作状态</td><td rowspan="2">直线单元侧</td></tr>
<tr><td>HL2</td><td>绿色指示灯</td><td>显示工作状态</td></tr>
<tr><td>5</td><td colspan="2">HA1</td><td>蜂鸣器</td><td>事故报警</td><td>控制板</td></tr>
<tr><td>6</td><td colspan="2">HA2</td><td>蜂鸣器</td><td>事故报警</td><td>控制板</td></tr>
<tr><td rowspan="2">控制元件</td><td>1</td><td colspan="2">YV1</td><td>电磁阀</td><td>喷漆控制</td><td>模拟顶板端型材上</td></tr>
<tr><td>2</td><td colspan="2">YV2</td><td>电磁阀</td><td>止动气缸伸缩控制</td><td>模拟顶板端型材上</td></tr>
</table>

2. 模拟单元控制要求

（1）模拟单元自动控制过程说明。

初始状态：直线传送电机、喷气阀、风扇均处于停止状态；限位杆竖起禁行；工作指示灯熄灭。

系统启动运行后模拟单元红色指示灯发光；直线电机驱动传送带开始运转且始终保持运行状态（分单元运行时可选用与 PLC 运行/停止同状态的特殊继电器保持直线传送电机的运行状态）。

系统运行期间：

1）托盘带工件下行至此站定位口处，由电感式传感器检测托盘，发出检测信号；绿色指示灯亮，红色指示灯灭。

2）3 秒后启动喷气阀，进行模拟喷漆。

3）500ms 后关闭喷气阀，此时用最高强度加热。

4）加热过程中，循环读取输入温度（用铂热电阻输入值与设定值比较，若小于设定值则继续加热，一直加热到当循环读取的输入值大于或等于设定值时跳出）。当循环读取的输入值大于或等于设定值时停止加热，并启动风扇进行烘干。

5）风扇停止 5 秒后止动气缸放行，托盘带工件下行。

6）放行 3 秒后，止动气缸复位，循环标志和采样标志清零。绿色指示灯灭，红色指示灯亮。系统回复初始状态。

（2）模拟单元自动控制程序流程图。

图 4-28 所示为模拟单元的程序流程图。

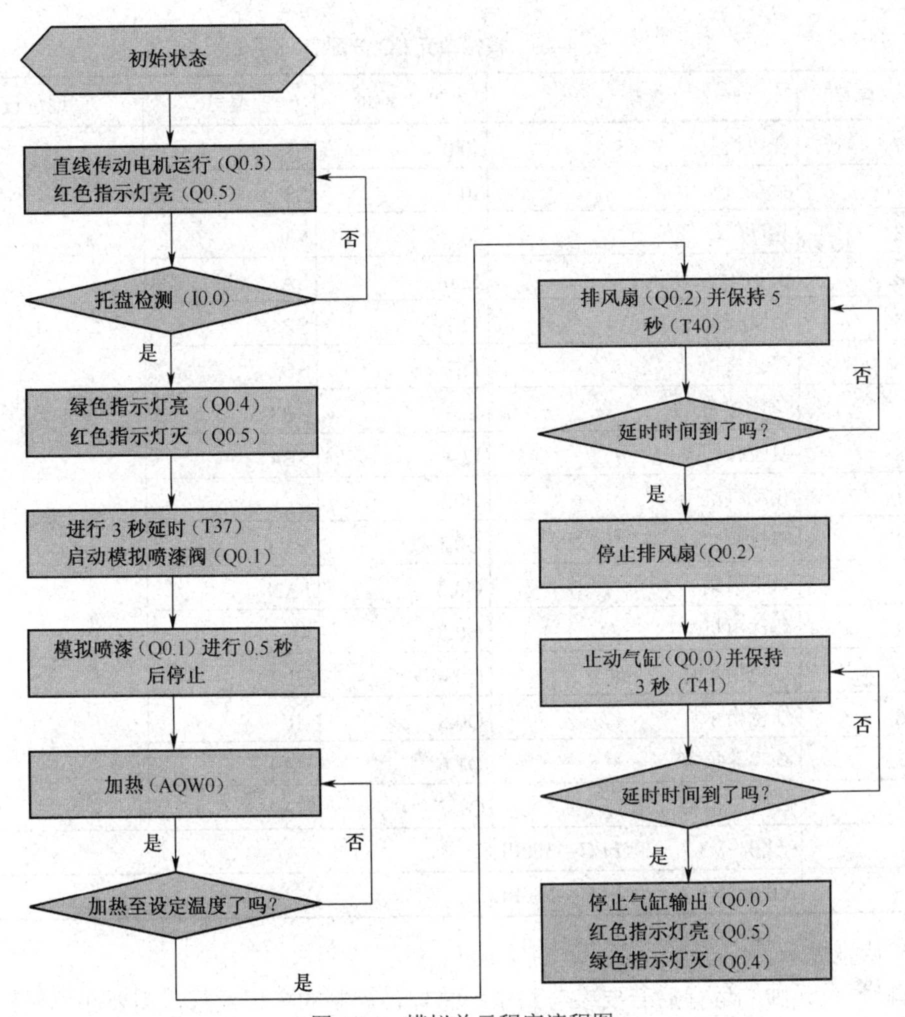

图4-28 模拟单元程序流程图

（3）模拟单元控制方式说明。

模拟单元独立运行时具有自动、手动两种控制方式。当选择自动方式时模拟单元呈连续运行工作状态；当选择手动方式时则相当于步进工作状态，即每按动一次启动按钮系统按设计步骤依次运行一步的运行方式。

在系统运行期间若按下停止按钮，执行动作立即停止；再按下启动按钮，将在上一停顿状态继续运行。

当发生突发事故时，应立即拍下急停按钮，此时系统将切断PLC负载供电即刻停止运行（此时所有其他按钮都不起作用）。排除故障后需要旋起急停按钮并按下复位按钮，待各机构回复初始状态后按下启动按钮，模拟单元方可重新开始运行。

（4）模拟单元I/O编号分配表。

表4-20所示为模拟单元控制板上PLC的I/O编号设置。

若运用模拟单元控制板上的PLC进行控制，必须按照表4-20设置的I/O编号编制程序；若另行选用其他PLC进行控制，编制程序时可以任意设置I/O编号，但在完成PLC与接口板的连接时应特别注意PLC编号与接口板接线的对应关系。

表 4-20　模拟单元 I/O 分配表

<table>
<tr><th>形式</th><th>序号</th><th>名称</th><th>PLC 地址</th><th>编号</th><th>地址设置</th></tr>
<tr><td rowspan="8">输入</td><td>1</td><td>托盘检测</td><td>I0.0</td><td>S1</td><td rowspan="16">EM277 总线模块设置的站号为 16
与总站通信的地址为14～15</td></tr>
<tr><td>2</td><td>止动气缸至位</td><td>I0.1</td><td>S2</td></tr>
<tr><td>3</td><td>止动气缸复位</td><td>I0.2</td><td>S3</td></tr>
<tr><td>4</td><td>手动/自动按钮</td><td>I2.0</td><td>SA</td></tr>
<tr><td>5</td><td>启动按钮</td><td>I2.1</td><td>SB1</td></tr>
<tr><td>6</td><td>停止按钮</td><td>I2.2</td><td>SB2</td></tr>
<tr><td>7</td><td>急停按钮</td><td>I2.3</td><td>SB3</td></tr>
<tr><td>8</td><td>复位按钮</td><td>I2.4</td><td>SB4</td></tr>
<tr><td rowspan="8">输出</td><td>1</td><td>止动气缸</td><td>Q0.0</td><td>C</td></tr>
<tr><td>2</td><td>喷气阀</td><td>Q0.1</td><td>YV1</td></tr>
<tr><td>3</td><td>烘干风扇</td><td>Q0.2</td><td>FAN</td></tr>
<tr><td>4</td><td>传送电机</td><td>Q0.3</td><td>M</td></tr>
<tr><td>5</td><td>绿色指示灯</td><td>Q0.4</td><td>HL2</td></tr>
<tr><td>6</td><td>红色指示灯</td><td>Q0.5</td><td>HL1</td></tr>
<tr><td>7</td><td>蜂鸣器报警</td><td>Q1.6</td><td>HA1</td></tr>
<tr><td>8</td><td>蜂鸣器报警</td><td>Q1.7</td><td>HA2</td></tr>
<tr><td colspan="2">发送地址</td><td colspan="4">V2.0～V3.7（200PLC→300PLC）</td></tr>
<tr><td colspan="2">接收地址</td><td colspan="4">V0.0～V1.7（200PLC←300PLC）</td></tr>
</table>

（5）特别提示。

完成模拟单元独立运行后若要参与到系统总控台控制的全程运行，需要在单元控制的程序中增加如下内容：

- 增加总控启动、停止、急停、复位等功能，并将模拟单元的工作状态传送至上位机。
- 为确保后续站图像识别单元的运行安全，需要将图像识别单元托盘检测的信号作为模拟单元托盘放行的闭锁条件，即在下一单元有托盘时本站不放行。

任务 4.9　图像识别单元设计与调试

知识与能力目标

- 了解图像识别系统的基本概念、系统组成和主要功能。
- 通过阅读图像检测装置用户使用手册来学习图像识别系统的设置和应用。
- 熟悉接口设置，了解图像识别系统和 PLC 系统的连接方法。
- 读懂工程图纸，学会照图完成安装接线，掌握检查方法。
- 学习根据控制要求编制和调试 PLC 程序的方法。
- 学习系统调试和分析、查找、排除故障的方法。

4.9.1　图像识别单元结构与功能分析

1. 图像识别单元功能

图像识别单元的主要功能是运用电脑识别技术将前站传送来的工件进行数字化处理（通过图形摄取装置采集工件的当前画面与原设置结果进行比较），并将其判定结果输出。经检验处理后工件随托盘向下站传送。

2. 图像识别单元简介

图像识别单元主体结构组成如图 4-29 所示，包括彩色高速相机、操作键盘、彩色监视器电缆、16mm 锁定镜头、液晶显示器、直线单元、工作指示灯等。

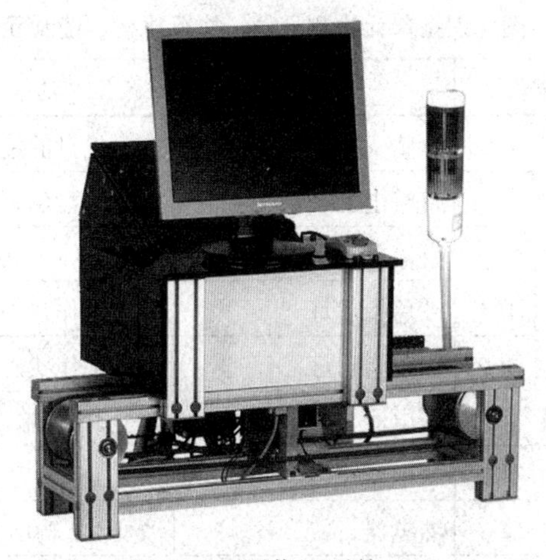

图 4-29　图像识别单元

为实现图像识别单元的控制功能，在主体结构的相应位置装设了电感式传感器等检测与传感装置，并配备了直流电机、电磁铁等执行机构和继电器等控制元件，如图 4-30 所示。

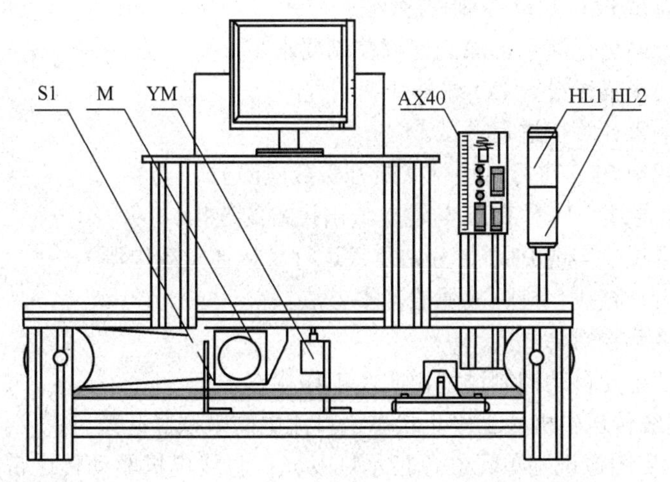

S1—托盘检测　　M—传送电机　　YM—直流电磁吸铁

AX40—图像检测装置　　HL1—红色指示灯　　HL2—绿色指示灯

图 4-30　图像识别单元检测元件、控制元件、执行机构安装位置示意图

4.9.2 图像识别单元系统设计与调试

1. 图像识别单元设计与步骤

（1）熟悉图像识别单元的机械主体结构。

（2）对照电源系统图学习电源系统的设计与连接调试方法。

（3）对照图 4-30 查找图像识别单元各类检测元件、执行机构的安装位置，并依据图像识别单元 PLC 控制接线图熟悉其安装接线方法。

（4）根据表 4-21 理解图像识别单元各检测元件、执行机构的功能，熟悉基本调试方法（必要时可根据系统运行情况适当调整相应位置）。

表 4-21　图像识别单元检测元件、执行机构、控制元件一览表

<table>
<tr><th>类别</th><th>序号</th><th colspan="2">编号</th><th>名称</th><th>功能</th><th>安装位置</th></tr>
<tr><td>检测元件</td><td>1</td><td colspan="2">S1</td><td>电感式接近开关</td><td>检测托盘的位置</td><td>直线单元上</td></tr>
<tr><td rowspan="4">执行机构等</td><td>1</td><td colspan="2">YM</td><td>直流电磁吸铁</td><td>控制托盘位置</td><td>直线单元上</td></tr>
<tr><td>2</td><td colspan="2">M</td><td>直流电机</td><td>驱动直线单元传送带</td><td>直线单元上</td></tr>
<tr><td rowspan="2">3</td><td rowspan="2">HL</td><td>HL1</td><td>红色指示灯</td><td>显示工作状态</td><td rowspan="2">直线单元侧</td></tr>
<tr><td>HL2</td><td>绿色指示灯</td><td>显示工作状态</td></tr>
<tr><td rowspan="5">控制元件</td><td>1</td><td colspan="2">KM1</td><td>继电器</td><td>改变 REN 输出类型</td><td>桌面立柱上</td></tr>
<tr><td>2</td><td colspan="2">KM2</td><td>继电器</td><td>改变 D1 输出类型</td><td>桌面立柱上</td></tr>
<tr><td>3</td><td colspan="2">KM3</td><td>继电器</td><td>改变 D2 输出类型</td><td>桌面立柱上</td></tr>
<tr><td>4</td><td colspan="2">KM4</td><td>继电器</td><td>改变 D3 输出类型</td><td>桌面立柱上</td></tr>
<tr><td>5</td><td colspan="2">KM5</td><td>继电器</td><td>改变 D4 输出类型</td><td>桌面立柱上</td></tr>
</table>

（5）编制和调试 PLC 自动控制程序。

1）反复观察分站运行演示，深刻理解控制要求。

2）根据控制要求描述设置 I/O 编号并编制程序。

3）将梯形图输入计算机进行调试。

4）将程序下载至 PLC 进行试运行（断开负载电源）。

5）根据 I/O 编号逐个核对 PLC 与输入输出设备的连接。

6）进行系统调试，实现 PLC 带分站负载运行（接通负载电源）。

（6）学习分析、查找、排除故障的基本方法。

2. 图像识别单元控制要求

（1）图像识别单元自动控制过程说明及工作状态表。

初始状态：直线传送电机处于停止状态；直流电磁吸铁竖起禁行；工作指示灯熄灭。

系统启动运行后图像识别单元红色指示灯发光；直线电机驱动传送带开始运转且始终保持运行状态（分单元运行时可选用与 PLC 运行/停止同状态的特殊继电器保持直线传送电机的运行状态）。

系统运行期间：

1）当托盘载工件到达定位口时，托盘传感器发出检测信号，绿色指示灯发光，红色指示灯熄灭；开启图像采集信号，产品检测工作开始。

产品检测工作是通过彩色相机对工件整体进行监控，判定主体、上盖、销钉的装配情况和测试销钉材质、标签有无等相关参数，测试后经彩色显示器精美图像显示结果和输出数据。

2）产品检测工作完成后发出信号，延时 2 秒进行品种切换（短脉冲），直流电磁吸铁吸合下落放行托盘。

3）放行托盘 3 秒后，直流电磁铁释放伸出恢复禁行状态。红色指示灯发光，绿色指示灯熄灭。此时系统恢复初始状态。

（2）图像识别单元自动控制程序流程图。

图 4-31 所示为图像识别单元程序流程图。

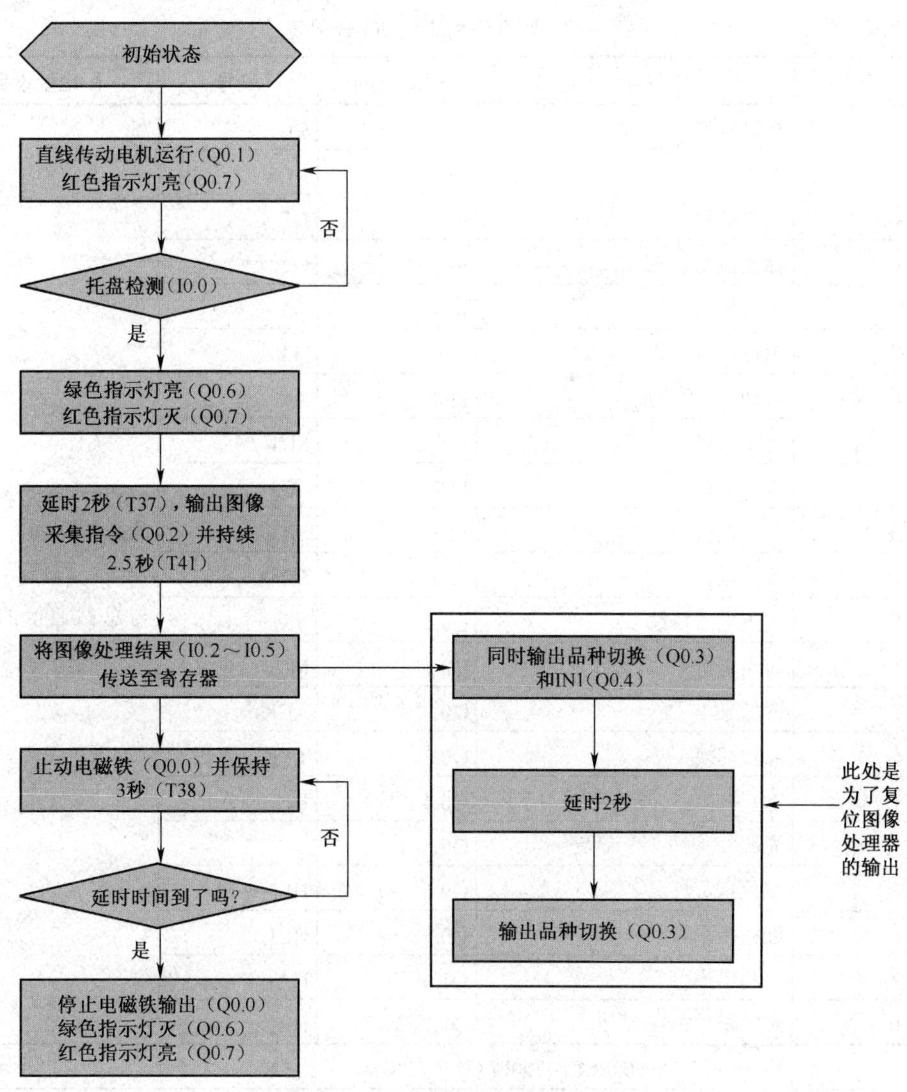

图 4-31　图像识别单元程序流程图

（3）图像识别单元控制方式说明。

图像识别单元独立运行时具有自动、手动两种控制方式。当选择自动方式时图像识别单元呈连续运行工作状态；当选择手动方式时则相当于步进工作状态，即每按动一次启动按钮系统按设计步骤依次运行一步的运行方式。

在系统运行期间若按下停止按钮，执行动作立即停止；再按下启动按钮，将在上一停顿状态继续运行。

当发生突发事故时，应立即拍下急停按钮，此时系统将切断 PLC 负载供电即刻停止运行（此时所有其他按钮都不起作用）。排除故障后需要旋起急停按钮并按下复位按钮，待各机构回复初始状态后按下启动按钮，图像识别单元方可重新开始运行。

（4）图像识别单元 I/O 编号分配表。

表 4-22 所示为图像识别单元控制板上 PLC 的 I/O 编号设置。

表 4-22 图像识别单元 I/O 分配表

<table>
<tr><th>形式</th><th>序号</th><th>名称</th><th>PLC 地址</th><th>编号</th><th>地址设置</th></tr>
<tr><td rowspan="11">输入</td><td>1</td><td>托盘检测</td><td>I0.0</td><td>S1</td><td rowspan="21">EM277 总线模块设置的站号为 28
与总站通信的地址为 26～29</td></tr>
<tr><td>2</td><td>REN</td><td>I0.1</td><td>REN</td></tr>
<tr><td>3</td><td>上盖检测</td><td>I0.2</td><td>D1</td></tr>
<tr><td>4</td><td>标签检测</td><td>I0.3</td><td>D2</td></tr>
<tr><td>5</td><td>销钉检测</td><td>I0.4</td><td>D3</td></tr>
<tr><td>6</td><td>销钉材质检测</td><td>I0.5</td><td>D4</td></tr>
<tr><td>7</td><td>手动/自动按钮</td><td>I2.0</td><td>SA</td></tr>
<tr><td>8</td><td>启动按钮</td><td>I2.1</td><td>SB1</td></tr>
<tr><td>9</td><td>停止按钮</td><td>I2.2</td><td>SB2</td></tr>
<tr><td>10</td><td>急停按钮</td><td>I2.3</td><td>SB3</td></tr>
<tr><td>11</td><td>复位按钮</td><td>I2.4</td><td>SB4</td></tr>
<tr><td rowspan="10">输出</td><td>1</td><td>直流电磁吸铁</td><td>Q0.0</td><td>YM</td></tr>
<tr><td>2</td><td>传送电机</td><td>Q0.1</td><td>M</td></tr>
<tr><td>3</td><td>图像采集</td><td>Q0.2</td><td>ACK</td></tr>
<tr><td>4</td><td>品种切换</td><td>Q0.3</td><td>TYP</td></tr>
<tr><td>5</td><td>IN1</td><td>Q0.4</td><td>IN1</td></tr>
<tr><td>6</td><td>光源</td><td>Q0.5</td><td></td></tr>
<tr><td>7</td><td>绿色指示灯</td><td>Q0.6</td><td>HL2</td></tr>
<tr><td>8</td><td>红色指示灯</td><td>Q0.7</td><td>HL1</td></tr>
<tr><td>9</td><td>蜂鸣器报警</td><td>Q1.6</td><td>HA1</td></tr>
<tr><td>10</td><td>蜂鸣器报警</td><td>Q1.7</td><td>HA2</td></tr>
<tr><td>发送地址</td><td colspan="5">V4.0～V7.7（200PLC→300PLC）</td></tr>
<tr><td>接收地址</td><td colspan="5">V0.0～V3.7（200PLC←300PLC）</td></tr>
</table>

若运用图像识别单元控制板上的 PLC 进行控制，必须按照表 4-22 设置的 I/O 编号编制程序；若另行选用其他 PLC 进行控制，编制程序时可以任意设置 I/O 编号，但在完成 PLC 与接口板的连接时应特别注意 PLC 编号与接口板接线的对应关系。

（5）特别提示。

完成图像识别单元独立运行后若要参与到系统总控台控制的全程运行，需要在单元控制的程序中增加如下内容：

- 增加总控启动、停止、急停、复位等功能，并将图像识别单元的工作状态传送至上位机。
- 为确保后续站伸缩换向单元的运行安全，需要将伸缩换向单元托盘检测的信号作为图像识别单元托盘放行的闭锁条件，即在下一单元有托盘时本站不放行。

任务 4.10 液压单元设计与调试

知识与能力目标

- 了解液压元件的结构、工作原理及其应用。
- 了解液压系统控制回路的设计。
- 通过系统运行过程理解传感检测元件和执行机构的作用。
- 读懂工程图纸，学会照图完成安装接线，掌握检查方法。
- 学习根据控制要求编制和调试 PLC 程序的方法。
- 学习系统调试和分析、查找、排除故障的方法。

4.10.1 液压单元结构与功能分析

1. 液压单元功能

液压单元的主要功能是通过液压换向回路实现对工件的盖章操作，完成对托盘进件、出件后再经 90°旋转换向送至下一单元。

2. 液压单元简介

液压换向单元由压紧、前推和旋转三个双作用液压缸构成系统。压紧缸驱动四连杆机构，实现刻章动作；前推缸驱动链条机构，实现液压单元对托盘的进件和出件操作；旋转缸是由一个摆动缸带动整体液压单元进行 90°换向。

液压单元主体结构组成如图 4-32 所示，包括缸驱动四连杆机构、大油缸、小油缸、链条传送机构。

为实现液压单元的控制功能，在主体结构的相应位置装设了光电开关、微动开关等检测元件，并配备了液压缸等执行机构和电磁阀等控制元件，如图 4-33 所示。

图 4-32 液压单元

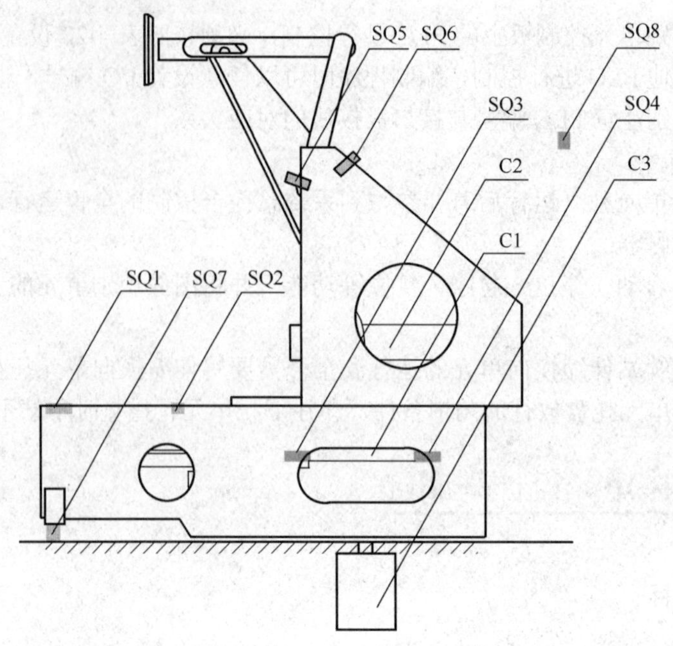

SQ1—托盘进入检测　SQ2—托盘至位检测　SQ3—链条传动至位　SQ4—链条传动复位
SQ5—刻章至位检测　SQ6—刻章复位检测　SQ7—转角复位检测　SQ8—转角至位检测
C1—链条液压缸　C2—刻章液压缸　C3—摆动液压缸

图 4-33　液压单元检测元件、控制元件、执行机构安装位置示意图

4.10.2　液压单元系统设计与调试

1. 液压单元设计与步骤

（1）熟悉液压单元的机械主体结构。

（2）对照电源系统图和油路原理图学习液压单元电源系统和油路系统的设计与连接调试方法。

（3）对照图 4-33 查找液压单元各类检测元件、执行机构的安装位置，并依据液压单元 PLC 控制接线图熟悉其安装接线方法。

（4）根据表 4-23 理解液压单元各检测元件、执行机构的功能，熟悉基本调试方法（必要时可根据系统运行情况适当调整相应位置）。

（5）编制和调试 PLC 自动控制程序。

1）反复观察分站运行演示，深刻理解控制要求。

2）根据控制要求描述及工作状态表自行绘制自动控制功能图。

3）设置 I/O 编号并将功能图转换为梯形图输入计算机进行调试。

4）将程序下载至 PLC 进行试运行（断开负载电源）。

5）根据 I/O 编号逐个核对 PLC 与输入输出设备的连接。

6）进行系统调试，实现 PLC 带分站负载运行（接通负载电源）。

（6）在自动控制程序的基础上增加启动、停止、急停、复位控制和工作方式选择控制。

（7）学习分析、查找、排除故障的基本方法。

表4-23　液压单元检测元件、执行机构、控制元件一览表

类别	序号	编号	名称	功能	安装位置
检测元件	1	SQ1	微动开关	托盘进入检测	链条二长板上
	2	SQ2	微动开关	托盘至位检测	链条二长板上
	3	SQ3	微动开关	链条传动至位	链条二长板中间
	4	SQ4	微动开关	链条传动复位	链条二长板中间
	5	SQ5	微动开关	刻章至位	刻章臂上
	6	SQ6	微动开关	刻章复位	刻章臂上
	7	SQ7	微动开关	转向复位	桌面上（靠近检测单元）
	8	SQ8	微动开关	转向至位	桌面上（靠近空直线单元）
执行机构	1	C1	链条液压缸	控制链条运动	链条两个长板上
	2	C2	刻章液压缸	控制刻章臂上下	液压单元中间
	3	C3	摆动液压缸	控制液压单元90度旋转	桌面下面
控制元件	1	YV1	电磁阀	控制链条液压缸	桌面下面
	2	YV2	电磁阀	控制刻章液压缸	桌面下面
	3	YV3	电磁阀	控制摆动液压缸	桌面下面

2. 液压单元控制要求

（1）液压单元自动控制过程说明及工作状态表。

初始状态：液压单元的链条传动检测复位、转向检测复位、刻章检测复位状态，液压电磁断路失电。

系统运行期间：

1）托盘进入发出检测信号后，链条传动至位电磁阀与液压电磁断路同时得电，链条带动托盘及工件进入液压单元。

2）链条传动到位后，链条传动至位检测微动开关发出信号，此时链条传动至位电磁阀与液压电磁断路同时失电，链条传动停止。

3）托盘入位后托盘至位检测微动开关发出信号，刻章至位电磁阀与液压电磁断路同时得电，对托盘上的工件进行刻章动作。

4）刻章至位检测微动开关有信号时，刻章至位电磁阀失电停止动作，此时刻章复位电磁阀得电，使刻章臂复位。

5）刻章复位检测有信号时，该电磁阀失电结束动作，此时转向至位电磁阀得电，摆动液压缸带动液压单元整体进行90度旋转。

6）当碰到转向至位检测的微动开关时，该电磁阀失电停止动作，此时链条传动复位电磁阀得电，将工件送出。

7）链条传动复位检测到有信号时，该电磁阀与液压电磁断路同时失电。

8）当托盘送出检测的光电开关发出检测信号时，表示托盘已经完全离开液压单元。此时

转向复位电磁阀与液压电磁断路同时得电，使液压单元复位。

9）转向复位检测微动开关发出信号时，转向复位电磁阀与液压电磁断路同时失电，系统回复初始状态。

说明　以上控制过程中在转向、刻章、链条传动任何一个输出点动作时液压电磁断路都为得电状态，反之则为失电状态。

与上述描述对应的液压单元工作状态表如表 4-24 所示。

表 4-24　液压单元工作状态表

动作顺序	输入信号									输出信号							
	转向至位检测	转向复位检测	刻章复位检测	刻章至位检测	托盘进入检测	托盘至位检测	链条传动至位检测	链条传动复位检测	托盘送出检测	转向至位	转向复位	刻章至位	刻章复位	链条传动复位	链条传动至位	液压电磁断路	蜂鸣器报警
0	−	+	+	−	−	−	−	+	−	−	−	−	−	−	−	−	−
1	−	+	+	−	+	−	−	+	−	−	−	−	−	−	+	+	−
2	−	+	+	−	+	−	+	−	−	−	−	−	−	−	−	−	−
3	−	+	+	−	+	+	+	−	−	−	−	+	−	−	−	+	−
4	−	+	−	+	+	+	+	−	−	−	−	−	+	−	−	+	−
5	−	+	+	−	+	+	+	−	−	+	−	−	−	−	−	+	−
6	+	−	+	−	+	+	+	−	−	−	−	−	−	+	−	+	−
7	+	−	+	−	−	−	−	+	−	−	−	−	−	−	−	−	−
8	+	−	+	−	−	−	−	+	+	−	+	−	−	−	−	+	−
9	−	+	+	−	−	−	−	+	−	−	−	−	−	−	−	−	−

注：在转向、刻章、链条传动任何一个输出点动作时液压电磁断路都为得电状态，反之则为失电状态。

（2）液压单元自动控制程序流程图。

图 4-34 所示为液压单元程序流程图。

（3）液压单元控制方式说明。

液压单元独立运行时具有自动、手动两种控制方式。当选择自动方式时液压单元呈连续运行工作状态；当选择手动方式时则相当于步进工作状态，即每按动一次启动按钮系统按设计步骤依次运行一步的运行方式。

在系统运行期间若按下停止按钮，执行动作立即停止；再按下启动按钮，将在上一停顿状态继续运行。

当发生突发事故时，应立即拍下急停按钮，此时系统将切断 PLC 负载供电即刻停止运行（此时所有其他按钮都不起作用）。排除故障后需要旋起急停按钮并按下复位按钮，待各机构回复初始状态后按下启动按钮，液压单元方可重新开始运行。

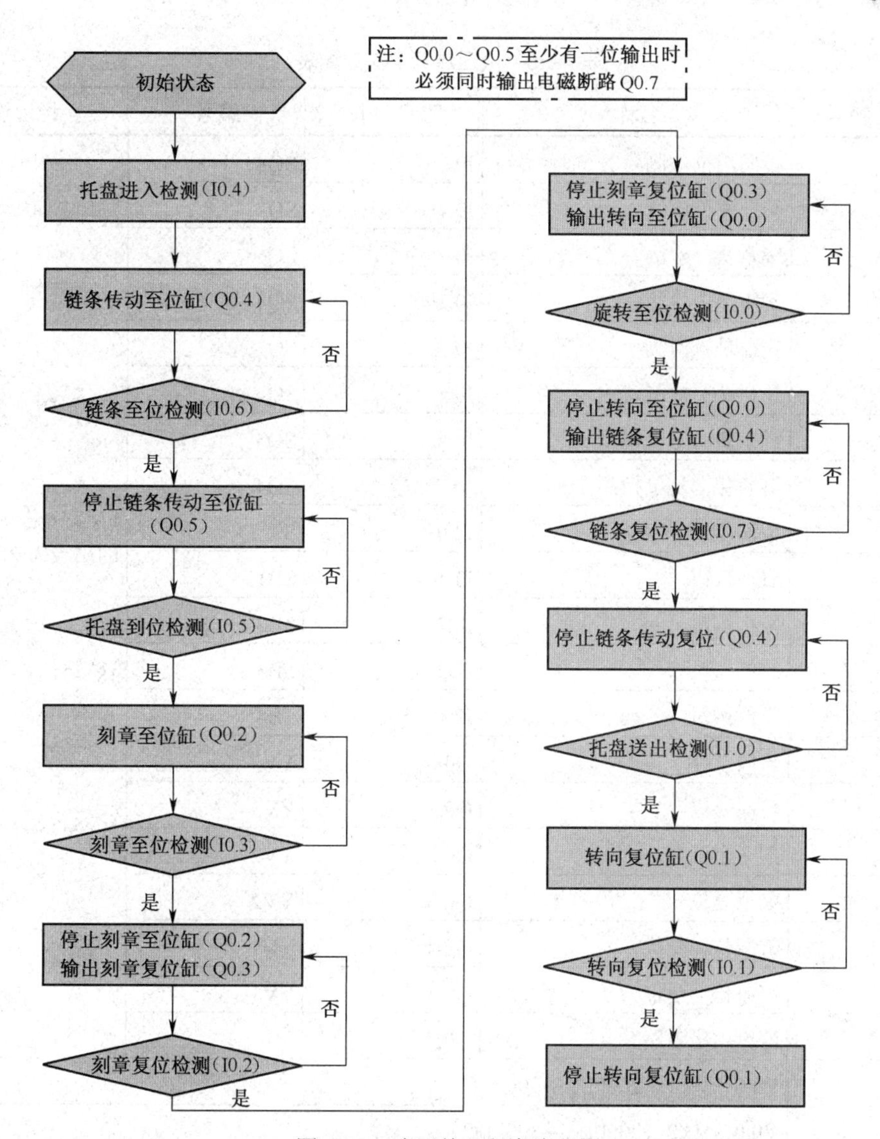

图 4-34　液压单元程序流程图

（4）液压单元 I/O 编号分配表。

表 4-25 所示为液压单元控制板上 PLC 的 I/O 编号设置。

若运用液压单元控制板上的 PLC 进行控制，必须按照表 4-25 设置的 I/O 编号编制程序；若另行选用其他 PLC 进行控制，编制程序时可以任意设置 I/O 编号，但在完成 PLC 与接口板的连接时应特别注意 PLC 编号与接口板接线的对应关系。

（5）特别提示。

完成液压单元独立运行后若要参与到系统总控台控制的全程运行，需要在单元控制的程序中增加如下内容：

- 增加总控启动、停止、急停、复位等功能，并将液压单元的工作状态传送至上位机。
- 为确保后续站分拣单元的运行安全，需要将分拣单元复位的检测信号作为液压单元托盘放行的闭锁条件，即在下一单元有托盘时本站不放行。

表 4-25　液压单元 I/O 分配表

形式	序号	名称	PLC 地址	编号	地址设置
	1	转向至位检测	I0.0	SQ8	
	2	转向复位检测	I0.1	SQ7	
	3	刻章复位检测	I0.2	SQ6	
	4	刻章至位检测	I0.3	SQ5	
	5	托盘进入检测	I0.4	SQ1	
	6	托盘至位检测	I0.5	SQ2	
输入	7	链条传动至位检测	I0.6	SQ3	
	8	链条传动复位检测	I0.7	SQ4	
	9	手动/自动按钮	I2.0	SA	EM277 总线模块设置的站号为 22
	10	启动按钮	I2.1	SB1	
	11	停止按钮	I2.2	SB2	与总站通信的地址为 18～21
	12	急停按钮	I2.3	SB3	
	13	复位按钮	I2.4	SB4	
	1	转向至位	Q0.0	YV3	
	2	转向复位	Q0.1	YV3	
	3	刻章至位	Q0.2	YV2	
输出	4	刻章复位	Q0.3	YV2	
	5	链条传动复位	Q0.4	YV1	
	6	链条传动至位	Q0.5	YV1	
	7	液压电磁断路	Q0.7		
发送地址		V4.0～V7.7（200PLC→300PLC）			
接收地址		V0.0～V3.7（200PLC←300PLC）			

任务 4.11　升降梯立体仓库单元设计与调试

知识与能力目标

- 了解升降梯立体仓库单元中链条与飞轮的传动和齿轮减速等传动方式，熟悉配重、拉力平衡块的设计原理，观察机械传动结构和运动过程。
- 学习升降梯立体仓库单元电源系统的设计与连接调试方法。
- 熟悉升降梯立体仓库单元各类传感器的功能，认识光栅尺和光栅显示器。
- 了解步进、伺服等各类电机的驱动和控制。
- 读懂工程图纸，学会照图完成安装接线，掌握检查方法。

- 学习根据控制要求及工作状态表绘制功能图，并依此编制和调试PLC程序的方法。
- 学习分析、查找、排除故障的方法。

4.11.1　升降梯立体仓库单元结构与功能分析

1. 升降梯立体仓库单元功能

本站由升降梯与立体仓库两部分组成，可进行两个不同生产线的入库和出库。在本装配生产线中可根据检测单元对销钉材质的检测结果将工件进行分类入库（金属销钉和尼龙销钉分别入不同的仓库）。若传送至升降梯立体仓库单元的为分拣后的空托盘，则将其放行。

2. 升降梯立体仓库单元简介

升降梯立体仓库单元主体结构组成如图4-35所示，包括仓库（左、右各一）、升降步进电机、水平移动导轨、水平移动伺服电机、垛机传送装置、凸轮传动机构、垛机换向机构、垛机传动直流电机、垛机换向气缸、电磁阀、传感器、限位开关、光栅、光栅显示器、工作指示灯等。

图4-35　升降梯立体仓库单元

升降梯立体仓库单元在结构设计中涉及到丝杠和丝母升降机构、齿轮齿条差动升降机构、链轮链条差动升降机构、齿轮齿条升降梯水平移动机构、丝杠和丝母升降梯水平移动机构等相关的机械原理和机械零件知识。齿轮齿条差动升降机构如图4-36所示。

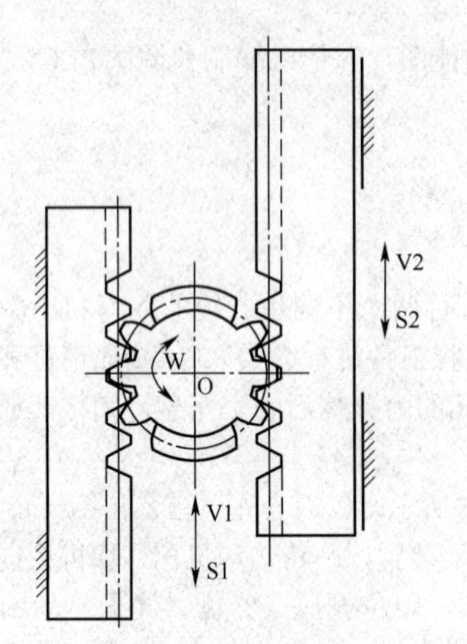

机构名称：齿轮齿条差动升降机构

工作特性：即时速度 V2=2V1，行程 S2=2S1。

本机应用目的：增大举升高度。

图 4-36　齿轮齿条差动升降机构结构图

齿轮齿条传动机构如图 4-37 所示。

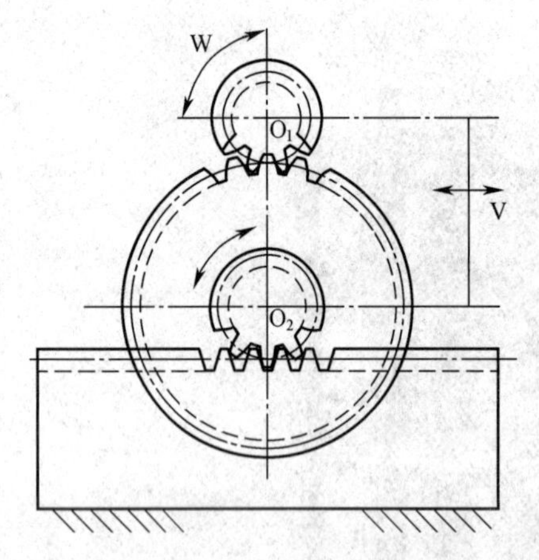

机构名称：齿轮齿条传动机构

工作特性：传动平稳。

本机应用目的：升降货梯水平传动。

图 4-37　齿轮齿条传动机构结构图

滚珠丝杠传动机构如图 4-38 所示。

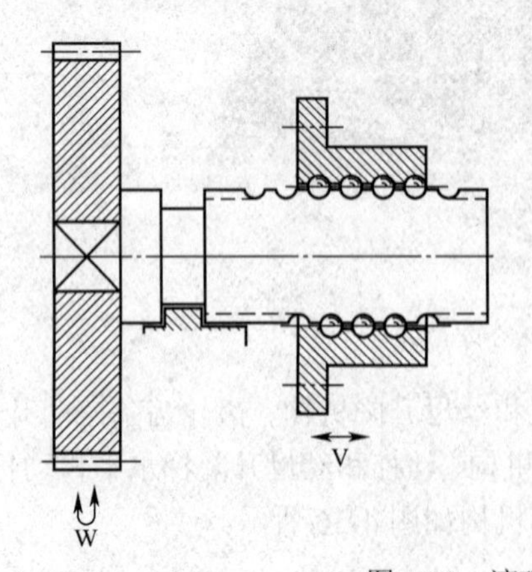

机构名称：滚珠丝杠传动机构

工作特性：传动平稳、精度高。

本机应用目的：升降货梯水平传动。

图 4-38　滚珠丝杠传动机构结构图

链轮链条差动升降机构如图 4-39 所示。

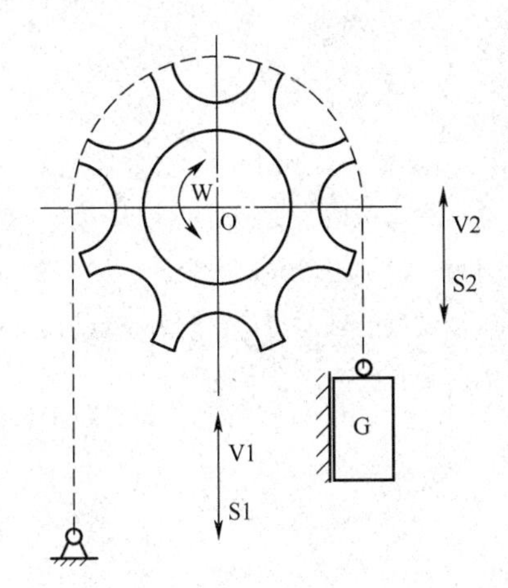

机构名称：链轮链条差动升降机构

工作特性：即时速度 V2=2V1，行程 S2=2S1。

本机应用目的：增大举升高度。

图 4-39　链轮链条差动升降机构结构图

链条长度补偿机构如图 4-40 所示。

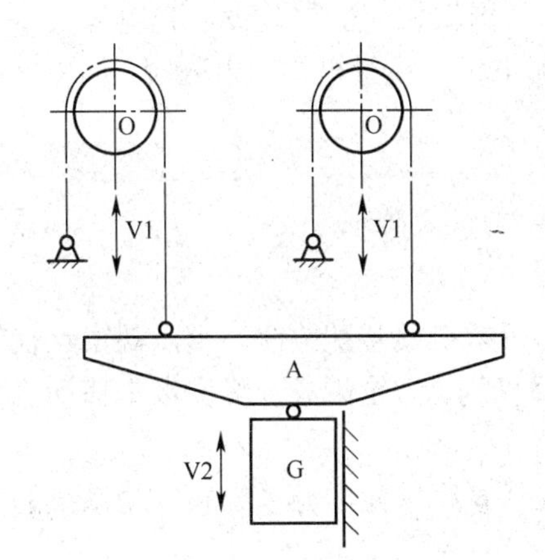

机构名称：链条长度补偿机构

工作特性：可使两根链条平衡受力，即通过杠杆 A 使两根链条在制造和工作中磨损后产生的长度不一致相互补偿。

本机应用目的：提升升降平台。

图 4-40　链条长度补偿机构结构图

平衡重块机构如图 4-41 所示。

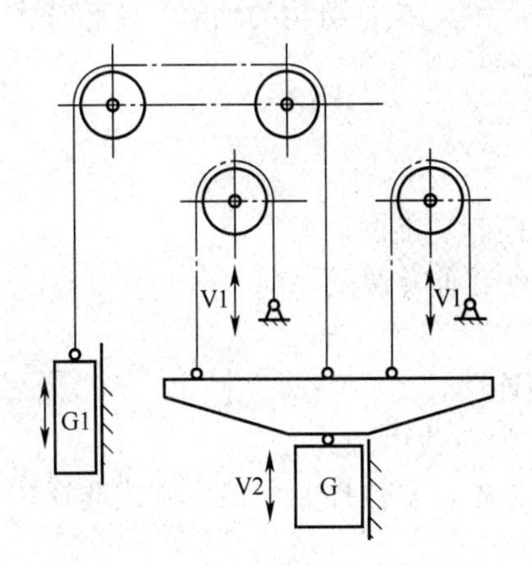

机构名称：平衡重块机构

工作特性：G1 依一定关系小于 G，且与 G 同步运动。

本机应用目的：重块与升降平台配合，以减小动力电机功率。

图 4-41　平衡重块机构结构图

丝杠丝母机构如图 4-42 所示。

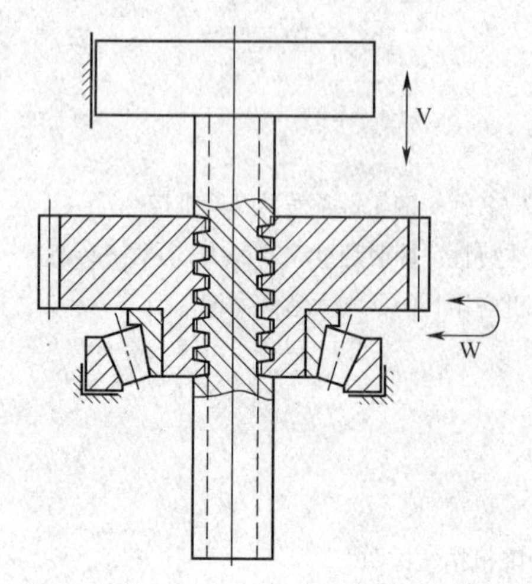

机构名称：丝杠丝母机构

工作特性：省力、自锁、可靠、安全。

附：轴承可以承受大的轴向力和径向力、自动定心。

本机应用目的：举升、升降台系统。

图 4-42　丝杠丝母机构结构图

为实现升降梯立体仓库单元的控制功能，在主体结构的相应位置装设了光电开关、电感式传感器、微动开关等检测与传感装置，并配备了直流电机等执行机构和电磁阀、继电器等控制元件，如图 4-43 所示。

4.11.2　升降梯立体仓库单元系统设计与调试

1. 升降梯立体仓库单元设计与步骤

（1）熟悉升降梯立体仓库单元的机械主体结构，了解机械装配方法，重点观察丝杠丝母升降机构、齿轮齿条差动升降机构、链轮链条差动升降机构、齿轮齿条升降梯水平移动机构的传动过程。

（2）对照电源系统图和气动原理图学习升降梯立体仓库单元电源系统和气动系统的设计与连接调试方法。

（3）对照图 4-43 查找升降梯立体仓库单元各类检测元件、控制元件和执行机构的安装位置，并依据升降梯立体仓库单元 PLC 控制接线图熟悉其安装接线方法。

（4）根据表 4-26 理解升降梯立体仓库单元各检测元件、执行机构的功能，熟悉基本调试方法（必要时可根据系统运行情况适当调整相应位置）。

（5）编制和调试 PLC 自动控制程序。

1）反复观察分站运行演示，深刻理解控制要求。

2）根据控制要求描述及工作状态表自行绘制自动控制功能图。

3）设置 I/O 编号并将功能图转换为梯形图输入计算机进行调试。

4）将程序下载至 PLC 进行试运行（断开负载电源）。

5）根据 I/O 编号逐个核对 PLC 与输入输出设备的连接。

6）进行系统调试，实现 PLC 带分站负载运行（接通负载电源）。

（6）在自动控制程序的基础上增加启动、停止、急停、复位控制和工作方式选择控制。

（7）学习分析、查找、排除故障的基本方法。

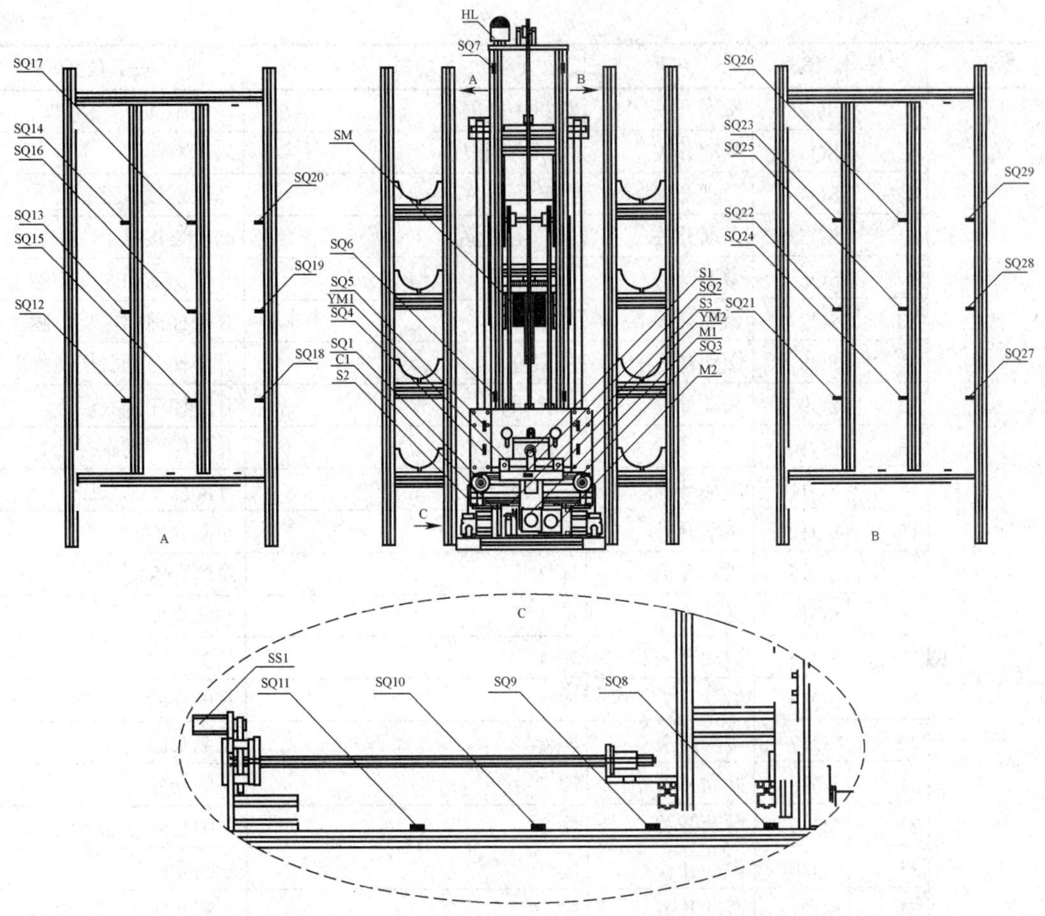

S1—垛机工件检测　S2—旋转气缸复位　S3—旋转气缸至位　SQ1—垛机左侧限位　SQ2—垛机中间限位
SQ3—垛机右侧限位　SQ4—凸轮下限位　SQ5—凸轮上限位　SQ6—底层限位　SQ7—高层限位
SQ8—外限位　SQ9—一排限位　SQ10—二排限位　SQ11—三排限位　SQ12—库 1
SQ13—库 2　SQ14—库 3　SQ15—库 4　SQ16—库 5　SQ17—库 6
SQ18—库 7　SQ19—库 8　SQ20—库 9　SQ21—库 10　SQ22—库 11
SQ23—库 12　SQ24—库 13　SQ25—库 14　SQ26—库 15　SQ27—库 16
SQ28—库 17　SQ29—库 18　SM—步进电机　C1—换向气缸　HL—工作指示灯
M1—垛机接、送件电机　M2—凸轮电机　YM1—垛机左库接件限位电磁铁
YM2—垛机右库接件限位电磁铁　SS1—伺服电机

图 4-43　升降梯立体仓库单元检测元件、控制元件、执行机构安装位置示意图

表 4-26　升降梯立体仓库单元检测元件、执行机构、控制元件一览表

类别	序号	编号	名称	功能	安装位置
检测元件	1	S1	光电传感器	垛机工件检测	垛机上
	2	S2	磁性接近开关	旋转气缸复位	旋转气缸上
	3	S3	磁性接近开关	旋转气缸至位	旋转气缸上
	4	SQ1	微动开关	垛机左侧限位	垛机左侧

续表

类别	序号	编号	名称	功能	安装位置
检测元件	5	SQ2	微动开关	垛机中间限位	垛机中间
	6	SQ3	微动开关	垛机右侧限位	垛机右侧
	7	SQ4	微动开关	凸轮下限位	凸轮连接板上
	8	SQ5	微动开关	凸轮上限位	凸轮连接板上
	9	SQ6	微动开关	底层限位	升降梯前面左支撑腿下面
	10	SQ7	微动开关	高层限位	升降梯前面左支撑腿上面
	11	SQ8	微动开关	外限位	升降梯左侧底层最外面
	12	SQ9	微动开关	一排限位	升降梯左侧底层
	13	SQ10	微动开关	二排限位	升降梯左侧底层
	14	SQ11	微动开关	三排限位	升降梯左侧底层
	15	SQ12	微动开关	库 1	左侧仓库
	16	SQ13	微动开关	库 2	左侧仓库
	17	SQ14	微动开关	库 3	左侧仓库
	18	SQ15	微动开关	库 4	左侧仓库
	19	SQ16	微动开关	库 5	左侧仓库
	20	SQ17	微动开关	库 6	左侧仓库
	21	SQ18	微动开关	库 7	左侧仓库
	22	SQ19	微动开关	库 8	左侧仓库
	23	SQ20	微动开关	库 9	左侧仓库
	24	SQ21	微动开关	库 10	右侧仓库
	25	SQ22	微动开关	库 11	右侧仓库
	26	SQ23	微动开关	库 12	右侧仓库
	27	SQ24	微动开关	库 13	右侧仓库
	28	SQ25	微动开关	库 14	右侧仓库
	29	SQ26	微动开关	库 15	右侧仓库
	30	SQ27	微动开关	库 16	右侧仓库
	31	SQ28	微动开关	库 17	右侧仓库
	32	SQ29	微动开关	库 18	右侧仓库
执行机构等	1	SM	步进电机	步进电机控制升降梯升、降	升降梯中间
	2	YM1	直流电磁铁	垛机左库接件限位电磁铁	垛机左面
	3	YM2	直流电磁铁	垛机右库接件限位电磁铁	垛机右面
	4	C1	换向气缸	将垛机进行 90 度换向	垛机底侧
	5	M1	直流电机	垛机接、送件电机	垛机底侧
	6	M2	直流电机	凸轮电机控制垛机	垛机底侧
	7	HL	工作指示灯	显示工作状态	升降梯顶部
	8	SS1	伺服电机	伺服电机控制升降梯内进、外送	升降梯后端

2. 升降梯立体仓库单元控制要求

（1）正品入库控制要求——将合格工件送入××库的控制过程。

初始状态：换向气缸处于复位，垛机处于中间限位，伺服电机（内进/外退）处于外限位，步进电机（升降）处于底限位，凸轮（库内）处于下限位。此时所有执行机构均为停止状态，工作指示灯熄灭。

系统运行期间：

1）当接收到前站分拣单元放行合格品信号后工作指示灯发光，垛机左行，同时垛机左限位电磁铁吸合准备接件。

2）当垛机左行到位后，左限位开关发出信号，垛机停止左行等待接件，3.5 秒后垛机接件换向右行。

3）当垛机载工件右行到中间位置且检测到工件后，中间限位开关和工件检测传感器发出信号，垛机停止右行并释放左限位电磁铁，同时启动步进脉冲（此时步进方向向上输出为 0），使垛机载工件随升降梯定向上行运送工件。

4）通过串口读取光栅尺高度数值，并将此数值与目标仓库单元的高度进行比较后垛机随升降梯到达指定层位高度停止上行，伺服电机启动向内运送工件。

5）伺服电机将垛机向内送到指定某排位，某排位限位开关发出信号，此时伺服电机停止内进，凸轮动作使垛机提升 30mm 的行程。

6）凸轮上限位发出检测信号时凸轮电机停止动作，垛机左（右）行，左（右）限位电磁铁吸合放行工件入库。

7）垛机左（右）行到位使左（右）限位开关发出信号后停止左（右）行，凸轮动作放置托盘工件。

8）当凸轮下限位发出信号且库位微动开关动作后，入库动作结束，垛机右（左）行。

9）当垛机右（左）行到中间位置时中限位开关发出信号停止右（左）行，并释放左（右）限位电磁铁。此时启动伺服电机向外退出。

10）当伺服电机向外退至原位后外限位开关动作停止外退，步进方向转为向下（输出为 1），并同时启动步进脉冲使升降梯下行。

11）升降梯下行至底层（原位），底层限位开关动作，此时停止步进脉冲并使步进方向输出为 0，将升降梯停放在原位，工作指示灯熄灭。

①当系统需要根据控制要求的具体规定自行选择入库库位时，需要另行编制自动选择方向（左/右库）、层位、库位的程序，而工件入库的动作步骤同上；②若进行单站控制的实训，可用 KEY1 按钮信号取代前站分拣单元的正品放行信号。

与上述描述对应的升降梯立体仓库单元工作状态表如表 4-27 所示。

（2）合格工件送入升降梯立体仓库单元程序控制流程图。

图 4-44 所示为合格工件送入升降梯立体仓库单元程序流程图。

表 4-27　正品入库工作状态表

动作序号	输入信号															输出信号									
	前站放行信号	底层限位	顶层限位	垛机工件检测	垛机左限位	垛机中限位	垛机右限位	旋转气缸至位	旋转气缸复位	凸轮上限位	凸轮下限位	基层高度设定值	外限位	×排限位	×库库内限位	伺服电机内进	步进脉冲	步进方向	伺服电机外送	垛机左行	垛机右行	凸轮电机	垛机左限位电磁铁	垛机右限位电磁铁	工作指示灯
0	−	+	−	−	−	+	−	−	+	−	+	−	+	−	−	−	−	−	−	−	−	−	−	−	−
1	+	+	−	−	−	+	−	−	+	−	+	−	+	−	−	−	−	−	−	+	−	−	+	−	+
2	−	+	−	−	+	−	−	−	+	−	+	−	+	−	−	−	−	−	−	−	−（3.5s）/+	−	+	−	+
3	−	+	−	+	−	+	−	−	+	−	+	−	+	−	−	−	+	−	−	−	−	−	−	−	+
4	−	−	−	+	−	+	−	−	+	−	+	+	−	−	−	+	−	−	−	−	−	−	−	−	+
5	−	−	−	+	−	+	−	−	+	−	−	+	−	−	−	−	−	−	−	−	−	+	−	−	+
6	−	−	−	+	−	+	−	−	+	+	−	+	−	+	−	−	−	−	−	+	−	−	+	−	+
7	−	−	−	−	+	−	−	−	+	+	−	+	−	+	−	−	−	−	−	−	−	+	+	−	+
8	−	−	−	−	+	−	−	−	+	−	+	+	−	+	+	−	−	−	−	−	+	−	+	−	+
9	−	−	−	−	−	+	−	−	+	−	+	+	−	+	+	−	−	−	+	−	−	−	−	−	+
10	−	−	−	−	−	+	−	−	+	−	+	+	+	−	+	−	+	+	−	−	−	−	−	−	+
11	−	+	−	−	−	+	−	−	+	−	+	−	+	−	+	−	−	−	−	−	−	−	−	−	−

（3）废品传送控制要求——将废品托盘传送至升降梯立体仓库单元的控制过程。

初始状态：换向气缸处于复位，垛机处于中间限位，伺服电机（内进/外退）处于外限位，步进电机（升降）处于底限位，凸轮（库内）处于下限位。此时所有执行机构均为停止状态，工作指示灯熄灭。

系统运行期间：

1）当接收到前站分拣单元放行托盘信号后工作指示灯发光，垛机左行，同时垛机左限位电磁铁吸合准备接件。

2）当垛机左行到位后，左限位开关发出信号，垛机停止左行等待接件，3.5 秒后垛机接件换向右行。

3）当垛机载托盘右行到中间位置后，中间限位开关发出信号，垛机释放左限位电磁铁，延时 2 秒后垛机右限位电磁铁吸合准备送件。

4）垛机右行到位使右限位开关发出信号后停止右行，完成送件工作。5 秒后垛机左行并释放右限位电磁铁。

5）当垛机左行到中间位置时中限位开关发出信号停止左行，等待下次动作，工作指示灯熄灭。

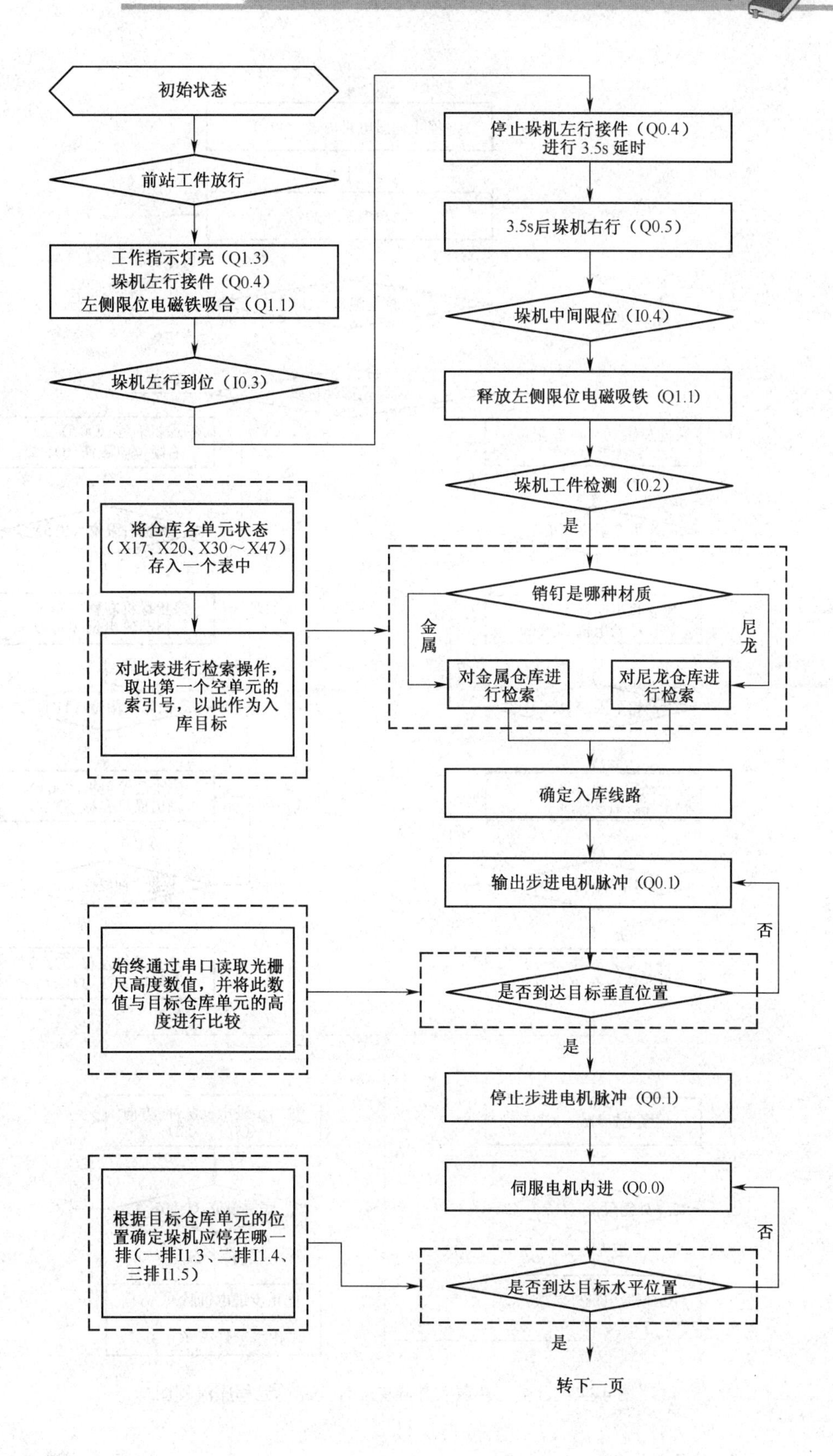

初始状态
前站工件放行
工作指示灯亮（Q1.3）
垛机左行接件（Q0.4）
左侧限位电磁铁吸合（Q1.1）
垛机左行到位（I0.3）
停止垛机左行接件（Q0.4）
进行 3.5s 延时
3.5s后垛机右行（Q0.5）
垛机中间限位（I0.4）
释放左侧限位电磁吸铁（Q1.1）
垛机工件检测（I0.2）
是
将仓库各单元状态（X17、X20、X30～X47）存入一个表中
对此表进行检索操作，取出第一个空单元的索引号，以此作为入库目标
销钉是哪种材质
金属
尼龙
对金属仓库进行检索
对尼龙仓库进行检索
确定入库线路
输出步进电机脉冲（Q0.1）
否
始终通过串口读取光栅尺高度数值，并将此数值与目标仓库单元的高度进行比较
是否到达目标垂直位置
是
停止步进电机脉冲（Q0.1）
伺服电机内进（Q0.0）
否
根据目标仓库单元的位置确定垛机应停在哪一排（一排I1.3、二排I1.4、三排I1.5）
是否到达目标水平位置
是
转下一页

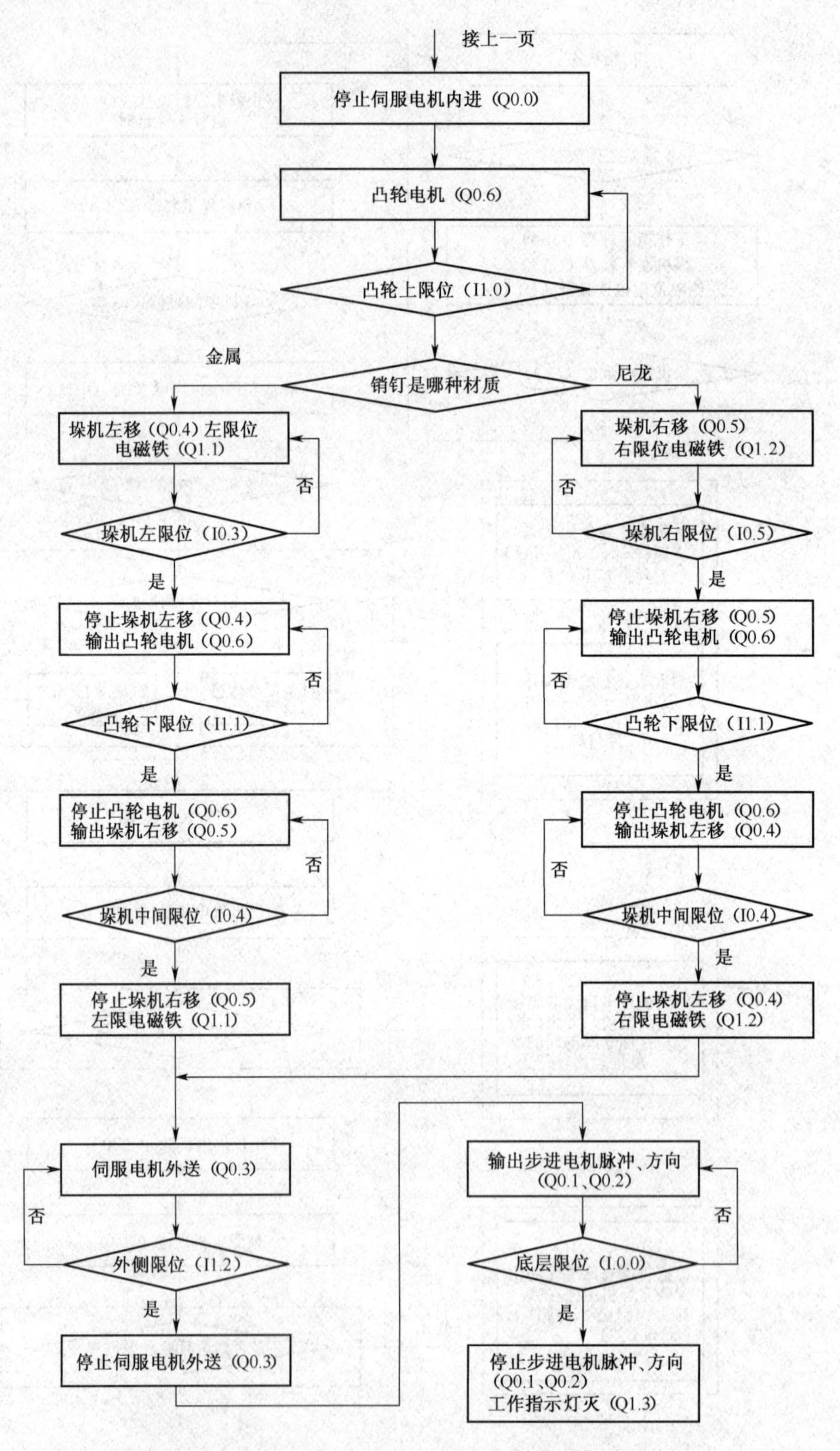

图 4-44　合格工件送入升降梯立体仓库单元程序流程图

与上述描述对应的升降梯立体仓库单元工作状态表如表 4-28 所示。

表 4-28　废品托盘传送工作状态表

动作序号	输入信号								输出信号				
	前站放行信号	底层限位	顶层限位	垛机左限位	垛机中限位	垛机右限位	凸轮下限位	外限位	垛机左行	垛机右行	垛机左限位电磁铁	垛机右限位电磁铁	工作指示灯
0	－	＋	－	－	＋	－	＋	＋	－	－	－	－	－
1	＋	＋	－	－	＋	－	＋	＋	＋	－	＋	－	＋
2	－	＋	－	＋	－	－	＋	＋	－	－（3.5s）/＋	＋	－	＋
3	－	＋	－	－	＋	－	＋	＋	－	＋	－	－（2s）/＋	＋
4	－	＋	－	－	－	＋	＋	＋	－（5s）/＋	－	－	＋（5s）/－	＋
5	－	＋	－	－	＋	－	＋	＋	－	－	－	－	－

（4）废品托盘传送至升降梯立体仓库单元程序控制流程图。

图 4-45 所示为废品托盘传送至升降梯立体仓库单元程序流程图。

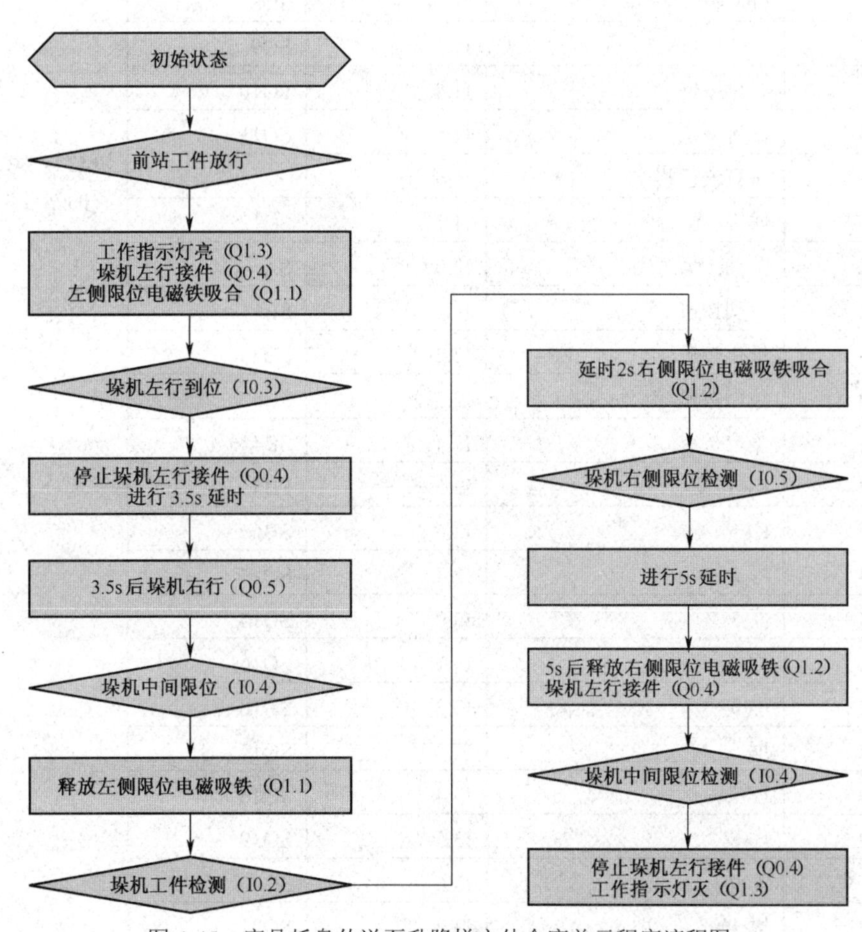

图 4-45　废品托盘传送至升降梯立体仓库单元程序流程图

（5）升降梯立体仓库单元 I/O 编号分配表。

表 4-29 所示为升降梯立体仓库单元的 I/O 编号设置。

表 4-29　升降梯立体仓库单元 I/O 分配表

形式	序号	名称	PLC 地址	编号	备注
输入	1	底层限位	I0.0	SQ6	EM277 总线模块设置的站号为 26 与总站通信的地址为 32～35
	2	高层限位	I0.1	SQ7	
	3	垛机工件检测	I0.2	S1	
	4	垛机左侧限位	I0.3	SQ1	
	5	垛机中间限位	I0.4	SQ2	
	6	垛机右侧限位	I0.5	SQ3	
	7	旋转气缸至位	I0.6	S3	
	8	旋转气缸复位	I0.7	S2	
	9	凸轮上限位	I1.0	SQ5	
	10	凸轮下限位	I1.1	SQ4	
	11	外限位	I1.2	SQ8	
	12	一排限位	I1.3	SQ9	
	13	二排限位	I1.4	SQ10	
	14	三排限位	I1.5	SQ11	
	15	空直线检测	I1.6		
	16	库 1	I1.7	SQ12	
	17	手动/自动按钮	I2.0	SA	
	18	启动按钮	I2.1	SB1	
	19	停止按钮	I2.2	SB2	
	20	急停按钮	I2.3	SB3	
	21	复位按钮	I2.4	SB4	
	22	KEY2	I2.5	SB5	
	23	KEY1	I2.6	SB6	
	24	库 2	I2.7	SQ13	
	25	库 3	I3.0	SQ14	
	26	库 4	I3.1	SQ15	
	27	库 5	I3.2	SQ16	
	28	库 6	I3.3	SQ17	
	29	库 7	I3.4	SQ18	
	30	库 8	I3.5	SQ19	
	31	库 9	I3.6	SQ20	
	32	库 10	I3.7	SQ21	

续表

形式	序号	名称	PLC 地址	编号	备注
输入	33	库 11	I4.0	SQ22	EM277 总线模块设置的站号为 26 与总站通信的地址为 32～35
	34	库 12	I4.1	SQ23	
	35	库 13	I4.2	SQ24	
	36	库 14	I4.3	SQ25	
	37	库 15	I4.4	SQ26	
	38	库 16	I4.5	SQ27	
	39	库 17	I4.6	SQ28	
	40	库 18	I4.7	SQ29	
输出	1	伺服电机内进	Q0.0	KM3	
	2	步进脉冲	Q0.1	M3：P	
	3	步进方向	Q0.2	M3：P+D	
	4	伺服电机外送	Q0.3	KM4	
	5	垛机接件左	Q0.4	KM1	
	6	垛机送件右	Q0.5	KM2	
	7	凸轮电机	Q0.6	M2	
	8	换向气缸	Q1.0	YV	
	9	垛机左库接件限位电磁铁	Q1.1	YM1	
	10	垛机右库接件限位电磁铁	Q1.2	YM2	
	11	工作指示灯	Q1.3	HL	
发送地址		V4.0～V7.7（200PLC→300PLC）			
接收地址		V0.0～V3.7（200PLC←300PLC）			

若运用升降梯立体仓库单元控制板上的 PLC 进行控制，必须按照表 4-29 设置的 I/O 编号编制程序；若另行选用其他 PLC 进行控制，编制程序时可以任意设置 I/O 编号，但在完成 PLC 与接口板的连接时应特别注意 PLC 编号与接口板接线的对应关系。

（6）特别提示。

完成升降梯立体仓库单元独立运行后若要参与到系统总控台控制的全程运行，需要在单元控制的程序中增加总控启动、停止、急停、复位等功能，并将升降梯立体仓库单元的工作状态传送至上位机。

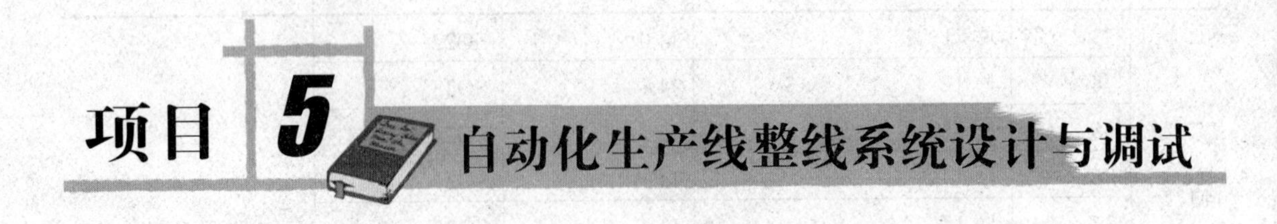

任务 5.1　自动化生产线整线系统设计与调试

知识与能力目标

- 了解主控平台的板面布置及各部件的功能。
- 了解系统总电源系统、总气路系统的设计思路及连接方法。
- 理解主站的通信控制和管理功能。
- 学习生产线全程连续运行中系统调试和分析、查找、排除故障的方法。

1. 自动化生产线整线设计与实现步骤

（1）了解主控平台的板面布置及各部件的功能，检查核对其电气安装接线。

（2）对照电源系统总图和气路连接总图理解总电源和总气源的引入方式及安全保护措施及分路电源和分路气源的分配方法。

（3）依据 S7-300 PLC 控制接线图熟悉其安装接线方法。

（4）理解主控平台上 S7-300PLC 作为一类主站所实现的总线通信控制与管理功能，了解主从站间的硬件连接方式，熟悉总线通信系统的实际安装接线。

（5）了解总线协议结构及 PROFIBUS 模板特点，学习正确配置主站硬件组态的方法，学会如何设置与主站对应的下位机模块地址。自动化生产线总线站点地址设置如表 5-1 所示。

表 5-1　自动化生产线总线站点地址设置一览表

序号	站点名称	总线站号	与总站通信地址	变量存储器地址	
				发送地址（S7-200→S7-300）	接收地址（S7-300→S7-200）
1	上料单元	10	16～17	V2.0～V3.7	V0.0～V1.7
2	下料单元	08	2～3	V2.0～V3.7	V0.0～V1.7
3	加盖单元	12	4～5	V2.0～V3.7	V0.0～V1.7
4	穿销单元	14	6～7	V2.0～V3.7	V0.0～V1.7
5	模拟单元	16	14～15	V2.0～V3.7	V0.0～V1.7
6	图像识别单元	28	26～29	V4.0～V7.7	V0.0～V3.7

续表

序号	站点名称	总线站号	与总站通信地址	变量存储器地址	
				发送地址（S7-200→S7-300）	接收地址（S7-300→S7-200）
7	伸缩换向单元	20	22～25	V4.0～V7.7	V0.0～V3.7
8	检测单元	18	8～9	V2.0～V3.7	V0.0～V1.7
9	液压单元	22	18～21	V4.0～V7.7	V0.0～V3.7
10	分拣单元	24	10～11	V2.0～V3.7	V0.0～V1.7
11	升降梯立体仓库单元	26	32～35	V4.0～V7.7	V0.0～V3.7

（6）了解 WINCC 实时监控系统的功能及监控软件的使用方法，了解监控软件与系统设备间的通信设置及连接方法。

（7）编制和调试 PLC 主站控制程序。

1）反复观察生产线全程运行演示，深刻理解主站控制的各项要求。

2）根据控制要求设置主站的 I/O 编号并编制程序将梯形图输入计算机进行调试。

3）根据 I/O 编号逐个核对主站 PLC 与主控平台输入输出设备的连接。

4）检查主站与各从站（包括废品槽）之间的总线通信。

5）将程序下载至 PLC 进行系统调试，实现 PLC 全程连续运行。

（8）在系统全程连续运行过程中学习分析、查找、排除故障的基本方法。

为便于全面了解本系统全程控制中信号间的内在联系，现将总线通信中相关联的地址编号列于表 5-2 中。

表 5-2　自动化生产线总线通信地址设置表

发送站					传送方向	主站		接收站			
总线站号	站点名称	信号名称	本站地址	传送变量地址		主站地址	主站输出地址	传送方向	接收变量地址	站点名称	总线站号
10	上料单元	往下料放件信号		V2.3	S7-200→S7-300	I16.3	Q2.3	S7-300→S7-200	V0.3	下料单元	08
08	下料单元	料槽底层工件检测	I0.2	V3.5	S7-200→S7-300	I3.5	Q17.1	S7-300→S7-200	V1.1	上料单元	10
12	加盖单元	托盘检测	I0.1	V3.0	S7-200→S7-300	I5.0	Q3.0	S7-300→S7-200	V1.0	下料单元	08
14	穿销单元	托盘检测	I0.1	V3.0	S7-200→S7-300	I7.0	Q5.0	S7-300→S7-200	V1.0	加盖单元	12
16	模拟单元	托盘检测	I0.0	V3.0	S7-200→S7-300	I15.0	Q7.0	S7-300→S7-200	V1.0	穿销单元	14
28	图像识别单元	托盘检测	I0.0	V4.0	S7-200→S7-300	I26.0	Q15.0	S7-300→S7-200	V1.0	模拟单元	16
20	伸缩换向单元	工作指示灯	Q1.1	V4.0	S7-200→S7-300	I22.0	Q27.0	S7-300→S7-200	V3.0	图像识别单元	28
18	检测单元	托盘检测	I0.0	V3.0	S7-200→S7-300	I9.0	Q22.7	S7-300→S7-200	V0.7	绅缩换向单元	20
22	液压单元	本站整体复位		V7.0	S7-200→S7-300	I21.0	Q9.0	S7-300→S7-200	V1.0	检测单元	18
24	分拣单元	托盘检测	I0.7	V3.0	S7-200→S7-300	I11.0	Q18.0	S7-300→S7-200	V0.0	液压单元	22
						I11.0	Q32.0		V0.0	升降梯立体仓库单元	26
		止动气缸	Q0.0	V3.3		I11.3	Q32.1		V0.1	升降梯立体仓库单元	26
26	升降梯立体仓库单元	本站整体复位		V4.7	S7-200→S7-300	I32.7	Q11.0	S7-300→S7-200	V1.0	分拣单元	24

2. 主站控制要求

（1）主站控制的基本要求。

主站控制按钮盒上的按钮为整个生产线的总控按钮，控制盒控制功能定义为：

复位按钮：当按下此按钮时总站的三色指示灯的黄灯亮，并且对各个分站进行初始化复位，所有标志位或计数器都将清零，重新计算。

启动按钮：当所有单元均处于预备工作状态时按下此按钮，首先启动本套柔性生产线的底层传送电机运转且燃亮各分站的红色指示灯，此后根据系统设计程序各分站按顺序进行相应的动作。

停止按钮：当按下此按钮时所有站的动作均处于停止状态，按启动按钮后可继续工作。

急停按钮：当发生突发事故时，应立即拍下急停按钮，系统将强制性地使所有设备即刻处于停止工作状态（此时所有其他按钮都不起作用）。排除故障后需要旋起急停按钮并按下复位按钮，待各机构回复初始状态后按下启动按钮，系统方可重新开始运行。

说明 出现故障显示时应检查每个分站的情况，若发现故障则在排除后系统应重新启动开始运行。

（2）考虑到分拣单元在不合格产品运送中采用了变频器技术，因而本系统将其安排在主站控制，其控制要求为：废品单元的工件检测传感器连接到检测单元的 I1.1 的输入点上，当此传感器检测到废品线上有工件时输出一个中间变量（即 V*.*）传送至主站，总站接收到此信号后向变频器输出启动命令，驱动电机使废品传送带运转 5 秒后停止运行。

3. 系统全程控制中需要注意的问题

（1）系统全程控制时应满足下列条件：

- 设备电源（包括总电源及各分路电源）处于工作状态。
- 气泵气压达到 4MPa～6MPa。
- 确认总线通信正常。
- 确认各站处于初始状态（若从站不在初始状态，可通过总站的复位按钮进行整体复位后方可再次按下启动按钮进行整体运行）。

（2）系统全程运行时各分站程序需要作以下补充或修改：

- 根据主站控制按钮盒上总控按钮的功能定义修改程序。
- 根据各分站“特别提示”中的要求补充修改程序。

4. I/O 编号分配表

表 5-3 所示为主站的 I/O 编号设置。

表 5-3 主站的 I/O 编号设置

形式	序号	名称	PLC 地址	备注
输入	1	启动按钮	I0.0	
	2	停止按钮	I0.1	
	3	复位按钮	I0.2	
	4	急停按钮	I0.3	

续表

形式	序号	名称	PLC 地址	备注
输出	1	红色指示灯	Q0.0	
	2	黄色指示灯	Q0.1	
	3	绿色指示灯	Q0.2	
	4	启动按钮灯	Q0.3	
	5	停止按钮灯	Q0.4	

表 5-4 所示为主站控制变量的传送分配表。

表 5-4　主站控制变量的传送分配表

主站		传送方向	接收站		
主站地址	主站输出地址		接收变量地址	站点名称	总线站号
I0.0	Q17.4	S7-300→S7-200	V1.4	上料单元	10
	Q3.4	S7-300→S7-200	V1.4	下料单元	08
	Q5.4	S7-300→S7-200	V1.4	加盖单元	12
	Q7.4	S7-300→S7-200	V1.4	穿销单元	14
	Q15.4	S7-300→S7-200	V1.4	模拟单元	16
	Q27.4	S7-300→S7-200	V1.4	图像识别单元	28
	Q22.0	S7-300→S7-200	V0.0	伸缩换向单元	20
	Q9.4	S7-300→S7-200	V1.4	检测单元	18
	Q19.4	S7-300→S7-200	V1.4	液压单元	22
	Q11.4	S7-300→S7-200	V1.4	分拣单元	24
	Q33.4	S7-300→S7-200	V1.4	升降梯立体仓库单元	26
I0.1	Q17.5	S7-300→S7-200	V1.5	上料单元	10
	Q3.5	S7-300→S7-200	V1.5	下料单元	08
	Q5.5	S7-300→S7-200	V1.5	加盖单元	12
	Q7.5	S7-300→S7-200	V1.5	穿销单元	14
	Q15.5	S7-300→S7-200	V1.5	模拟单元	16
	Q27.5	S7-300→S7-200	V1.5	图像识别单元	28
	Q22.1	S7-300→S7-200	V0.1	伸缩换向单元	20
	Q9.5	S7-300→S7-200	V1.5	检测单元	18
	Q19.5	S7-300→S7-200	V1.5	液压单元	22
	Q11.5	S7-300→S7-200	V1.5	分拣单元	24
	Q33.5	S7-300→S7-200	V1.5	升降梯立体仓库单元	26

续表

主站		传送方向	接收站		
主站地址	主站输出地址		接收变量地址	站点名称	总线站号
I0.2	Q17.6	S7-300→S7-200	V1.6	上料单元	10
	Q3.6	S7-300→S7-200	V1.6	下料单元	08
	Q5.6	S7-300→S7-200	V1.6	加盖单元	12
	Q7.6	S7-300→S7-200	V1.6	穿销单元	14
	Q15.6	S7-300→S7-200	V1.6	模拟单元	16
	Q27.6	S7-300→S7-200	V1.6	图像识别单元	28
	Q22.2	S7-300→S7-200	V0.2	伸缩换向单元	20
	Q9.6	S7-300→S7-200	V1.6	检测单元	18
	Q19.6	S7-300→S7-200	V1.6	液压单元	22
	Q11.6	S7-300→S7-200	V1.6	分拣单元	24
	Q33.6	S7-300→S7-200	V1.6	升降梯立体仓库单元	26
I0.3	Q17.7	S7-300→S7-200	V1.7	上料单元	10
	Q3.7	S7-300→S7-200	V1.7	下料单元	08
	Q5.7	S7-300→S7-200	V1.7	加盖单元	12
	Q7.7	S7-300→S7-200	V1.7	穿销单元	14
	Q15.7	S7-300→S7-200	V1.7	模拟单元	16
	Q27.7	S7-300→S7-200	V1.7	图像识别单元	28
	Q22.3	S7-300→S7-200	V0.3	伸缩换向单元	20
	Q9.7	S7-300→S7-200	V1.7	检测单元	18
	Q19.7	S7-300→S7-200	V1.7	液压单元	22
	Q11.7	S7-300→S7-200	V1.7	分拣单元	24
		S7-300→S7-200	V1.7	升降梯立体仓库单元	26

任务 5.2　自动化生产线的网络通信基础

知识与能力目标

- 了解网络通信接口。
- 了解多主站 PPI 电缆。
- 熟悉在 PROFIBUS 网络上使用主站和从站设备的方法。
- 熟悉如何设置波特率和网络地址。
- 了解网络通信协议。

1. 为网络选择通信接口

S7-200 可以支持各种类型的通信网络。在“设置 PG/PC 接口”属性对话框中进行网络选择，如图 5-1 所示。一个选定的网络将被作为一个接口来使用。能够访问这些通信网络的各类接口包括：多主站 PPI 电缆、CP 通信卡和以太网通信卡。

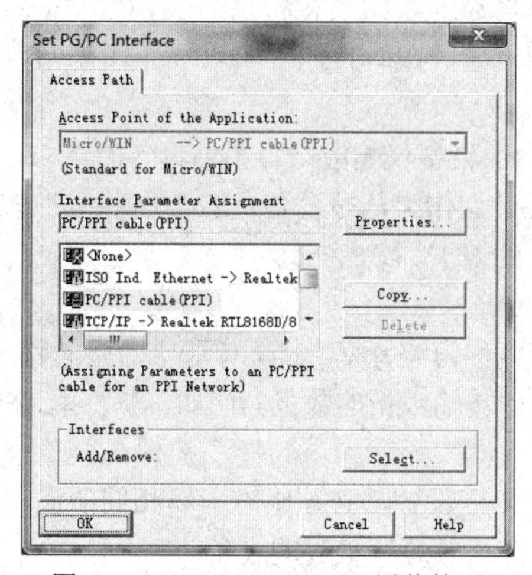

图 5-1　STEP7-Micro/WIN 通信接口

2. 多主站 PPI 电缆

S7-200 可以通过两种不同类型的 PPI 多主站电缆进行通信，这些电缆允许通过 RS-232 或 USB 接口进行通信。

如图 5-2 所示，选择 PPI 多主站电缆的方法很简单，只需要执行以下步骤：

（1）在“设置 PG/PC 接口”对话框中，单击“属性”按钮。

（2）在其中单击“本地连接”选项卡。

（3）选中 USB 或所需的 COM 端口。

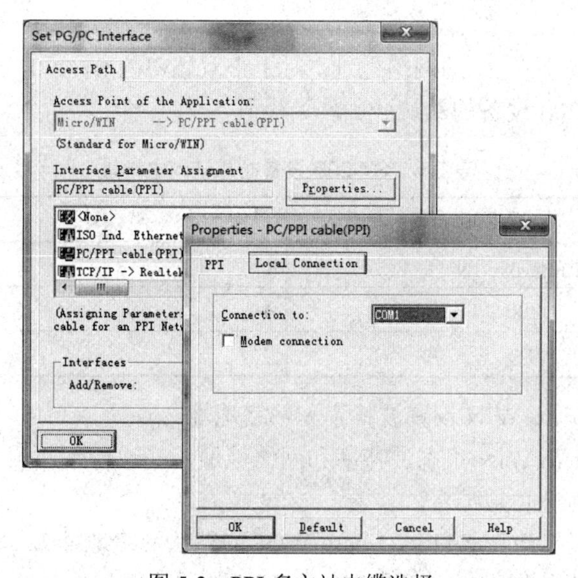

图 5-2　PPI 多主站电缆选择

3．在 PROFIBUS 网络上使用主站和从站设备

S7-200 支持主－从网络，并能在 PROFIBUS 网络中充当主站或从站，而 STEP7-Micro/WIN 只能作为主站。

（1）主站：网络上的主站设备可以向网络上的其他设备发出请求。主站也可以对网络上其他主站的请求做出响应。典型的主站设备包括：STEP7-Micro/WIN、TD200 和 S7-300 或 S7-400PLC 之类的人机界面设备。在向其他 S7-200 发出信息请求（点到点通信）时，S7-200 是作为主站的。

（2）从站：组态为从站的设备仅响应来自主站设备的请求，从站不会发起请求。对大多数网络来说，S7-200 充当从站。作为从站设备，S7-200 将响应来自网络主站设备（如操作员面板或 STEP7-Micro/WIN）的请求。

4．设置波特率和网络地址

数据通过网络传输的速度称为波特率，其单位通常为千波特（kbaud）或兆波特（Mbaud）。波特率用于测量在给定时间内传输数据的数量。比如，波特率为 19.2kbaud 时，表示传输速率为每秒 19200 位。

在同一个网络中通信的每一设备都必须组态为以相同的波特率传送数据。因此，网络的最高波特率取决于该网络上连接的速度最慢的设备。

表 5-5 中列出了 S7-200 支持的波特率。

表 5-5　S7-200 支持的波特率

网络	波特率
标准网络	9.6k～187.5k
使用 EM277	9.6k～12M
自由端口模式	1200～115.2k

网络地址是为在网络中的每个设备分配的一个唯一编号。唯一的网络地址可以确保数据发送到正确的设备或者从正确的设备恢复。

S7-200 支持范围为 1～126 的网络地址。对于带双端口的 S7-200，每个端口有一个网络地址。表 5-6 列出了 S7-200 设备的默认（工厂）设置。

表 5-6　S7-200 设备的默认网络地址

S7-200 设备	默认地址
STEP7-Micro/WIN	0
HMI（TD200、TP 或 OP）	1
S7-200CPU	2

（1）为 STEP7-Micro/WIN 设置波特率和网络地址。

必须为 STEP7-Micro/WIN 组态波特率和网络地址，其波特率必须与网络上其他设备的波特率一致，而且网络地址必须唯一。

通常情况下，不需要改变 STEP7-Micro/WIN 的默认网络地址 0。如果网络上还含有其他编程工具包，那么可能需要改变 STEP7-Micro/WIN 的网络地址。

如图5-3所示，为STEP7-Micro/WIN组态波特率和网络地址非常简单。

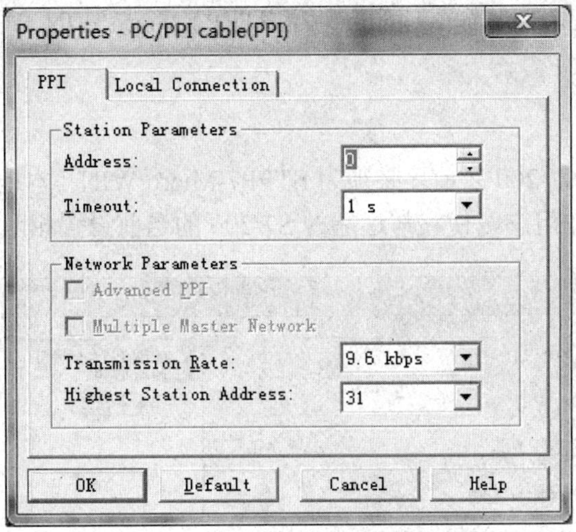

Properties - PC/PPI cable(PPI)
PPI
Local Connection
Station Parameters
Address:
0
Timeout:
1 s
Network Parameters
Advanced PPI
Multiple Master Network
Transmission Rate:
9.6 kbps
Highest Station Address:
31
OK
Default
Cancel
Help

图5-3 组态STEP7-Micro/WIN

（2）为S7-200设置波特率和网络地址。

也必须为S7-200组态波特率和网络地址。S7-200的波特率和网络地址存储在其系统块中。在为S7-200设置了参数之后，必须将系统块下载至S7-200。

每一个S7-200通信口的波特率默认设置为9.6kbaud，网络地址的默认设置为2。

如图5-4所示，使用STEP7-Micro/WIN为S7-200设置波特率和网络地址。可以在导航栏中单击系统块图标或者在命令菜单中选择“视图”→“组件”→“系统块”，然后执行以下步骤：

1）为S7-200选择网络地址。

2）为S7-200选择波特率。

3）下载系统块到S7-200。

系统块
通信端口
通信端口设置允许您调整 STEP 7-Micro/WIN 与指定 PLC 之间的通信参数。
系统块
通信端口
断电数据保持
密码
输出表
输入滤波器
脉冲捕捉位
背景时间
EM 配置
LED 配置
增加存储区
通信端口
默认值
端口
端口 0
端口 1
PLC 地址:
2
2
(范围 1 .. 126)
最高地址:
31
31
(范围 1 .. 126)
波特率:
9.6 kbps
9.6 kbps
重试次数:
3
3
(范围 0 .. 8)
地址间隔刷新系数:
10
10
(范围 1 .. 100)
系统块设置参数必须下载才能生效。
单击获取帮助和支持
确认
取消
全部还原

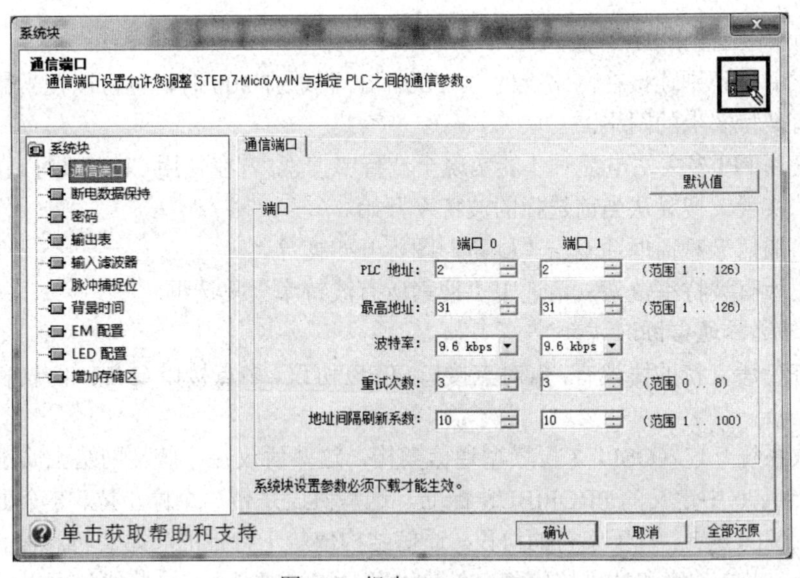

图5-4 组态S7-200CPU

提示 可以选择各种波特率。在下载系统块期间，STEP7-Micro/WIN 将会验证所选的波特率。如果选定的波特率可能会妨碍 STEP7-Micro/WIN 与其他 S7-200 进行通信，那么它将不被下载。

（3）设置远端地址。

在将新设置下载到 S7-200 之前，必须为 STEP7-Micro/WIN（本地）的通信（COM）口和 S7-200（远端）的地址作组态，使它与远端的 S7-200 的当前设置相匹配，如图 5-5 所示。

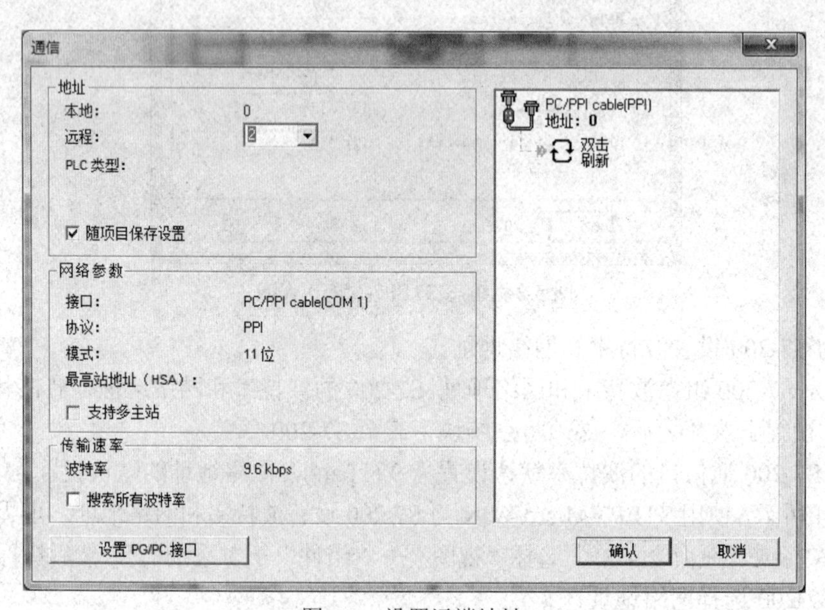

图 5-5　设置远端地址

在下载了新设置后，可能需要重新组态 PG/PC 接口波特率设置（如果新设置与远端 S7-200 的设置不同）。

（4）在网络上搜索 S7-200CPU。

可以搜索并且识别连接在网络上的 S7-200。在寻找 S7-200 时，也可以搜索特定波特率上的网络或所有波特率上的网络。

只有在使用 PPI 多主站电缆时才能实现全波特率搜索。若在使用 CP 卡进行通信的情况下，该功能将无法实现。搜寻从当前选择的波特率开始。

①打开“通信”对话框并双击“刷新”图标开始搜寻。

②要使用所有波特率搜索，请选中“搜索所有波特率”复选框。

5. 为网络选择通信协议

S7-200CPU 所支持的协议有：点对点接口（PPI）协议、多点接口（MPI）协议和 PROFIBUS 协议。

根据开放系统互连（OSI）7 层模型通信架构，这些协议在令牌环网络上实现，它们遵守欧洲标准 EN50170 中定义的 PROFIBUS 标准。这些协议是带一个停止位、8 个数据位、偶校验和一个停止位的异步、基于字符的协议。通信结构依赖于特定的起始字符和停止字符、源和目的网络地址、报文长度和数据校验和。在波特率一致的情况下，这些协议可以同时在一个网络上运行，并且互不干扰。

如果带有扩展模块 CP243-1 和 CP243-1IT，那么 S7-200 也能运行在以太网上。

（1）PPI 协议。

PPI 是一个主站－从站协议：主站设备将请求发送至从站设备，然后从站设备进行响应，如图 5-6 所示。从站设备不发消息，只是等待主站的要求并对要求做出响应。

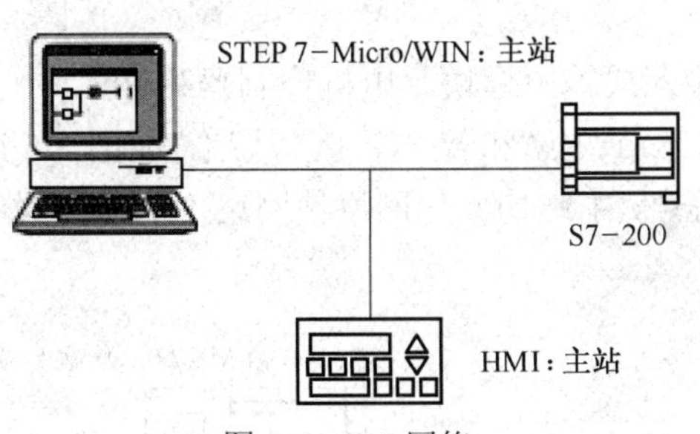

图 5-6　PPI 网络

主站靠一个 PPI 协议管理的共享连接来与从站通信。PPI 不限制可与任何从站通信的主站数目，然而不能在网络上安装超过 32 个主站。

如果在用户程序中使能 PPI 主站模式，S7-200CPU 在运行模式下可以作主站。在使能 PPI 主站模式之后，可以使用网络读写指令来读写另外一个 S7-200。当 S7-200 作 PPI 主站时，它仍然可以作为从站响应其他主站的请求。

PPI 高级协议允许网络设备建立一个设备与设备之间的逻辑连接。对于 PPI 高级协议，每个设备的连接个数是有限制的。S7-200 支持的连接个数如表 5-7 所示。

表 5-7　S7-200CPU 和 EM277 模块的连接个数

模块		波特率	连接
S7-200CPU	端口 0	9.6k、19.2k 或 187.5k	4
	端口 1	9.6k、19.2k 或 187.5k	4
EM277		9.6k～12M	6（每个模块）

所有的 S7-200CPU 都支持 PPI 和 PPI 高级协议，而 EM277 模块仅仅支持 PPI 高级协议。

（2）MPI 协议。

MPI 允许主－主通信和主－从通信，如图 5-7 所示。要与一个 S7-200CPU 通信，STEP7-Micro/WIN 建立主－从连接。MPI 协议不能与作为主站的 S7-200CPU 通信。

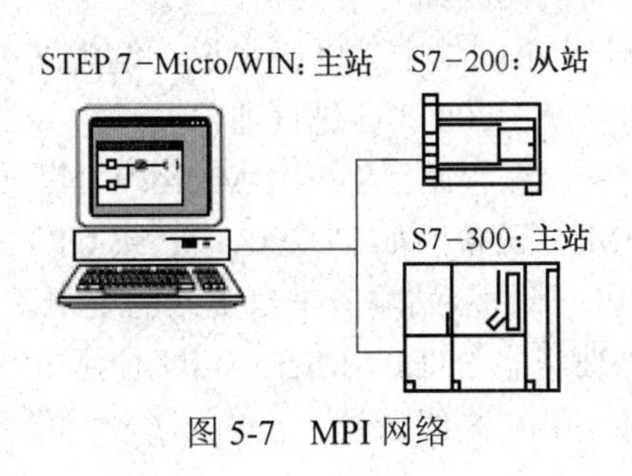

图 5-7　MPI 网络

网络设备通过任意两个设备之间的连接通信由 MPI 协议管理。设备之间通信连接的个数受 S7-200CPU 或 EM277 模块所支持的连接个数的限制。S7-200 支持的连接个数如表 5-7 所示。

对于 MPI 协议，S7-300 和 S7-400PLC 可以用 XGET 和 XPUT 指令来读写 S7-200 的数据。

（3）PROFIBUS 协议。

PROFIBUS 协议通常用于实现与分布式 I/O（远程 I/O）的高速通信。可以使用不同厂家的 PROFIBUS 设备。

这些设备包括简单的输入或输出模块、电机控制器和 PLC。

PROFIBUS 网络通常有一个主站和若干个 I/O 从站，如图 5-8 所示。主站设备通过组态可以知道 I/O 从站的类型和站号。主站初始化网络使网络上的从站设备与组态相匹配。主站不断地读写从站的数据。

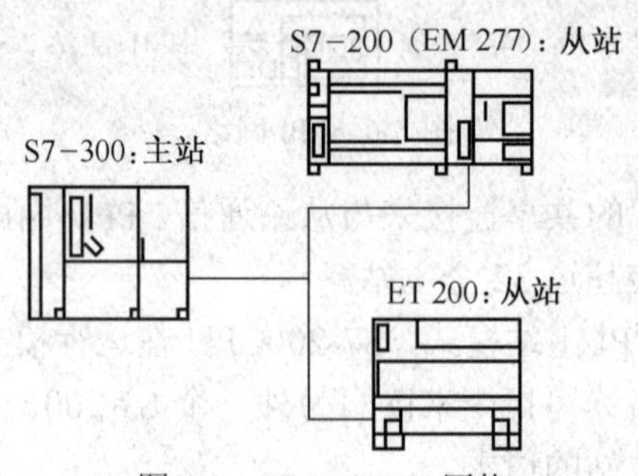

图 5-8　PROFIBUS 网络

当一个 DP 主站成功组态了一个 DP 从站之后，它就拥有了这个从站设备。如果在网上有第二个主站设备，那么它对第一个主站的从站的访问将会受到限制。

（4）TCP/IP 协议。

通过以太网扩展模块（CP243-1）或互联网扩展模块（CP243-1IT），S7-200 将能支持 TCP/IP 以太网通信。表 5-8 列出了这些模块所支持的波特率和连接数。

表 5-8　以太网模块（CP243-1）和互联网模块（CP243-1IT）的连接数

模块	波特率	连接
以太网（CP243-1）模块	10～100M	8 个普通连接
互联网（CP243-1IT）模块		1 个 STEP7-Micro/WIN 连接

6. 网络组态实例

（1）仅仅使用 S7-200 设备的网络组态实例。

1）单主站 PPI 网络。对于简单的单主站网络来说，编程站可以通过 PPI 多主站电缆或编程站上的通信处理器（CP）卡与 S7-200CPU 进行通信。

在图 5-9 上面的网络实例中，编程站（STEP7-Micro/WIN）是网络的主站。在图 5-9 下面的网络实例中，人机界面（HMI）设备（如 TD200、TP 或 OP）是网络的主站。

在两个网络中，S7-200CPU 都是从站响应来自主站的要求。

对于单主站 PPI 网络，需要组态 STEP7-Micro/WIN 使用 PPI 协议。如果可能的话，请不要选择多主站网络，也不要选中 PPI 高级选框。

2）多主站 PPI 网络。图 5-10 中给出了有一个从站的多主站网络实例。编程站（STEP7-Micro/WIN）可以选用 CP 卡或 PPI 多主站电缆。STEP7-Micro/WIN 和 HMI 共享网络。

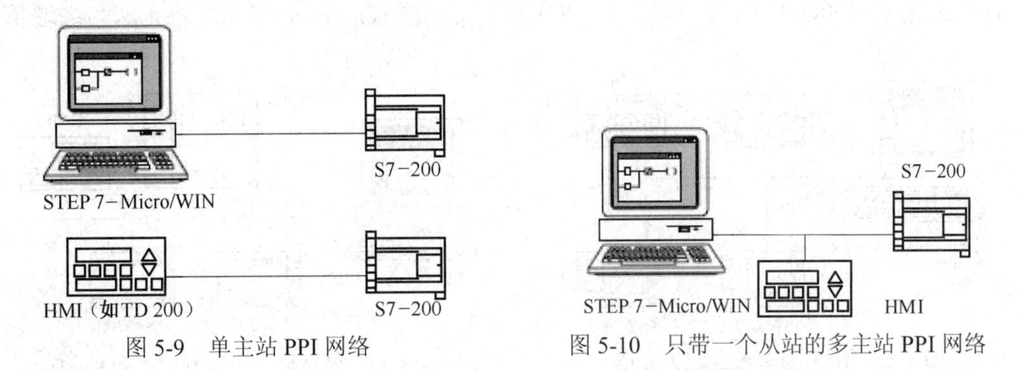

图 5-9　单主站 PPI 网络　　图 5-10　只带一个从站的多主站 PPI 网络

STEP7-Micro/WIN 和 HMI 设备都是网络的主站，它们必须有不同的网络地址。如果使用 PPI 多主站电缆，那么该电缆将作为主站，并且使用 STEP7-Micro/WIN 提供给它的网络地址。S7-200CPU 将作为从站。

图 5-11 中给出了多个主站和多个从站进行通信的 PPI 网络实例。在例子中，STEP7-Micro/WIN 和 HMI 可以对任意 S7-200CPU 从站读写数据，STEP7-Micro/WIN 和 HMI 共享网络。

所有设备（主站和从站）有不同的网络地址。如果使用 PPI 多主站电缆，那么该电缆将作为主站，并且使用 STEP7-Micro/WIN 提供给它的网络地址。S7-200CPU 将作为从站。

对于带多个主站和一个或多个从站的网络，需要组态 STEP7-Micro/WIN 以使用 PPI 协议，如果可能，还应使能多主网络并选中 PPI 高级选框。如果使用的电缆是 PPI 多主站电缆，那么多主网络和 PPI 高级选框便可以忽略。

3）复杂的 PPI 网络。图 5-12 给出了一个带点到点通信的多主网络。

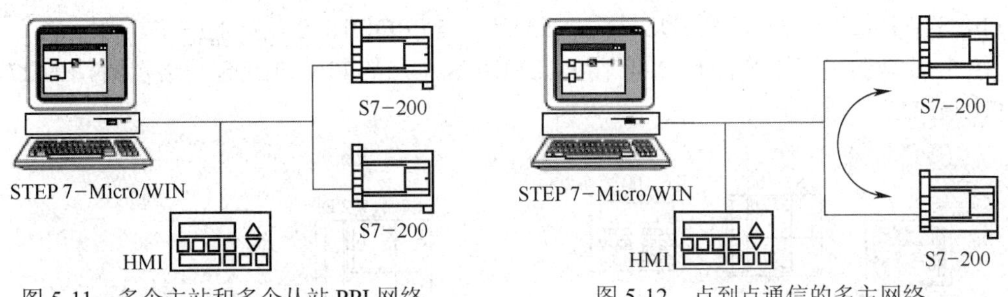

图 5-11　多个主站和多个从站 PPI 网络　　图 5-12　点到点通信的多主网络

STEP7-Micro/WIN 和 HMI 通过网络读写 S7-200CPU，同时 S7-200CPU 之间使用网络读写指令相互读写数据（点到点通信）。

图 5-13 中给出了另外一个带点到点通信的多主网络的复杂 PPI 网络实例。在本例中，每个 HMI 监控一个 S7-200CPU。

S7-200CPU 使用 NETR 和 NETW 指令相互读写数据（点到点通信）。

对于复杂的 PPI 网络，组态 STEP7-Micro/WIN 使用 PPI 协议时最好使能多主站，并选中 PPI 高级选框。如果使用的电缆是 PPI 多主站电缆，那么多主网络和 PPI 高级选框便可以忽略。

（2）使用 S7-200、S7-300 和 S7-400 设备的网络组态实例。

1）网络波特率可以达到 187.5kbaud。在图 5-14 所示的网络实例中，S7-300 用 XGET 和 XPUT 指令与 S7-200CPU 通信。如果 S7-200 处于主站模式，那么 S7-300 将无法与之通信。

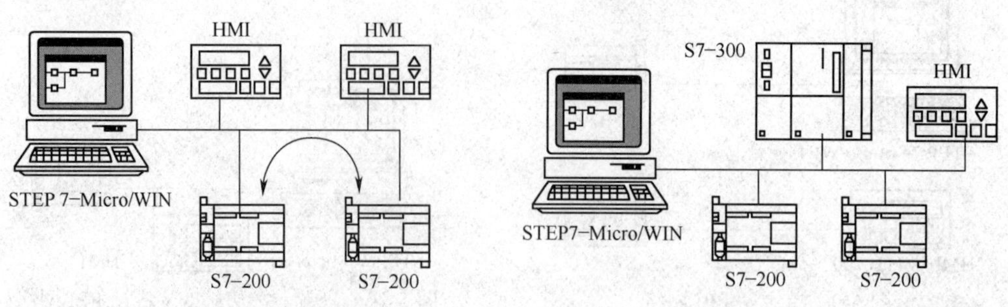

图 5-13　HMI 设备及点到点通信　　　　图 5-14　波特率可以达到 187.5 kbaud

若要与 S7CPU 通信，则最好在组态 STEP7-Micro/WIN 使用 PPI 协议时使能多主站，并选中 PPI 高级选框。如果使用的电缆是 PPI 多主站电缆，那么多主网络和 PPI 高级选框便可以忽略。

2）网络波特率高于 187.5kbaud。对于波特率高于 187.5kbaud 的情况，S7-200CPU 必须使用 EM277 模块连接网络，如图 5-15 所示。

STEP7-Micro/WIN 必须通过通信处理器（CP）卡与网络连接。

在这个组态中，S7-300 可以用 XGET 和 XPUT 指令与 S7-200 通信，并且 HMI 可以监控 S7-200 或 S7-300。

EM277 只能作从站。STEP7-Micro/WIN 可以通过所连接的 EM277 编程或监视 S7-200CPU。为使用高于 187.5Kbaud 的速率与 EM277 通信，将 STEP7-Micro/WIN 组态为通过 CP 卡使用 MPI 协议。因为 PPI 多主站电缆的最高波特率为 187.5kbaud。

（3）PROFIBUS 网络组态实例。

1）S7-315-2DP 作 PROFIBUS 主站，EM277 作 PROFIBUS 从站的网络。

图 5-16 中给出了用 S7-315-2DP 作 PROFIBUS 主站的 PROFIBUS 网络示例。EM277 模块是 PROFIBUS 从站。

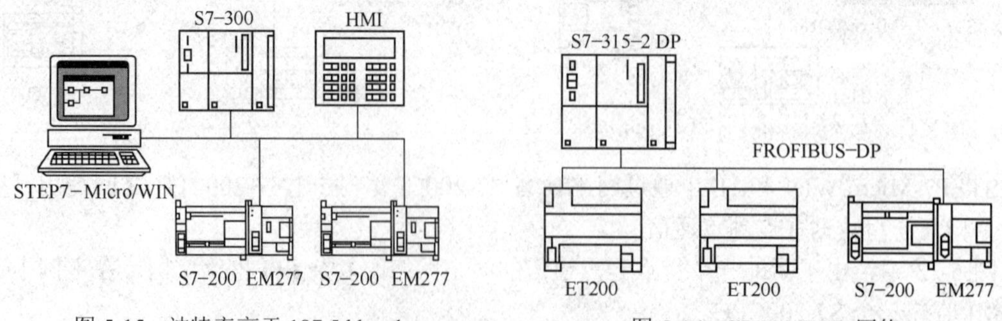

图 5-15　波特率高于 187.5 kbaud　　　　图 5-16　S7-315-2 DP 网络

S7-315-2DP 可以发送数据到 EM277，也可以从 EM277 读取数据。通信的数据量为 1～128 个字节。

S7-315-2DP 读写 S7-200 的 V 存储器。

网络支持 9600～12M 的波特率。

2）有 STEP7-Micro/WIN 和 HMI 的网络。

图 5-17 中给出了用 S7-315-2DP 作 PROFIBUS 主站，EM277 作 PROFIBUS 从站的网络示例。在这个组态中，HMI 通过 EM277 监控 S7-200。

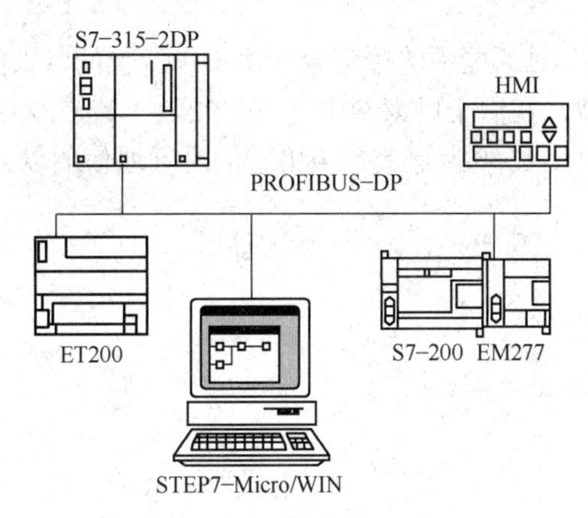

图 5-17　PROFIBUS 网络

STEP7-Micro/WIN 通过 EM277 对 S7-200 进行编程。

网络支持 9600～12M 的波特率。当波特率高于 187.5kbaud 时，STEP7-Micro/WIN 要用 CP 卡。

若要使用 CP 卡，需要组态 STEP7-Micro/WIN 使用 PROFIBUS 协议。如果网络上只有 DP 设备，那么可以选择 DP 协议或标准协议。如果网络上有非 DP 设备（如 TD200），则可以为所有的主站设备选择通用（DP/FMS）协议。网络上所有的主站都必须使用同样的 PROFIBUS 网络协议（DP、标准或通用）。

只有在所有主站设备都使用通用（DP/FMS）协议，并且网络的波特率小于 187.5kbaud 时，PPI 多主站电缆才能发挥其功能。

（4）以太网和/或互联网设备的网络组态实例。

在图 5-18 所示的组态中，STEP7-Micro/WIN 通过以太网连接与两个 S7-200 通信，而这两个 S7-200 分别带有以太网（CP243-1）模块和互联网（CP243-1IT）模块。S7-200CPU 可以通过以太网连接交换数据。

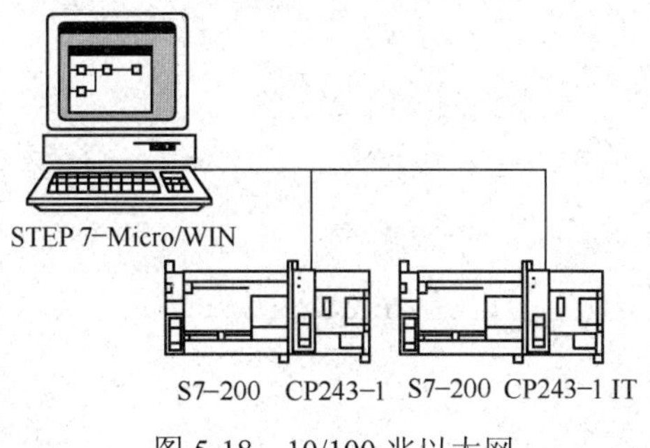

图 5-18　10/100 兆以太网

安装了 STEP7-Micro/WIN 之后，PC 上会有一个标准浏览器，可以用它来访问互联网（CP243-1IT）模块的主页。

若要使用以太网连接，需要组态 STEP7-Micro/WIN 使用 TCP/IP 协议。

在“设置 PG/PC 接口”对话框中，至少存在两种 TCP/IP 选择。S7-200 没有 TCP/IP →NdisWanlp 选项。

1）“设置 PG/PC 接口”对话框中的选项数取决于 PC 上的以太网接口类型。选择将计算机连接到以太网的接口类型，在这个以太网中连有 CP243-1 或 CP243-1IT 模块。

2）在“通信”对话框中，必须为每个希望用它们进行通信的以太网/互联网模块指定远端 IP 地址（一个或多个）。

项目 6 自动化生产线人机界面设计与调试

任务 6.1 触摸屏应用系统设计与调试

知识与能力目标

- 了解触摸屏的工作原理。
- 掌握触摸屏的使用方法。
- 学会设计简单的人机交互系统。

6.1.1 触摸屏的基本使用

PLC 本身不能提供一个良好的图形界面，数据显示不方便。而通过人机交互装置——触摸屏，不仅能够显示 PLC 的数据，而且还能控制 PLC，直接在触摸屏画面的相应按钮上用手指轻轻一点即可控制现场设备的动作，如电机正转、反转、停止、操作等。同样，在触摸屏上点击相应图标即可显示现场设备的运行状态、画面或一些数据。

1. *触摸屏概述*

触摸屏是人机相互交流信息的窗口，作为一种最新的计算机输入设备，它是目前最简单、方便、自然的一种人机交互方式，其应用范围非常广阔，如公共信息查询、办公、工业控制、军事指挥、电子游戏、多媒体教学、房地产预售等。

应用于工业控制中的触摸屏，是通过触摸式工业显示器把人和机器连为一体的智能化界面，是替代传统控制按钮和指示灯的智能化操作显示终端。它可以用来设置参数、显示数据、监控设备状态，以曲线/动画等形式描绘自动化控制过程，更方便、快捷，表现力更强，并可简化为 PLC 的控制程序。功能强大的触摸屏创造了友好的人机界面。

触摸屏系统一般包括触摸屏控制器（卡）和触摸检测装置两个部分。其中，触摸屏控制器（卡）的主要作用是从触摸点检测装置上接收触摸信息，并将它转换成触点坐标，再送给 CPU，它同时能接收 CPU 发来的命令并加以执行：触摸检测装置一般安装在显示器的前端，主要作用是检测用户的触摸位置并传送给触摸屏控制卡。

工业触摸屏具有很强的灵活性，可以按照设计要求更换或增加功能模块，扩展性强，可以满足复杂的工艺控制过程，甚至可以直接通过网络系统和 PLC 通信，大大方便了控制数据的处理与传输，减少了维护量。图 6-1 所示为 ROCKWELL Panel View Plus 型工业触摸屏典型结构。

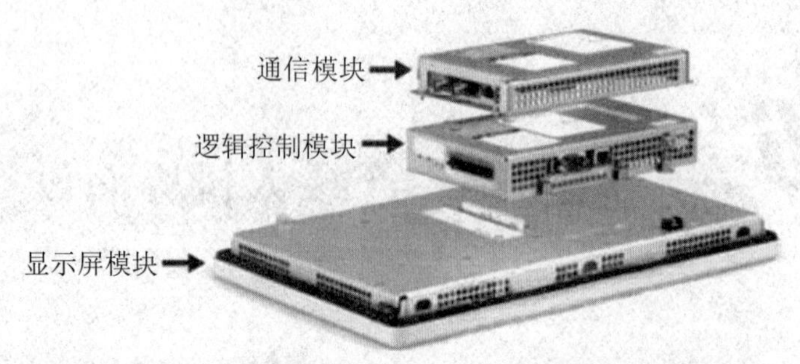

图 6-1　ROCKWELL Panel View Plus 型工业触摸屏典型结构

（1）触摸显示模块。电阻型触摸屏的屏体部分是一块与显示器表面相匹配的多层复合薄膜，由一层玻璃或有机玻璃作为基层，表面涂有一层透明的导电层，上面再盖有一层外表面硬化处理、光滑防刮的塑料层，它的内表面也涂有一层透明导电层，在两层导电层之间有许多细小（小于千分之一英寸）的透明隔离点把它们隔开绝缘。

当手指触摸屏幕时，平常相互绝缘的两层导电层就在触摸点位置有了一个接触，因其中一面导电层接通 Y 轴方向的 5V 均匀电压场，使得侦测层的电压由零变为非零，这种接通状态被控制器侦测到后进行 A/D 转换，并将得到的电压值与 5V 相比即可得到触摸点的 Y 轴坐标，同理得出 X 轴的坐标，这就是所有电阻技术触摸屏共同的最基本原理。电阻类触摸屏的关键在于材料科技。电阻屏根据引出线数多少，分为四线、五线、六线等多线电阻触摸屏。电阻式触摸屏在强化玻璃表面分别涂上两层 OTI 透明氧化金属导电层，最外面的一层 OTI 涂层作为导电体，第二层 OTI 则经过精密的网络附上横竖两个方向的+5V～0V 的电压场，两层 OTI 之间以细小的透明隔离点隔开。当手指接触屏幕时，两层 OTI 导电层就会出现一个接触点，计算机同时检测电压及电流，计算出触摸的位置，反应速度为 10～20ms。

五线电阻触摸屏的外层导电层使用的是延展性好的镍金涂层材料。外导电层由于频繁触摸，使用延展性好的镍金材料目的是为了延长使用寿命，但是工艺成本较为高昂。镍金导电层虽然延展性好，但是只能作透明导体，不适合作为电阻触摸屏的工作面，因为它导电率高，而且金属不易做到厚度非常均匀，不宜作电压分布层，只能作为探层。

电阻型触摸屏是一种对外界完全隔离的工作环境，不怕灰尘和水汽，它可以用任何物体来触摸，可以用来写字画画，比较适合工业控制领域及办公室内使用。电阻型触摸屏共同的缺点是，因为复合薄膜的外层采用塑胶材料，不知道的人太用力或使用锐器触摸可能划伤整个触摸屏而导致报废。不过，在限度之内，划伤只会伤及外导电层，外导电层的划伤对于五线电阻触摸屏来说没有关系，而对四线电阻触摸屏来说是致命的。

（2）逻辑控制与通信模块。逻辑控制模块包含 24V 直流输入（18～32）电源、SDRAM 内存及 CF 闪存卡、10/100BaseT 以太网端口、可用于文件传送/打印及与可编程控制器通信的 232 串行端口、可用于连接鼠标/键盘或打印机的 USB 端口。内部电路板上内嵌了 CPU 处理芯片，负责显示屏的输入、输出以及通信数据的处理工作。通信模块负责特定的网络传输，以提高数据传输速率。

2．触摸屏技术的应用举例

触摸屏是通过外部物体接触面板上的按钮开关或参数设置来完成工艺流程的控制的，面板上的操作内容可以人为地通过编程软件来进行编辑，同时可以把完成的工艺状态显示在触摸屏上，所以它既是一个输入设备，也是一个输出设备，其操作灵活、功能强大。PLC 系统只需要通过 DP 网络即可和触摸屏连接起来，减少了外部信号传输线路，实现了资源的有机整合。图 6-2 所示为某中板厂轧机控制设备网络图。

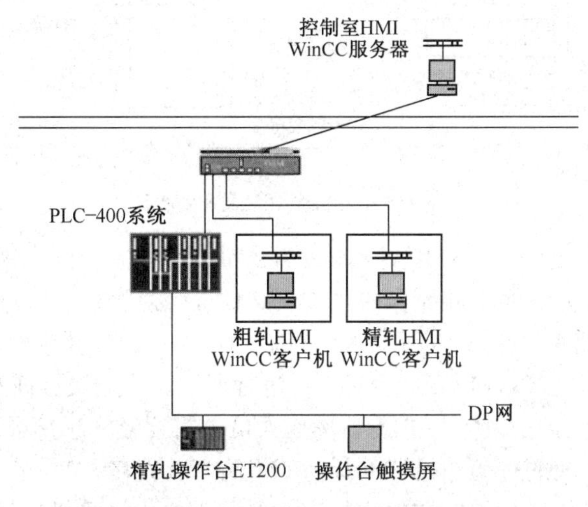

图 6-2　某中板厂轧机控制设备网络图

随着钢铁行业大规模的结构调整，设备进行整体性改造，优化了工艺，降低了劳动强度，美化了操作环境，特别是一改以前的操作模式，全部启用新型的触摸系统代替老式的按钮或者指示灯，优化了工艺流程，减少了电气设备数量，大大减少了设备故障率。图 6-3 所示为某厂精轧机操作台触摸屏界面部分。

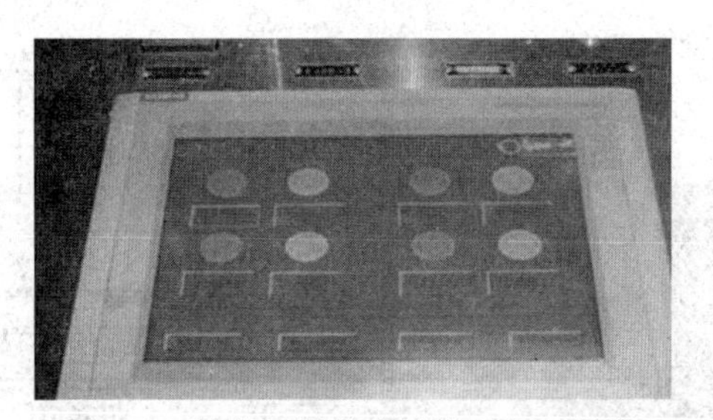

图 6-3　精轧机操作台触摸屏界面部分

6.1.2　人机交互系统设计与实现

触摸屏是最便捷的人机交互方式，利用触摸屏与 PLC 组成的控制系统具有操作直观、控制功能强大、使用方便等优点，现已广泛用于各类电气控制系统和设备中。

1．触摸屏人机交互系统的结构

使用触摸屏构成的人机交互系统的构架如图 6-4 所示，其由装有触摸屏组态软件的 PC 机、触摸屏、PLC 和通信接口等组成。实施过程分两个阶段：组态阶段和运行阶段。

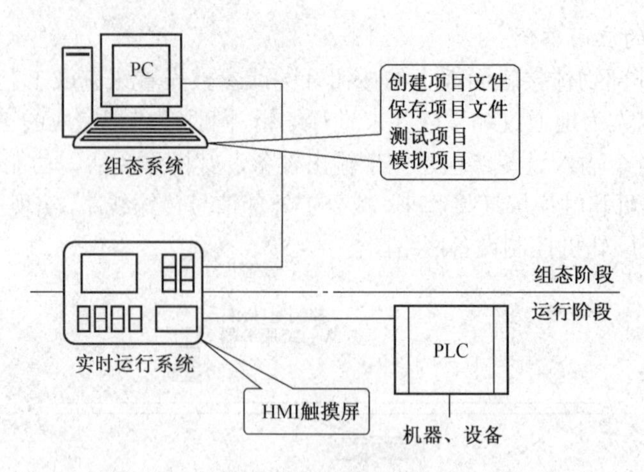

图 6-4 人机交互装置的结构

从上面的结构图中可以了解触摸屏人机交互装置的工作过程：在组态阶段，通过专用的程序按用户的要求设计好界面，即制作成“项目文件”，然后通过计算机的通信口把“项目文件”下载到触摸屏中存储。当人机交互装置运行后即可按用户的要求显示画面，处理用户的输入信息。同时，装置通过通信口不停地和 PLC 进行通信、读取数据或写入数据。这样，装置就可以实时地显示 PLC 数据或控制 PLC。操作人员只需要轻轻触摸屏幕上的图形对象，PLC 便会执行相应的操作，人的行为与机器的行为变得简单、直接。

从中不难看出，使用触摸屏构成的人机交互系统需要由计算机、触摸屏、PLC 等硬件和相应的触摸屏组态软件、PLC 编程软件等构成，不同的触摸屏其组态软件是不同的。

2. Hitech 触摸屏与 PLC 构成的人机交互系统

触摸屏有很多类型，如西门子、三菱、欧姆龙、Proface 等，这里以 Hitech PWS6600 触摸屏为例进行说明，其外观如图 6-5 所示。

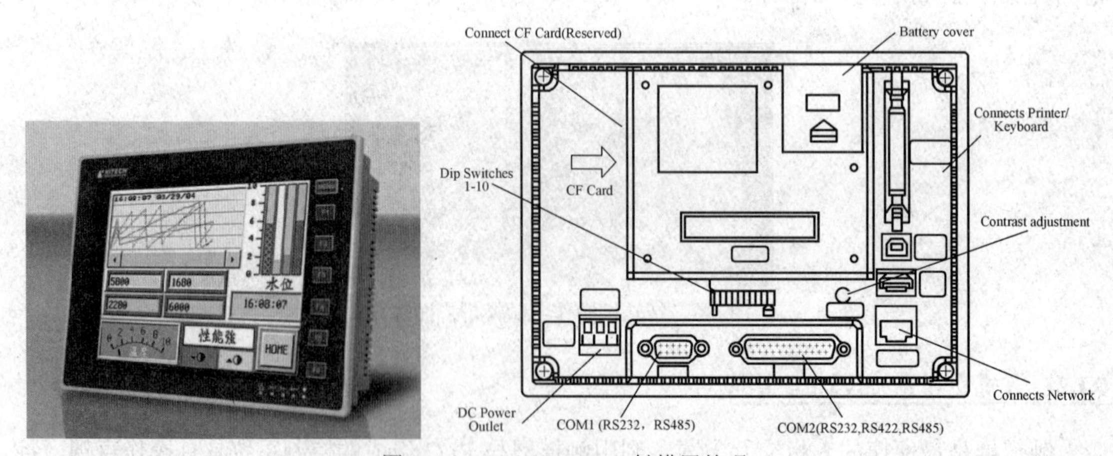

图 6-5 Hitech PWS6600 触摸屏外观

Hitech 公司生产的触摸屏是最具代表性的一种触摸屏，上市较早，具有大量的用户，其软件和硬件质量都非常稳定。

使用 PWS6600 触摸屏与组态计算机及 S7-200 系列 PLC 的连接如图 6-6 所示。

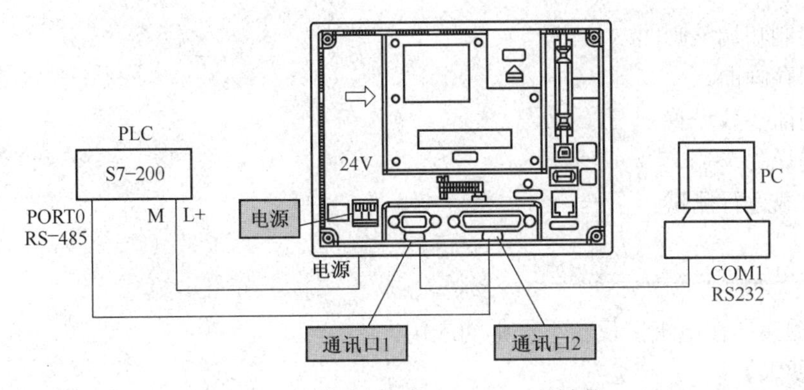

图 6-6　触摸屏与组态 PC、PLC 的连接

触摸屏电源为 DC24V，既可由外部直流电源供电，也可由 PLC 输出的 DC24V 电源供电，其“+”极连接 PLC 的“L+”端，“-”极连接 PLC 的 M 端。

触摸屏的 COM1 通信口（RS232）与计算机的 COM1 通信口（RS232）连接，可将组态项目文件下载或上传。

触摸屏的 COM2 通信口（RS485）与 PLC 的通信口连接（S7-200 系列 PLC 的通信口为 RS485）。通常系统默认的计算机通信地址为“0”，触摸屏为“1”，PLC 为“2”，三者可相互通信。

3. Hitech ADP 人机编程软件

目前 Hitech 触摸屏组态软件大多使用的是 Hitech ADP 6.0，可到网上下载，将软件安装到 Windows 操作系统下运行，其界面如图 6-7 所示。

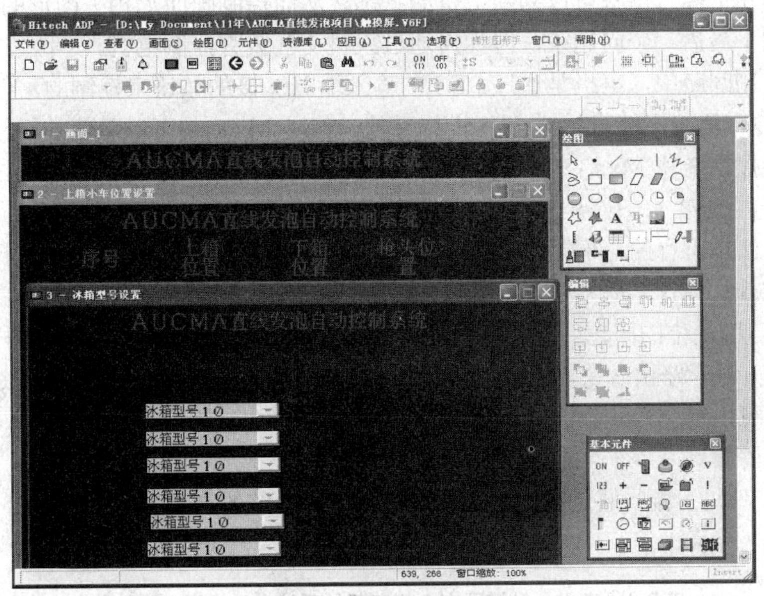

图 6-7　Hitech ADP 操作界面

使用该软件进行人机交互界面设计的一般过程如下：

（1）建立项目文件。

（2）设置通信参数，选择 PLC，选择人机交互装置型号。

（3）绘制和调整画面。

（4）保存画面。

（5）画面参数设置。

（6）编译。

（7）下载运行测试。

6.1.3 触摸屏在自动化生产线的应用

实例：触摸屏在电机正反转系统中的应用。

【内容要求】

（1）能够通过按钮控制电机的正转、反转、停止操作。

（2）PLC 程序中要有保护措施，即正转时不能立即反转，而反转时不能直接正转，中间必须有停止过程。

（3）人机交换界面上能够显示当前电机的状态，即当前电机是停止、正转还是反转。而且采用不同的颜色进行标示。

（4）人机交换装置上要能够对电机进行正转、反转、停止的操作。

【任务分析】

要想完成所提出的问题，首先必须提出解决的办法，再具体进行 PLC 编程和画面设计，而且 PLC 编程和画面设计之间必须进行协调才能最终完成任务。

对于电机，只有 3 种状态：正转、停止、反转。用 S7-200PLC 的 3 个 Mx.x 作为标志，分别表示这 3 种状态：为 ON 说明当前处在正转、反转或停止状态；为 OFF 则不是。在设计画面时，通过这 3 个标志位就可以判断电机的状态，从而控制画面上相关图形的显示颜色。

现在只剩下最后一个问题了，即如何通过人机交互装置控制电机。

在电机控制回路中，电机是通过 PLC 的输入端 Ix.x 接的按钮来控制的，但是 Ix.x 的值不能由 PLC 控制，所以不能直接对 Ix.x 进行赋值。但是 Mx.x 是可以赋值的，根据经验，通过人机交互装置控制 3 位 Mx.x，分别表示进行正转、反转、停机操作，相当于按下了正转、反转、停止按钮。

上面的方法是可行的，但是带来了一个问题：按钮按下后可以弹起来，自动变成 OFF 状态；而用 Mx.x 时，Mx.x 是无法自动复位的，不能自动变成 OFF 状态，所以在 PLC 程序中必须考虑 Mx.x 自动复位的问题。此处可以用停止按钮或停止命令进行复位。同样，停止命令也必须进行复位。对于停止命令，可以采用定时器延时后进行复位或用停机状态进行复位（只要电机停止，就可以复位停止命令）。

【操作步骤】

（1）PLC 地址分配。通过上面的分析，即可进行系统的需求和输入、输出、M 地址的 I/O 分配，如表 6-1 所示。

表 6-1 实例：触摸屏在电机正反转系统中的应用 I/O 分配表

符号	地址	注释
正转按钮	I0.0	
反转按钮	I0.1	

续表

符号	地址	注释
停止按钮	I0.2	
上位机_正转	M0.0	
上位机_反转	M0.1	
上位机_停止	M0.2	
电机状态_正转	M1.0	
电机状态_反转	M1.1	
电机状态_停止	M1.2	
正转输出	Q0.0	
反转输出	Q0.1	

（2）编写 PLC 程序。

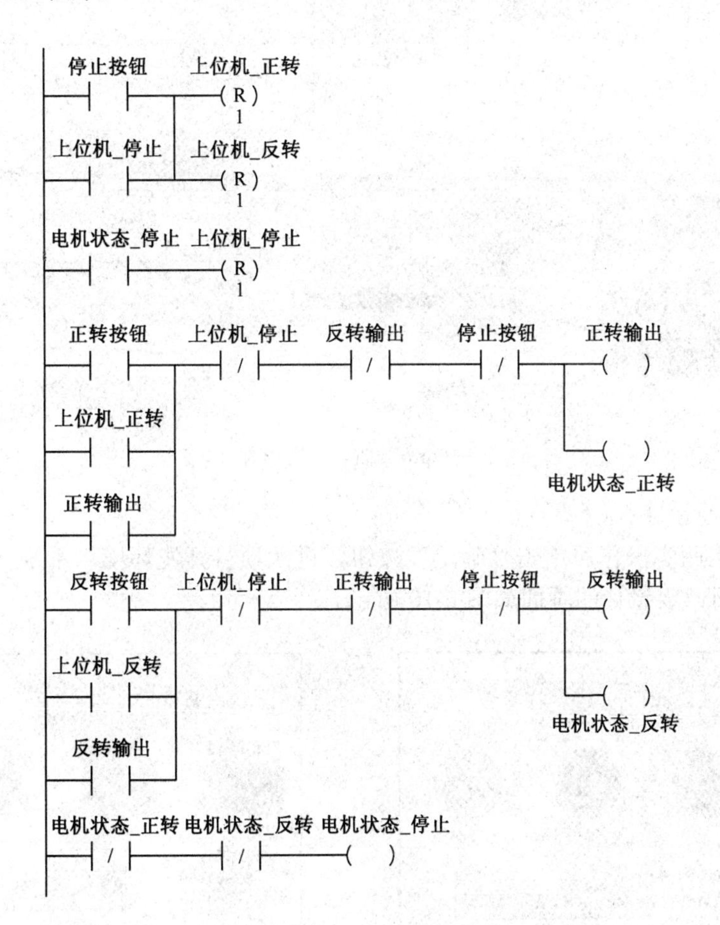

（3）人机交互设计。

1）项目文件建立和 PLC 类型选择。

运行 ADP，执行“文件”→“新建”命令，如图 6-8 所示设置参数。

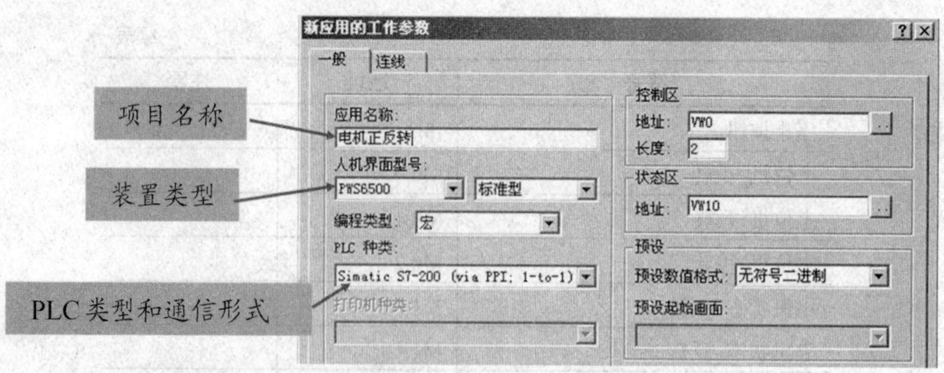

图 6-8　工作参数设置

2）通信参数设置。

选择“连线”选项卡，按图 6-9 所示设置参数。

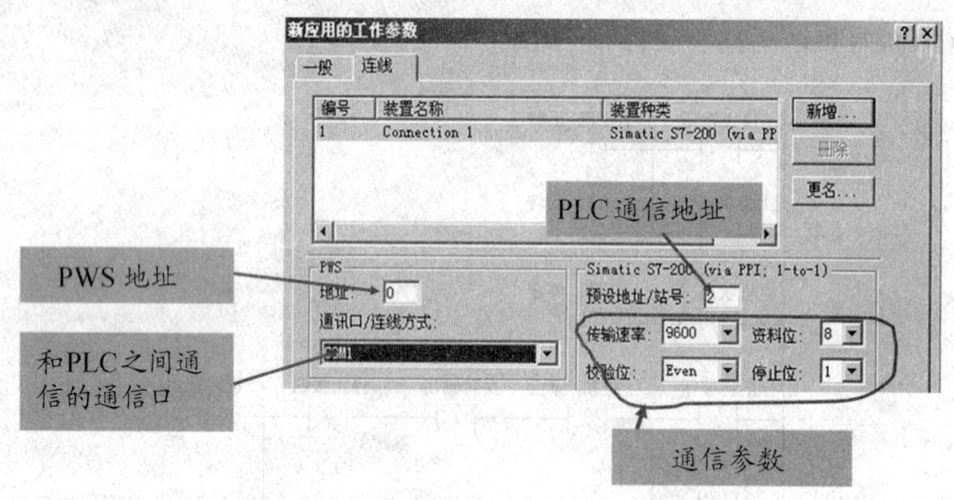

图 6-9　通信参数设置

3）人机界面设计。

执行完以上两步操作后单击“确定”按钮，进入项目开发环境，系统自动新建一个组态画面，保存项目，要设计的画面如图 6-10 所示。

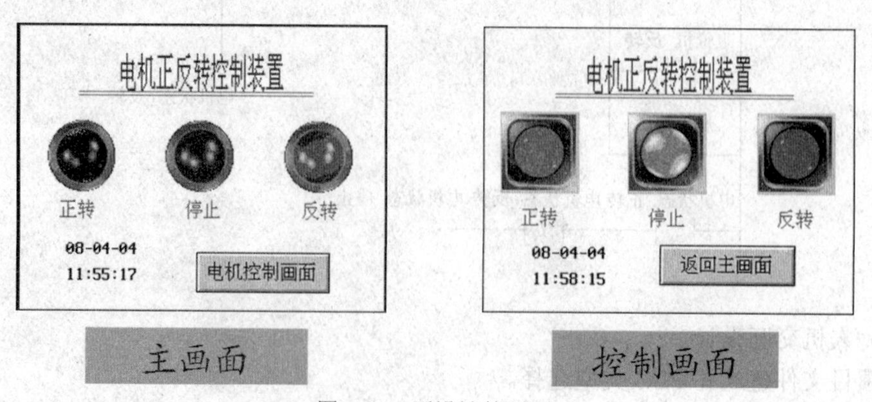

图 6-10　要设计的画面

①显示常用工具栏：如图6-11所示，在“查看”菜单中打开所有的工具栏。

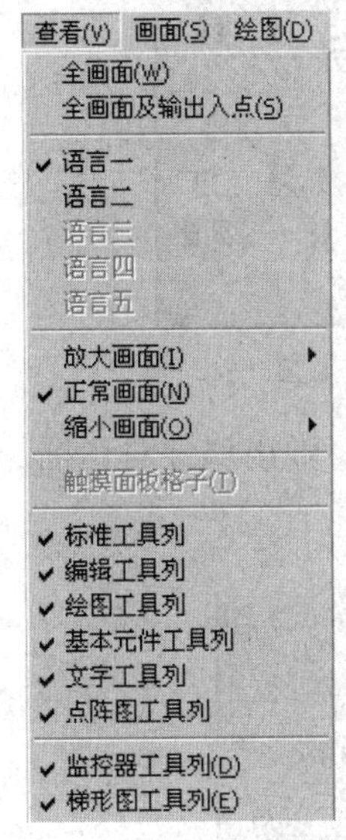

“查看”下拉菜单

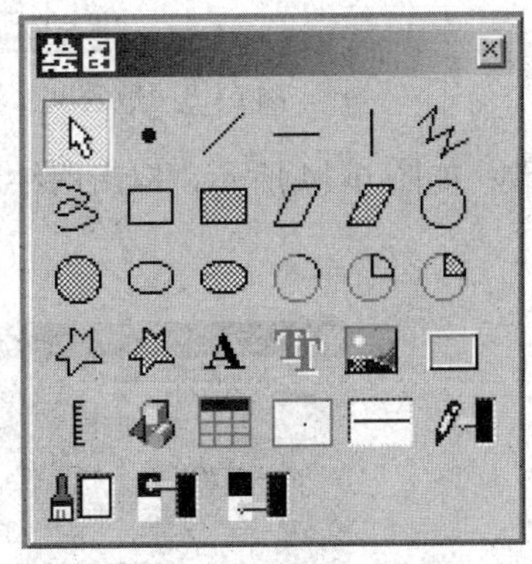

绘制基本图形

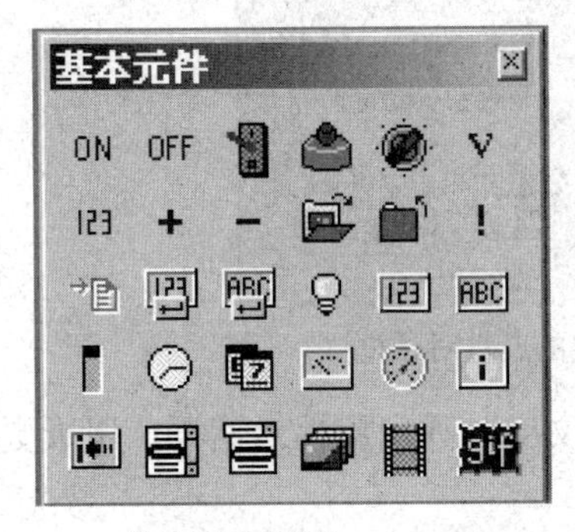

绘制动态图形

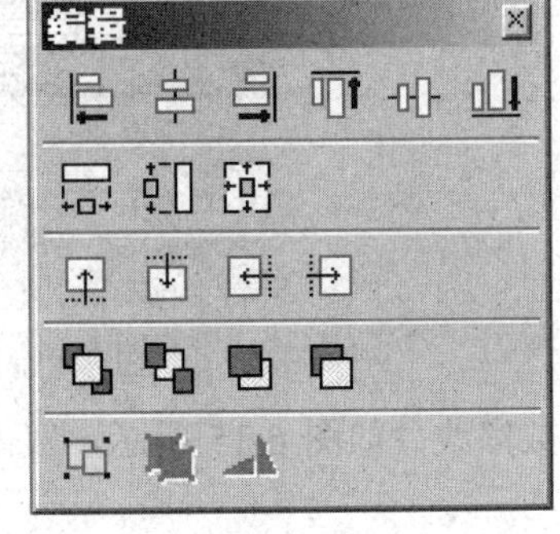

图形对齐操作

图6-11　显示常用工具栏

②改变画面的名称：如图6-12所示，在出现的画面编辑窗口中右击，选择“画面特性”选项，在弹出的对话框中改变画面的名称为“主画面”。

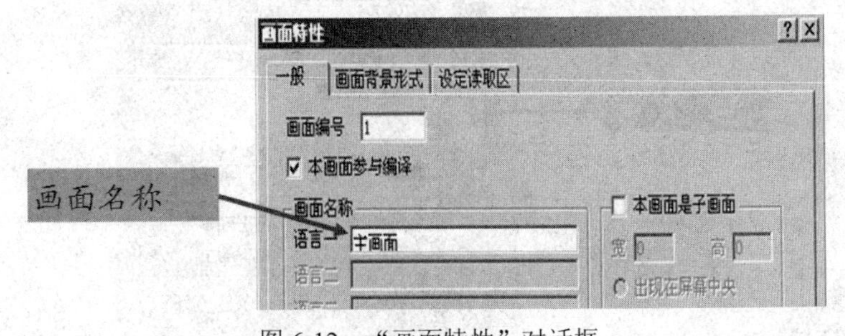

图6-12　“画面特性”对话框

③放置文字和线条：如图6-13所示，使用其中的工具放置文字和线条。

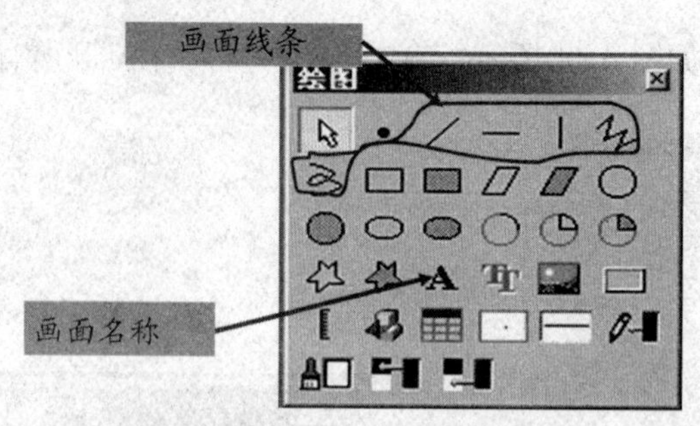

图 6-13　放置文字和线条的工具

④线条参数修改：如图 6-14 所示，双击所绘制的线，弹出属性对话框，用于更改其属性，如颜色、形式等。

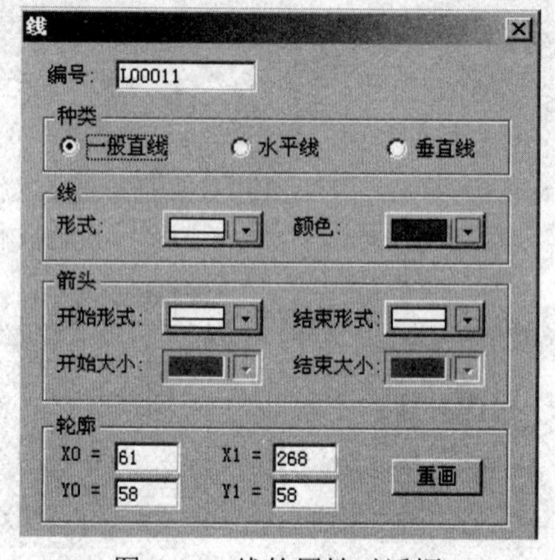

图 6-14　线的属性对话框

⑤文字参数修改：如图 6-15 所示，双击文字，弹出属性对话框，用于更改其属性，如颜色、文字等。

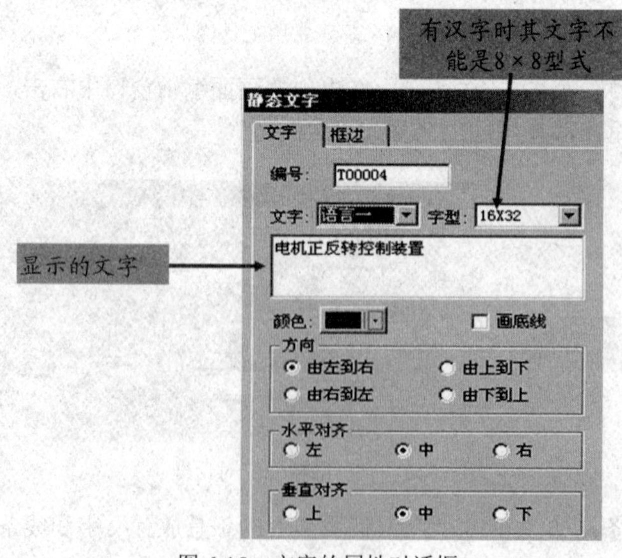

图 6-15　文字的属性对话框

⑥放置状态指示灯：如图 6-16 所示，状态指示灯的状态有两种：0 状态和 1 状态。可以分别设置为 1 和为 0 时的显示形状，其状态由对应的 PLC 数据控制。

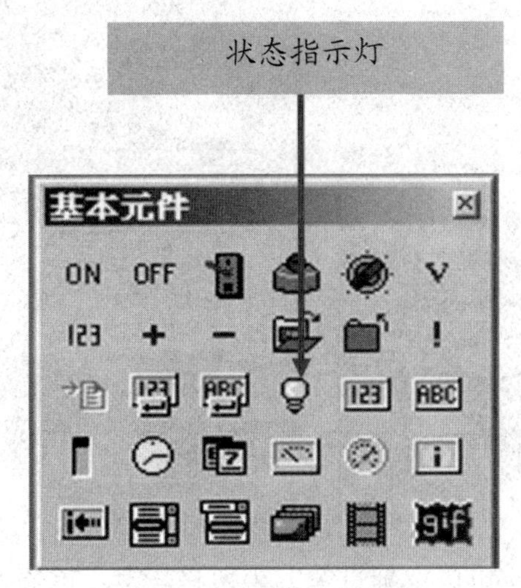

图 6-16　放置状态指示灯

⑦状态指示灯属性操作：如图 6-17 所示，双击状态指示灯，弹出属性对话框，一共有 5 个选项卡。

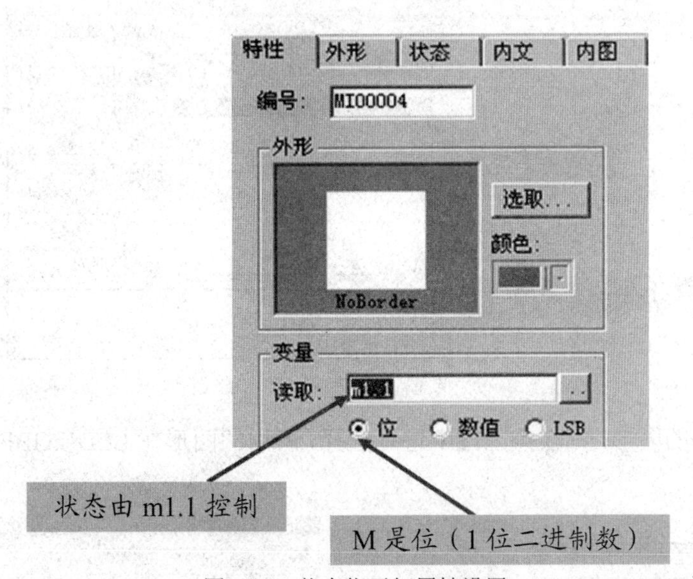

图 6-17　状态指示灯属性设置

⑧与 PLC 连接控制位设置：设置好此位后，状态指示灯的状态就由 PLC 的 M1.1 控制。M1.1 位 ON，指示灯为 1 状态，反之为 0 状态。

⑨在此处指示灯没有边框，背景色为白色。边框设置的方法为，执行“选取”命令，按图 6-18 所示选择外形；把状态改为 1，进行同样的选择。

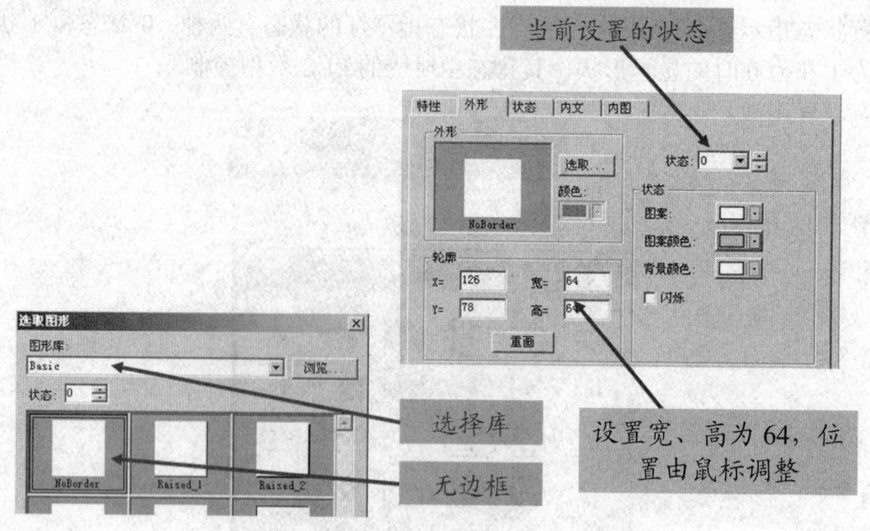

图 6-18　边框和背景色设置

⑩状态指示灯显示的文字可以单独设置，先选择状态，再输入文字，可以设置文字的颜色等，如图 6-19 所示。

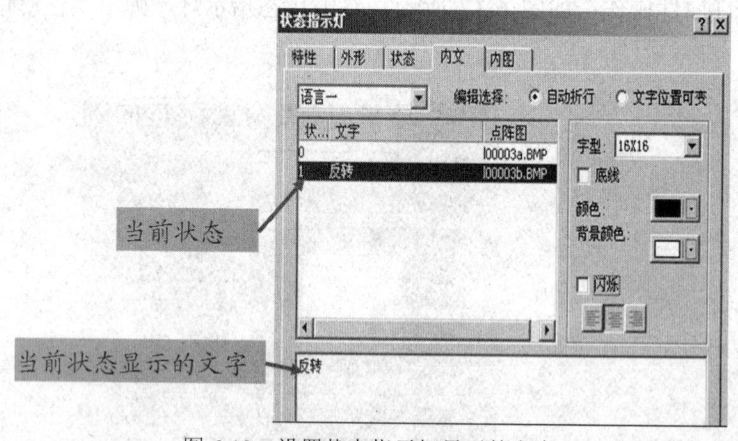

图 6-19　设置状态指示灯显示的文字

⑪要更换显示的图形，则在点阵图中进行选择，所用的图形在 LED's.GBF 库中，如图 6-20 所示。

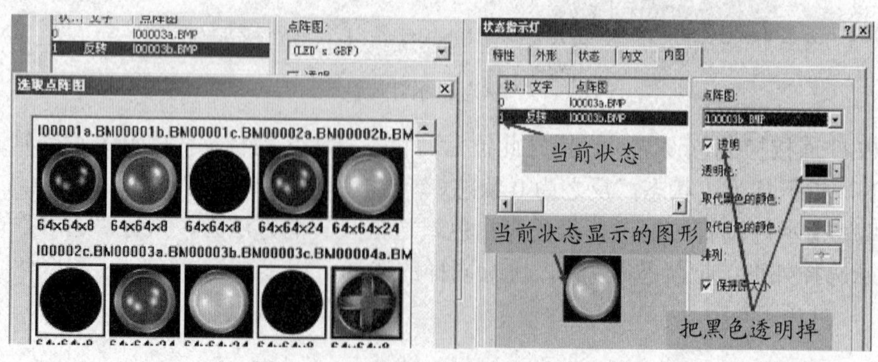

图 6-20　更换状态指示灯显示的图形

⑫基本部件放置：如图 6-21 所示，放置好文字、线和指示灯。

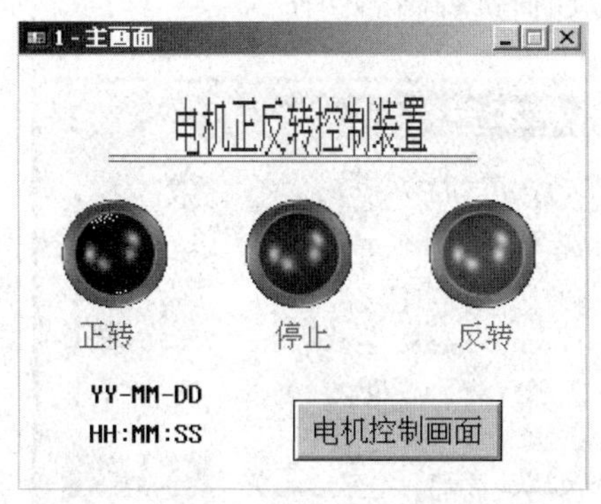

图 6-21　放置了基本部件后的主画面

⑬日期和时间部件：放置好日期和时间部件后，当装置运行时会自动地显示时间和日期，如图 6-22 所示。

图 6-22　放置日期和时间部件

⑭如图 6-23 所示，设置日期和时间属性。

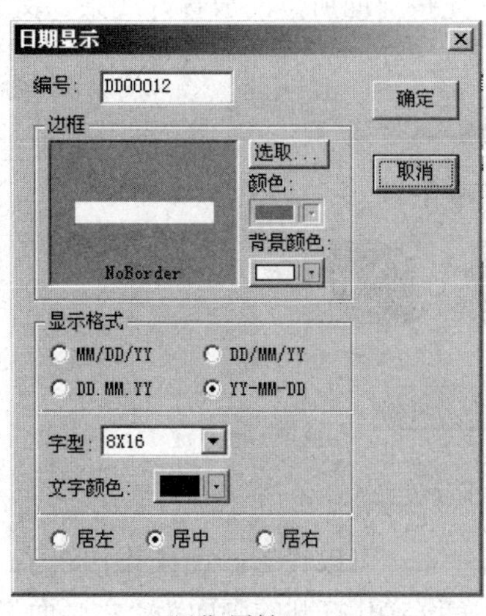

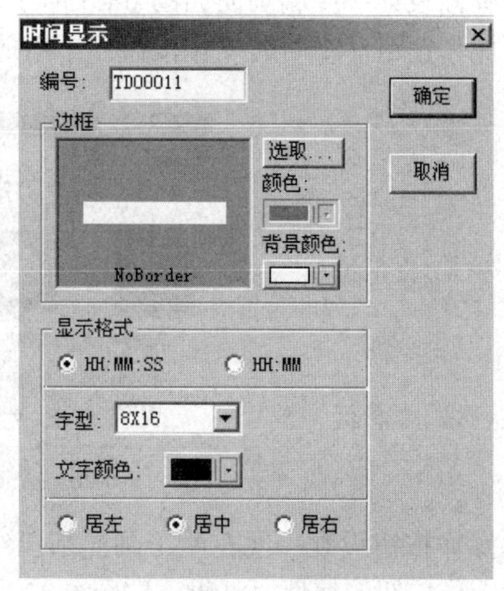

日期属性　　　　时间属性

图 6-23　设置日期和时间属性

⑮画面操作按钮：如图 6-24 所示，放置画面操作按钮，在属性对话框中设置好形状；在设计好第二个画面后，再设置如何进行画面切换。

图 6-24　放置画面操作按钮

⑯新建画面：如图 6-25 所示，执行“画面”→“新建画面”命令，把画面的名称改为“控制画面”，其余参数不动。

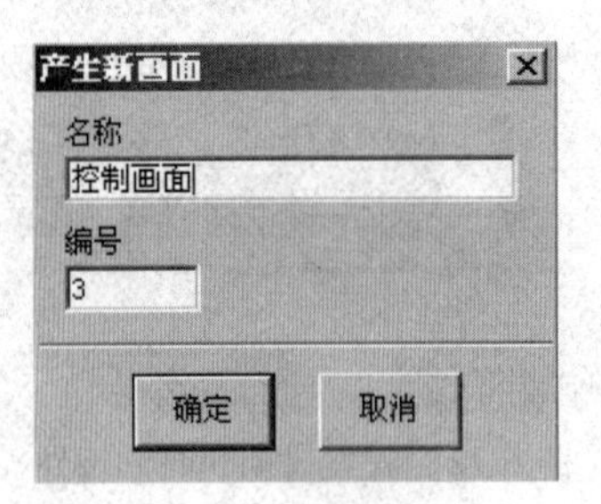

图 6-25　新建画面

⑰控制画面设计：控制画面如图 6-26 所示，先按前面所学的放置好线条、文字、日期和时间、画面操作按钮，中间的操作按钮先不用放置。

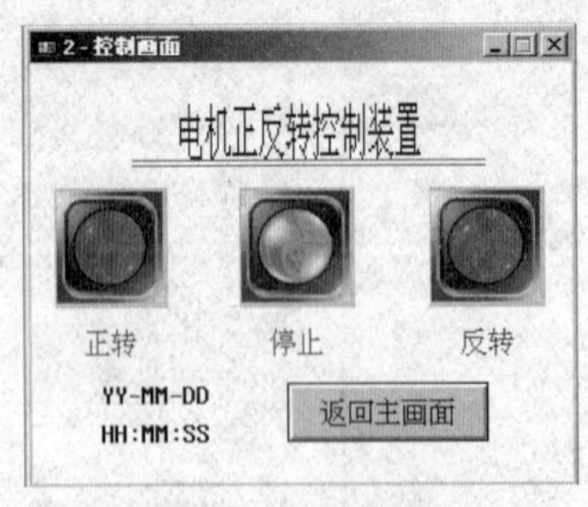

图 6-26　控制画面设计

⑱画面操作按钮设置：现在两个画面都已经建立，可以设置画面操作按钮了。打开控制画面中画面操作按钮的属性对话框，按图 6-27 所示设置其打开的画面为“主画面”；打开主画面中画面操作按钮的属性对话框，依照同样的方法设置打开的画面为“操作画面”。

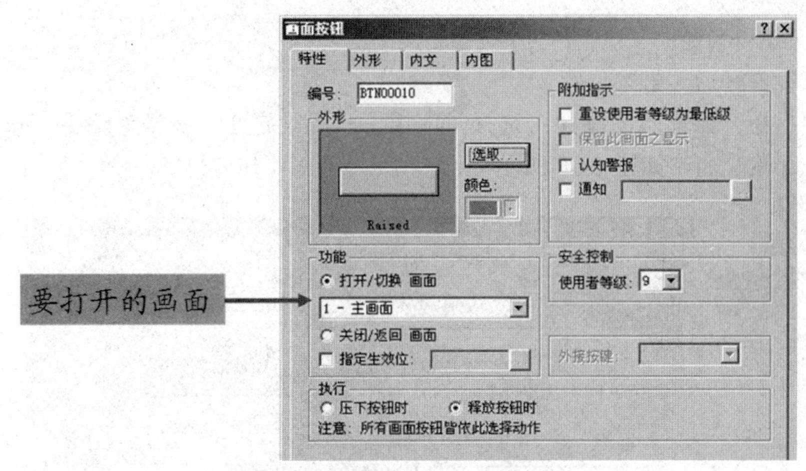

图 6-27 画面操作按钮的属性对话框

⑲放置位操作按钮：位操作按钮有多种，此处选择置 ON 的操作按钮。放置 3 个按钮，先按前面所学的设定形状。形状位图在 bottons.GBF 库中，如图 6-28 所示。

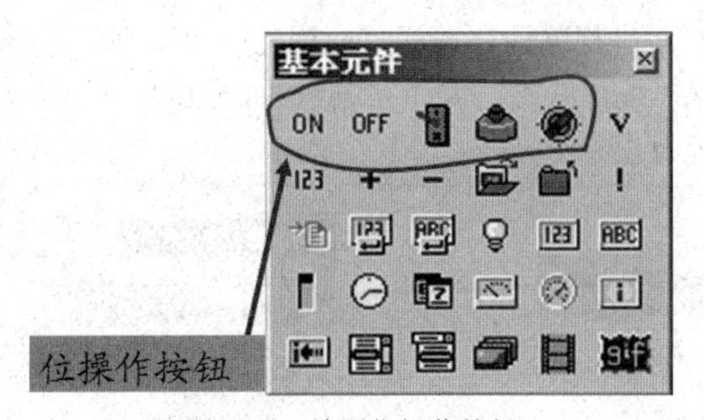

图 6-28 放置位操作按钮

⑳位操作按钮的设置。此处以停机按钮来说明如何设置操作。打开属性对话框的“特性”选项卡，设置要置位的 M，选中“需操作者确认”复选项。同样的方法设置正转、反转按钮操作，如图 6-29 所示。

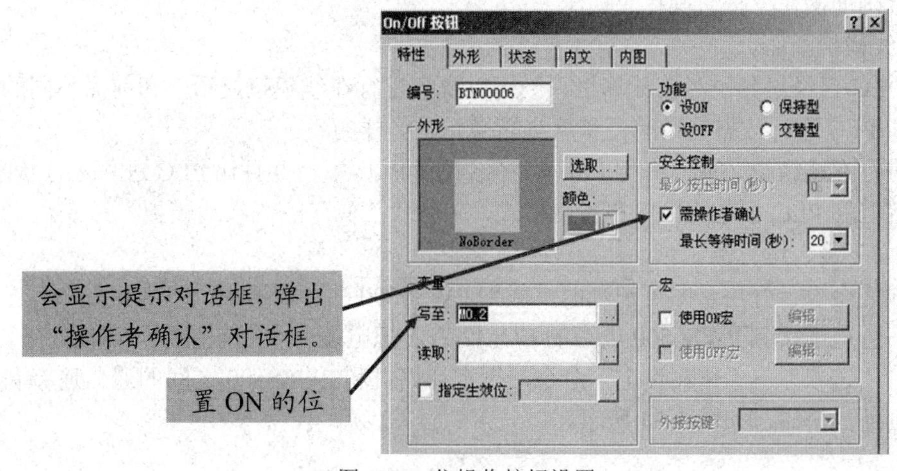

图 6-29 位操作按钮设置

4）项目保存和编译。

①当画面设置好后，必须保存。

②设置项目在开始显示的画面：选择“应用”→“设定工作参数”命令，选择“一般”选项卡，设置起始画面，如图 6-30 所示。

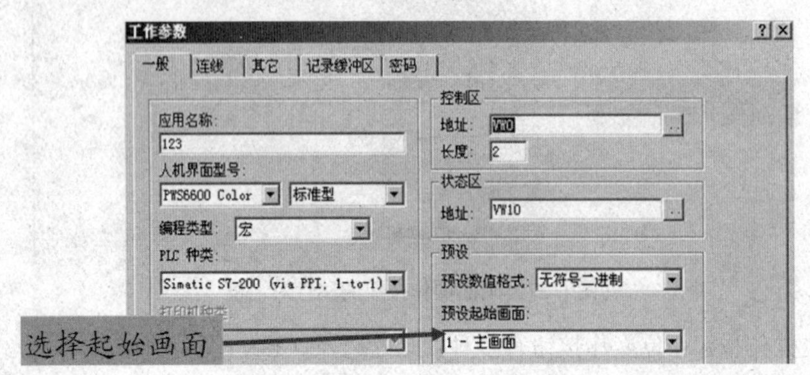

图 6-30　设置项目在开始显示的画面

③设置好参数后对画面进行编译。选择“应用”→“编译”命令进行编译。一定要注意编译后的提示，如果出现“编译状态：编译完成”（如图 6-31 所示），说明画面没有错误，否则应该检查错误直到正确为止。

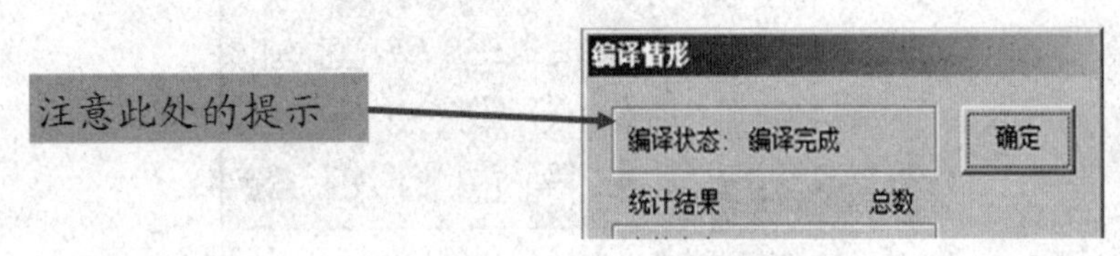

图 6-31　编译后的提示信息

5）离线模拟显示（如图 6-32 所示）：执行“工具”→“离线模拟”命令。

离线模拟是指不接 PLC，直接模拟显示的画面和操作，但是数据不能和 PLC 进行交换。如果编译没有问题，此时即可进行模拟显示，看画面设计是否有问题、是否漂亮等。模拟时可以模拟进行画面操作、按钮操作等。

6）在线模拟画面。

如果 PLC 已经接到了当前计算机，则可以直接进行在线模拟显示，和前面不同的是，现在是可以和 PLC 进行数据交换的，和真实的操作是一样的。

①在进行在线模拟之前，先把 PLC 程序下载到 PLC 中，并且让 PLC 进入运行状态。

②设置好和 PLC 相连的串口和通信格式，执行“工具”→“在线模拟”命令。

7）画面下载、运行测试。

当画面完全设计好后，即可把画面下载到 PWS6500 的存储器中，步骤如下：

①把编程电缆接到 PWS6500 电源的 COM2 口，把电缆另一端连接到计算机的串口上。

②执行“选项”→“传输设定”命令，设定计算机和 PWS6500 之间的通信速率和计算机用于下载画面的串口，如图 6-33 所示。

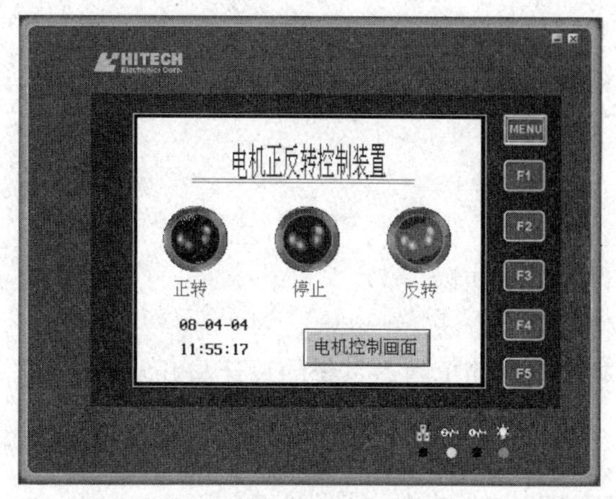

离线模拟显示画面－主画面

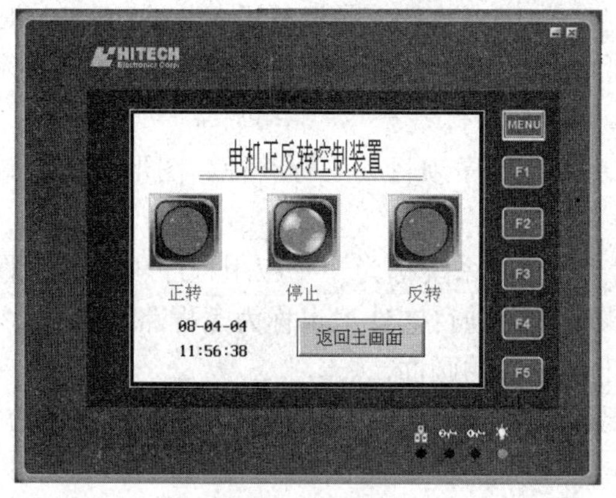

离线模拟显示画面－控制画面

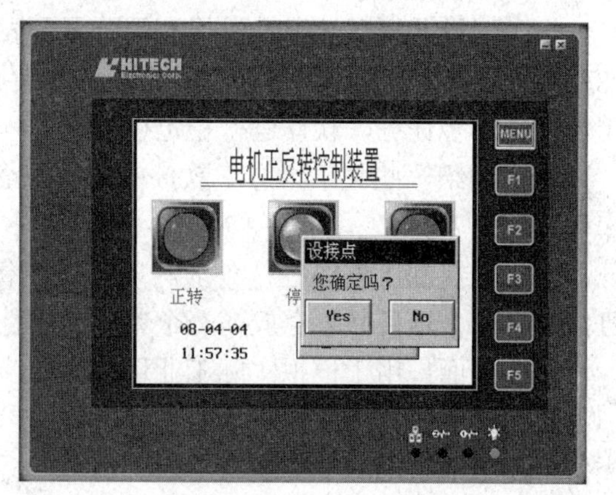

离线模拟显示画面－操作

图 6-32　离线模拟显示画面

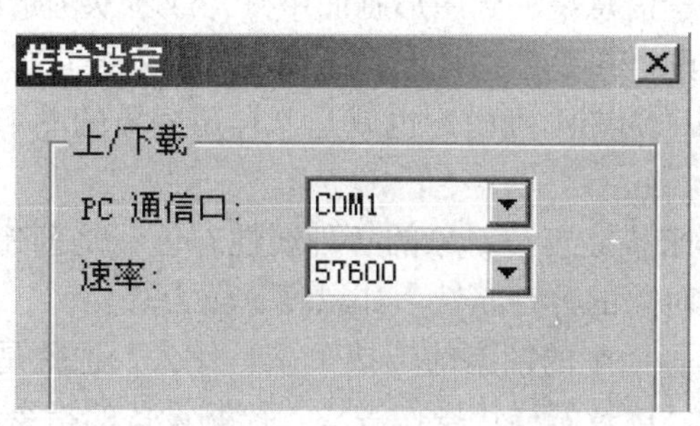

图 6-33　“传输设定”对话框

③打开 PWS6500 电源，进入自检画面后在其中单击 Link 按钮，PWS6500 进入等待下载画面的状态。

④在 ADP 中执行“应用”→“下载应用”命令，开始下载画面。

⑤出现下载成功，PWS6500 端口电源取下通信线，把 PLC 的通信线和 PWS6500 相连。

⑥把 PLC 和 PWS6500 都上电，PLC 进入运行状态，PWS6500 进入自检画面后在其中单击 Run 按钮，PWS6500 进入运行状态，开始显示和处理用户的操作。

任务 6.2 组态软件应用系统设计与调试

知识与能力目标

- 了解组态王软件的基本知识。
- 掌握组态王软件的使用方法。
- 学会用组态王软件进行简单组态系统的设计与开发。

6.2.1 组态王软件的基本使用

1. 组态王 Kingview 软件入门

组态王是北京亚控科技发展有限公司开发的一种组态软件，是运行于 Microsoft Windows 98/2000/NT/XP 中文平台的中文界面的人机界面软件，采用了多线程、COM+组件等新技术，实现了实时多任务，软件运行稳定可靠。

先来介绍一些关于组态王软件的基本概念：应用程序项目、工程路径、图形画面、数据库等。

工程项目和工程路径：一般将所开发的每一个应用系统称为一个应用程序项目或工程项目，并且一个项目必须存放在一个单独的文件夹中，此项目文件夹也称为工程路径。

图形画面：用于模拟实际工业现场和相应工控设备的画面。

数据：用于描述工控对象的各种属性的参数，如管道流量、气体温度、高压水的压力等，类似于高级语言中的“变量”。

数据库：反映工控对象各种属性的数据的集合。

动画连接：建立了数据库中的变量与图形画面中的图素之间的关系。只有建立了动画连接，才能将数据库中的变量信息反映到图形画面中来，或者从图形画面控制这些变量。

数据、图形画面和动画连接是组态控制系统的 3 个基本要素。

图形——用户希望怎样的图形画面？也就是怎样用抽象的图形画面来模拟实际的工业现场和相应的工控设备。

数据——怎样用数据来描述工控对象的各种属性？也就是创建一个具体的数据库，此数据库中的变量反映了工控对象的各种属性，如温度、压力等。

连接——数据和图形画面中的图素的连接关系是什么？也就是画面上的图素以怎样的动画来模拟现场设备的运行，以及怎样让操作者输入控制设备的指令。

2. 制作一个工程的一般过程

建立新组态王工程的一般过程是：

- 设计图形界面（定义画面）。
- 定义设备。
- 构造数据库（定义变量）。
- 建立动画连接。
- 运行和调试。

需要说明的是，这5个步骤并不是完全独立的，事实上，这几个部分常常是交错进行的。

（1）建立组态王新工程。

要建立新的组态王工程，首先为工程指定工作目录（或称“工程路径”）。组态王用工作目录标识工程，不同的工程应置于不同的目录。工作目录下的文件由组态王自动管理。

启动组态王工程管理器，选择“文件”→“新建工程”命令或单击“新建”按钮，弹出“新建工程向导之一——欢迎使用本向导”对话框，如图6-34所示。

单击“下一步”按钮，弹出“新建工程向导之二——选择工程所在路径”对话框，如图6-35所示。

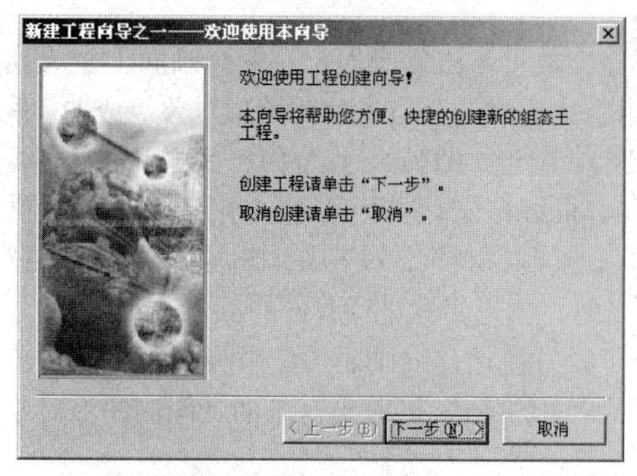

图6-34　新建工程向导一

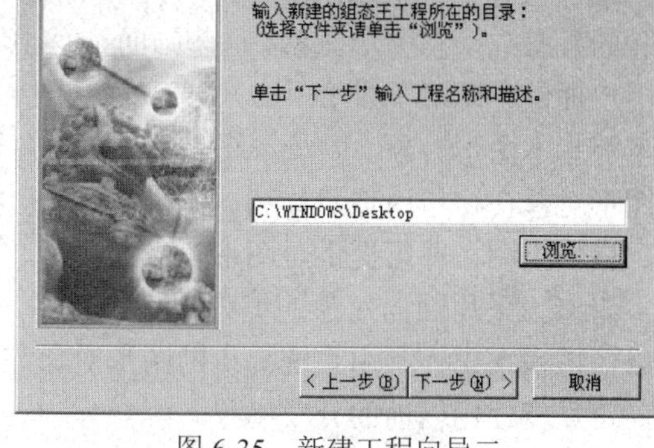

图6-35　新建工程向导二

在工程路径文本框中输入一个有效的工程路径，或者单击“浏览”按钮，在弹出的路径选择对话框中选择一个有效的路径，单击“下一步”按钮，弹出“新建工程向导之三——工程名称和描述”对话框，如图6-36所示。

在“工程名称”文本框中输入工程的名称，该工程名称同时将被作为当前工程的路径名称。在“工程描述”文本框中输入对该工程的描述文字。工程名称长度应小于32个字符，工程描述长度应小于40个字符。单击“完成”按钮完成工程的新建。系统会弹出对话框，询问用户是否将新建工程设为当前工程，如图6-37所示。

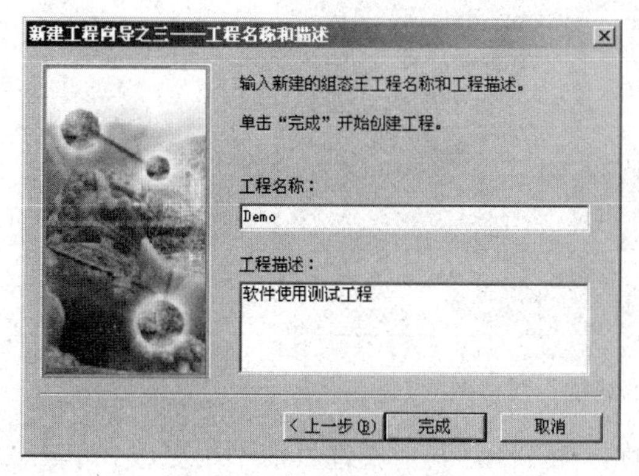

图6-36　新建工程向导三

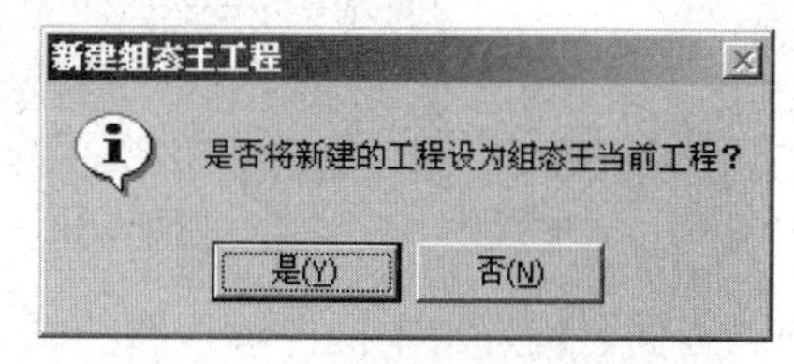

图6-37　是否设为当前工程询问对话框

单击“否”按钮，则新建工程不是工程管理器的当前工程，如果要将该工程设为当前工程，则还要执行“文件”→“设为当前工程”命令；单击“是”按钮，则将新建的工程设为组态王的当前工程。定义的工程信息会出现在工程管理器的信息表格中。双击该信息条或单击“开发”按钮或选择“工具”→“切换到开发系统”命令，进入组态王的开发系统。建立的工程路径为 C:\WINDOWS\Desktop\demo（组态王画面开发系统为此工程建立目录 C:\WINDOWS\Desktop\demo 并生成必要的初始数据文件。这些文件对不同的工程是不相同的。因此，不同的工程应该分置不同的目录）。

注意 建立的每个工程必须在单独的目录中。除非特别说明，不允许编辑修改这些初始数据文件。

（2）创建组态画面。

进入组态王开发系统后，即可为每个工程建立数目不限的画面，在每个画面上生成互相关联的静态或动态图形对象。这些画面都是由组态王提供的类型丰富的图形对象组成的。系统为用户提供了矩形（圆角矩形）、直线、椭圆（圆）、扇形（圆弧）、点位图、多边形（多边线）、文本等基本图形对象，以及按钮、趋势曲线窗口、报警窗口、报表等复杂的图形对象，提供了对图形对象在窗口内任意移动、缩放、改变形状、复制、删除、对齐等编辑操作，全面支持键盘、鼠标绘图，并可提供对图形对象的颜色、线型、填充属性进行改变的操作工具。

组态王采用面向对象的编程技术，使用户可以方便地建立画面的图形界面。用户构图时可以像搭积木那样利用系统提供的图形对象完成画面的生成。同时支持画面之间的图形对象拷贝，可重复使用以前的开发结果。

第一步：定义新画面。

进入新建的组态王工程，选择工程浏览器左侧大纲项“文件”→“画面”，在工程浏览器右侧双击“新建”图标，弹出如图 6-38 所示的对话框。

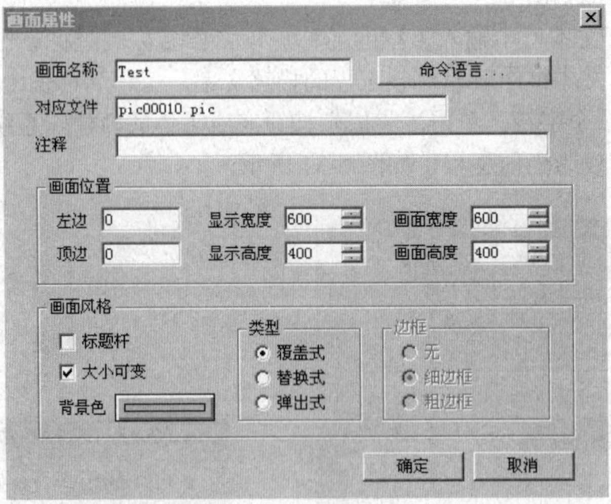

图 6-38 “画面属性”对话框

在“画面名称”文本框中输入新的画面名称，如 Test，其他属性目前不用更改。单击“确定”按钮进入内嵌的组态王画面开发系统，如图 6-39 所示。

第二步：在组态王开发系统中，从“工具箱”中分别选择“矩形”和“文本”图标，绘制一个矩形对象和一个文本对象，如图 6-40 所示。

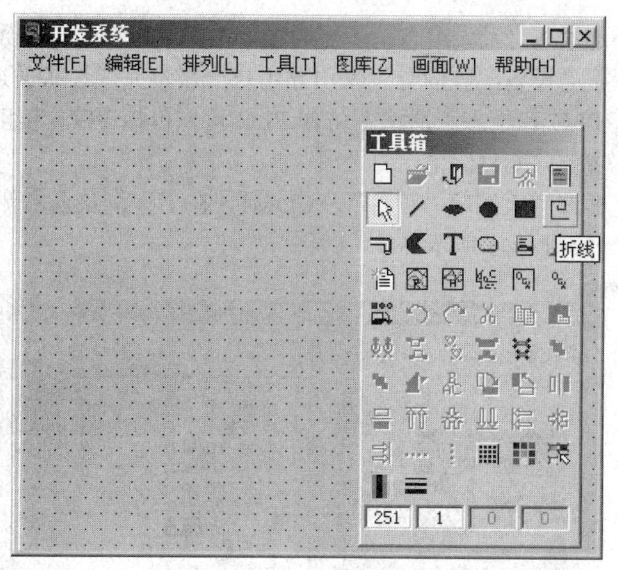

图 6-39　组态王开发系统

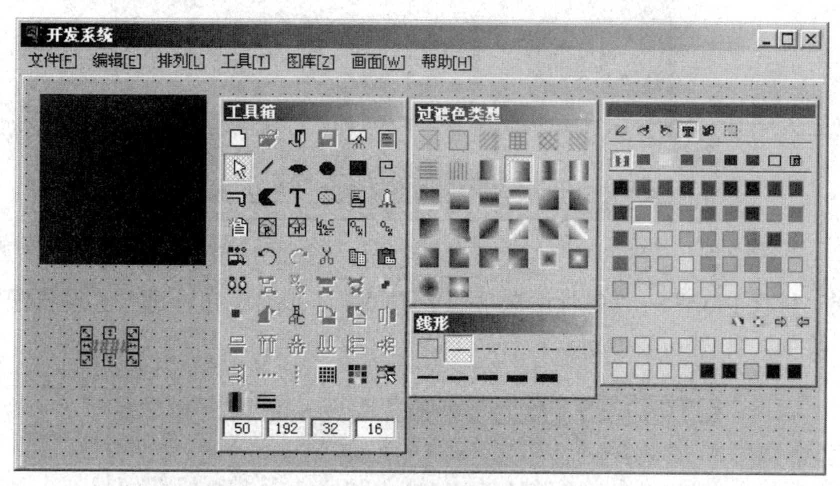

图 6-40　创建图形画面

在工具箱中选中“圆角矩形”，拖动鼠标在画面上画一个矩形。用鼠标在工具箱中单击“显示画刷类型”和“显示调色板”，在弹出的“过渡色类型”对话框中单击第二行第四个过渡色类型；在“调色板”对话框中单击第一行第二个“填充色”按钮，从下面的色块中选取红色作为填充色，然后单击第一行第三个“背景色”按钮，从下面的色块中选取黑色作为背景色。此时就构造好了一个使用过渡色填充的矩形图形对象。

在工具箱中选中“文本”，此时鼠标变成“I”形状，在画面上单击，输入“####”文字。

选择“文件”→“全部保存”命令保存现有画面。

（3）定义 IO 设备。

组态王把那些需要与之交换数据的设备或程序都作为外部设备。外部设备包括：下位机（PLC、仪表、模块、板卡、变频器等），它们一般通过串行口和上位机交换数据；其他 Windows 应用程序，它们之间一般通过 DDE 交换数据。外部设备还包括网络上的其他计算机。

只有在定义了外部设备之后，组态王才能通过 I/O 变量和它们交换数据。为了方便定义外部设备，组态王设计了“设备配置向导”来引导用户一步步完成设备的连接。

本例中使用仿真 PLC 和组态王通信。仿真 PLC 可以模拟 PLC 为组态王提供数据。假设仿真 PLC 连接在计算机的 COM1 口上。

①选择工程浏览器左侧大纲项“设备”→COM1，在工程浏览器右侧双击“新建”图标运行“设备配置向导”，如图 6-41 所示。

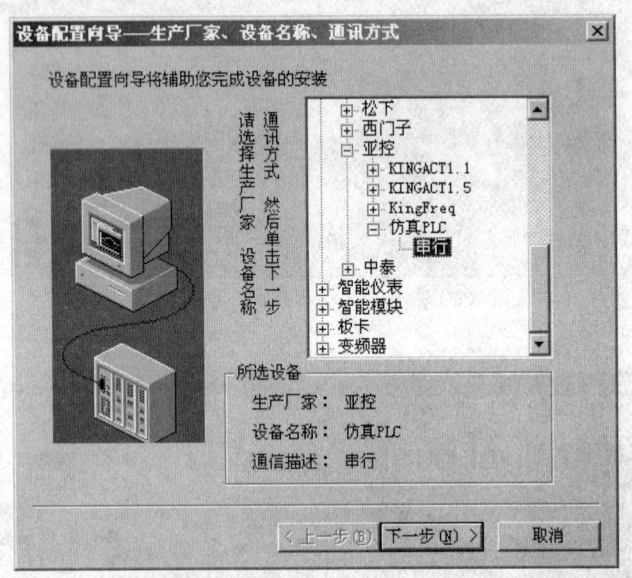

图 6-41　“设备配置向导——生产厂家、设备名称、通讯方式”界面

②选择“仿真 PLC”→“串行”选项，单击“下一步”按钮，进入“设备配置向导——逻辑名称”界面，如图 6-42 所示。

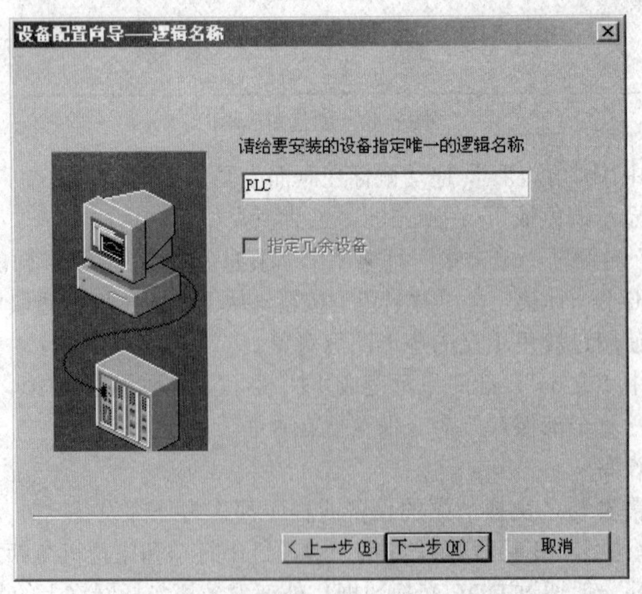

图 6-42　“设备配置向导——逻辑名称”界面

③为外部设备取一个名称，输入 PLC，单击“下一步”按钮，进入“设备配置向导——选择串口号”界面，如图 6-43 所示。

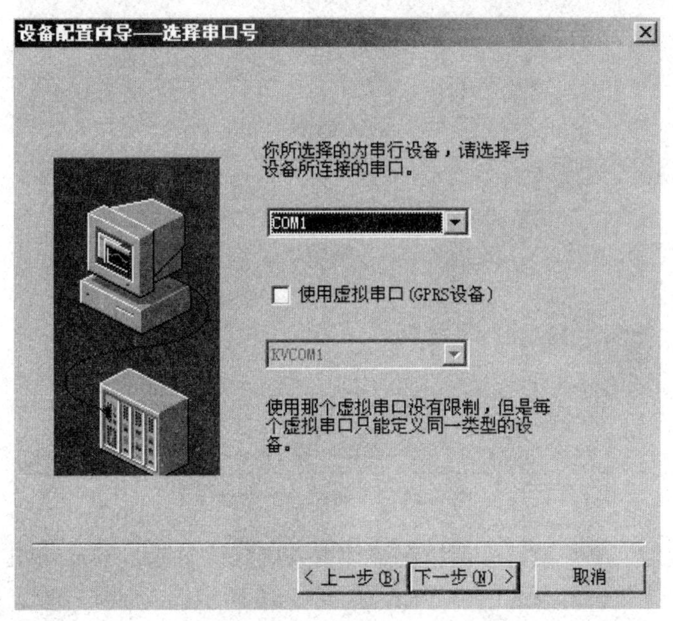

图 6-43 “设备配置向导——选择串口号”界面

④为设备选择连接串口，假设为 COM1，单击“下一步”按钮，进入“设备配置向导——设备地址设置指南”界面，如图 6-44 所示。

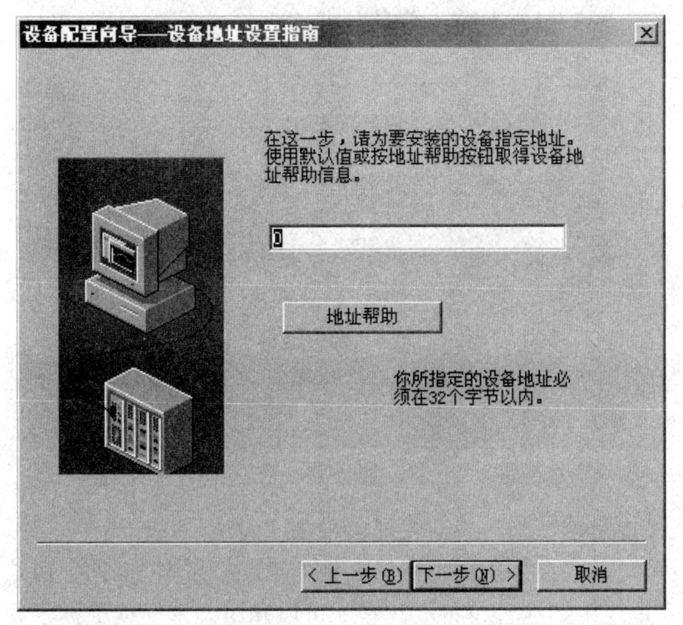

图 6-44 “设备配置向导——设备地址设置指南”界面

⑤填写设备地址，假设为 1，单击“下一步”按钮，进入“通信参数”界面，如图 6-45 所示。

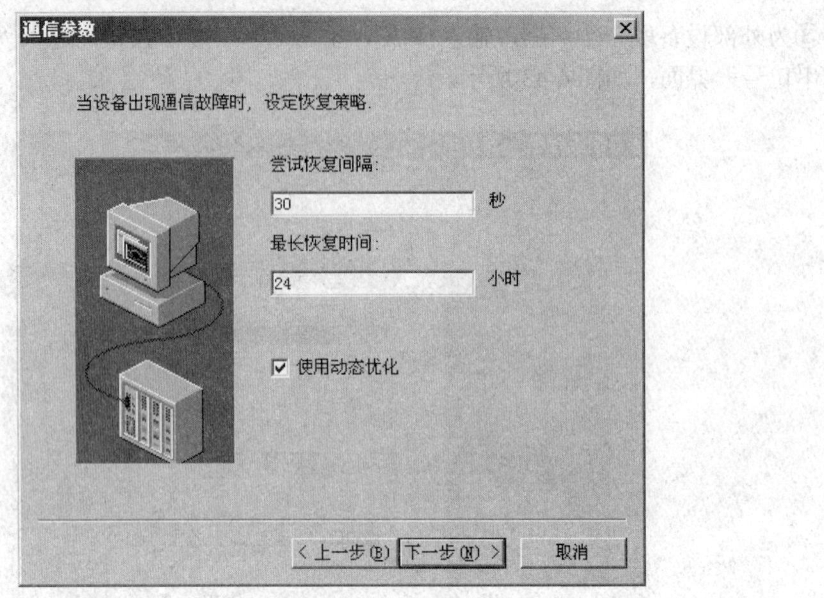

图 6-45 “通信参数”界面

⑥设置通信故障恢复参数（一般情况下使用系统默认设置即可），单击“下一步”按钮，进入“设备安装向导——信息总结”界面，如图 6-46 所示。

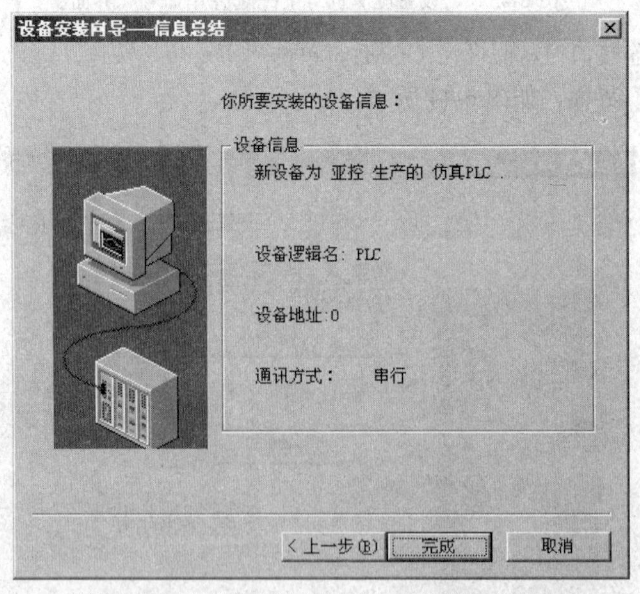

图 6-46 “设备安装向导——信息总结”界面

⑦请检查各项设置是否正确，确认无误后单击“完成”按钮。

设备定义完成后，可以在工程浏览器的右侧看到新建的外部设备 PLC。在定义数据库变量时，只要把 IO 变量连结到这台设备上，它就可以和组态王交换数据了。

（4）构造数据库。

数据库是组态王软件的核心部分，工业现场的生产状况要以动画的形式反映在屏幕上，操作者在计算机前发布的指令也要迅速送达生产现场，所有这一切都是以实时数据库为中介环节，所以说数据库是联系上位机和下位机的桥梁。在 TouchView 运行时，它含有全部数据变量的当前值。变量在画面制作系统组态王画面开发系统中定义，定义时要指定变量名和变量类型，某些类型的变量还需要一些附加信息。数据库中变量的集合形象地称为“数据词典”，数据词典记录了所有用户可使用的数据变量的详细信息。

①选择工程浏览器左侧大纲项“数据库”→“数据词典”，在工程浏览器右侧双击“新建”图标，弹出“定义变量”对话框，如图 6-47 所示。

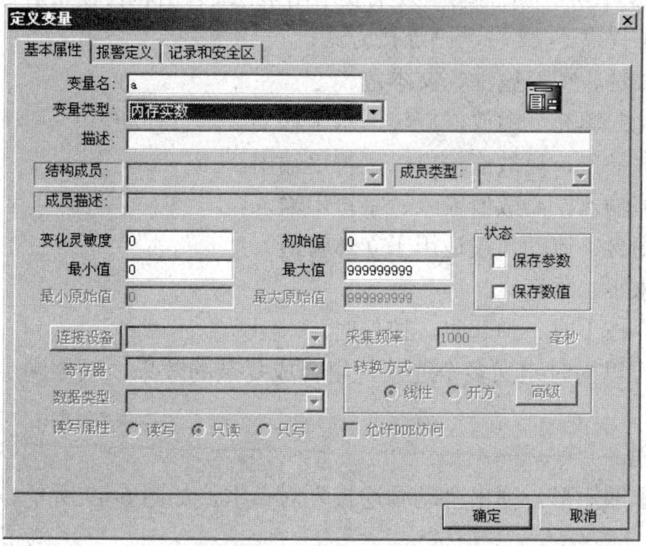

图 6-47　创建内存变量

②在此对话框中可以完成数据变量定义、修改等操作，以及数据库的管理工作。在“变量名”文本框中输入变量名，如 a；在“变量类型”下拉列表框中选择变量类型，如内存实数，其他属性目前不用更改，单击“确定”按钮即可。下面继续定义一个 IO 变量，如图 6-48 所示。

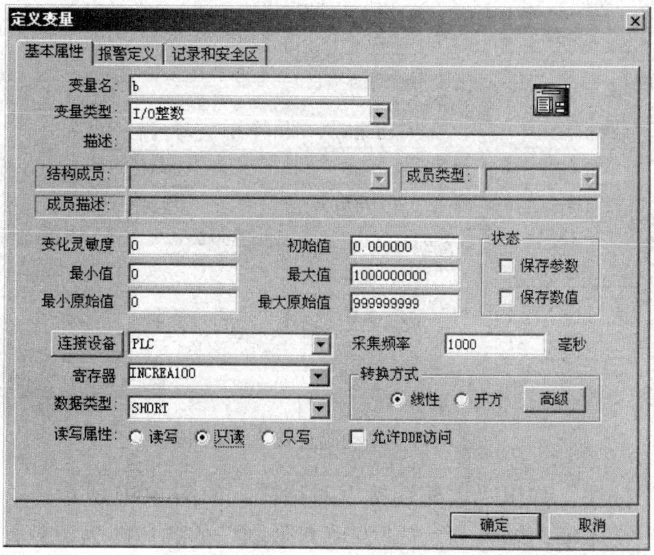

图 6-48　创建 IO 变量

③在“变量名”文本框中输入变量名，如 b；在“变量类型”下拉列表框中选择变量类型，如 IO 整数；在“连接设备”下拉列表框中选择先前定义好的 IO 设备：PLC；在“寄存器”下拉列表框中选择 INCREA100；在“数据类型”下拉列表框中选择 SHORT。其他属性目前不用更改，单击“确定”按钮即可。

（5）建立动画连接。

定义动画连接是指在画面的图形对象与数据库的数据变量之间建立一种关系，当变量的值改变时，在画面上以图形对象的动画效果表示出来；或者由软件使用者通过图形对象改变数据变量的值。组态王提供了 22 种动画连接方式：

属性变化：线属性、填充属性、文本色。

位置与大小变化：填充、缩放、旋转、水平移动、垂直移动。

值输出：模拟值输出、离散值输出、字符串输出。

值输入：模拟值输入、离散值输入、字符串输入。

特殊：闪烁、隐含、流动（仅适用于立体管道）。

滑动杆输入：水平、垂直。

命令语言连接：按下时、弹起时、按住时。

一个图形对象可以同时定义多个连接，组合成复杂的效果，以便满足实际中任意的动画显示需要。

继续上面的工程。

①双击图形对象即矩形，弹出“动画连接”对话框，如图 6-49 所示。

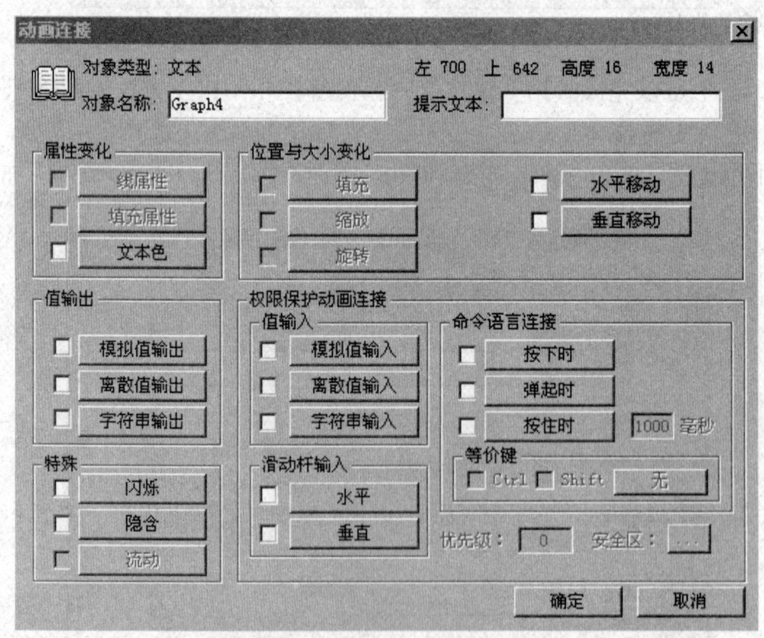

图 6-49 “动画连接”对话框

②单击“填充”按钮，弹出“填充连接”对话框，如图 6-50 所示。

③在“表达式”文本框中输入 a，“缺省填充画刷”的颜色改为黄色，其余属性目前不用更改，如图 6-51 所示。

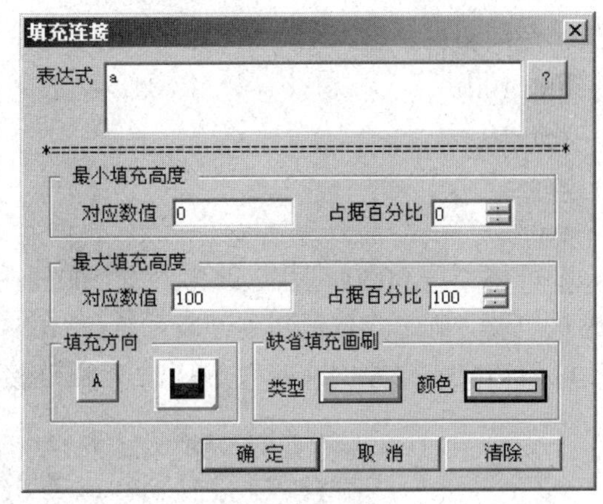

图 6-50　填充属性　　　　图 6-51　更改填充属性

④单击“确定”按钮，再单击“确定”按钮返回组态王开发系统。

⑤为了让矩形动起来，需要使变量即 a 能够动态变化，选择“编辑”→“画面属性”命令，弹出“画面属性”对话框，如图 6-52 所示。

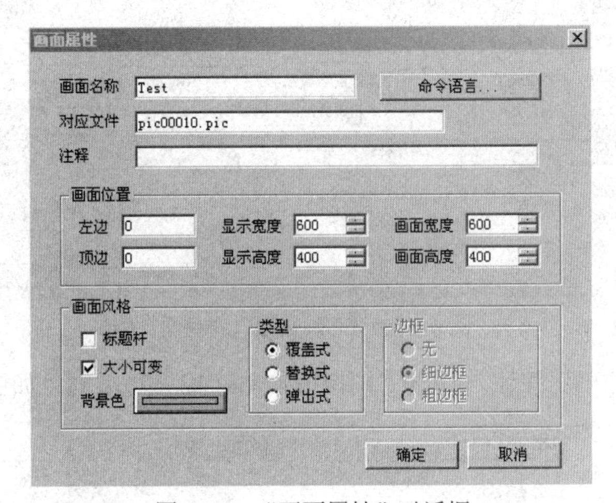

图 6-52　“画面属性”对话框

⑥单击“命令语言”按钮，打开“画面命令语言”窗口，如图 6-53 所示。

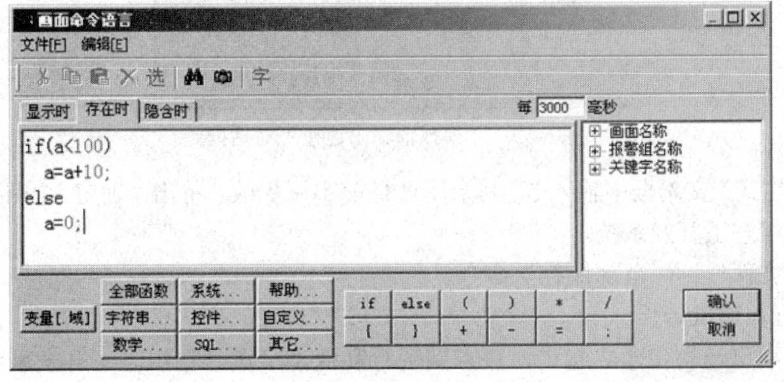

图 6-53　“画面命令语言”窗口

⑦在编辑框中输入命令语言：

```
If(a<100)
a=a+10;
else
a=0;
```

⑧可将“每 3000 毫秒”改为“每 500 毫秒”，此为画面执行命令语言的执行周期。单击“确认”及“确定”按钮回到开发系统。

⑨双击文本对象“####”，弹出“动画连接”对话框，如图 6-54 所示。

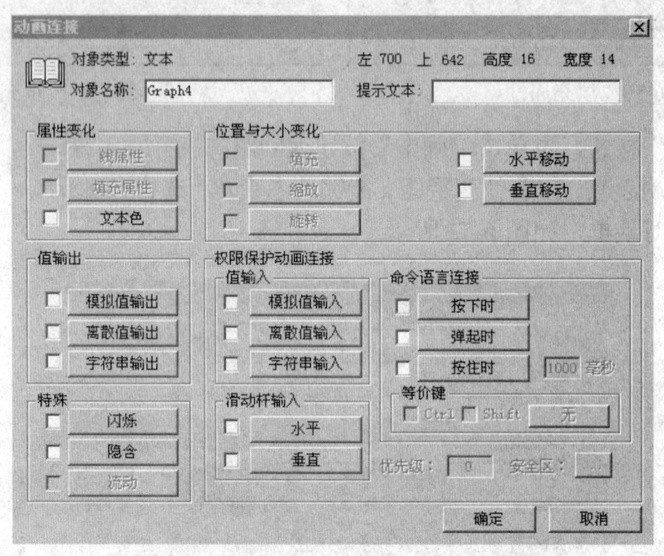

图 6-54 “动画连接”对话框

⑩单击“模拟值输出”按钮，弹出“模拟值输出连接”对话框，如图 6-55 所示。

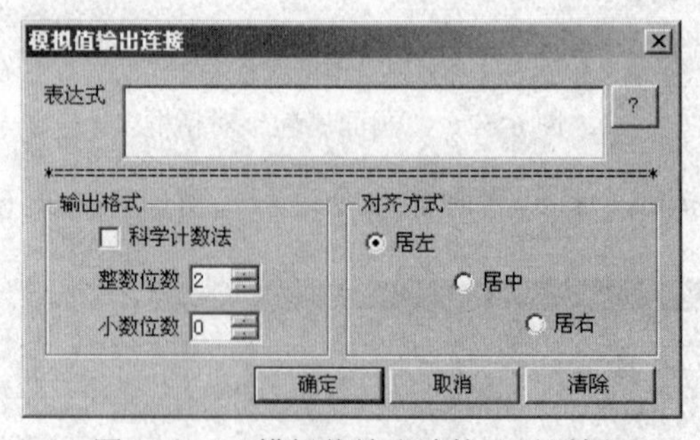

图 6-55 “模拟值输出连接”对话框

⑪在“表达式”文本框中输入 b，其余属性目前不用更改。单击“确定”按钮，再单击“确定”按钮返回组态王开发系统。

⑫选择“文件”→“全部保存”命令。

（6）运行和调试。

组态王工程已经初步建立起来，进入到运行和调试阶段。在组态王开发系统中选择“文件”→“切换到 View”命令进入组态王运行系统。在运行系统中选择“画面”→“打开”命令，从“打开画面”窗口中选择 Test 画面，显示出组态王运行系统画面，即可看到矩形框和文本在动态变化，如图 6-56 所示。

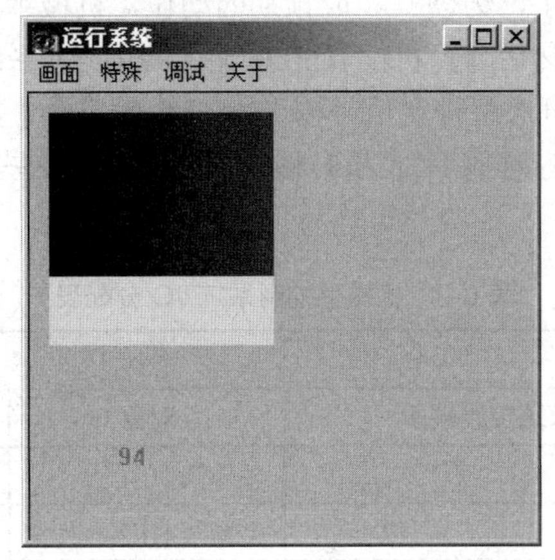

图 6-56　运行系统画面

6.2.2　组态王软件在自动化生产线的应用

实例：机械手组态控制系统设计与实现。

【控制要求】

机械手具有启动、停止、移动、抓、放等功能。机械手操作人员可以通过启、停按钮控制机械手的启动和停止。移动和抓、放功能则由左、右、上、下移动电磁阀和抓紧、放松电磁阀控制。当相应的电磁阀动作时，机械手会做出相应的机械动作。

对机械手的操作可有两种方法：一种是由现场操作人员通过相应的按钮控制机械手的动作；第二种是根据实际的生产工艺要求编制出控制程序，按照事先预定的顺序控制机械手的动作。这里，采用第二种方法来实现对机械手的控制。机械手外形结构如图 6-57 所示，具体控制要求如下：

- 按下启动按钮后，机械手动作顺序是“向下移动 5s→夹紧 2s→上升 5s→右移 10s→下移 5s→放松 2s→左移 10s”，回到初始位置，然后继续进行下一周期的运行。
- 如果按下停止按钮，则当完成本周期后，机械手返回到初始位置后停止运行。

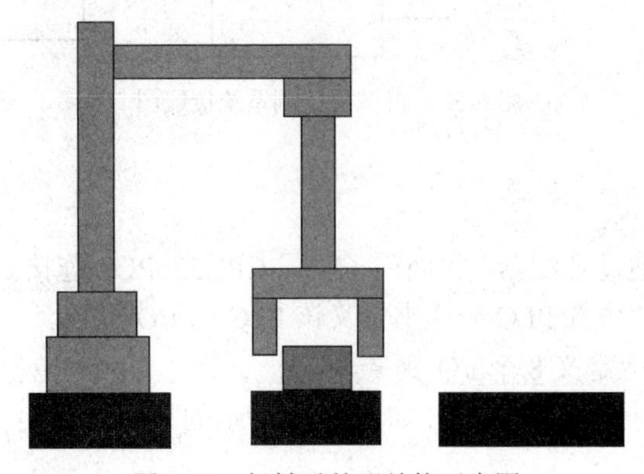

图 6-57　机械手外形结构示意图

【操作步骤】

（1）硬件设计：根据机械手控制系统的控制要求定义系统的 I/O 分配表。

本系统被控对象是机械手，为使其完成预期的动作，机械手控制系统需要两个开关量控制信号输送给 PLC 输入端，然后计算机读取 PLC 输入端信号：系统的启动按钮 SB1 和停止按钮 SB2。计算机需要有 6 个开关量控制信号输送给 PLC 输出端：放松阀 HL1、夹紧阀 HL2、上升阀 HL3、下移阀 HL4、左移阀 HL5 和右移阀 HL6。对于这些信号作出的 I/O 分配定义如表 6-2 所示。

表 6-2　机械手控制系统 I/O 分配表

输入信号		输出信号	
对象	输入端接线端子	对象	输出端接线端子
启动按钮 SB1	I0.0	放松阀 HL1	Q0.0
停止按钮 SB2	I0.1	夹紧阀 HL2	Q0.1
		上升阀 HL3	Q0.2
		下移阀 HL4	Q0.3
		左移阀 HL5	Q0.4
		右移阀 HL6	Q0.5

利用组态技术进行机械控制系统设计的硬件线路连接如图 6-58 所示。

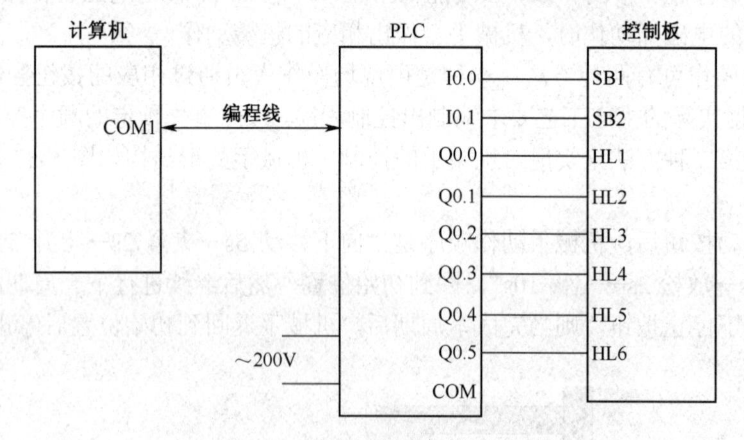

图 6-58　机械手控制系统接线图

（2）软件设计。

1）建立组态王新工程。

2）配置 I/O 设备。通过适配器，将西门子公司 CPU226PLC 连接到计算机串口 COM1 上，然后像配置组态王提供的仿真 PLC 一样来定义该 PLC 的 I/O 设置。

3）由表 6-2 可知，应定义 8 个 I/O 变量。

4）画面设计。根据控制要求，设计如图 6-59 所示的画面。

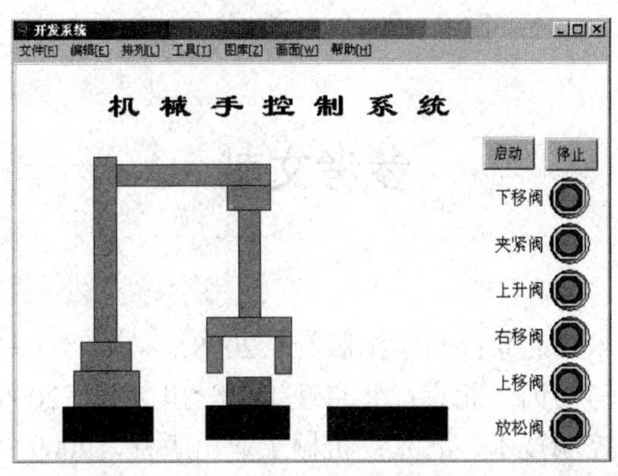

图 6-59 机械手控制系统画面

5）动画连接。建立机械手手臂、按钮及指示灯和 I/O 变量之间的连接，使机械手能进行预期的动作，使指示灯反映机械的动作过程。

6）命令语言及简单控制程序的编写。

```
if(运行标志==1)
{    if(次数>=0&&次数<50)              //下降
         {下移阀=1;机械手 y=机械手 y+2;次数=次数+1;}
     if(次数>=50&&次数<70)             //夹紧
         {下移阀=0;夹紧阀=1;次数=次数+1;}
     if(次数>=70&&次数<120)            //开始上升
         {夹紧阀=0;上移阀=1;机械手 y=机械手 y-2;工件 y=工件 y-2;次数=次数+1;}
     if(次数>=120&&次数<220)           //开始右移
         {上移阀=0;右移阀=1;机械手 x=机械手 x+1;工件 x=工件 x+1;次数=次数+1;}
     if(次数>=220&&次数<270)           //开始下降
         {右移阀=0;下移阀=1;机械手 y=机械手 y+2;工件 y=工件 y+2;次数=次数+1;}
     if(次数>=270&&次数<290)           //开始放松
         {下移阀=0;放松阀=1;次数=次数+1;}
     if(次数>=290&&次数<340)           //开始上升
         {放松阀=0;上移阀=1;机械手 y=机械手 y-2;次数=次数+1;}
     if(次数>=340&&次数<440)           //开始左移
         {上移阀=0;左移阀=1;机械手 x=机械手 x-1;次数=次数+1;}
     if(次数==440)
         {左移阀=0;工件 x=0;工件 y=100;次数=0}
}
if(停止标志==1)
{停止标志=0;运行标志=0;}
```

⑦安装调试。

参考文献

[1] 孙兵．气液动控制技术．北京：科学出版社，2008.
[2] 张益．现场总线技术与实训．北京：北京理工大学出版社，2008.
[3] 田淑珍．电机与电气控制技术．北京：机械工业出版社，2009.
[4] 黄志昌．液压与气动技术．北京：电子工业出版社，2006.
[5] 王煜东．传感器应用技术．西安：西安电子科技大学出版社，2006.
[6] 俞志根．传感器与检测技术．北京：科学出版社，2007.
[7] 汪志锋．工业组态软件．北京：电子工业出版社，2007.
[8] 李方圆．变频器自动化工程实践．北京：电子工业出版社，2007.
[9] 陈浩．案例解说 PLC、触摸屏及变频器综合应用．北京：中国电力出版社，2007.
[10] 吕景泉．自动化生产线安装与调试．北京：中国铁道出版社，2009.
[11] 廖常初．PLC 编程及应用．北京：机械工业出版社，2006.
[12] 鲍风雨．典型自动化设备及生产线应用与维护．北京：机械工业出版社，2009.
[13] 张运刚，宋小春，郭武强．从入门到精通——工业组态技术与应用．北京：人民邮电出版社，2007.
[14] 张运刚，宋小春．从入门到精通——触摸屏技术与应用．北京：人民邮电出版社，2007.
[15] 周万珍，高鸿斌．PLC 分析与设计应用．北京：电子工业出版社，2004.
[16] 廖常初．S7-200PLC 编程及应用．北京：机械工业出版社，2007.
[17] 张永飞，姜秀玲．PLC 及其应用．大连：大连理工大学出版社，2009.
[18] 李全利．PLC 运动控制技术应用设计与实践．大连：大连理工大学出版社，2009.
[19] 西门子（中国）有限公司．S7-200 可编程控制器系统手册．2005.
[20] 徐世许．可编程序控制器原理、应用、网络．长沙：中国科学技术大学出版社，2000.
[21] 柴鹏飞．机械设计基础．北京：机械工业出版社，2004.
[22] 徐建俊．电机与电气控制项目教程．北京：机械工业出版社，2008.
[23] 王永华．现代电气及可编程控制技术．北京：北京航空航天大学出版社，2002.
[24] 熊葵容．电器逻辑控制技术．北京：科学出版社，1998.
[25] 何衍庆，余金寿．可编程序控制器原理及应用技巧．北京：化学工业出版社，1997.
[26] 宫淑贞，王冬青，徐世许．可编程控制器原理及应用．北京：人民邮电出版社，2002.
[27] 郭宗仁，吴亦峰，郭永．可编程序控制器应用系统设计及通信网络技术．北京：人民邮电出版社，2002.
[28] 王卫兵，高俊山．可编程序控制器原理及应用．北京：机械工业出版社，2002.
[29] 袁任光．可编程序控制器选用手册．北京：机械工业出版社，2002.
[30] 方承远．工厂电气控制技术．北京：机械工业出版社，2000.
[31] 邱公伟．可编程序控制器网络通信及应用．北京：清华大学出版社，2000.

[32] 刘敏．可编程序控制器技术．北京：机械工业出版社，2001．
[33] 朱鹏超，杨新斌．机械设备电气控制与维修．北京：机械工业出版社，2001．
[34] 王也仿．可编程序控制器应用技术．北京：机械工业出版社，2001．
[35] 单象福．棉纺织设备控制电路．北京：纺织工业出版社，1989．
[36] 谢克明，夏路易．可编程控制器原理与程序设计．北京：电子工业出版社，2002．